高等工科教育“十三五”规划教材

电子产品制作技术

主　编　乐丽琴　郭建庄

副主编　蔡艳艳　张具琴　李海霞　栗红霞

主　审　吴显鼎

中国铁道出版社有限公司

CHINA RAILWAY PUBLISHING HOUSE CO., LTD.

内容简介

本书为普通高等学校电子信息类专业教材。全书共7章，内容包括无源电子元件、有源电子器件、传感器、PCB的优化设计、电子电路设计与调试实践训练、综合设计、范文示例等。

本书以产品制作实训为主线，按章节配以技能的训练，使读者通过本书的学习可以获得电子产品制作的基本知识和初步的实践训练，获得制作简单电子产品的能力。书中列举的实践项目与生活实际联系紧密，便于读者灵活运用，有利于提高分析问题、解决问题的能力。

本书适合作为普通高等院校电子工程、通信工程、工业自动化、检测技术以及电子技术应用等电子信息类专业教材或教学参考书，也可作为成人高校、高职高专相关专业教材，亦可供社会技能型人才教育培训及相关工程技术人员参考。

图书在版编目（CIP）数据

电子产品制作技术/乐丽琴，郭建庄主编．—北京：中国铁道出版社，2016.1（2024.1重印）
高等工科教育“十三五”规划教材
ISBN 978-7-113-21131-8

Ⅰ.①电…　Ⅱ.①乐…②郭…　Ⅲ.①电子工业－产品－生产工艺－高等学校－教材　Ⅳ.①TN05

中国版本图书馆CIP数据核字（2015）第281267号

书　　名：**电子产品制作技术**
作　　者：乐丽琴　郭建庄

策　　划：许　璐　　　　编辑部电话：(010)63549508
责任编辑：许　璐
编辑助理：绳　超
封面设计：付　巍
封面制作：白　雪
责任校对：汤淑梅
责任印制：樊启鹏

出版发行：中国铁道出版社有限公司（100054，北京市西城区右安门西街8号）
网　　址：http://www.tdpress.com/51eds/
印　　刷：北京铭成印刷有限公司
版　　次：2016年1月第1版　　2024年1月第3次印刷
开　　本：787 mm×1 092 mm　1/16　印张：15　字数：368千
书　　号：ISBN 978-7-113-21131-8
定　　价：34.00元

前　　言

电子技术应用与产品制作是电子、通信等电类专业的一门专业课程。随着21世纪高新科技的飞速发展,对电子信息专业人才特别是创新人才的需求量急剧增加,高科技电子产品的开发、生产效率的提高、节能减排和新能源利用等都为电子产业领域培养工程技术人才提供了需求环境。本书针对普通高等院校电子信息类学生的特点和教学改革的要求,由长期致力于电子技术应用和教学改革实践的教师编写而成,具有一定的特色。

在编写过程中,重视职业技能训练,突出应用性、针对性,加强实践能力的培养。内容叙述力求深入浅出,将知识点与能力训练有机结合,注意培养读者的实际动手能力和解决实际问题的能力;在内容编排上,力求简洁、形式新颖、目标明确,以利于激发读者的求知欲,提高学习的主动性。

本书以电子产品制作技术为主线,并按章节配以技能的训练。本书共7章,内容包括无源电子元件、有源电子器件、传感器、PCB的优化设计、电子电路设计与调试实践训练、综合设计、范文示例,可供不同的专业根据自己的情况选择。

本书的另一个特点是使读者获得电子产品制作的基本知识和初步的实践训练,并可以获得制作简单电子产品的能力,既能对电子产品制作的工艺、设计过程加深了解,使自己的制作水平有所提高,又能拓宽有关方面的理论知识,通过理论联系实际,使自己的设计得到完美的体现。

本书由浅入深,设计制作方面的内容广泛。注意精选内容,具有较宽的适用面,适合作为普通高等院校电子信息类专业电子技术学科的教材,也可作为电子制造企业的岗位培训教材,还可供广大电子爱好者阅读。

本书在编写过程中,参考了国内外有关标准、资料及相关的书刊杂志,并引用了其中的一些资料,在此一并向有关作者表示衷心感谢。书中部分电路图为软件仿真图,其图形符号与国家标准不符,二者对照关系见附录A。

本书由乐丽琴、郭建庄任主编,蔡艳艳、张具琴、李海霞、栗红霞任副主编,全书由吴显鼎主审,乐丽琴负责全书的修改和统稿工作。

由于编者水平所限,书中如有不足之处敬请使用本书的师生批评指正,以便再版时改进。

编　者

2015年9月

前言

电子技术应用与产品制作是电子、通信等电类专业的一门专业课程。随着21世纪高新科技的迅速发展，对电子信息专业人才特别是动手人才的需求量急剧增加，高科技电子产品的开发、生产效率的提高、节能减排和新能源利用等都为电子产业领域培养工程技术人才提供了需求环境。本书针对普通高等院校电子信息类学生的特点和教学实践中的要求，由长期致力于电子技术应用和教学改革实践的教师编写而成，具有一定的特色。

在编写过程中，重视职业技能训练，突出应用性、针对性，加强实践能力的培养。内容叙述力求深入浅出，将知识点与能力训练有机结合，注重培养读者的实际动手能力和解决实际问题的能力；在内容编排上，力求简洁、形式新颖、目标明确，以利于激发读者的求知欲，提高学习的主动性。

本书以电子产品制作技术为主线，并按章节配以技能的训练。全书共7章，内容包括常用电子元件、有源电子器件、传感器、PCB的设计制作、电子电路设计与调试实践训练、综合设计、范文示例，可供不同的专业根据自己的情况选择。

本书的另一个特点是使读者获得电子产品制作的基本知识和学习的实践训练，并可以获得制作简单电子产品的能力，既能对电子产品制作的工艺、设计过程加深了解，使自己的制作水平有所提高，又能拓宽有关方面的理论知识，通过理论联系实际，使自己的设计得到完美的体现。

本书由浅入深，设计制作方面的内容广泛，注意精选内容，具有较强的适用面，适合作为普通高等院校电子信息类专业电子技术类课程的教材，也可作为电子制造企业的岗位培训教材，还可供广大电子爱好者阅读。

本书在编写过程中，参考了国内外有关标准、资料及相关的书刊杂志，并引用了其中的一些资料，在此一并向有关作者表示衷心感谢。书中部分电路图为软件仿真图，其图形符号与国家标准不符，二者对照关系见附录A。

本书由张丽霞、孙建军任主编，蔡世超、张良英、李海燕、栗雅霞任副主编。全书由王思宏主审，张丽霞负责全书的修改和统稿工作。

由于编者水平所限，书中难免存在不足之处，敬请使用本书的师生批评指正，以便再版时改进。

编　者

2015年9月

目　录

无源电子元件

电子设备中常用的电阻器、电容器、电感器等,通常称为电子元件;而二极管、三极管、集成块(电路)等通常称为电子器件。本章将介绍几种常用的无源电子元件的种类、识别、应用及其检测方法。无源电子元件包括电阻器、电位器、电容器、电感器、变压器及继电器。

1.1 电阻器和电位器的识别/检测/选用

收音机、电视机或录音机的电路板上有许多密密麻麻的电子元件,其中,为数最多的就是一种两端出线或直接焊接的圆柱形小棒,小的像大米粒,大的像小鞭炮,这就是家用电器电路中的主要元件——电阻器。

1.1.1 普通电阻器的型号命名方法

(1)有引脚电阻器的型号命名方法。有引脚电阻器的型号示意图如图1-1所示,由三部分或四部分组成。第一部分用字母R表示主称电阻;第二部分用字母表示电阻器材料;第三部分通常用数字或字母表示类别,也有些电阻器用该部分数字表示额定功率;第四部分用数字表示生产序号,以区别该电阻器的外形尺寸及性能指标。各部分的主要含义见表1-1。

RT15	1.2 W	472	K
型号	额定功率	标称阻值(4.7 kΩ)	允许误差(±10%)

(a) RT15型碳膜固定电阻器(1/2 W)型号

RI82	1/2 W	472	K
型号	额定功率	标称阻值(4.7 kΩ)	允许误差(±10%)

(b) RI82型高压玻璃釉膜电阻器(1/2 W)型号

图1-1 有引脚电阻器的型号示意图

表1-1 有引脚电阻器型号命名含义

第一部分	第二部分		第三部分				第四部分
字母	字母	含义	数字或字母	含义	数字	额定功率/W	
R(表示电阻器)	C	沉积膜或	1或0	普通	0.125	1/8	用个位数表示生产序号或无数字表示
		高频瓷	2	普通/阻燃			
	F	复合膜	3或C	超高频	0.25	1/4	
	H	合成碳膜	4	高阻			
	I	玻璃釉膜	5	高温	0.5	1/2	
	J	金属膜	7或J	精密			

续表

第一部分	第二部分		第三部分				第四部分
字母	字母	含义	数字或字母	含义	数字	额定功率/W	
R(表示电阻器)	N	无机实芯	8	高压	1	1	用个位数表示生产序号或无数字表示
	S	有机实芯	11	特殊			
	T	碳膜	G	高功率	2	2	
	U	硅碳膜	L	测量			
	X	绕线	T	可调	3	3	
	Y	氧化膜	X	小型			
			C	防潮	5	5	
	O	玻璃膜	Y	被釉			
	P	硼碳膜	B	不燃性	10	10	

(2)贴片电阻器的型号命名方法。贴片电阻器的型号由六部分组成,如图1-2所示。

FTR	05	K	103	J	R
系列	尺寸	温度系数	阻值	误差等级	包装方式

图1-2 贴片电阻器的型号示意图

贴片电阻器的型号中各种参数的具体含义见表1-2。

表1-2 贴片电阻器的型号中各种参数的具体含义

系列		尺寸		温度系数		阻值	误差等级		包装方式	
代号	系列	代号	尺寸	代号	温度系数/(10^{-6}/℃)		代号	误差值/%	代号	包装方式
FTR	E-24	02	0402	K	-100~+100	前两位表示有效数字,第三位表示0的个数	F	±1	T	编袋包装
		03	0603	L	-250~250		G	±2		
FTM	E-96	05	0805	U	-400~400	前三位表示有效数字,第四位表示0的个数	J	±5	B	塑料盒散包装
		06	1206	M	-500~500		O	跨接电阻		

备注:小数点用R表示(如1R0代表1.0 kΩ)。在电阻器上通常只有阻值数字代码,具体型号通常在包装箱上。

1.1.2 普通电阻器的识别

在电路原理图中,电阻器通常用R表示,网络电阻器(排阻)常用RN表示。电阻器的图形符号如图1-3所示。

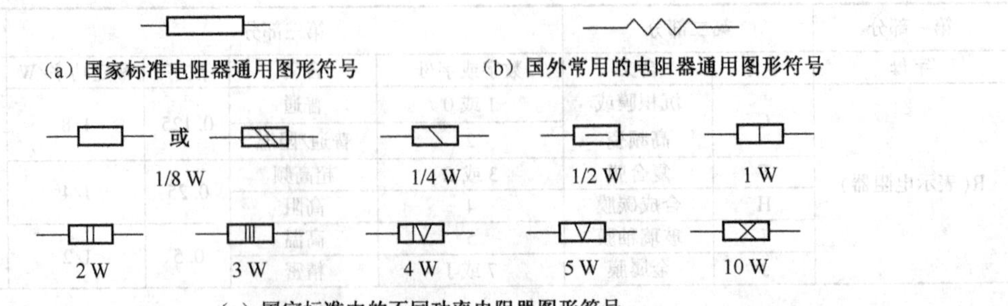

图1-3 电阻器的图形符号

电阻器的阻值标示方法主要有以下四种：

(1)直标法。将电阻器的标称阻值用数字和文字符号直接标在电阻器体上，其允许误差用百分数表示，未标偏差值的即为±20%的允许误差。

(2)文字符号法。将电阻器的标称阻值和允许误差值用数字和文字符号按一定的规律组合标示在电阻器体上。电阻器标称阻值的单位标示符号见表1-3，允许误差见表1-4。

表1-3 电阻器标称阻值的单位标示符号

文字符号	单位及进位关系	名称
R(或ohm)	$\Omega(10^0)$	欧[姆]
k	$k\Omega(10^3)$	千欧
M	$M\Omega(10^6)$	兆欧
G	$G\Omega(10^9)$	吉欧
T	$T\Omega(10^{12})$	太欧

表1-4 电阻器标称阻值的允许误差

文字符号	允许误差/%	文字符号	允许误差/%
B	±0.1	L	±0.01
C	±0.25	M	±20
D	±0.5	N	±30
E	±0.005	P	±0.02
F	±1	W	±0.05
G	±2	X	±0.002
J	±5	Y	±0.001
K	±10	—	—

为了防止小数点在印刷不清时引起的误解，采用这种标示方法的电阻体上通常没有小数点，而是将小于1的数值放在英文字母后面。例如，6R2J表示6.2 Ω，允许误差为±5%；3k6表示3.6 kΩ，允许误差为±10%。只要是R在最前面，即表示阻值小于1 Ω，如R22表示0.22 Ω，2R2表示2.2 Ω；只要是出现R或R在最后面，即表示阻值小于1 kΩ，如220R表示220 Ω，22R1表示22.1 Ω；只要是出现k或k在最后面，即表示阻值大于1 kΩ，如22k表示22 000 Ω，221k8表示221 800 Ω。

(3)色标法。电阻器的阻值除了直标法外，还常用色环来标示(这种电阻器常被称为色环电阻器)。色标法标注电阻器的示意图如图1-4所示。

普通的电阻器用四色环表示，精密电阻器用五色环表示。紧靠电阻器体一端头的色环为第一环，露着电阻器体本色较多的另一端头为末环。由于金色和银色在有效数字中并无实际意义，只表示误差，因此只要边缘的色环为金色或银色，则该色环必为最后一道色环。

有些精密电阻器用六色环来标注阻值。其第一色环为百位数，第二色环为十位数，第三色环为个位数，第四色环为倍率，第五色环为允许误差，第六色环为温度系数。对于一些特殊的五色环电阻器(第四色环为金色或银色)，其阻值要按照六色环来识别，即前四色环按照四色环电阻器读，第五色环表示温度系数。

(4)数码标示法。在产品和电路图上用三位数字来表示元器件标称值的方法称为数码标示法,该法常见于贴片电阻器或进口器件上。

在三位数字中,从左至右的第一、第二位为有效数字,第三位数字表示有效数字后面所加“0”的个数(单位为 Ω)。如果阻值中有小数点,则用 R 表示,并占一位有效数字。例如,标示为“103”的电阻器阻值为 $10\times10^3=10$ kΩ;标示为“222”的电阻器阻值为 2.2 kΩ;标示为“105”的电阻器阻值为 1 MΩ;标示为“0”或“000”的电阻器阻值为 0 Ω。这种电阻器实际上是跳线(短路线),在有些电路中,阻值为 0 Ω 的贴片电阻器用来作为保险电阻器或者 EMI(电磁干扰)电阻器来使用。

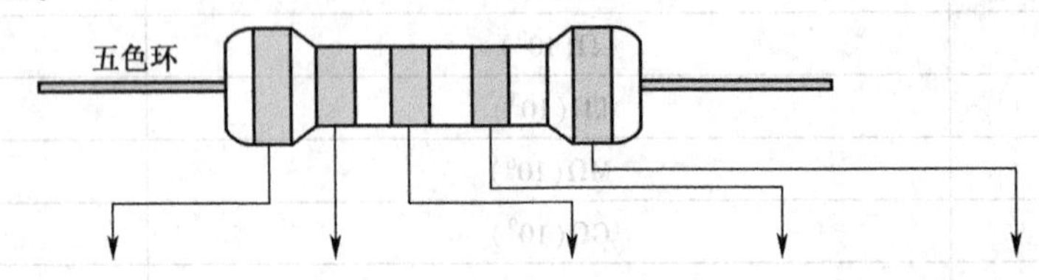

颜 色	第一位数字	第二位数字	第三位数字	倍 率	允许误差/%
黑	0	0	0	10^0	—
棕	1	1	1	10^1	±1
红	2	2	2	10^2	±2
橙	3	3	3	10^3	—
黄	4	4	4	10^4	—
绿	5	5	5	10^5	±0.5
蓝	6	6	6	10^6	±0.25
紫	7	7	7	10^7	±0.10
灰	8	8	8	—	—
白	9	9	9	—	—
金	—	—	—	0.1	±5
银	—	—	—	0.01	±10

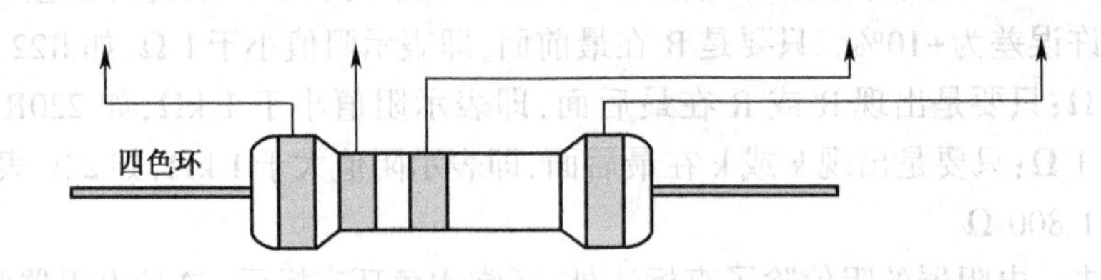

图 1-4 色标法标注电阻器的示意图

1.1.3 普通电阻器的主要参数

(1)标称阻值和允许误差。在电阻器上标注的电阻数值称为标称阻值。为了规范生产,便于设计,生产厂家并不是任意一种阻值的电阻器都生产,而是按照不同的生产标准生产。电阻器的阻值按照其精度主要分为四大系列,分别为E-6、E-12、E-24 和E-96 系列。在四大系列电阻器中有一个阻值基数,该系列电阻器的阻值为这个阻值基数乘以 10 的 n($n=-2\sim9$)次方,其电阻器阻值基数见表 1-5。

表 1-5 E-6、E-12、E-24 和 E-96 系列电阻器阻值基数

E-6	1.0	—	1.5	—	2.2	—	3.3	—	4.7	—	6.8	—
E-12	1.0	1.2	1.5	1.8	2.2	2.7	3.3	3.9	4.7	5.6	6.8	8.2
E-24	1.0	1.1	1.2	1.3	1.5	1.6	1.8	2.0	2.2	2.4	2.7	3.0
	3.3	3.6	3.9	4.3	4.7	5.1	5.6	6.2	6.8	7.5	8.2	9.1
E-96	1.00	1.02	1.05	1.07	1.10	1.13	1.15	1.18	1.21	1.24	1.27	1.30
	1.33	1.37	1.40	1.43	1.47	1.50	1.54	1.58	1.62	1.65	1.69	1.74
	1.78	1.82	1.87	1.91	1.96	2.00	2.05	2.10	2.15	2.21	2.26	2.32
	2.37	2.43	2.49	2.55	2.61	2.67	2.74	2.80	2.87	2.94	3.01	3.09
	3.16	3.24	3.32	3.40	3.48	3.57	3.65	3.74	3.83	3.92	4.02	4.12
	4.22	4.32	4.42	4.53	4.64	4.75	4.87	4.99	5.11	5.23	5.36	5.49
	5.62	5.76	5.90	6.04	6.19	6.34	6.49	6.65	6.81	6.98	7.15	7.32
	7.50	7.68	7.87	8.06	8.25	8.45	8.66	8.87	9,09	9.31	9.53	9.76

电阻器的允许误差是指实际阻值与厂家标注阻值之间的误差(称为精度),实际阻值在误差范围内的电阻器均为合格电阻器。例如,一个标称阻值为 10 Ω、允许误差为±5%的电阻器的实际阻值只要在 9.5~10.5 Ω 之间即为合格产品。

E-6 系列电阻器精度为±25%,E-12 系列电阻器精度为±20%,E-24 系列电阻器精度为±5%,E-96 系列电阻器精度为±1%。国产电阻器允许误差分为Ⅰ级(±5%)、Ⅱ级(±10%)、Ⅲ级(±20%)。

(2)额定功率。额定功率指电阻器正常工作时长期连续工作并能满足规定的性能要求时允许的最大功率。超过这个值,电阻器将因过分发热而被烧毁。常用的电阻器功率通常为 1/4 W 或 1/8 W。在代换电阻器时,若空间允许,则可用较大功率的电阻器代换功率较小的电阻器。

(3)最高工作电压。最高工作电压是指电阻器长期工作不发生过热或电击穿损坏时的工作电压。如果电压超过该规定值,则电阻器内部将产生火花,引起噪声,导致电路性能变差,甚至损坏该电阻器。常见碳膜电阻器的最高工作电压见表 1-6。

表 1-6 常见碳膜电阻器的最高工作电压

标称功率/W	1/16	1/8	1/4	1/2	1	2
最高工作电压/V	100	150	350	500	750	1 000

1.1.4 普通电阻器的检测

在检测电阻器时,为了提高测量精度,应根据被测电阻器标称阻值的大小来选择量程。对于指针式万用表,由于欧姆挡刻度的非线性关系,表盘中间的一段分度较为精细,因此,应使指针的指示值尽可能落到刻度的中段位置(全刻度起始的 20%~80%弧度范围内)。对于数字万用表,只要将万用表的挡位根据标称阻值选择为适当的 Ω 挡、MΩ 挡或者自动(AUTO)挡即可。

由于人体是有一定阻值的导通电阻,因此在测量阻值大于 10 kΩ 以上的电阻器时,手不要触及万用表的表笔和电阻器的引脚部分。对于一些阻值低于 10 Ω 的电阻器,检测时还要考虑到测试用的万用表的“表笔短路基础电阻值”。在数字万用表的 200 Ω 挡,该值一般为 0.1~1 Ω。在实际测量时,若要求精度较高,则应在测量的阻值上减去这个“表笔短路基础阻值”才是电阻器真正的阻值。

1.1.5 敏感电阻器

电子电路中除了采用普通电阻器外,还有一些敏感电阻器(如热敏电阻器、压敏电阻器、光敏电阻器等)也被广泛应用。

(1)光敏电阻器。光敏电阻器就是对光反应敏感的电阻器,就是电阻率随入射光的强弱而变化的电阻器。光敏电阻器是根据半导体的光电效应原理制成的一种特殊的电阻器。为了避免光敏电阻器的灵敏度受潮湿等因素的影响,通常将导电体严密封装在金属或树脂壳中。

检测光敏电阻器时,应将万用表的电阻挡挡位开关根据光敏电阻器的亮电阻的阻值大小拨至合适的挡位(通常在 20 kΩ 或者 200 kΩ)。测量时可以先测量有光照时的阻值,然后用一块遮光的厚纸片将光敏电阻器覆盖严密。若电阻器正常,就会因无光照而阻值剧增;若光敏电阻器变质或变坏,阻值就会变化很小或者不变。另外,在有光照时,若测得阻值为零或无穷大(数字万用表显示溢出符号“1”或者“L”),则也可判定该产品损坏(内部短路或者开路)。

在国家标准中,光敏电阻器的型号命名分为三部分:第一部分用字母表示主称;第二部分用数字表示用途或特征;第三部分用数字表示序号。例如,MG45-14 的型号可以分为 MG(光敏电阻器)、4(可见光)、5-14(序号)三部分。光敏电阻器的型号命名及含义见表 1-7。

表 1-7 光敏电阻器的型号命名及含义

第一部分(主称)		第二部分(用途或特征)		第三部分(序号)
字母	含义	数字	含义	
MG	光敏电阻器	0	特殊用途	通常用数字表示序号,以区别该电阻器的外形尺寸及性能指标
		1	紫外光	
		2	紫外光	
		3	紫外光	
		4	可见光	
		5	可见光	
		6	可见光	
		7	红外光	
		8	红外光	
		9	红外光	

(2)NTC(Negative Temperature Coefficient)热敏电阻器。NTC 热敏电阻器(负温度系数热敏电阻器)是一种以过渡金属氧化物为主要原材料,采用电子陶瓷工艺制成的热敏半导体陶瓷器件。它的阻值随温度的升高而降低。利用这一特性既可制成测温、温度补偿和控温组件,又可以制成功率型组件,抑制电路的浪涌电流。NTC 热敏电阻器的价格低廉,在电子产品中被广泛应用,而且具有多种封装形式,能够很方便地应用到各种电路中。

NTC 热敏电阻器的种类繁多、形状各异。NTC 热敏电阻器的命名标准由四部分构成。其中,M 表示敏感电阻器,F 表示负温度系数热敏电阻器。有些厂家的产品,在序号之后又加了一个数字,例如,MF54-1,这个“-1”也属于序号,通常称为“派生序号”,其标准由各厂家自己制定。

在国内生产的一些热敏电阻器的型号中，通常还包括有阻值、误差等信息，如

CWF　a-103　J　3380

①　②　③　④　⑤

包括如下信息：

① NTC 温度传感器。

②传感头封装形式及尺寸：a 代表环氧树脂封装；b 代表铝壳、铜壳、不锈钢壳等封装；c 代表塑料封装；d 代表加固定金属片；e 代表特殊形式封装。

③标称阻值，如 103 代表 10 kΩ。

④标称阻值精度代号：F 代表±1%，G 代表±2%，H 代表±3%，J 代表±5%。

⑤ B 值（25°C/50°C，3380 即 B 值为 3 380 kΩ）。

（3）PTC（Positive Temperature Coefficient）热敏电阻器。PTC 热敏电阻器（正温度系数热敏电阻器）是一种具有温度敏感性的半导体电阻器。一旦超过一定的温度（居里温度）时，其阻值就会随着温度的升高几乎成阶跃式的增高。PTC 热敏电阻器本体温度的变化可以由流过 PTC 热敏电阻器的电流来获得，也可以由外界输入热量或者两者的叠加来获得。

PTC 热敏电阻器根据其材质的不同分为陶瓷 PTC 热敏电阻器和有机高分子 PTC 热敏电阻器（简称"高分子 PTC 热敏电阻器"）。根据其用途不同分为自动消磁用、延时启动用、恒温加热用、过载保护用、过热保护用、传感器用 PTC 热敏电阻器。在一般情况下，高分子 PTC 热敏电阻器适合用于过载保护电路。

国产热敏电阻器的型号命名分为四部分，各部分含义见表 1-8。

表 1-8　国产热敏电阻器的型号命名及含义

第一部分（主称）		第二部分（类别）		第三部分（用途或特征）		第四部分（序号）
字母	含义	字母	含义	数字	含义	
M	敏感电阻器	Z	正温度系数热敏电阻器	1	普通型	用数字或字母与数字混合表示序号，代表着某种规格、性能
				5	测温用	
				6	温度控制用	
				7	消磁用	
				9	恒温型	
		F	负温度系数热敏电阻器	0	特殊型	
				1	普通型	
				2	稳压用	
				3	微波测量用	
				4	旁热式	
				5	测温用	
				6	控制温度用	
				8	线性型	

第一部分为字母符号，用字母 M 表示主称为敏感电阻器；第二部分用字母表示敏感电阻器类别；第三部分用数字 0~9 表示热敏电阻器的用途或特征；第四部分用数字或字母与数字混合表示序号。

例如,MZ73A-1表示消磁用正温度系数热敏电阻器(M表示敏感电阻器;Z表示正温度系数热敏电阻器;7表示消磁用;3A-1表示序号)。实际的PTC热敏电阻器型号通常由六部分组成,如

MZ11A - 75 HV 102 N U

① ② ③ ④ ⑤ ⑥

包括如下信息:

①型号:MZ11A。

②开关温度:50代表50°,75代表75°,85代表85°,105代表105°,120代表120°。

③类型代号:S代表微小型,A代表基本型,HV代表高压型。

④额定零功率阻值:采用电阻器的数码标示法表示,如102代表1 000 Ω。

⑤允许误差:N代表±30%,V代表±25%,M代表±20%,K代表±10%,J代表±5%,X代表其他允许误差。

⑥引线形状:U代表内弯,S代表直线型,A代表轴弯。

(4)压敏电阻器。压敏电阻器是利用半导体材料的非线性特性制成的一种特殊的电阻器,当压敏电阻器两端施加的电压达到某一临界值(压敏电压)时,其阻值就会急剧变小。压敏电阻器的种类很多,按其材料可分为氧化锌、碳化硅、金属氧化物、锗硅、钛酸钡和硒化镉压敏电阻器等。

压敏电阻器的型号命名分为四部分:

第一部分用字母M表示主称为敏感电阻器。

第二部分用字母Y表示敏感电阻器为压敏电阻器。

第三部分用字母表示压敏电阻器的用途或特征。

第四部分用数字表示序号,有的在序号后面还标有标称电压、通流容量或电阻器体直径、电压误差等,各部分含义见表1-9。

表1-9 压敏电阻器的型号命名及含义

第一部分(主称)		第二部分(类别)		第三部分(用途或特征)		第四部分(序号)
字母	含义	字母	含义	字母	含义	
M	敏感电阻器	Y	压敏电阻器	无	普通型	用数字表示序号,有的在序号的后面还标有标称电压、通流容量或电阻器体直径、电压误差等
				D	通用型	
				B	补偿用	
				C	消磁用	
				E	消噪用	
				G	过电压保护用	
				H	灭弧型	
				K	高可靠用	
				L	防雷用	
				M	防静电用	
				N	高能型	
				P	高频用	
				S	元件保护用	
				T	特殊型	
				W	稳压用	
				Y	环型	
				Z	组合型	

检测压敏电阻器时,应将万用表的电阻挡挡位开关拨至最高挡。常温下测量值应为无穷大,数字表显示溢出符号“1”,若有阻值,就说明该压敏电阻器的击穿电压低于万用表内部电池的9 V或15 V电压(这种压敏电阻器很少见)或者已经被击穿损坏。

1.1.6　电位器

可调整电阻值的电阻器称为可调电阻器,通过调节可调电阻器的转轴,可以使它的输出电位发生改变,所以这种连续可调的电阻器,又称电位器。电位器的种类多种多样,常见的电位器类型如图1-5所示。

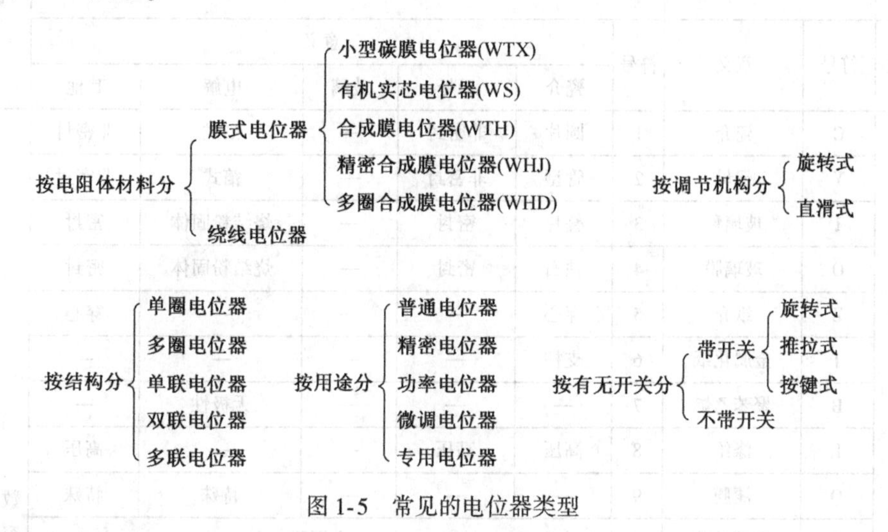

图1-5　常见的电位器类型

在电路原理图中,电位器常用字母RP、VR、W表示。常用电位器的图形符号如图1-6所示。

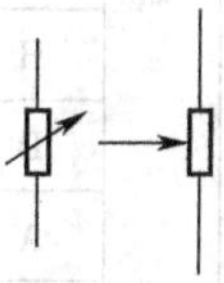

图1-6　常用电位器的图形符号

检查电位器时,首先要转动旋柄,看看旋柄转动是否平滑,开关是否灵活,并听一听电位器内部接触点和电阻体摩擦的声音,如有较强的“沙沙”声或其他噪声,则说明质量欠佳。在一般情况下,旋柄转动时应该稍微有点阻尼,既不能太“死”,也不能太灵活。

用万用表测试时,先根据被测电位器标称阻值的大小,选择好合适挡位再进行测量;再将表笔测量定触点的两端阻值,若万用表显示阻值与标称阻值相差很多,则表明该电位器已经损坏。检查完标称阻值正常后,还要再检测电位器的滑动臂与电阻体的接触是否良好。将万用表两表笔分别与电位器的动触点和一个定触点接触。慢慢转动电位器的轴,使其从一个极端位置旋转到另一个极端位置,万用表指示值应从0(或标称阻值)连续变至标称阻值(或0)。若指示值有跳动现象,则说明电位器接触不良。

1.2　电容器的识别/检测/选用

电容器只能通过交流电而不能通过直流电,因此常用于振荡电路、调谐电路、微波电路、旁路电路及耦合电路中。

1.2.1 电容器的型号命名方法

国家标准中,电容器的型号由四部分组成。第一部分字母 C 代表电容器,第二部分表示介质材料,第三部分表示结构类型和特征,第四部分表示序号。电容器的型号及意义具体见表 1-10。

表 1-10 电容器的型号及意义

第一部分(主称)		第二部分(介质材料)		第三部分(结构类型和特征)						第四部分(序号)
符号	意义	符号	意义	符号	意义					
					瓷介	云母	玻璃	电解	其他	
C	电容器	C	瓷介	1	圆片	非密封	—	箔式	非密封	用字母或数字表示电容器的结构和大小
		Y	云母	2	管型	非密封	—	箔式	非密封	
		I	玻璃釉	3	叠片	密封	—	烧结粉固体	密封	
		O	玻璃膜	4	独石	密封	—	烧结粉固体	密封	
		Z	纸介	5	穿心	—	—	—	穿心	
		J	金属化纸	6	支柱	—	—	—	—	
		B	聚苯乙烯	7	—	—	—	无极性	—	
		L	涤纶	8	高压	高压	—	—	高压	
		Q	漆膜	9	—	—	—	特殊	特殊	
		S	聚碳酸酯	J	金属膜					
		H	复合介质	W	微调					
		D	铝	T	铁电					
		A	钽	X	小型					
		N	铌	S	独石					
		G	合金	D	低压					
		T	钛	M	密封					
		E	其他	Y	高压					
				C	穿心式					

例如,某电容器的型号为 CJX-250-0.33μ-±10%,则含义为 C 为主称,表示电容器;J 为介质材料,表示金属化纸;X 为特征,表示小型;250 为耐压,表示耐压为 250 V;0.33 μ 为标称,表示容量为 0.33 μF;±10%为误差,表示±10%的允许误差。

1.2.2 电容器的识别

在国家标准中,常用电容器的图形符号如图 1-7 所示。电容器的电容量标示方法主要有以下四种。

(a) 普通电容器 (b) 电解电容器 (c) 可调电容器

图 1-7 常用电容器的图形符号

(1) 直标法。直标法是用数字和字母

把规格、型号直接标在外壳上。该方法主要用在体积较大的电容器上。通常用数字标注容量、耐压、误差、温度范围等内容。

在直标法中，通常省略小数点，如 4n7 表示 4.7nF 或 4 700 pF，用 4μ7 表示 4.7 μF。在有些厂家采用的直标法中，常把整数单位的“0”省去，如“.01 μF”表示 0.01 μF。有些用 R 表示小数点，如 R47 μF 表示 0.47 μF。有时用小于 1 的数字表示单位为 μF 的电容器，如 0.1 表示 0.1 μF。用大于 10 的数字表示单位为 pF 的电容器，如 3300 表示3 300 pF。对于有极性的电解电容器，通常将电容量的单位 μF 字母省略，而直接用数字表示容量，如 100 表示 100 μF。

(2) 文字符号法。文字符号法采用字母或数字或两者结合的方法来标注电容器的主要参数与技术性能。其中容量有两种标注法：一是省略标注法，用数字和字母结合进行表示，如 10p 表示 10 pF，4.7 μ 表示 4.7 μF；采用文字符号法时，通常将容量的整数部分写在容量单位标志符号前面，小数部分放在单位标志符号后面，如 3p3 表示 3.3 pF，8n2 表示 8 200 pF。文字符号法中采用字母标示容量允许偏差。

(3) 色标法。这种标示方法与电阻器的色标法类似，对于轴式电容器，颜色涂在电容器的一端；对于立式电容器，从顶端向引线排列。前两色环为有效数字，第三色环为倍率，单位为 pF，第四色环为允许误差，第五色环表示工作电压。采用色标法电容器的各色环代表的含义见表 1-11。电容器容量有的用三色环表示，有的用四色环表示，也有的用五色环表示。

表 1-11　采用色标法电容器的各色环代表的含义

颜　色	代 表 数 字	倍　率	允 许 误 差/%	工 作 电 压/V
黑色	0	10^0	—	—
棕色	1	10^1	1	100
红色	2	10^2	2	200
橙色	3	10^3	3	300
黄色	4	10^4	4	400
绿色	5	10^5	5	500
蓝色	6	10^6	6	600
紫色	7	10^7	7	700
灰色	8	10^8	8	800
白色	9	10^9	9	900
金色	—	—	5	1 000
银色	—	—	10	2 000
无色	—	—	20	—

(4) 数码标示法。一般用三位数字来表示容量的大小，单位为 pF。前两位为有效数字；后一位表示倍率，数字是几就加几个零，如 104 表示 100 000 pF，223 表示 22 000 pF，但第三位数字是9 时，则对有效数字乘以 0.1，如 479 表示是 4.7 pF。这种标示方法比较常见，该法也经常用于表示电位器的阻值。

1.2.3　电容器的主要参数

(1) 工作电压。按技术指标规定的温度长期工作时，电容器两端所能承受的最大安全直流电压称为工作电压。此外，为了试验电容器的绝缘性能而短时间加于电容器两端的电压称为试验电压,它比工作电压高,不同类型的电容器有不同的工作电压范围。例如,纸介质和瓷介质电容器的工作电压可从几十伏到几万伏;电解电容器的工作电压从几伏到上千伏。

(2)标称容量。电容器上标注的电容量值,称为标称容量,是生产厂家在电容器上标注的电容量。其国际单位是法[拉](F),另外还有微法(μF)、纳法(nF)、皮法(pF)。固定电容器常用的标称容量系列见表1-12。

表1-12　固定电容器常用的标称容量系列

标称容量系列	允许误差/%	电容器类别
1.0、1.1、1.2、1.3、1.5、1.6、1.8、2.0、2.2、2.4、2.7、3.0、3.3、3.6、3.9、4.3、4.7、5.1、5.6、6.2、6.8、7.5、8.2、9.1	±5	高频纸介、云母、玻璃釉、高频(无极性)有机薄膜介质
1.0、1.5、2.0、2.2、3.3、4.0、4.7、5.0、6.0、6.8、8.2	±10	纸介、金属化纸、复合介质、低频(有极性)有机薄膜介质
1.0、1.5、2.2、3.3、4.7、6.8	±20	电解电容器

(3)允许误差。电容器的标称容量与其实际容量之差再除以标称容量所得的百分数就是允许误差。电容器的允许误差一般分为八个等级,见表1-13。

表1-13　电容器的允许误差等级

允许误差/%	1	±2	±5	±10	±20	-30~+20	-20~+50	-10~+100
级别	01	02	Ⅰ	Ⅱ	Ⅲ	Ⅳ	Ⅴ	Ⅵ

1.2.4　电容器的测量

(1)测量固定容量电容器。用普通万用表就可以大致地判断电容器质量的优劣:指针式万用表选用R×1k挡或R×100挡,黑表笔接电容器的正极,红表笔接电容器的负极,若此时指针迅速向右摆动,然后慢慢退回到接近∞ Ω,则说明该电容器正常,且电容量较大;若返回时不到∞ Ω,则说明电容器漏电流大,且指针示数即为被测电容器的漏电阻阻值;若指针根本不向右摆,则说明电容器内部已断路或电解质已干涸而失去容量;若指针摆动很大,接近0 Ω,且不返回,则说明电容器已被击穿,不能使用。

对于0.01 μF以上的电容器,必须根据容量的大小,分别选择万用表的合适量程才能正确加以判断。如测300 μF以上电容器时,可选择R×10 k挡或R×1 k挡;测0.47~10 μF的电容器时,可选择R×1 k挡;测0.01~0.47 μF的电容器时,可选择R×10 k挡等。

如果用具有电容测量功能的数字万用表,就可以很容易将电容器的电容量测量出来,然后与该电容器表面标注的额定容量进行对比。操作方法:选择适当的电容挡量程,然后将红表笔与电容器的正极(电解电容器)相连,黑表笔与负极(电解电容器)相连,此时屏幕上显示的数值即为该电容器此时的实际电容量。需要注意的是,由于电容器具有储存电荷的能力,因此,在测量或者触摸大容量电解电容器时,要先将其两个引脚短路一下(手拿带有塑料柄的螺丝刀,然后用金属部分将引脚短路),以将电容器中储存的电荷泄放出去;否则,可能会损坏测试仪表或出现电击伤人的意外情况。

(2)测量可调电容器。对于可调电容器,用手轻轻旋动转轴时感觉应十分平滑,不应有卡滞现象。用指针式万用表测量时,可以选择 R×10 k 挡,将两个表笔分别接可调电容器的动片和定片的引出端,同时将转轴缓缓转动几个来回,此时万用表指针都应为无穷大,且指针不能摆动。在旋动转轴的过程中,如果指针有时指向零,则说明动片与定片之间存在短路点;如果碰到某一角度,万用表读数不为无穷大而是出现一定值,则说明可调电容器动片与定片之间存在漏电现象。对于有问题的可调电容器最好不要继续使用;否则,可能会遇到难以排除的故障。

1.3 电感器、变压器和电磁继电器的识别/检测

1.3.1 电感器

电感器是一个电抗元件,在电子电路中经常使用。将一根导线绕在铁芯或磁芯上或一个空芯线圈就是一个电感器。

电感器的作用主要有滤波、储能、缓冲、反馈及谐振等。电感器在电路中经常与电容器一起工作,构成 LC 滤波器、LC 振荡器等。另外,人们还利用电感器的特性制造了阻流圈、变压器及继电器等电磁元件。

(1)电感器的识别。在电路原理图中,电感器常用 L 加数字表示,如 L_6 表示编号为 6 的电感器,电感器的图形符号如图 1-8 所示。

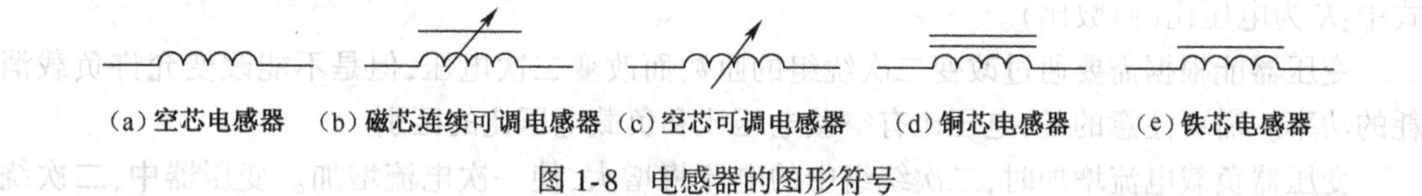

图 1-8 电感器的图形符号

电感器的型号,目前尚无统一的命名方法,对固定电感器常用汉语拼音和阿拉伯数字共同表示电感器的型号。

第一部分:主称,用字母 L 表示,ZL 代表阻流圈;第二部分:特性,用字母表示(如 G 表示高频);第三部分:形式,用字母表示(如 X 表示小型),但也有用数字表示的;第四部分:区别代号,用字母 A,B,C,…表示。如 LGX 为小型高频电感线圈。

电感器的电感量标示方法有直标法、文字符号法、色标法及数码标示法。

直标法是指在电感器外壳上直接标出电感量、电流、允许误差等。例如,LG1-C、680μH,C 表示标称电流为 300 mA。

色标法是指用色环标注电感量。用色环表示电感量与四色环电阻器相同,单位为 μH,但第四色环为黑色表示误差±20%。如色环依次为蓝、灰、棕、银,表示其电感量为 680 μH,允许误差±10%。也有用色点作为标志的,与色环标注相似,但顺序相反,单位为 μH。大色点在左上方或左侧。大色点为第三色点,第一、二色点表示有效数字,第三色点表示倍率。

(2)电感器的检测。用模拟万用表检测电感器时,将万用表置 R×1 挡,测量电感器的阻值,正常时,电感器应具有一定的阻值,可与同型号的正品电感器对比测量。若阻值为 0,则说明电感器短路;若阻值为无穷大,则说明电感器开路。有些模拟万用表具有测量电感的功能,如 MF47 型万用表,测量范围为 20~1 000 H。其测量方法与用 MF47 型万用表测量电容相仿。采用具有电感挡的数字万用表来测量电感是很方便的,选择合适的量程,然后将电感器的两个

引脚与两个表笔相连即可从显示屏上显示出电感量。

由于电感器属于非标准件,不像电阻器那样可以方便地检测,且在有些电感器上没有任何标注,所以一般要借助图样上的参数标注来识别其电感量。在维修时,一定要用与原来相同规格、参数相近的电感器进行代换。

1.3.2 变压器

变压器应用于电源电路(电源变压器)、低频电路(输入变压器、输出变压器、线间变压器)及脉冲电路(脉冲变压器)中。它们的基本作用是变换电压、匹配阻抗及隔离两个电路(因为只有磁耦合)等。

(1)变压器的主要参数。对不同类型的变压器都有相应的参数要求,如电源变压器的主要参数有额定功率、额定电压、电压比、工作频率、空载电流、空载损耗、绝缘电阻和防潮性能等。一般低音频变压器的主要参数有电压比、频率特性、非线性失真、磁屏蔽、静电屏蔽、效率等。

①电压比。设变压器两绕组匝数分别为 N_1 和 N_2。N_1 为一次绕组,N_2 为二次绕组。在一次绕组上加一交流电压,在二次绕组两端就会产生感应电动势。当 $N_2 > N_1$ 时,其感应电动势要比一次绕组所加的电压还要高,这种变压器称为升压变压器;反之称为降压变压器。一、二次电压和绕组匝数具有以下关系,即

$$\frac{U_2}{U_1}=\frac{N_2}{N_1}=K \tag{1-1}$$

式中:K 为电压比(匝数比)。

变压器能根据需要通过改变二次绕组的匝数而改变二次电压,但是不能改变允许负载消耗的功率。需要注意的是,电压比有空载电压比和负载电压比的区别。

变压器负载电流增加时,二次绕组中的电流将增大,使一次电流增加。变压器中,二次绕组与一次绕组的电流比等于变压器的电压比。

②效率。在额定功率时,变压器的输出功率和输入功率的比值称为变压器的效率,即

$$\eta=(P_2/P_1)\times100\% \tag{1-2}$$

式中:η 为变压器的效率;P_1 为输入功率;P_2 为输出功率。

当 $P_2=P_1$ 时,效率 $\eta=100\%$。此时变压器不产生任何损耗。但实际上,这种变压器是不存在的,变压器传输电能时总要产生损耗,主要有铜损及铁损。

变压器的效率与变压器的功率等级有密切关系,通常功率越大,损耗就越小,效率也就越高;反之,功率越小,效率也就越低。

③额定电压。额定电压是指在变压器的一次绕组上所允许施加的电压,正常工作时,变压器一次绕组上施加的电压不得大于规定值。

④额定功率。额定功率是指变压器在规定的频率和电压下能长期工作,而不超过规定温升时二次侧输出的功率。变压器额定功率的单位为伏·安(V·A),而不用瓦[特](W)表示。这是因为额定功率中会有部分无功功率,所以用 V·A 表示比较确切。

(2)变压器的识别。在电路原理图中,变压器常用字母 T 表示,如 T1 表示编号为 1 的变压器,常见变压器的图形符号如图 1-9 所示。

普通低频变压器型号的命名通常由以下三部分组成:

第一部分:主称,用字母表示;第二部分:功率,用数字表示,计量单位伏·安(V·A)表示,

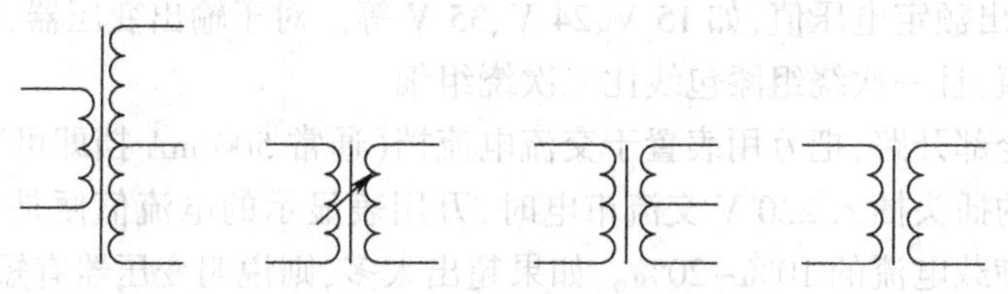

图 1-9　常见变压器的图形符号

但 RB 型除外;第三部分:序号,用数字表示。

例如,DB-10-1 表示 10 V·A 的电源变压器。变压器型号中主称部分字母所表示的意义见表 1-14。

表 1-14　变压器型号中主称部分字母所表示的意义

字　母	意　义
DB	电源变压器
CB	音频输出变压器
RB	音频输入变压器
GB	高频变压器
HB	灯丝变压器
SB 或 ZB	音频(定阻式)输送变压器
SB 或 EB	音频(定压式或自耦式)变压器

中频变压器的型号通常也由三部分组成:第一部分用字母表示主称;第二部分用数字表示尺寸;第三部分用数字表示级数。

中频变压器各部分的字母和数字所表示的意义见表 1-15。

表 1-15　中频变压器各部分的字母和数字所表示的意义

主　称		尺　寸		级　数	
字母	名称、特征、用途	数字	外形尺寸	数字	用于中波级数
T	中频变压器	1	7 mm×7 mm×12 mm	1	第一级
L	线圈或振荡线圈	2	10 mm×10 mm×14 mm	2	第二级
T	磁性瓷芯式	3	12 mm×12 mm×16 mm	3	第三级
F	调幅收音机用	4	20 mm×25 mm×36 mm	—	—
S	短波段	—	—	—	—

例如,TTF-2-3 表示调幅收音机用的磁性瓷芯式中频变压器,外形尺寸为 10 mm×10 mm×14 mm,第三级中频变压器。

(3)变压器的检测。将万用表置于 R×10 k 挡,一、二次绕组间或铁芯与绕组间的电阻均应为无穷大。若小于 10 MΩ,则表明变压器绝缘性能不良;若大于 10 MΩ,则变压器的绝缘性能也不一定良好。因为万用表 R×10 k 挡的内附电池只有 9 V 或 15 V,可用兆欧表(1 000 V)进行测量。按标称转数摇兆欧表,绝缘电阻在几百兆欧以上为正常。将万用表置 R×1 Ω 挡,分别测量电源变压器一、二次绕组的阻值。降压变压器一次绕组的阻值应为几十欧至几百欧,二次绕组的阻值为几欧至几十欧。若测得的阻值为 0 或无穷大,则说明该绕组已损坏。电源变压器一次绕组引脚和二次绕组引脚通常是分别从两侧引出的,并且一次绕组多标有220 V字样，二次绕组则标出额定电压值，如 15 V、24 V、35 V 等。对于输出变压器，一次绕组阻值通常大于二次绕组阻值，且一次绕组漆包线比二次绕组细。

将二次绕组全部开路，把万用表置于交流电流挡（通常 500 mA 挡即可），并串入一次绕组中。当一次绕组的插头插入 220 V 交流市电时，万用表显示的电流值便是空载电流值。此值不应大于变压器满载电流的 10%~20%。如果超出太多，则说明变压器有短路性故障。

由于变压器的直流电阻很小，因此一般用万用表的 R×1Ω 挡来测量绕组的阻值，可判断绕组有无短路或断路现象。对于某些晶体管收音机中使用的输入、输出变压器，由于它们体积相同，外形相似，一旦标志脱落，直观上很难区分，此时可根据其绕组直流阻值进行区分。在一般情况下，输入变压器的直流阻值较大，一次侧多为几百欧，二次侧多为 1~200 Ω；输出变压器的一次侧多为几十欧至上百欧，二次侧多为零点几欧至几欧。

1.3.3 电磁继电器

（1）电磁继电器的种类。电磁继电器是一种利用电磁力来切换触点的开关型电器。电磁继电器分为交流电磁继电器、直流电磁继电器、大电流电磁继电器、小型电磁继电器、常开型电磁继电器、常闭型电磁继电器、极化继电器、双稳态继电器、逆流继电器、缓吸继电器、缓放继电器、快速继电器等多种。

电磁继电器属于簧片触点式继电器，简称 MER。它在电路中的文字符号为 K 或 KA、KR（旧标准为 J）。其典型结构由一个带铁芯的线圈、簧片、弹簧及若干合金触点构成。在线圈未通电时，常闭触点闭合，常开触点断开，线圈通电后则常开触点接通，常闭触点断开，继电器可以带多达七组触点。图 1-10（a）所示为电磁继电器的图形符号，图 1-10（b）所示为触点的图形符号。

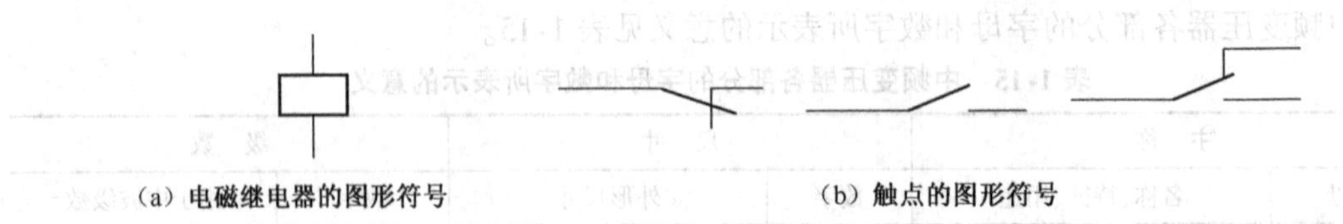

（a）电磁继电器的图形符号　　（b）触点的图形符号

图 1-10　电磁继电器与触点的图形符号

（2）电磁继电器的参数。使触点稳定切换时线圈两端所加的电压称为额定电压。额定电压分为直流电压和交流电压。电磁继电器直流额定电压常用的有 5 V、6 V、9 V、12 V、24 V、48 V 等。

保持触点吸合，线圈两端应加的最低电压称为吸合电压，通常为额定电压的 70%~80%。

触点吸合后使其释放时，线圈两端所加的最高电压称为释放电压，通常比吸合电压低。触点吸合时线圈通过的最小电流称为吸合电流。线圈的直流电阻称为线圈电阻。它与线圈匝数及线圈的额定工作电压成正比。

（3）继电器的检测。将模拟万用表置 R×1 挡或 DΩ 挡，测量常闭触点间的阻值应为 0 Ω，常开触点间的阻值应为无穷大。按下衔铁测量常开触点间的阻值应为 0 Ω，常闭触点间的阻值应为无穷大。电磁继电器线圈的阻值应为 252 000 Ω。额定电压低的电磁继电器线圈的阻值较低，额定电压高的电磁继电器线圈的阻值较高。可用数字万用表或模拟万用表电阻挡测量继电器线圈的阻值。

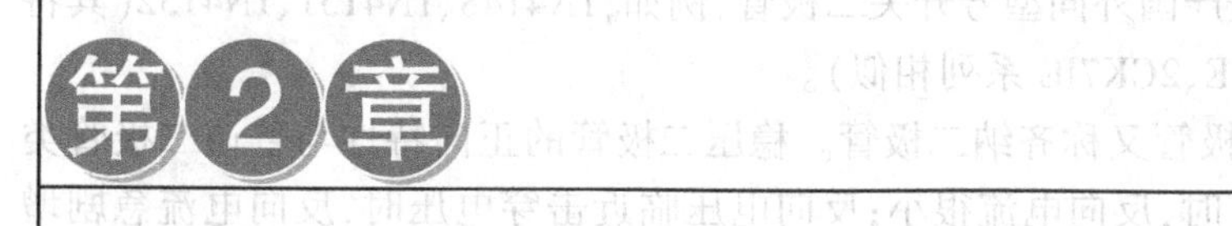

第2章 有源电子器件

本章将介绍几种常用的有源电子器件的种类、识别、主要参数、应用及其检测,包括二极管、三极管、场效应三极管、集成运放、数字集成电路及集成电源用电路。

2.1 二极管的识别/检测/选用

二极管(Diode)是常用的半导体器件之一。二极管有正、负两个引脚。正端称为阳极 A,负端称为阴极 K(故有二极管之称)。二极管具有单向导电性,使其广泛应用在整流、检波、保护和数字电路上,是电子工程上用途最广的器件之一。

2.1.1 二极管的种类

二极管的种类很多,按材料分,有锗二极管、硅二极管和砷化镓二极管等;按结构分,有点接触型二极管和面接触型二极管等;按工作原理分,有隧道二极管、雪崩二极管、变容二极管等;按用途分,有检波二极管、整流二极管、开关二极管等;按结构类型分,有半导体结型二极管、金属半导体接触二极管等;按封装形式分,有常规封装二极管、特殊封装二极管等。

(1)整流二极管。整流二极管多用硅半导体材料制成,有金属封装和塑料封装两种。整流二极管是利用 PN 结的单向导电性能,把交流电变成脉动的直流电。为获得较大的整流电流,二极管用面接触型,但由于其结面积较大,结电容也较大,因此整流二极管的工作频率较低,一般在 3 kHz 以下,仅少数特殊用途整流二极管工作频率可达 100 kHz。

整流二极管的基本型号有 2CZ、2DZ 系列,2CP 和 2DP 系列也都用于整流。其主要参数是正向电流和最高工作电压。正向电流从几毫安到上千安,工作电压从几伏到数千伏,甚至更高。

整流二极管流过大电流也会引起发热,这时必须根据要求加散热片,使 PN 结温度保持在定值界限(硅管为 150 ℃以下),才能连续工作。

(2)检波二极管。检波二极管是把高频调制载波信号中的低频信号检出来的二极管。良好的检波二极管要求少数载流子注入效应小、结电容小、正向电阻小,也就是检波效率高。因此,检波二极管,特别是用于微波频段的检波二极管,要采用硅、锗点接触型二极管或肖特基势垒二极管。检波二极管除用作检波外,还能够用于限幅、削波、调制、混频、开关等电路。

(3)开关二极管。常用小功率开关二极管主要有 2CK、2AK 以及 SBD(肖特基势垒二极管)等系列。主要用于高频高速脉冲整流、整形和电子开关等电路中。通信机、电视机、收录机及电子仪器、仪表等整机的开关电路、钳位电路或检波电路都有应用。2AK 系列为点接触锗金键开关二极管,适用于中速开关电路;2CK 系列为平面硅开关二极管,适用于高速开关电路。小功率开关二极管采用标准 EA 型或 ET 型外封装。近来有些厂家为了满足一些整机配套的要求,也采用国外标准,生产国外同型号开关二极管,例如,1N4148、1N4151、1N4152(其特性参数分别与 2CK70E、2CK73E、2CK7lE 系列相似)。

(4)稳压二极管。稳压二极管又称齐纳二极管。稳压二极管的正向特性与普通二极管类似,反向电压小于击穿电压 U_z 时,反向电流很小;反向电压临近击穿电压时,反向电流急剧增大,发生电击穿。尽管电流可在很大的范围内变化,但二极管两端的电压基本上稳定在击穿电压附近,所以它能起稳压作用。使用时,稳压二极管工作于反向击穿状态,要串联电阻器控制反向电流的数值。电阻器的作用:一是起限流作用,用以保护稳压管;二是当输入电压或负载电流变化时,通过该电阻器上电压降的变化,取出误差信号以调节稳压管的工作电流,从而起到稳压作用。

(5)发光二极管。发光二极管将电能转变成光能。利用Ⅲ-Ⅴ族半导体材料可制成发光二极管。发光二极管工作在正向偏置状态,它与普通二极管相似,也具有单向导电特性,不同之处仅在于加上正向偏置时,PN 结内载流子复合过程中将释放出能量的大部分以光的形式辐射出来。

实际光辐射在约 2 mA 电流强度下便已开始。光强的增加与电流强度成正比。光的波长主要取决于晶体材料,也与掺杂有关。发光二极管的发光颜色主要由制作二极管的材料及掺入杂质的种类决定。目前,常见的发光二极管发光颜色主要有蓝色、绿色、黄色、红色、橙色、白色等。其中,白色发光二极管是新型产品,主要用在手机背光灯、液晶显示器背光灯、照明领域等。不同颜色的发光二极管所采用的基本材料及工作电压见表 2-1。

表 2-1 不同颜色的发光二极管所采用的基本材料及工作电压

颜色	波长/mm	基本材料	正向电压(10 mA 时)/V	光强(10 mA,张角±45°)/mcd	光功率/μW
红外	900	砷化镓	1.3~1.5	—	100~500
红	655	磷砷化镓	1.6~1.8	0.4~1	1~2
鲜红	635	磷砷化镓	2.0~2.2	2~4	5~10
黄	583	磷砷化镓	2.0~2.2	1~3	3~8
绿	565	磷化镓	2.2~2.4	0.5~1	1.5~8

有时为了显示数字而制成七段字符及小数点显示器,该显示器由八个发光二极管组成。发光二极管还用作发光灯。发光灯是把 LED 芯片粘接在管座或引线条上,经键合内引线(一般为 ϕ25 μm 的金丝或 ϕ30 μm 的硅铝丝),然后用环氧树脂包封而成的一种器件。

发光灯和其他半导体器件一样,体积小、质量小、使用寿命长、结构牢固、可靠性高。在通常工作状态下(如用作指示灯),发光灯的使用寿命为 100 000 h,甚至可达 1 000 000 h,比白炽灯使用寿命长得多。同其他半导体器件一样,适合于表面安装技术的片状发光灯,与标准半球形发光灯相比进一步缩小了体积,典型尺寸为 3.0 mm×2.2 mm×1.5 mm(片状结构)。

(6)光电二极管。光电二极管是一种光电变换器件,其基本工作原理是在一定条件下,当光照到半导体内 PN 结上时,被吸收的光能就转变成电能。在光的作用下,半导体材料中低能级上的粒子可以吸收能量而跃迁到高能级;处于高能级上的粒子,也可能在一定条件下通过自发或受激辐射放光而跃迁到低能级。通常,吸收过程和受激辐射过程是同时存在并互相竞争的。在光电二极管中,吸收过程占绝对优势,它有两种工作情况:第一种是当二极管上加有反向电压时,二极管中的反向电流将随光照强度和光波的改变而变化,光电二极管就是工作于这种情况的 PN 结器件;第二种是二极管上不加电压,利用半导体的 PN 结在受光照时产生正向电压的原理,把光电二极管用作光致发电器件,一般把工作于第二种情况的 PN 结器件称为光电池或太阳能电池。

(7)变容二极管。变容二极管是利用反向偏压来改变 PN 结电容量的特殊半导体器件。变容二极管相当于一个容量可调的电容器。其两个电极之间的 PN 结电容大小随加到变容二极管两端的反向电压大小的改变而变化。变容二极管一般是在反向偏压下工作的,可用于倍频、频率变换、调制、振荡器的电调谐等。

(8)表面安装二极管。表面安装二极管又称贴片二极管或者 SMD(Surface Mounted Devices)二极管,各类型的二极管均有表面安装封装,主要有圆柱形和片状两种。

圆柱形表面安装二极管的尺寸有 ϕ1.5 mm×3.0 mm、ϕ2.7 mm×5.2 mm 两种规格。该类型的二极管主要是开关二极管、稳压二极管、通用二极管。圆柱形表面安装二极管的极性通常用色带来表示,距色带近的一端为负极。圆柱形表面安装二极管的功耗一般为 0.5~1 W。

片状表面安装二极管一般为塑封矩形薄片,尺寸一般为 3.8 mm×1.5 mm×1.1 mm。

表面安装二极管的具体型号大都采用数字代码表示,不同公司生产的产品,其代码也不一样。

2.1.2　二极管的识别

普通二极管在电路中常用字母 VD 或 D 加数字表示,如 VD_5 表示编号为 5 的二极管,稳压二极管在电路图中用字母 VD_Z 表示。二极管在电路图中的图形符号如图2-1 所示。

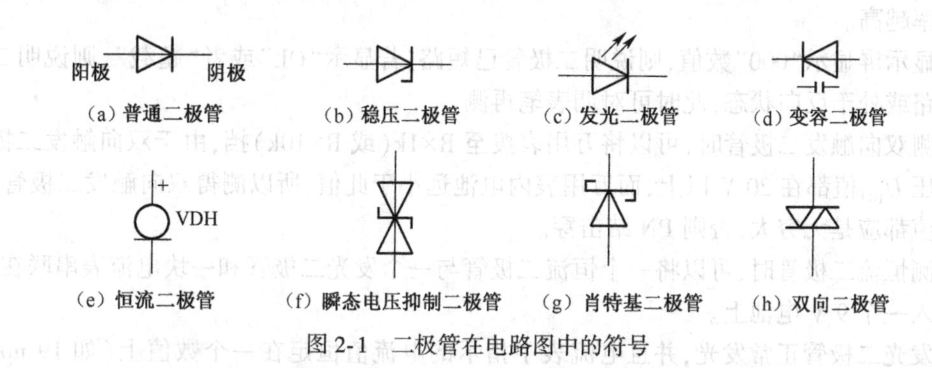

图 2-1　二极管在电路图中的符号

小功率二极管的负极通常在表面用一个色环标出;金属封装二极管的螺母部分通常为负极引线;发光二极管则通常用引脚长短来识别正、负极,长脚为正,短脚为负;另外,若仔细观察发光二极管,可以发现内部的两个电极一大一小,一般来说,电极较小、个头较矮的一个是正极,电极较大的是负极。

整流桥的表面通常标注内部电路结构或者交流输入端及直流输出端的名称,交流输入端通常用 AC 或者~表示;直流输出端通常用+或者-表示。

贴片二极管由于外形多种多样,其极性也有多种标示方法,在有引线的贴片二极管中,管体有白色色环的一端为负极;在有引线而无色环的贴片二极管中,引线较长的一端为正极;在无引线的贴片二极管中,表面有色带或者有缺口的一端为负极。

2.1.3　二极管的检测

有专供测量二极管的电子测量仪器,如 XH2038 型二极管正向特性测试仪、HX2039 型二极管反向特性测试仪、JE-26 型晶体二极管参数测试仪、BJ2912(QE7)型晶体稳压二极管测试仪、JT-1H 型晶体管特性图示仪。下面介绍二极管的简易测量方法。

在用指针式万用表测试二极管时,显示数值较小的一次黑表笔所接的一端为正极,红表笔所接的一端则为负极。若正、反向电阻均为无穷大,则表明二极管已经开始损坏;若正、反向电阻均为0,则表明二极管已经短路损坏。在正常情况下,锗二极管的正向电阻约为1.6 kΩ。

用数字万用表检测二极管时,红表笔接二极管的正极,黑表笔接二极管的负极,此时测得的阻值才是二极管的正向导通阻值,这与指针式万用表的表笔接法刚好相反。由于数字万用表的电阻挡提供的电流较小,只有0.1~0.5 mA;而二极管属于非线性器件,其正、反向阻值与测试电流有很大关系,因为用数字万用表的电阻挡测量二极管时的测量数值与实际数值有很大的误差,所以通常不会用数字万用表的电阻挡测量二极管。

若用数字万用表的二极管挡检测二极管则更方便,将数字万用表挡位开关放置在二极管挡,然后将二极管的负极与数字万用表的黑表笔相接,正极与红表笔相接,此时显示屏上即可显示二极管正向压降值。不同材料的二极管,其正向压降值不同,锗二极管为0.15~0.3 V,硅二极管为0.4~0.7 V。

用数字万用表的二极管挡检测二极管时,若表笔接反(正极与黑表笔相接,负极与红表笔相接),则屏幕上会显示“OL”或者“超载”(在二极管正常的情况下),该数值为二极管的反向压降。

由于用数字万用表测量时的电流很小,因此屏幕上显示的二极管压降值要低于额定电流时的压降值。同种型号的二极管,测量的正向压降值越小,说明该二极管的性能越好,在整流时的效率越高。

若显示屏显示“000”数值,则说明二极管已短路;若显示“OL”或者“超载”,则说明二极管内部开路或处于反向状态,此时可对调表笔再测。

检测双向触发二极管时,可以将万用表拨至R×1k(或R×10k)挡,由于双向触发二极管的转折电压U_{BO}值都在20 V以上,而万用表内电池远小于此值,所以测得双向触发二极管的正、反向阻值都应是无穷大,否则PN结击穿。

检测恒流二极管时,可以将一个恒流二极管与一个发光二极管和一块电流表串联在一起,然后接入一个9 V电池上。

若发光二极管正常发光,并且电流表中指示的电流值恒定在一个数值上(如19 mA),则说明该恒流二极管正常;若发光二极管不能点亮,则检查电路连接是否正确,各电极极性是否正常;若以上均正常,则说明该恒流二极管损坏。

2.1.4 二极管的选用

半导体二极管的种类、型号很多,其性能和参数差别很大。为了充分发挥不同二极管的功能,在设计电路时选用二极管应掌握以下一些方法:

(1)根据电路实际功能选用不同性能的二极管。这是解决二极管用在何处的问题的,当目的确定后就要考虑由谁来完成,各种二极管都有规定的名称,一看名称,就知道它能完成什么任务,这给使用者提供了很大方便。

如检波二极管主要是作检波用的,但在这一个系列中哪种二极管更符合要求,就要进一步熟悉它们之间的差异才好分配任务。一般高频检波电路选用锗检波二极管,它的特点是工作频率高、正向压降小和结电容小等。若以频率特性划分,2AP11~2AP17适用于40 MHz以下;

2AP9~2AP10 适用于 1 000 MHz 以下；2AP1~2AP8 适用于 150 MHz 以下；2AP30适用于400 MHz以下；2AP31 适用于 1 000 MHz 以下；2AP32 适用于 2 000 MHz 以下等。

调谐或调频电路应选用变容二极管。它是一种端电容在反向偏置下按确定方式随偏压变化，并专门利用这种电容-电压特性的二极管。以电容-电压变化指数(n)划分类别，频率覆盖范围小的选用突变结变容二极管($n=1/2$)；频率覆盖范围大的选用超突变结变容二极管($n>1/2$)。

选择整流管时，应首先了解整流器输入电压、输出电流及整流电路的形式(半波、全波或桥式)等，然后根据这些要求，从相关晶体管手册或有关资料中查找相应的参数值能满足这些要求的二极管的型号。

选用稳压管要根据具体电路考虑。简单并联稳压电源中，输出电压就是稳压管的稳定电压。当负载开路时，流过稳压管的电流达到最大，这个电流应小于稳压管的最大稳定电流。例如，制作一个晶体管收音机用的6V 稳压电源，最大负载电流为 100 mA。这时可选用稳定电压为 5.5~6.5 V，最大稳定电流为 150 mA 的 2CW104 稳压管。限流电阻器 R 可选用39~51 Ω的1W 电阻器。变压器二次电压为 9~12 V，当需要稳压值比较低的稳压管而买不到稳定电压较低的稳压管时，可以用普通硅二极管正向导通代替稳压管的使用，效果与低电压的稳压管相差不大。例如，用两只 2CZ82A 硅二极管串联起来，可以当作一个 1.4 V 的稳压管使用。

小功率硅三极管如 3DG 系列的 b-e 结、反向击穿电压都在 7 V 左右。利用这个结可以当 7 V 左右的稳压管使用。只要控制反向电流不超过 5 mA，三极管是不会损坏的。此三极管的基极作为稳压管的正极，使用时接电源负极；此三极管的发射极作为稳压管负极，使用时接电源正极。

LED 的应用范围非常广泛，其中发可见光的 LED 可用于特殊需要的照明、信号指示灯、数字和字符显示；发红外光的 LED 可用于红外夜视仪、红外通信、测距用光源。无论是发可见光的 LED，还是发红外光的 LED，都可以和有关的光敏器件一起组成光耦合器，广泛地用于光电自动控制系统。

(2)根据整机和电路板体积选择二极管外形。二极管的封装形式多种多样，有些不同封装形式的同种二极管性能相差不大，可根据使用条件选择符合条件的二极管。

整机向小型化、薄型化和轻型化方向发展，要求配套的二极管微型化和片状化。目前这些元件已经很多，选用比较方便。DO-35 型开关二极管和频段开关二极管的玻璃壳长度为3.8 mm，DO-34 型频段开关二极管的玻璃壳长度为 2.2 mm，SOD-23 型塑封变容二极管长度为 4 mm，1-2JIA 型塑封变容二极管长度为 2.7 mm。设计者可根据外形大小情况进行选用。

(3)根据整机性能价格比合理选择管型。有些二极管的作用面广，通用性比较强，为选择提供了很大方便，根据整机的性能价格比和配套二极管在整机中的作用，合理代用。例如，硅快速开关二极管 2CK4148 是一种通用性很强的二极管，器件的性能好，价格便宜，最高反向工作电压为 75 V；反向电流≤25 nA($V_R=20$ V)，或反向电流≤5 μA($V_A=75$ V)；正向压降≤1 V；结电容≤4 pF；开关时间≤4 ns。

2.2　三极管的识别/检测/选用

晶体三极管(Transistor)又称晶体管或三极管。晶体三极管是双极型晶体管(Bipolar Junction Transistor, BJT)的简称,是常用的半导体器件之一,具有电流放大和开关作用,是电子电路的核心组件。

2.2.1 三极管的种类

三极管的基本结构是由两个反向连接的 PN 结面,中间有一夹层组成的,如图2-2所示。因此,三极管有 PNP 和 NPN 两种类型。NPN 型和 PNP 型两种三极管的功能差别在于工作时的电流方向不同,NPN 三极管使用较为普遍。三极管三个接出来的端点分别称为发射极(emitter,e)、基极(base,b)和集电极(collector,c)。名称来源于三极管工作时的功能。

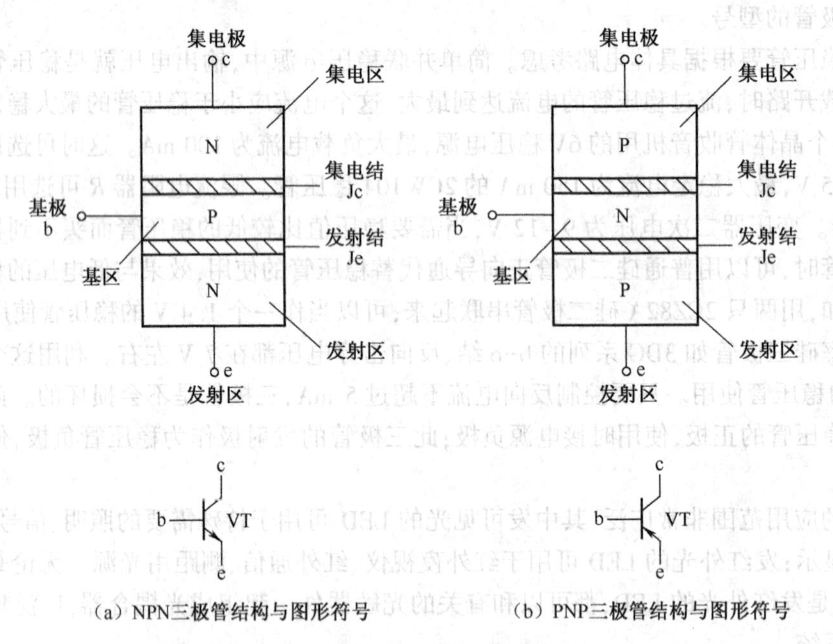

(a) NPN三极管结构与图形符号 (b) PNP三极管结构与图形符号

图 2-2 三极管的结构与图形符号

三极管有多种类型,按材料不同分,有锗三极管、硅三极管等;按极性的不同分,有 NPN 三极管和 PNP 三极管;按用途不同分,有大功率三极管、小功率三极管、高频三极管、低频三极管、光电三极管、带阻三极管、达林顿三极管等;按照封装材料的不同分,有金属封装三极管、塑料封装三极管、玻璃壳封装(简称"玻封")三极管、表面封装(片状)三极管和陶瓷封装三极管等。

(1)大功率、小功率、低频、高频、超高频三极管。在通常情况下,把集电极最大允许耗散功率 P_{CM} 在 1 W 以下的三极管称为小功率三极管;把集电极最大允许耗散功率 P_{CM} 在 1~10 W 的三极管称为中功率三极管;把集电极最大允许耗散功率 P_{CM} 在 10 W 以上的三极管称为大功率三极管;把特征频率低于 3 MHz 的三极管称为低频三极管;把特征频率高于 3 MHz 而低于 30 MHz 的三极管称为中频三极管;把特征频率大于 30 MHz 的三极管称为高频三极管;把特征频率大于 300 MHz 的三极管称为超高频三极管。超高频三极管又称微波三极管,主要用于电视机、雷达、导航、通信等领域中处于微波波段(300 MHz 以上的频率)的信号。

高频中、大功率三极管一般用于视频放大电路、前置放大电路、互补驱动电路、高压开关电路及行推动等电路。中、低频小功率三极管主要用于工作频率较低、功率在 1W 以下的低频放大和功率放大等电路中。中、低频大功率三极管一般用在电视机、音响等家电中作为电源调整管、开关管、场输出管、行输出管、功率输出管或用在汽车电子点火电路、逆变器、不间断电源(Uninterruptible Power Supply,UPS)等系统电路中。

(2)带阻尼三极管。带阻尼三极管是将高反压大功率开关三极管与阻尼二极管、保护电阻器封装为一体构成的特殊电子器件,主要用于彩色电视机或计算机显示器的行扫描电路中。

带阻尼三极管有金属封装(TO-3)和塑料封装(TO-3P)两种封装形式。带阻尼三极管的内部电路结构如图2-3所示。

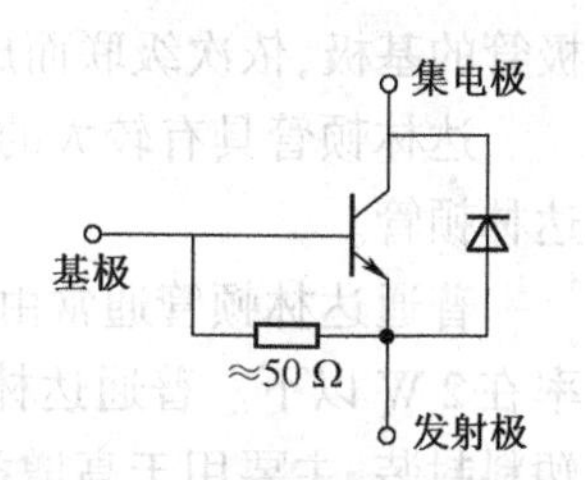

图2-3 带阻尼三极管的内部电路结构

(3)带阻三极管。带阻三极管是将一只或两只电阻器与三极管连接后封装在一起构成的,可用作反相器或倒相器,广泛应用于电视机、影碟机、录像机、DVD及显示器等家电产品中。常见的带阻三极管内部电路结构如图2-4所示。

带阻三极管由于基极串有电阻器 R_1,基极、发射极间有电阻器 R_2,有的系列的 R_1、R_2 的阻值也不同,因此用万用表检测时,不同型号的带阻三极管测量值也不同。一般b-e、b-c、c-e极间正、反向阻值均比普通三极管要大得多。

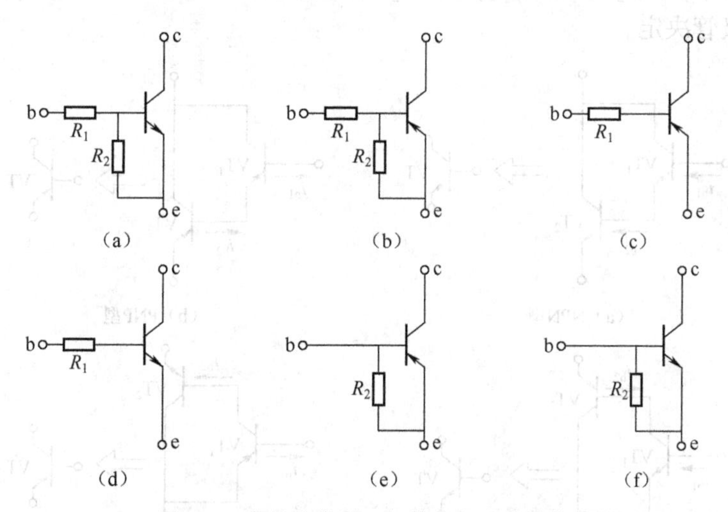

图2-4 常见的带阻三极管内部电路结构

由于带阻三极管通常应用在数字电路中,因此带阻三极管有时又称数字三极管或数码三极管。带阻三极管通常作为一个中继开关管,在电路中可看作一个电子开关,当其饱和导通时,管压降很小。

带阻三极管通常是将内部电阻 R_1、R_2 的值进行合理搭配后,与三极管的管芯封装成系列产品,使用户的电路设计简单化、标准化。常用的带阻三极管系列产品的电阻 R_1/R_2 比率有10 kΩ/10 kΩ、22 kΩ/22 kΩ、47 kΩ/47 kΩ、1 kΩ/10 kΩ、4.7 kΩ/10 kΩ、10 kΩ/47 kΩ、22 kΩ/47 kΩ、47 kΩ/22 kΩ等。

R_1、R_2 值的大小对带阻三极管工作状态有较大的影响。R_1 越小,带阻三极管的饱和程度越深,I_c 越大,输出电压 U_{OL} 越小,抗干扰能力越强,但对开关速度有影响。R_2 的作用是用来减小三极管截止时的集电极反向电流,并可减小整机的电源消耗。R_2 的大小对带阻三极管截止时的集电极反向电流大小有影响。

带阻三极管通常采用片状塑封形式,主要产品有TO-92、TO-92S、SOT-23M等几种。带阻三极管以小功率管为主,集电极最大允许电流 I_{CM} 大多为100 mA。部分带阻三极管的 I_{CM}

可达 700 mA。带阻三极管外观上与普通三极管并无多大区别,要区分它们只能通过万用表测量或者查阅厂家技术资料。

(4)达林顿管。达林顿管(Darlington Transistor)又称复合三极管。它采用复合连接方式,将两只或更多只三极管的集电极连在一起,而将第一只三极管的发射极直接耦合到第二只三极管的基极,依次级联而成,最后引出 e、b、c 三个电极。

达林顿管具有较大的电流放大系数及较高的输入阻抗。它又分为普通达林顿管和大功率达林顿管。

普通达林顿管通常由两只三极管或多只三极管复合连接而成,内部不带保护电路,耗散功率在 2 W 以下。普通达林顿管的内部电路结构如图 2-5 所示。普通达林顿管一般采用 TO-92 塑料封装,主要用于高增益放大电路或继电器驱动电路等。

达林顿管可以扩大电流的驱动能力,在实际应用中,通常采用两只三极管连接成达林顿管的形式来扩大电流的驱动能力。普通三极管连接成达林顿管主要有四种连接方式,如图 2-5 所示。不论哪种等效方式,等效后三极管的性能均遵循下列规律:$\beta=\beta_1\beta_2$(β 为达林顿管的共射电流放大倍数,β_1 和 β_2 分别为 VT_1 和 VT_2 的共射电流放大倍数);三极管的类型由复合管中的第一只三极管决定。

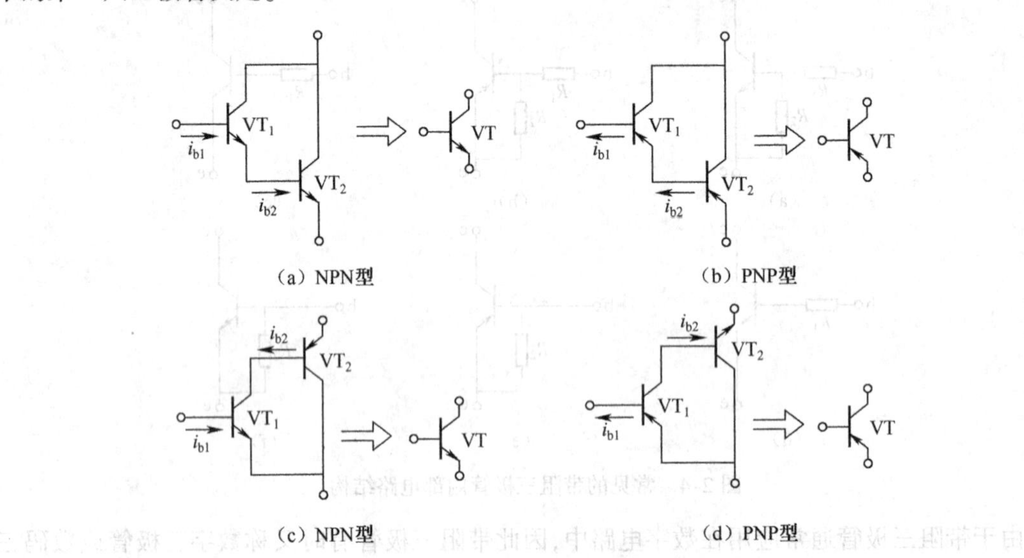

图 2-5 普通达林顿管的内部电路结构

2.2.2 三极管的识别

(1)三极管外形与图形符号的识别。三极管在电路中常用字母 V、VT 加数字表示,如 VT_5 表示编号为 5 的三极管。

贴片三极管有三个电极的,也有四个电极的。在四个电极的三极管中,比较大的一个引脚是三极管的集电极,另有两个相通引脚是发射极,余下的一个是基极。

一般的贴片三极管从顶端往下看有两边,上边只有一脚的为集电极,下边的两脚分别是基极和发射极,知道这些后,用万用表就不难区分了。如果三极管已经损坏,则还要结合偏置电路判定是 NPN 型还是 PNP 型。

带阻三极管目前尚无统一的标准符号,在不同厂家的电子产品中带阻三极管图形符号及文字符号的标注方法也不一样。日立、松下等公司的产品中常用字母 QR 来表示，东芝公司用字母 RN 来表示，飞利浦和日电(NEC)等公司用字母 Q 来表示，还有的厂家用 IC 来表示，国内电子产品中则通常使用普通三极管的文字符号，即用字母 V 或 VT 来表示。

(2)三极管型号的识别。三极管的型号通常都印在三极管的表面。在有些塑料封装的三极管中，由于管面较小，为了打印方便，许多型号的三极管通常把通用的前缀去掉，而只打印后面的数字型号。如常用的 2SA、2SB、2SC、2SD 系列三极管，就常把前面的 2S 省略，即 C1518 就表示 2SC1518。

另外，有些日本产的塑料小功率三极管，其型号后面标有 R，说明其引脚排列与普通三极管相反。

表面安装三极管的型号是采用数字或数字和字母混合的代码来表示的，不同公司生产的产品代码不一样。国产半导体分立元器件命名规则见表 2-2。

表 2-2　国产半导体分立元器件命名规则

第一部分		第二部分		第三部分				第四部分	第五部分
器件电极数目		器件的材料和极性		用汉语拼音字母表示器件的类型					
符号	意义	符号	意义	符号	意义	符号	意义		
2	二极管	A	N型，锗材料	P	普通管	D	低频大功率管频率 $f_\alpha<3$ MHz，功率 $P_C\geqslant 1$W		
		B	P型，锗材料	V	微波管	A	高频大功率管频率 $f_\alpha\geqslant 3$ MHz，功率 $P_C\geqslant 1$W		
		C	N型，硅材料	W	稳压管	T	半导体晶闸管(晶闸管整流器)		
		D	P型，硅材料	C	参量管	Y	体效应器件		
3	三极管	A	PNP型，锗材料	Z	整流管	B	雪崩管	用数字表示器件序号	用汉语拼音表示规格的区别代号
		B	NPN型，锗材料	L	整流堆	J	阶跃恢复管		
		C	PNP型，硅材料	S	隧道管	CS	场效应器件		
		D	NPN型，硅材料	N	阻尼管	BT	半导体特殊器件		
				U	光电器件	FH	复合管		
				K	开关管	PIN	PIN型管		
				X	低频小功率管(频率 $f_\alpha<3$ MHz，功率 $P_C>1$ W)	JG	激光器件		
				G	高频小功率管($f_\alpha\geqslant 3$ MHz，$P_C<1$ W)				

例如，根据常用的 3AX81 三极管的型号可以知道该三极管为锗材料 PNP 型低频小功率三极管。

美国电子工业协会(Electronic Industries Association，EIA)规定的三极管分立元器件型号命名方法见表 2-3。

EIA 规定的三极管分立元器件型号的命名方法组成型号的第一部分是前缀,第五部分是后缀,中间的三部分为型号的基本部分。除去前缀以外,凡型号以 1N、2N 或 3N……开头的三极管分立元器件,大都是美国制造的或按美国专利在其他国家制造的产品。第四部分数字只表示登记序号,不含其他意义。因此,序号相邻的两器件可能特性相差很大。例如,2N3464 为硅 NPN 型高频大功率管,而 2N3465 为 N 型沟道场效应三极管。

例如,一个型号为 JAN2N2904 的器件,由表 2-3 可知它是一个 EIA 登记序号为 2904 的军用品三极管。

表 2-3 美国电子工业协会(EIA)规定的三极管分立元器件型号命名方法

第一部分		第二部分		第三部分		第四部分		第五部分	
用途的类型		PN 结的数目		EIA 注册标志		EIA 登记顺序号		器件分挡	
符号	意义	符号	意义	符号	意义	符号	意义	符号	意义
JAN 或 J	军用品	1	二极管	N	该器件已在 EIA 登记	多位数字	该器件在 EIA 登记的顺序号	A	同一型号的不同挡别
		2	三极管					B	
无	非军用品	3	三个 PN 结器件					C	
		n	N 个 PN 结器件					D	

2.2.3 三极管的检测

有专供检测双极型三极管的测量仪器,如 JS-7B 型晶体管测试仪、BJ2911 型晶体管综合参数测试仪及晶体管功率增益、噪声系数、特征频率测试仪、晶体管特性图示仪等。下面主要介绍利用万用表检测三极管。

(1)用模拟万用表检测。将模拟万用表置 R×100 挡或 R×1k 挡,黑表笔接触被测管某个电极,红表笔分别接触其他两个电极,若两次测出的阻值都较小,说明黑表笔接触的是基极(b 极),且为 NPN 三极管。若两次测出的阻值均较大,说明黑表笔接触的为 b 极,且为 PNP 三极管。若两次测出阻值一大一小,且相差较多,则黑表笔接触的不是 b 极。则将黑表笔接触另一电极再判别一次,最多判别三次,必然判别出 b 极。

在判别出 b 极和极型(NPN 或 PNP)后,进一步判别 c 极和 e 极。将万用表置 R×100 挡,对于 PNP 三极管,将红表笔接 b 极,黑表笔分别接触另外两个电极,两次测量中阻值较小的一次,黑表笔所接触的电极为 c 极,另一电极为 e 极。对于 NPN 三极管,则将黑表笔接 b 极,红表笔分别接触另外两个电极,两次测量中阻值较小的一次,红表笔所接触的电极为 c 极,另一电极为 e 极。

先将模拟万用表置 ADJ(校准)挡,把红、黑表笔短路,调节电气零点旋钮,使模拟万用表指针对准 H_{FE} 刻度线的满度值(MF47 型万用表为 300)。再将万用表置 H_{FE} 挡,根据被测管的极型(NPN 或 PNP)选择模拟万用表的对应插座(NPN 或 PNP),并将被测管的各极插入插座对应的插孔,模拟万用表的示值则为 H_{FE}。

将模拟万用表置 R×100 挡或 R×1k 挡,测量 PN 结(b、e 极或 b、c 极)的正、反向电阻。正常情况下,硅管、锗管 PN 结的正、反向电阻见表 2-4。

表 2-4　正常情况下,硅管、锗管 PN 结的正、反向电阻

电阻 材料	正向电阻/Ω	反向电阻/ kΩ
硅管	3~15 000	>500
锗管	200~500	>100

(2)用数字万用表检测。将数字万用表置二极管挡,红表笔接触被测管的某个电极,黑表笔分别接触另外两个电极。若两次测量中万用表示值均为 0.3~0.7 V 而且两次测量值接近,则红表笔接触的电极为 b 极,且为 NPN 型。如两次测量均显示溢出,则红表笔接触的电极为 b 极,且为 PNP 型。两次测量中一次显示 0.3~0.7 V,另一次显示溢出,则红表笔接触的电极不是 b 极。需将红表笔接触另一电极,再判别一次,最多判别三次,必然判别出 b 极。

将数字万用表置 H_{FE} 挡,在已知管型 NPN 或 PNP 和 e、b、c 极的情况下,将被测管插入数字万用表的相应插座,即 NPN 或 PNP 插座,并把被测管的 e、b、c 极对应插入插座的 e、b、c 插孔,数字万用表的示值则为 H_{FE}。

2.2.4　三极管的选用

在选用三极管时,应根据电路需要,使其特征频率高于电路工作频率的 3~10 倍,但不能太高,否则将引起高频振荡。

三极管的 β 值(共射电流放大系数)应选择适中,一般选 30~200 为宜。β 值太低,电路的放大能力差;β 值过高,又可能使三极管工作不稳定,造成电路的噪声增大。进口三极管有的用字母表示 β 值,替换时须注意其 β 值。部分进口三极管用字母表示的 β 值见表 2-5。

表 2-5　部分进口三极管用字母表示的 β 值

型号	字母								
	A	B	C	D	E	F	G	H	I
9011 9018	—	—	—	29~44	39~60	54~80	72~108	97~146	132~198
9012 9013	—	—	—	64~91	78~112	96~135	116~118	144~202	180~350
9014 9015	60~150	100~300	200~600	400~1000	—	—	—	—	—
8050 8550	—	85~160	120~200	160~300	—	—	—	—	—
5551	82~160	150~240	200~395	—	—	—	—	—	—
BU406	30~45	35~85	75~125	115~200	—	—	—	—	—
2SC2500	140~240	200~330	300~450	420~600	—	—	—	—	—
BC546 BC547	110~220	200~450	—	—	—	—	—	—	—
BC556 BC557	110~220	200~450	—	—	—	—	—	—	—

选择三极管时,反向击穿电压 U_{CEO} 应大于电源电压。在常温下,集电极最大允许耗散功率 P_{CM} 应选择适中。如果选小了,会因三极管过热而烧毁;选大了,又会造成浪费。

在代换三极管时,新换三极管的极限参数应等于或大于原三极管;性能好的三极管可代替性能差的三极管,如 β 值高的可代替 β 值低的,穿透电流小的可代替穿透电流大的;在耗散功率允许的情况下,可用高频管代替低频管(如3DG型可代替3DX型)。

2.3 场效应管的识别/检测

场效应管是场效应晶体管(Field Effect Transistor,FET)的简称。它属于电压控制半导体器件,具有输入电阻高($10^7 \sim 10^9\ \Omega$)、噪声小、功耗低、没有二次击穿现象、安全工作区域宽、受温度和辐射影响小等优点,特别适用于要求高灵敏度和低噪声的电路,现已成为普通三极管的强大竞争者。

普通三极管是一种电流控制器件,工作时,多数载流子和少数载流子都参与运行,所以又称双极型三极管;而场效应管(FET)是一种电压控制器件(改变其栅源电压就可以改变其漏极电流),工作时,只有一种载流子参与导电,因此它是单极型三极管。

场效应管和三极管一样都能实现信号的控制和放大,但由于它们的构造和工作原理截然不同,因此二者的差别很大。在某些特殊应用方面,场效应管优于三极管,是三极管无法替代的。三极管与场效应管的区别见表2-6。

表2-6 三极管与场效应管的区别

项目＼器件	三极管	场效应管
导电机构	既用多子,又用少子	只用多子
导电方式	载流子浓度扩散及在电场作用下的定向漂移	电场漂移
控制方式	电流控制	电压控制
类型	PNP、NPN	P型沟道、N型沟道
放大参数	$\beta = 50 \sim 100$	$G_m = 1 \sim 6$ mS
输入电阻/Ω	$10^2 \sim 10^4$	$10^7 \sim 10^{15}$
抗辐射能力	差	在宇宙射线辐射下,仍能正常工作
噪声	较大	小
热稳定性	差	好
制造工艺	较复杂	简单、成本低、便于集成化
应用电路	c极与e极一般不可倒置使用	有的型号D极与S极可倒置使用

2.3.1 场效应管的种类

场效应管分结型、绝缘栅型两大类。结型场效应管(Junction Field Effect Transistor,JFET)因有两个PN结而得名;绝缘栅型场效应管(Insulated Gate Field Effect Transistor,IGFET)则因栅极(闸极)与其他电极完全绝缘而得名。结型场效应管又分为N型沟道和P型沟道两种;绝缘栅型场效应管除有N型沟道和P型沟道之分外,还有增强型与耗尽型之分,如图2-6所示。

目前在场效应管中，应用最为广泛的是绝缘栅型场效应管，简称 MOS 场效应管或者 MOSFET（Metal-Oxide-Semiconductor Field Effect Transistor），即金属–氧化物–半导体场效应管，此外还有 PMOS、NMOS 和 VMOS 功率场效应管及 VMOS 功率模块等。

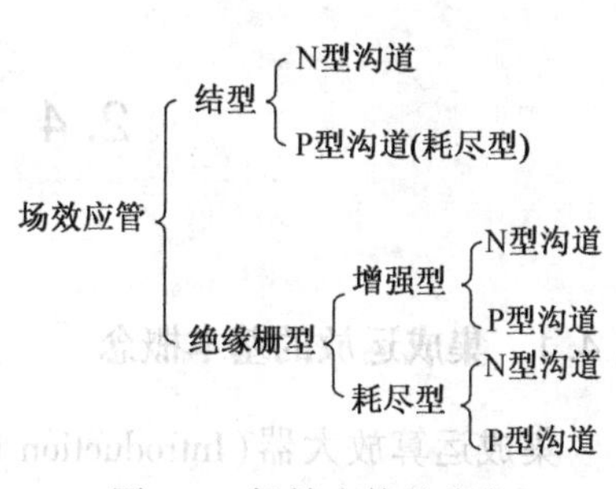

图 2-6　场效应管的分类

2.3.2　场效应管的识别与检测

场效应管在电路中常用字母 V、VT 加数字表示，如 VT_1 表示编号为 1 的场效应管。

对于国产场效应管的型号，现在有两种命名方法：一是与普通三极管相同，即第三位字母 J 代表结型场效应管，O 代表绝缘栅型场效应管；第二位字母代表材料，D 代表 P 型硅，反型层是 N 沟道；C 代表 N 型硅，反型层是 P 沟道。例如，3DJ6D 是结型 N 型沟道场效应管，3DO6C 是绝缘栅型 N 型沟道场效应管。第二种命名方法是采用字母“CSXX#”的形式，其中 CS 代表场效应管，XX 以数字代表型号的序号，#用字母代表同一型号中的不同规格，如 CS16A、CS55G 等。在国家标准电路中，常用场效应管的图形符号如图 2-7 所示。

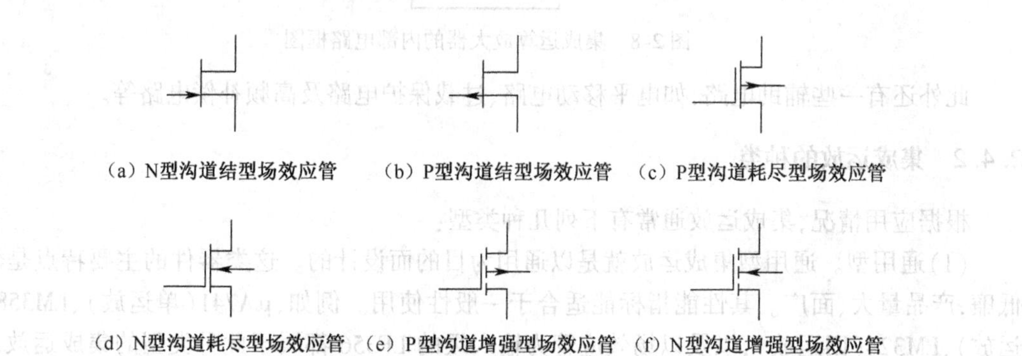

图 2-7　常用场效应管的图形符号

目前，在有些大功率 MOSFET 管中的 G – S 极间或者 D – S 极间增加了保护二极管，以保护场效应管不至于被静电击穿。

MOS 场效应管比较“娇气”。这是因为它的输入电阻很高，而 G – S 极间电容又非常小，极易受外界电磁场或静电的感应而带电，而少量电荷就可在极间电容上形成相当高的电压（$U=Q/C$），将 MOS 场效应管损坏。因此出厂时各引脚都绞合在一起，或装在金属箔内，使 G 极与 S 极短接，防止积累静电荷。MOS 场效应管不用时，全部引脚也应短接。在测量时应格外小心，并采取相应的防静电措施。

测量前，先把人体对地短路后才能触摸 MOS 场效应管的引脚。最好在手腕上接一条导线与大地连通，使人体与大地保持等电位，再把引脚分开，然后拆掉导线。根据 PN 结的正、反向阻值不同的现象可以很方便地判别出结型场效应管的 G 极（栅极）、D 极（漏极）、S 极（源极）。

将万用表置于 R×1k 挡，任选两电极，分别测出它们之间的正、反向阻值。若正、反向阻值相等（约几千欧），则该两极为 D 极和 S 极（结型场效应管的 D 极、S 极可互换），余下的则为 G 极。

2.4 集成运放的识别/应用

2.4.1 集成运放的基本概念

集成运算放大器(Introduction to Operational Amplifiers),简称集成运放,是一种高电压放大倍数的直接耦合放大器。它工作在放大区时,输入和输出呈线性关系,所以它又称线性集成电路。

集成运算放大器是一种高电压增益、高输入阻抗和低输出阻抗的多级直接耦合放大电路。它的类型很多,电路也不一样,但其结构具有共同之处,一般由四部分组成,如图2-8所示。

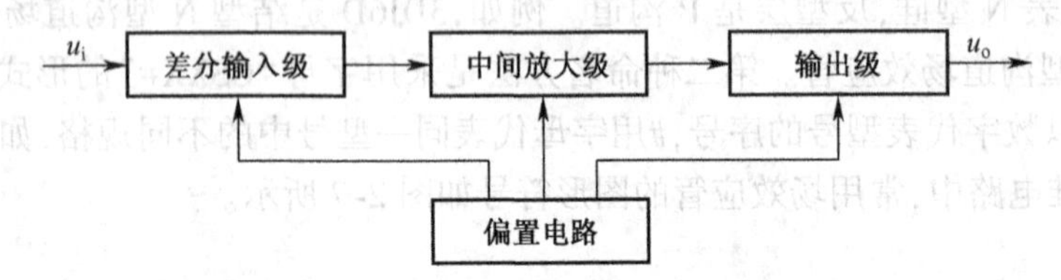

图 2-8 集成运算放大器的内部电路框图

此外还有一些辅助电路,如电平移动电路、过载保护电路及高频补偿电路等。

2.4.2 集成运放的种类

根据应用情况,集成运放通常有下列几种类型:

(1)通用型。通用型集成运放就是以通用为目的而设计的。这类器件的主要特点是价格低廉,产品量大、面广。其性能指标能适合于一般性使用。例如,μA741(单运放)、LM358(双运放)、LM324(四运放),以及以场效应管为输入级的LF356都属于此种类型的集成运放。它们是目前应用最为广泛的集成运放。

通用型集成运放主要用于无特殊要求的电路之中,其性能指标的数值范围见表2-7,少数集成运放可能超出表中数值的范围。

表 2-7 通用型集成运放性能指标的数值范围

参 数	数 值 范 围	单 位
开环差模增益	65~100	dB
差模输入电阻	0.5~2	MΩ
输入失调电压	0.3~7	mV
共模抑制比	70~90	dB
单位增益带宽	0.5~2	MHz
转换速率	0.5~0.7	V/μs
功耗	80~120	mW

(2)高输入阻抗型。具有高输入阻抗的集成运放通常称为高输入阻抗型集成运放。该类集成运放的差模输入电阻$r_{id}>10^9\sim10^{12}\,\Omega$,偏置电流$I_{IB}$为几皮安至几十皮安,故又称低输入偏置电流型,如AD549。

为了实现这些指标，通常利用场效应管输入阻抗高、普通三极管电压增益高的优点，由普通三极管与场效应管相结合而构成差分输入级电路，因此高输入阻抗型集成运放又称 BIFET 型集成运放。

高输入阻抗型集成运放的输入级采用超 β 管或场效应管，输入阻抗大于 $10^9\ \Omega$，适用于测量放大电路、信号发生器电路或采样-保持电路。

(3)高精度型。高精度型集成运放具有低失调、低温漂、低噪声及高增益等特点。它的失调电压和失调电流比通用型集成运放小两个数量级，而开环差模增益和共模抑制比均大于 100 dB，这种类型的集成运放适用于毫伏量级或更低的微弱信号的精密测量和运算、精密模拟计算、高精度稳压电源及自动控制仪表中，常用于一些高精度的设备中。常用的型号有 OP07、OP117 等。

(4)高速型。单位增益带宽和转换速率高的集成运放称为高速型集成运放。对这种类型的集成运放，通常要求单位增益带宽大于 10 MHz，有的高达千兆赫；转换速率大多为几十伏每微秒至几百伏每微秒，有的高达几千伏每微秒(通常转换速率>30 V/ms)。一般用于模-数转换器、数-模转换器、精密比较器、锁相环电路和视频放大电路中。常用的型号有 LM318、EL2030 等。

(5)低功耗型。低功耗型集成运放要求在电源电压±15 V 时，最大功耗不大于 6 mW，或要求工作在低电源电压(如 1.5~4 V)时，具有低的静态功耗和保持良好的电气性能。在电路结构上，一般采用外接偏置电阻和用有源负载代替高阻值的电阻器，以保证降低静态偏置电流和总功耗，使电路处于最佳工作状态，获得良好的电气性能。

低功耗型集成运放具有静态功耗低、工作电流及电压低等特点。它们的功耗只有几毫瓦，甚至更小，电源电压为几伏，而其他方面的性能不比通用型集成运放差，适用于能源有严格限制的情况，如空间技术、军事科学、工业中的遥感遥测等领域，以及便携式仪器，如常用的 TL-022C、TL-060C 等，其工作电压为±2 V~±18 V，消耗电流为 50~250 mA。目前有的产品功耗已达到微瓦级，如 ICL7600 的供电电压为 1.5 V，功耗为 10 mW，可采用单节电池供电。

常用集成运放的型号及其类型见表 2-8。

表 2-8　常用集成运放的型号及其类型

型　号	类　型	通　用　型　号
F1558	通用型双运算放大器	—
F157/A	通用型运算放大器	—
F158/258	单电源双运算放大器	—
F1590	宽频带运算放大器	—
F248/348	通用型四运算放大器	—
F253	低功耗运算放大器	—
F301A	通用型运算放大器	—
F308	通用型运算放大器	—
F318	高速运算放大器	—
F324	四运算放大器	—
F358	单电源双运算放大器	—
F441	低功耗 JEET 输入运算放大器	—
F4558	双运算放大器	RC455μPC4558

续表

型　号	类　型	通　用　型　号
F4741	通用型四运算放大器	MC4741
FD46	高速运算放大器	—
LF082	高输入阻抗运算放大器	—
LF147/347	JEET 输入型运算放大器	—
LF155/355	JEET 输入型运算放大器	—
LF156/256/356	JEET 输入型运算放大器	—
LF157/357	JEET 输入型运算放大器	—
LF3140	高输入阻抗双运算放大器	—
LF347	宽频带四运算放大器	KA347
LF351	宽频带运算放大器	—
LF351	BIFET 单运算放大器	—
LF353	高阻双运算放大器	—
LF356	BIFET 单运算放大器	—
LF357	BIFET 单运算放大器	—
LF398	采样–保持放大器	—
LF411	BIFET 单运算放大器	—
LF412	BIFET 双运算放大器	—
LF4136	高性能四运算放大器	—
LM324	四运算放大器	HA17324、LM324N
LM348	四运算放大器	—
LM358	单电源双运算放大器	—
LM358	通用型双运算放大器	HA17358、LM358P
LM368-1	音频放大器	NJM386D、UTC386
LM3900	四运算放大器	—
LM709	通用型运算放大器	—
LM725	低漂移高精度运算放大器	—
LM725	高精度运算放大器	—
LM733	宽频带运算放大器	—
LM741	通用型运算放大器	HA17741
LM747	双运算放大器	—
LM748	双运算放大器	—
MC1458	双运算放大器(内补偿)	—
MC3303	单电源四运算放大器	—
MC3403	低功耗四运算放大器	—
NE5532	高速低噪声双运算放大器	—
NE5534	高速低噪声单运算放大器	—
OP-07	超低失调运算放大器	—

续表

型　号	类　型	通　用　型　号
OP07-CP	精密运算放大器	—
OP07-DP	精密运算放大器	—
OP111A	低噪声运算放大器	—
OP-27CP	低噪声运算放大器	—
TL061	BIFET 单运算放大器	—
TL062	低功耗 JEET 双运算放大器	—
TL064	BIFET 四运算放大器	—
TL072	低噪声 JEET 输入型双运算放大器	—
TL074	BIFET 四运算放大器	—
TL081	通用 JEET 输入型单运算放大器	—
TL082	BIFET 双运算放大器	—
TL084	BIFET 四运算放大器	—

2.4.3　集成运放的应用

集成运放是一种通用集成电路，其应用范围很广，可以应用在放大、振荡、电压比较、阻抗变换、有源滤波等电路中。根据其工作特性，集成运放构成的电路主要有线性放大器与非线性放大器。

(1) 反相放大器及同相放大器，其电路图分别如图 2-9 和图 2-10 所示。

如图 2-10 所示，输入电压加在同相输入端，为保证集成运放工作在线性区，在输出端和反相输入端之间接反馈电阻 R_F 构成深度电压串联负反馈，R_2 为平衡电阻，$R_2 = R_F//R_1$。

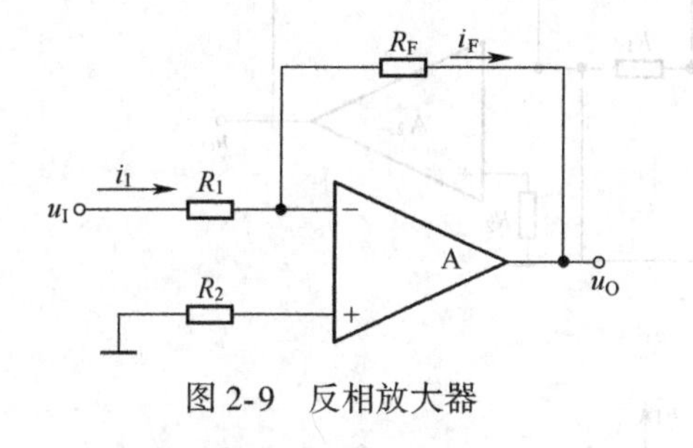

图 2-9　反相放大器

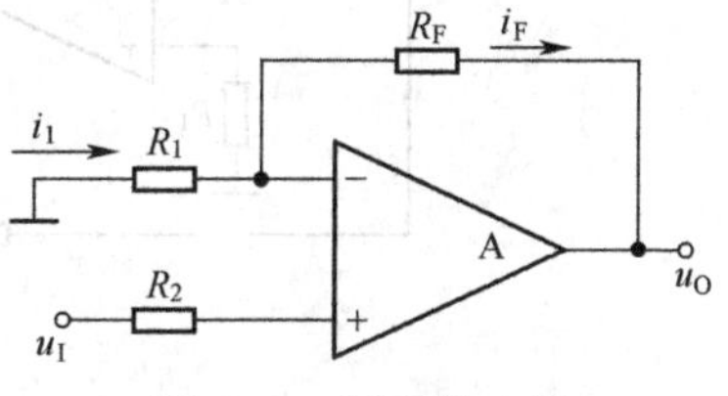

图 2-10　同相放大器

(2) 电压跟随器如图 2-11 所示。

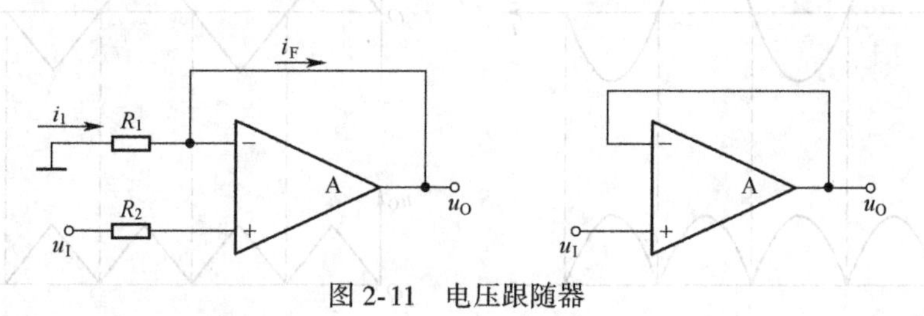

图 2-11　电压跟随器

(3) 求和运算电路如图 2-12 所示。

(4) 电压比较器如图 2-13 所示；全波精密整流电路及波形如图 2-14 所示；三运放构成的

精密放大器如图 2-15 所示。

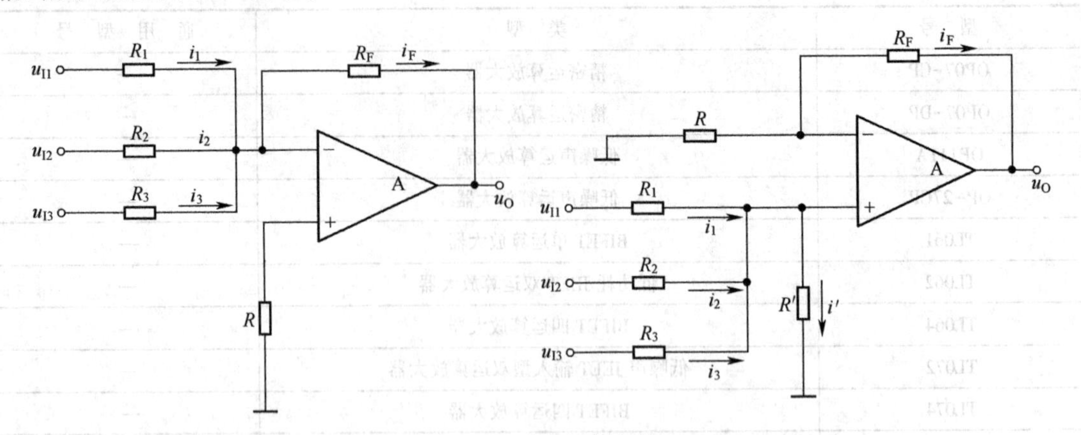

图 2-12 求和运算电路

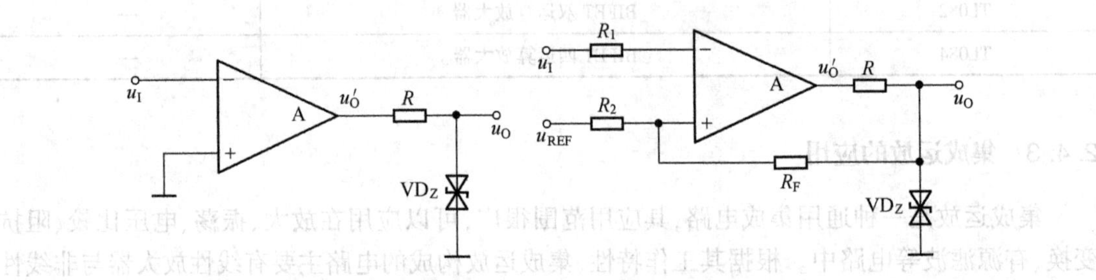

图 2-13 电压比较器

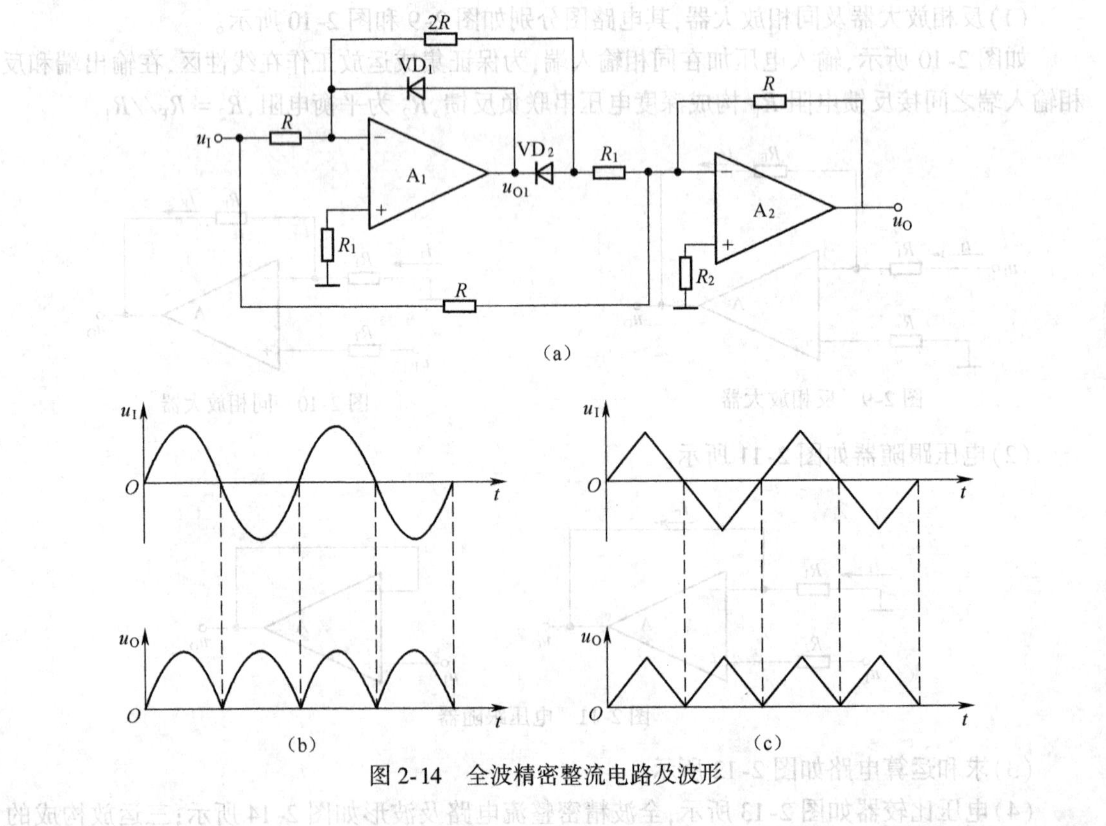

图 2-14 全波精密整流电路及波形

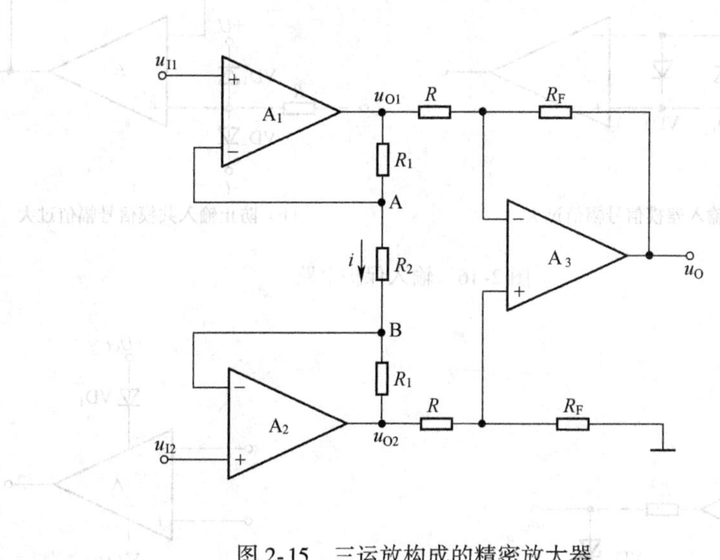

图 2-15 三运放构成的精密放大器

2.4.4 集成运放应用注意事项

(1)电源供给方式。集成运放有两个电源接线端$+V_{CC}$和$-V_{EE}$,但有不同的电源供给方式。对于不同的电源供给方式,对输入信号的要求是不同的。

双电源供电。集成运放多采用这种方式供电。公共端(地)的正电源($+E$)与负电源($-E$)分别接于集成运放的$+V_{CC}$和$-V_{EE}$引脚上。在这种方式下,可把信号源直接接到集成运放的输入引脚上,而输出电压的振幅可达正、负对称电源电压。

单电源供电。单电源供电是将集成运放的$-V_{EE}$引脚连接至接地端。此时为了保证集成运放内部单元电路具有合适的静态工作点,需要在集成运放输入端加入一个直流电位。此时集成运放的输出是在某一直流电位基础上随输入信号变化的。

(2)消振。由于集成运放内部三极管的极间电容和其他寄生参数的影响,很容易产生自激振荡。为使集成运放能稳定地工作,就需要外加一定的频率补偿网络(通常是外接 *RC* 消振电路或消振电容器)来破坏产生自激振荡的条件,以消除自激振荡。另外,为防止通过电源内阻造成低频振荡或高频振荡,通常在运放的正、负供电输入端对地分别加入一个电解电容器(10~100 μF)和一个高频滤波电容器(0.01~0.1 μF),检查是否已经消振时,可将输入端接地,用示波器观察输出端有无自激振荡(自激振荡产生具有较高频率的波形)。

(3)调零。由于集成运放内部参数不完全对称,以至于当输入信号为零时,输出信号不为零。为了提高电路的运算精度,要求对失调电压和失调电流造成的误差进行补偿,这就是运算放大器的调零。常用的调零方法有内部调零和外部调零,而对于没有内部调零端子的集成运放需要采用外部调零方法。因此,在使用时要外接调零电位器。注意:先消振,后调零,调零时应将电路接成闭环。

(4)安全保护。集成运放的安全保护有三个方面,即输入保护、输出保护及电源保护,如图 2-16~图 2-18 所示。

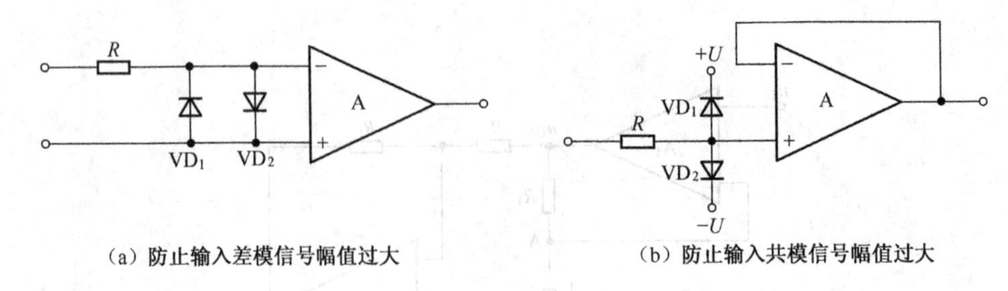

(a) 防止输入差模信号幅值过大　　(b) 防止输入共模信号幅值过大

图 2-16　输入保护电路

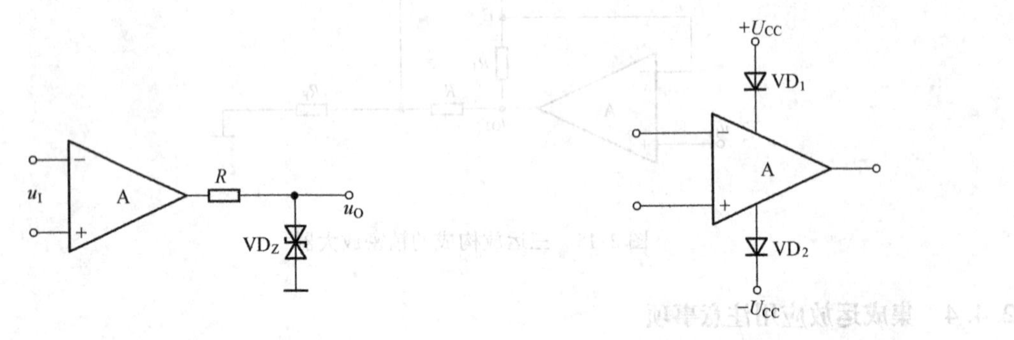

图 2-17　输出保护电路　　图 2-18　电源保护电路

2.5 数字集成电路的分类/检测/应用

2.5.1 数字集成电路的分类

在实际工作中,最常用的数字集成电路主要有 TTL 和 CMOS 两大系列。TTL 系列集成电路是用双极型三极管为基本元件集成在一块硅基片上制成的,其品种、产量最多,应用也最广泛。常用的 TTL、CMOS 集成电路之间的区别见表 2-9。

表 2-9　常用的 TTL、CMOS 集成电路之间的区别

IC 分类	电源电压/V	消耗电流	反应速度/ns	输出电流/mA	工作温度/℃	开/关电平
54/74TTL 系列	5±0.5	1 mA	10	20	0~70	2V/0.7V
4000CMOS 系列	3~15	1nA	100	3	-40~+85	70%U_{CC}/30 % U_{CC}
74HC 系列	2~6	0.1 mA	30	20	-40~+85	2V/0.7V

2.5.2 国内外数字集成电路型号对照

国内外 TTL 系列集成电路对应表见表 2-10。

表 2-10　国内外 TTL 系列集成电路对应表

名　称	国　产　系　列	国际对应系列
通用标准系列	CT54/74(CT1000)	54/74
高速系列	CT54/74H(CT2000)	54H/74H
肖特基系列	CT54/74S(CT3000)	54S/74S
低功耗肖特基系列	CT54/74LS(CT4000)	54LS/74LS

国内外CMOS系列集成电路对应表见表2-11。

表2-11 国内外CMOS系列集成电路对应表

国产系列	国际对应系列
CC4000	CD4000/MC14000
CC4500	CD4500/MC14500

常用TTL集成电路见表2-12。

表2-12 常用TTL集成电路

类别	器件名称	国产型号	国外型号(TEXAS)
逻辑门	六反相器	CT 1004	SN 5404/SN 7404
	六反相器(OC)	CT 1005	SN 5405/SN 7405
	双4输入与非门	CT 1020	SN 5420/SN 74LS20
	双3输入与非门	CT 1010	SN 5410/SN 7410
	四2输入与非门	CT 1000	SN 5400/SN 7400
	8输入与非门	CT 1030	SN 5430/SN 7430
	四2输入与非门(OC)	CT 1003	SN 5403/SN 7403
	双4输入与非门缓冲器(OC)	CT 1038	SN 5438/SN 7438
	双4输入或非门	CT 1025	SN 5425/SN 7425
	三3输入或非门	CT 1027	SN 5427/SN 7427
	四2输入或非门	CT 1002	SN 5402/SN 7402
	四2输入或非缓冲器(OC)	CT 1033	SN 5433/SN 7433
	四2输入或门	CT 1032	SN 5432/SN 7432
	双4输入与门	CT 4021	SN 54LS21/SN 74LS21
	三3输入与门	CT 4011	SN 54LS11/SN 74LS11
	四2输入与门	CT 1008	SN 5408/SN 7408
	四2输入与门(OC)	CT 1009	SN 5409/SN 7409
	四总线缓冲器(3S)	CT 1125	SN 54125/SN 74125
	四总线缓冲器(3S)	CT 1126	SN 54126/SN 74126
	四2输入异或门	CT 1086	SN 5486/SN 7486
	四2输入异或门(OC)	CT 1136	SN 54136/SN 74136
	六反相器(有施密特触发器)	CT 1014	SN 5414/SN 7414
	双4输入与非门(有施密特触发器)	CT 1013	SN 5413/SN 7413
	四2输入与非门(有施密特触发器)	CT 1132	SN 54132/SN 74132
	四总线缓冲器(三态)	CT 1125	SN 54125/SN 74LS125
	带三态输出的八缓冲器和线驱动器	CT 1244	SN 54244/SN 74LS244

续表

类别	器件名称	国产型号	国外型号(TEXAS)
触发器	与门输入上升沿 J-K 触发器(有预置、清除端)	CT 1070	SN 5470/SN 7470
	双主从 J-K 触发器(有清除端)	CT 1107	SN 54107/SN 74107
	与门输入主从 J-K 触发器(有预置、清除端)	CT 1072	SN 5472/SN 7472
	双主从 J-K 触发器(有预置、清除端、有数据锁定)	CT 1111	SN 54111/SN 74111
	与门输入主从 J-K 触发器(有预置、清除端、有数据锁定)	CT 1110	SN 54110/SN 74110
	双上升沿 D 触发器(有预置、清除端)	CT 1074	SN 5474/SN 7474
	双 J-K 触发器(有预置、清除端)	CT 1078	SN 5478/SN 74LS78
单稳态触发器	单稳态触发器(有施密特触发器)	CT 1121	SN 54121/SN 74121
	可重触发单稳态触发器(有清除端)	CT 1122	SN 54122/SN 74122
运算电路	4 位二进制超前进位全加器	CT 1283	SN 54283/SN 74283
	4 位算术逻辑单元/函数发生器	CT 1181	SN 54181/SN 74181
	4 位数值比较器	CT 1085	SN 5485/SN 7485
	9 位奇偶产生器/检验器	CT 1180	SN 54180/SN 74180
编码器	10 线-4 线优先编码器	CT 1147	SN 54147/SN 74147
	8 线-3 线优先编码器	CT 1148	SN 54148/SN 74148
译码器	4 线-16 线译码器	CT 1154	SN 54154/SN 74154
	4 线-10 线译码器(BCD)	CT 1042	SN 5422/SN 7422
	3 线-8 线译码器	CT 1138	SN 54138/SN 74138
	双 2 线-4 线译码器	CT 1155	SN 54155/SN 74155
	4 线-10 线译码器/驱动器	CT 1145	SN 54145/SN 74145
	4 线七段译码器/高压输出驱动器	CT 1247	SN 54247/SN 74247
	4 线七段译码器/驱动器	CT 1048	SN 5448/SN 7448
	4 线七段译码器/驱动器	CT 1049	SN 5449/SN 7449
数据选择器	16 选 1 数据选择器	CT 1150	SN 54150/SN 74150
	8 选 1 数据选择器	CT 1251	SN 54251/SN 74251
	8 选 1 数据选择器	CT 1151	SN 54151/SN 74151
	8 选 1 数据选择器	CT 1152	SN 54152/SN 74LS152
	双 4 选 1 数据选择器	CT 1153	SN 54153/SN 74153
	四 2 选 1 数据选择器	CT 1157	SN 54157/SN 74157
	4 位 2 选 1 数据选择器	CT 1298	SN 54298/SN 74298
	二-五-十计数器	CT 1196	SN 54196/SN 74196
	二-五-十计数器	CT 1290	SN 54290/SN 74290
	二-八-十六计数器	CT 1197	SN 54197/SN 74197
	双 4 位二进制计数器	CT 1393	SN 54393/SN 74393

续表

类别	器 件 名 称	国产型号	国外型号(TEXAS)
数据选择器	十进制同步计数器	CT 1160	SN 54160/SN 74160
	4位二进制同步计数器(异步清0)	CT 1161	SN 54161/SN 74161
	4位二进制同步计数器(同步清0)	CT 1163	SN 54163/SN 74163
	8位并行输出串行移位寄存器	CT 1164	SN 54164/SN 74164
	同步十进制可逆计数器	CT 1168	SN 54168/SN 74LS168
	4位二进制同步加减计数器	CT 1191	SN 54191/SN 74191
	十进制同步加/减计数器(双时钟)	CT 1192	SN 54192/SN 74192
	十进制同步加/减计数器	CT 1190	SN 54190/SN 74190
寄存器	四上升沿D触发器	CT 1175	SN 54175/SN 74175
	六上升沿D触发器	CT 1174	SN 54174/SN 74174
	4位D锁存器	CT 4375	SN54LS375/SN74LS375
	双4D锁存器	CT 1116	SN 54116/SN 74116
	8D锁存器	CT 1373	SN 54373/SN 74LS373
	4位移位寄存器	CT 1195	SN 54195/SN 74195
	8位移位寄存器	CT 1199	SN 54199/SN 74199
	4位双向移位寄存器	CT 1194	SN 54194/SN 74194
	8位双向移位寄存器	CT 1198	SN 54198/SN 74198
	4位移位寄存器	CT 1095	SN 5495/SN 7495
	8位移位寄存器(串、并行输入,串行输出)	CT1166	SN 54166/SN 74166

部分常用CMOS集成电路见表2-13。

表2-13　部分常用CMOS集成电路

类别	器 件 名 称	国产型号	国外型号(MOTORLS)
逻辑门	六反相器	CC4069	MC14069
	双4输入与非门	CC4012	MC14012
	双3输入与非门	CC4023	MC14023
	四2输入与非门	CC4011	MC14011
	8输入与非门	CC4068	MC14068
	双4输入或非门	CC4002	MC14002
	双3输入或非门	CC4025	MC14025
	四2输入或非门	CC4001	MC14001
	8输入或非门	CC4078	MC14078
	双4输入或门	CC4072	MC14072
	三3输入或门	CC4075	MC14075
	四2输入或门	CC4071	MC14071
	双4输入与门	CC4082	MC14082
	三3输入与门	CC4073	MC14073
	四2输入与门	CC4081	MC14081
	双2-2输入与或非门	CC4085	CD4085
	六反相缓冲/变换器	CC4009	CD4009
	六同相缓冲/变换器	CC4010	CD4010

续表

类别	器件名称	国产型号	国外型号(MOTORLS)
触发器	双主从 D 触发器	CC4013	MC14013
	双 J-K 触发器	CC4027	MC14027
	3 输入端 J-K 触发器	CC4096	CD4096
	双单稳态触发器	CC14528	MC14528
	四 2 输入端施密特触发器	CC4093	MC14093
	六施密特触发器	CC40106	CD40106
运算电路	四异或门	CC4070	MC14070
	4 位超前进位全加器	CC4008	MC14008
	“N”BCD 加法器	CC14560	MC14560
译码器	4 位数值比较器	CC14585	MC14585
	BCD-7 段译码/大电流驱动器	CC14547	MC14547
	BCD-7 段译码/液晶驱动器	CC4055	CD4055
	BCD-锁存/7 段译码/驱动器	CC4511	MC14511
	十进制加/减计数器/锁存/7 段译码/驱动器	CC40110	CD40110
	十进制计数/7 段译码器	CC4026	CD4026
	BCD 码-十进制译码器	CC4028	MC14028
	4 位锁存/4 线-16 线驿码器(输出“1”)	CC4514	MC14514
	4 位锁存/4 线-16 线译码器(输出“0”)	CC4515	MC14515
	双二进制 4 选 1 译码器/分离器(输出“1”)	CC4555	MC14555
	双二进制 4 选 1 译码器/分离器(输出“0”)	CC4556	MC14556

2.5.3 数字集成电路的应用要点

(1) TTL 集成电路使用应注意的问题。常用 74 系列的 TTL 门电路的电源电压范围为 5×(1±10%) V,由于 TTL 集成电路存在尖峰电流,集成电路需要良好接地,并要求电源内阻尽可能小,数字逻辑电路和强电控制电路要分别接地,避免强电控制电路地线上的干扰。此电源电压超过 5.5 V 会损坏器件;低于 4.5 V 可能会使器件不能正常工作(即器件的逻辑功能失常),因此,应选用稳定性能良好的直流稳压电源。

在使用时更不能将电源与地颠倒接错,否则将会因为过大电流而造成器件损坏。

TTL 集成电路的各个输入端不能直接与高于+0.5 V 和低于-0.5 V 的低内阻电源连接,多余的输入端最好不悬空。虽然悬空相当于高电平,并不影响“与门、与非门”的逻辑关系,但悬空容易受到干扰,有时会造成电路的误动作。因此,多余的输入端应根据实际需要做适当处理。例如,“与门、与非门”多余的输入端可直接接到电源 U_{CC}上,也可将不用的输入端共用一个电阻器连接到 U_{CC}上,或将多余的输入端并联使用。对于“或门、或非门”多余的输入端应直接接地。

当 TTL 集成电路输入端需要通过电阻器 R 接地时,要考虑阻值的选择。若要输出稳定工作在高电平,则选择 $R<0.7$ kΩ;若要输出稳定工作在低电平,则选择 $R>2$ kΩ。对于不同系列的TTL集成电路，要求 R 的阻值不同，应视所用器件而定，但 R 的接入降低了噪声容限。

TTL集成电路为推拉输出级（又称图腾柱输出）的输出端不允许直接接电源端或直接接地，并且两输出端不得直接"线与"；否则，很容易烧坏器件。

集电极开路门（OC门）在外接电阻器时，两输出端可以"线与"，这样可以保证输出级的电流不至于太大。三态门（TS门）的两输出端也可以"线与"，但在任何时刻只允许一个门处于工作状态，这是与它的用途（用来形成总线传输通道，以选通方式传送多路信号）相适应的。

TTL集成电路内部的元器件密度很高，但其体积很小，因此在使用的过程中，应尽量避免在超过额定值的条件下工作，如其带负载的能力、功耗、输入/输出电压和电流等均不得超过其额定值。

（2）CMOS集成电路使用应注意的问题。由于CMOS集成电路的工作电源电压范围比较宽（CD4000B/4500B为3~18 V），选择电源电压时首先考虑要避免超过极限电源电压；其次要注意电源电压的高低将影响电路的工作频率，降低电源电压会引起电路的工作频率下降或增加传输延迟时间，如CMOS触发器。当 U_{CC} 由+15 V下降到+3 V时，其最高频率将从10 MHz下降到几十千赫。

此外，提高电源电压可以提高CMOS集成电路的噪声容限，从而提高电路系统的抗干扰能力。但电源电压选得越高，电路的功耗越大。不过由于CMOS集成电路的功耗较小，功耗问题不是主要考虑的设计指标。

CMOS集成电路输入端施加的电压过高（大于电源电压）或过低（小于0 V），或者电源电压突然变化时，电源电流可能会迅速增大，烧坏器件，这种现象称为晶闸管效应。预防晶闸管效应的措施主要有：

① 输入端信号幅度不能大于电源电压和小于0 V。

② 消除电源上的干扰。

③ 在条件允许的情况下，尽可能降低电源电压。如果电路工作频率比较低，用+5 V电源供电最好。

④ 对使用的电源加限流措施，使电源电流被限制在30 mA以内。

2.5.4　数字集成电路的检测

实际上，对数字集成电路的检测主要是检测其输入与输出之间是否满足逻辑关系。但是，在对具体的数字集成电路进行检测之前，首先应熟悉和掌握被测数字集成电路的基本功能（指的是不受或可能很少受外围电路影响的电源电压引脚以及输入与输出引脚等）、特点、主要引脚对地的电压（或电阻）以及其外围元器件的作用等，这是检测的基础；否则，将不能快速判断数字集成电路的性能。

（1）区分TTL集成电路与CMOS集成电路。详述如下：

根据其型号区分，如CC4000、CD4006和MC14021均属于CMOS集成电路，而CT3020和74系列均属于TTL集成电路。

根据其电源电压区分，在不知道数字集成电路型号的情况下，若其能在3~4.5 V或5.5~18 V的电压下正常工作，则可以肯定它是CMOS集成电路。但为保险起见，宜选用3~4.5 V低压电源做试验。也可用万用表测试集成电路的输出电平，当电源电压为5 V时，将电路的输入端接高、低电平，然后再用万用表分别测量其输出端的高、低电平所对应的电压值。如果它们之间的差值接近于5 V，则是CMOS集成电路；如果它们之间的差值接近于3.5 V，则是TTL集成电路。

根据其输出电平的电压值区分，以最简单的门电路为例，电源电压选用 5 V，将万用表置直流电压 10 V 挡，把数字集成电路的输入端依次接高、低电平，然后再用万用表分别测量其输出端的高、低电平所对应的电压值。如果它们之间的差值接近 5 V，则是 CMOS 集成电路；如果它们之间的差值接近 3.5 V，则是 TTL 集成电路。

(2)区分 CMOS 集成电路与高速 CMOS 集成电路。由于 CMOS 集成电路的电源电压为 3~18 V，而高速 CMOS 集成电路(又称 QMOS 集成电路)电源电压为 2~6 V，因此当给集成电路加上2~2.5 V的电压后，若集成电路能正常工作则说明此集成电路是 QMOS 电路；否则，说明此集成电路是 CMOS 集成电路。

(3)TTL 集成电路性能的检测。看清待测 TTL 集成电路的型号，查技术参数手册或产品样本，找出该集成电路的接地端是哪只引脚。最好能找到它的内部电路图或接线图。

将万用表的量程开关拨至 R×1 k 挡，黑表笔接待测集成电路的接地端，红表笔依次测试各输入端和输出端对地的直流电阻。正常情况下，集成电路各引脚对地阻值应为 3~10 kΩ。倘若某一引脚对地阻值小于 1 kΩ 或大于 12 kΩ，则该集成电路肯定已经损坏。

将万用表红表笔接地，用黑表笔依次测试集成电路各输入端和输出端。在正常情况下，各端对地的反向阻值均应大于 40 kΩ，而损坏的集成电路各引脚对地阻值则低于 1 kΩ。

一个好的 TTL 集成电路的电源正、负极引脚，其正向阻值与反向阻值均较其他引脚对地阻值小，最大不超过 10 kΩ。若此值为零或接近无穷大，则说明此集成电路的电源引脚已断路报废。据此，也可检测出电源引脚和接地引脚。

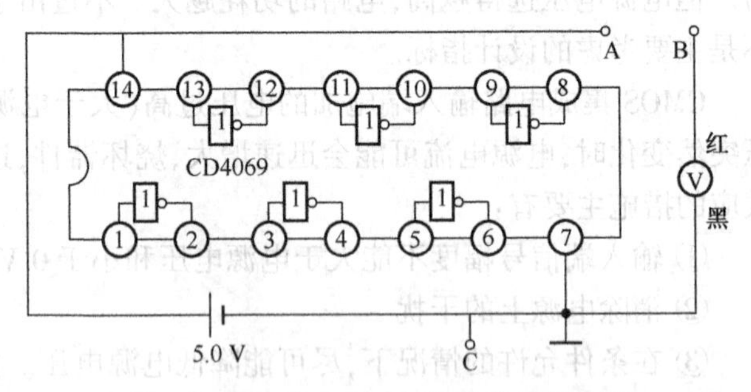

图 2-19 CD4069 型反相器性能检测电路

(4)CMOS 电路性能的检测。以 CD4069 型反相器为例(见图 2-19)，测试时，将 B 端依次接到待测门的输出引脚(如 2、4、6、8、10 或 12)上，若用 A 端依次相应地去接触被测门的输入引脚(如 1、3、5、7、9、11 或 13)，则万用表的读数应为 0 V；若用 C 端依次相应地去接触被测门的输入引脚(如 1、3、5、7、9、11 或 13)，则万用表的读数应为 1 V 左右。满足这两个条件，则说明被测 CMOS 集成电路的性能良好；否则，说明其已损坏。

注意：这种检测方法对于其他类型的逻辑门(如或门、与门等)也适用，在检测其他类型的逻辑门时，要根据不同逻辑门的特性进行一些适当改变。如检测或门时，当用 A 端分别接触或门的两个输入引脚，在输出引脚上，两次测得的应都是高电平的电压值。只有当 C 端同时接触或门的两个输入引脚时，才在其输出引脚上输出低电平的电压值(0 V)。

2.6 集成稳压器的分类/检测/选用

2.6.1 固定式三端集成稳压器

固定式三端集成稳压器有三个接线端，即输入端、输出端和公共端，属于串联型稳压器。

其内部除具有采样、基准、比较放大和调整电路外，还具有完整的保护电路，如过电流、过电压和过热保护电路等。

固定式三端集成稳压器又分为正电压输出78××系列和负电压输出79××系列两类。其外形和引脚排列如图2-20所示。

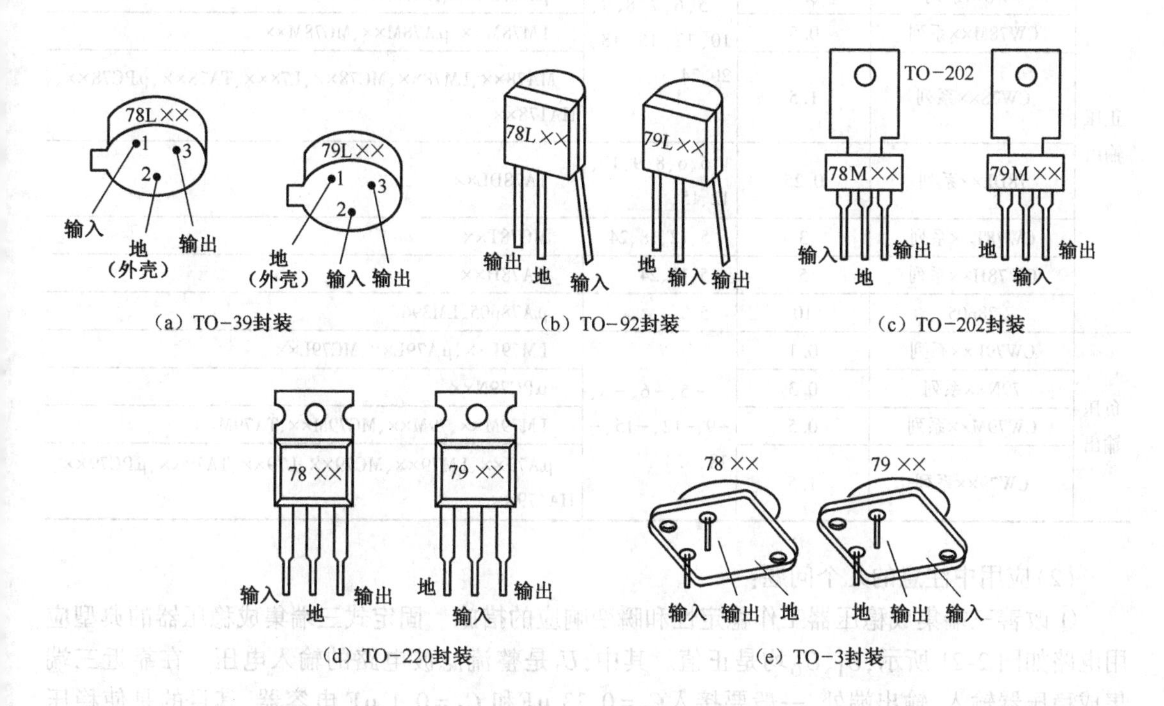

图2-20 78××系列、79××系列固定式三端集成稳压器外形和引脚排列

固定式三端集成稳压器的型号由五部分组成，其含义如下：

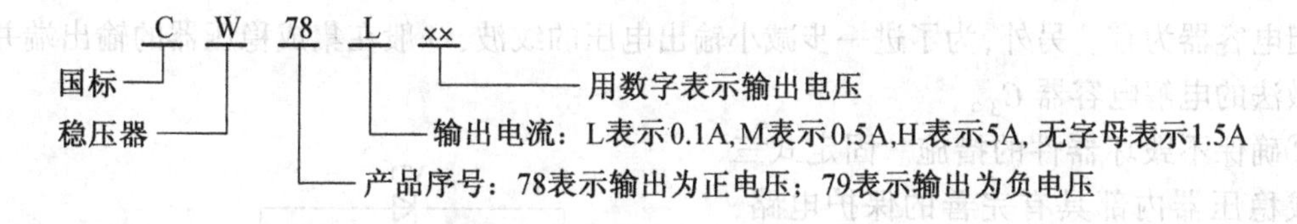

（1）固定式三端集成稳压器的分类。固定式三端集成稳压器包含78××和79××两大系列。78××系列是三端固定正输出稳压器，79××系列是三端固定负输出稳压器。它们的最大特点是稳压性能良好、外围元件简单、安装调试方便、价格低廉，现已成为集成稳压器的主流产品。78××系列按输出电压大小分5 V、6 V、9 V、12 V、15 V、18 V、24 V等几种；按输出电流大小分0.1 A、0.5 A、1.5 A、3 A、5 A、10 A等几种。固定式三端集成稳压器产品分类见表2-14。

例如，型号为7805的三端集成稳压器，表示输出电压为5 V，输出电流可达1.5 A。注意，所标注的输出电流是要求稳压器在加入足够大的散热器条件下得到的。同理，79××系列的三端集成稳压器也有-5～-24 V的输出电压，输出电流有0.1 A、0.5 A、1.5 A三种规格。

表 2-14　固定式三端集成稳压器产品分类

特点	国产系列或型号	最大输出电流/A	输出电压/V	国外对应系列或型号
正压输出	CW78L××系列	0.1	5、6、7、8、9、10、12、15、18、20、24	LM78L××、μA8L××、MC78L××
	78N××系列	0.3		μPC78N××、HA78N××
	CW78M××系列	0.5		LM78M××、μA78M××、MC78M××
	CW78××系列	1.5		MA78××、LM78××、MC78××、L78××、TA78××、μPC78××、HA178××
	78DL××系列	0.25	5、6、8、9、10、12、15、	TA78DL××
	CW78T××系列	3	5、12、18、24	MC78T××
	CW78H××系列	5	5、12、24	μA78H××
	78p05	10	5	μA78p05、LM396
负压输出	CW79L××系列	0.1	−5、−6、−8、−9、−12、−15、−18、−24	LM79L××、μA79L××、MC79L××
	79N××系列	0.3		μPC79N××
	CW79M××系列	0.5		LM79M××、79M××、MC79M××、TA79M××
	CW79××系列	1.5		μA79××、LM79××、MC79××、L79××、TA79××、μPC79××、HA179××

（2）应用中注意的几个问题：

①改善三端集成稳压器工作稳定性和瞬变响应的措施。固定式三端集成稳压器的典型应用电路如图 2-21 所示，U_I、U_O均是正值。其中，U_I是整流滤波电路的输入电压。在靠近三端集成稳压器输入、输出端处，一般要接入$C_1=0.33\ \mu F$和 $C_2=0.1\ \mu F$ 电容器，其目的是使稳压器在整个输入电压和输出电流变化范围内，提高其工作稳定性和改善瞬变响应。C_1用以减小纹波以及抵消输入端接线较长时的电感效应，防止自激振荡，并抑制高频干扰；C_2用以改善负载的瞬态响应并抑制高频干扰。为了获得最佳的效果，电容器应选用频率特性好的陶瓷电容器或钽电容器为宜。另外，为了进一步减小输出电压的纹波，一般在集成稳压器的输出端并入几十微法的电解电容器 C_3。

②确保不毁坏器件的措施。固定式三端集成稳压器内部具有完善的保护电路，一旦输出发生过载或短路，可自动限制器件内部的结温不超过额定值。但若器件使用条件超出其规定的最大限制范围或应用电路设计处理不当，也是要损坏器件的。例如，当输出端接容量比较大的电容器时，则一旦稳压器的输入端出现短路，输出端电容器上存储的电荷将通过集成稳压器内部调整管的发射极-基极 PN 结泄放电荷。由于大容量电容器释放能量比较大，因此也可能造成集成稳压器损坏。为防止这一点，一般在集成稳压器的输入端和输出端之间跨接一个二极管 VD（见图 2-21），集成稳压器正常工作时，该二极管处于截止状态，当输入端突然短路时，该二极管为输出电容器 C_3提供泄放通路。

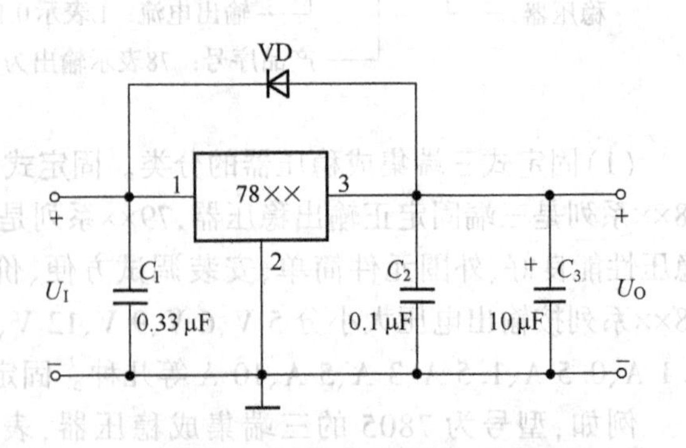

图 2-21　固定式三端集成稳压器的典型应用电路

2.6.2　三端可调集成稳压器

固定式三端集成稳压器主要用于固定输出标准电压的稳压电源中。虽然通过外接电路元件也可构成多种形式的可调稳压电源，但稳压性能指标有所降低。三端可调集成稳压器的出现，可以弥补三端固定集成稳压器的不足。它不仅保留了固定输出稳压器的优点，而且在性能指标上有很大的提高。它分为CW317（正电压输出）和CW337（负电压输出）两大系列。正电压输出CW317系列又分为CW117、CW217、CW317系列，CW337系列又分为CW137、CW237、CW337系列。每个系列又有100 mA、0.5 A、3 A等，应用十分方便。就CW317系列与CW7800系列产品相比，在同样的使用条件下，静态工作电流I_Q从几十毫安下降到50 μA，电压调整率S_V由0.1%下降到0.02%，电流调整率S_I从0.8%提高到0.1%。

三端可调集成稳压器的型号由五部分组成，其含义如下：

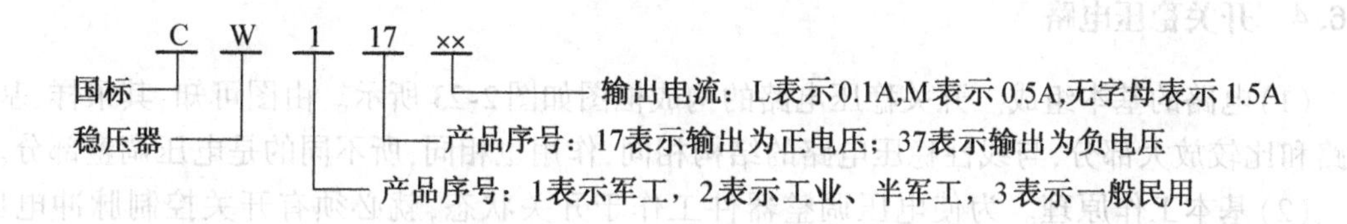

CW317系列、CW337系列集成稳压器的引脚排列及封装形式如图2-22所示，调整端用于外接调整电路，以实现输出电压可调。

三端可调集成稳压器的主要参数有以下几个：

输出电压连续可调范围：1.25~47 V。

最大输出电流：1.5 A。

调整端（ADJ）输出电流：50 μA。

输出端与调整端之间的基准电压：1.25 V。

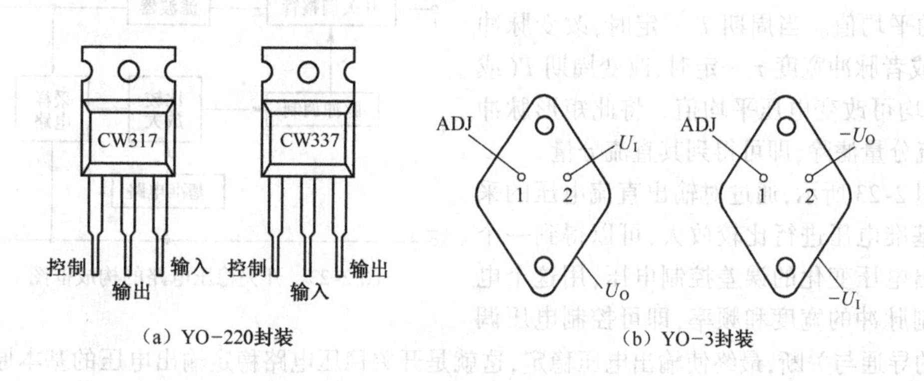

图2-22　三端可调集成稳压器引脚排列图

2.6.3　低压差三端集成稳压器和集成基准电压源

（1）低压差三端集成稳压器。MC33269系列三端集成稳压器是低压差、中电流、正电压输出的集成稳压器，有固定电压输出（3.3 V、5.0 V、12 V）及可调电压输出四种不同型号，最大输出电流可达800 mA。在输出电流为500 mA时，MC33269三端集成稳压器的压差为1 V，它的内部有过热保护和输出短路保护。为保证工作的稳定性,输出电容应不小于 10 μF(串联等效电阻要求小于 10 Ω),最好采用钽电容器。

输出电压为

$$U_0 \approx (1+R_2/R_1)\times 1.25 \tag{2-1}$$

实际使用时,MC33269 的最小负载电流应大于 8 mA。

(2)集成基准电压源。集成基准电压源是一种输出高稳定度电压的电压源,在传感器电路、自动控制系统、单片机应用系统等方面均有广泛的应用,例如,作为比较器的参考电压、模-数转换器或数-模转换器的基准电源等。集成基准电压源的突出指标是输出电压温度系数非常小,一般可达$(0.3\sim100)\times10^{-6}/℃$。但是集成基准电压源一般不能直接提供大的输出电流,它仅适合用作电压源,不能进行功率输出。目前,国内外生产的基准电压源近百种,常用的有 1.2 V、2.5 V、5 V、6 V、9.5 V、10 V 等。

2.6.4 开关稳压电路

(1)电路的基本组成。开关稳压电路的构成框图如图 2-23 所示。由图可知,其采样、基准电路和比较放大部分,与线性稳压电路的结构相同,作用也相同,所不同的是电压调整部分。

(2)基本工作原理。为使电压调整器件工作于开关状态,就必须有开关控制脉冲电压。它由脉冲电路产生,其频率一般远高于工频(50 Hz),受器件的工作频率参数限制,目前一般为几十千赫至几百千赫。

电压调整器件输出的是一个脉冲宽度为 τ,周期为 T 的矩形波电压,该矩形波电压在一个周期内的平均值为

$$U=\frac{\tau}{T}U_0=DU_0 \tag{2-2}$$

式中,$D=\tau/T$,称为占空比。

由式(2-2)可见,改变占空比即可改变矩形波电压的平均值。当周期 T 一定时,改变脉冲宽度 τ,或者脉冲宽度 τ 一定时,改变周期 T(或频率 f),均可改变电压平均值。将此矩形脉冲波的交流分量滤除,即可得到其直流分量。

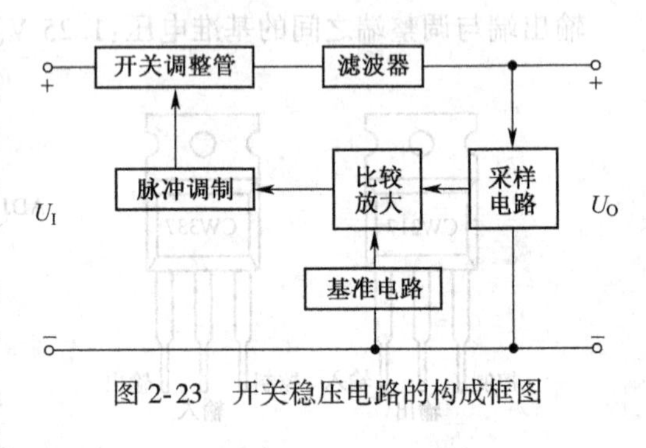

图 2-23 开关稳压电路的构成框图

如图 2-23 所示,通过对输出直流电压的采样并与基准电压进行比较放大,可以得到一个反映输出电压变化的误差控制电压,用这个电压去控制脉冲的宽度和频率,即可控制电压调整器件的导通与关断,最终使输出电压稳定,这就是开关稳压电路稳定输出电压的基本原理。

2.6.5 集成稳压器的使用、代换与检测

(1)固定式三端集成稳压器使用注意事项。固定式三端集成稳压器的输入电压的大小要适当;否则,当电网电压过高或过低时,会损坏固定式三端集成稳压器,或使其不能正常工作。因此,应保证固定式三端集成稳压器输入电压高于输出电压 2~3 V。

固定式三端集成稳压器引脚不能接错,接地端不能悬空;否则,易损坏固定式三端集成稳压器。

当固定式三端集成稳压器输出端滤波电容较大时，一旦输入端开路，C_2将从固定式三端集成稳压器输出端向稳压器放电，易使稳压器损坏，因此，可在固定式三端集成稳压器的输入端和输出端之间跨接一个保护二极管。

(2)集成稳压器的代换。集成稳压器损坏后，若无同型号集成稳压器更换，也可以选用与其参数相同的同类型集成稳压器代换，如 LM78××系列集成稳压器可用 W78××系列或μA78××系列、MC78××系列、L78××系列、TA78××系列、μPC78××系列的集成稳压器直接代换使用。

集成稳压器损坏后，可以用与其输入电压、输出电压相同而输出电流略高的集成稳压器来代换。例如，78L05 损坏后，可以用 78M05 直接代换；78M05 损坏后，可用 78M05 或 7805 直接代换；7805 损坏后，可以用 78S05 或 78H05 直接代换，也可以用与其输出电压、输出电流相同或输出电压相同、输出电流略高的其他类型集成稳压器代换，但不能用高压差的集成稳压器代换低压差的集成稳压器。

(3)集成稳压器的检测。详述如下：

①电压调整率测试电路如图 2-24 所示。例如，被测器件为 78L05，调节可调直流电源使 PB_1示值为 8 V，调节 R_P 使 PB_2示值为 40 mA，记录 PB_3示值 U_{O1}。调节可调直流电源使 PB_1示值为 18 V，调节 R_P 使 PB_2示值为 40 mA，记录 PB_3示值 U_{O2}。$|U_{O2}-U_{O1}|<7$ mV，被测器件合格。

②电流调整率测试电路如图 2-24 所示。例如，被测器件为 78L05，调节可调直流电源使 PB_1示值为 10 V，调节 R_P 使 PB_2示值为 1 mA，记录 PB_3示值 U_{O1}。保持 PB_1示值为 10 V，调节 R_P 使 PB_2示值为 100 mA，记录 PB_3示值 U_{O2}。$|U_{O2}-U_{O1}|<8.5$ mV，被测器件为合格。

③纹波抑制比 S_R的检测。纹波抑制比检测电路如图 2-25 所示。PB_1、PB_3为交流毫伏表，PB_2为直流电压表，PB_4为直流毫安表，调节可调直流电源使 PB_2示值为规定值，调节 R_P 使 PB_2示值为规定值，调节音频信号源的频率及幅值为规定值，幅值由 PB_1监测，其示值为 a，PB_3的示值为 b，则 $S_R=20\lg(a/b)$。

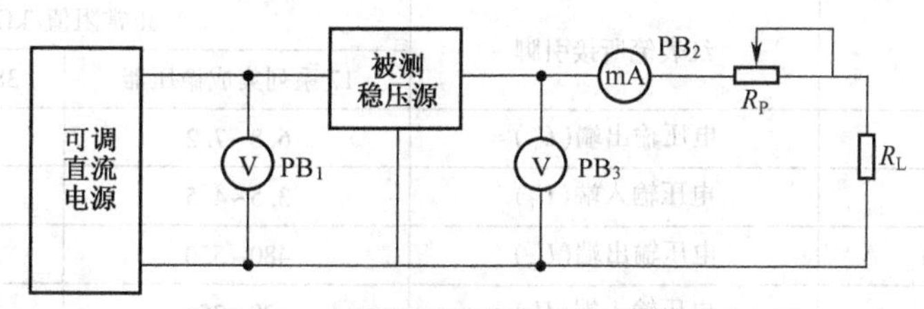

图 2-24　电压调整率及电流调整率测试电路

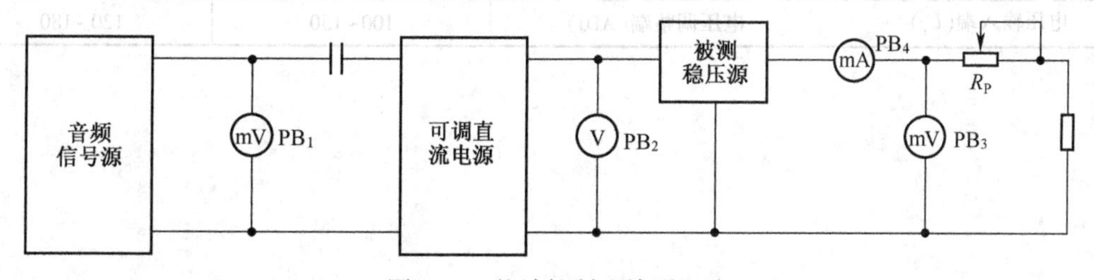

图 2-25　纹波抑制比检测电路

④集成稳压器的定性检测。用万用表 R×1 k 挡测量集成稳压器各引脚之间的阻值，可以

根据测量的结果粗略判断出被测集成稳压器的好坏。

表 2-15 是 78××系列集成稳压器各引脚之间的阻值(用万用表 R×1 k 挡测得)。若被测集成稳压器的阻值与表中阻值相差较大,则说明该集成稳压器有问题。

表 2-15 78××系列集成稳压器各引脚之间的阻值

黑表笔所接引脚	红表笔所接引脚	正常阻值/ kΩ
电压输入端(U_i)	电压输出端(U_o)	28~50
电压输出端(U_o)	电压输入端(U_i)	4.5~5.5
接地端(GND)	电压输出端(U_o)	2.3~6.9
接地端(GND)	电压输入端(U_i)	4~6.2
电压输出端(U_o)	接地端(GND)	2.5~15
电压输入端(U_i)	接地端(GND)	23~16

表 2-16 是 79××系列集成稳压器各引脚之间的阻值(用万用表 R×1 k 挡测得)。

表 2-16 79××系列集成稳压器各引脚之间的阻值

黑表笔所接引脚	红表笔所接引脚	正常阻值/ kΩ
电压输入端(U_i)	电压输出端(U_o)	4~5.5
电压输出端(U_o)	电压输入端(U_i)	17~23
接地端(GND)	电压输出端(U_o)	2.5~4
接地端(GND)	电压输入端(U_i)	14~16.5
电压输出端(U_o)	接地端(GND)	2.5~4
电压输入端(U_i)	接地端(GND)	4~5.5

表 2-17 是 17/38 系列集成稳压器各引脚之间的阻值。

表 2-17 17/38 系列集成稳压器各引脚之间的阻值

黑表笔所接引脚	红表笔所接引脚	正常阻值/kΩ	
		17 系列集成稳压器	38 系列集成稳压器
电压输出端(U_o)	电压输出端(U_o)	6.8~7.2	7~8.5
电压输入端(U_i)	电压输入端(U_i)	3.5~4.5	3.5~5
电压调整端(ADJ)	电压输出端(U_o)	480~550	500~1 000
电压调整端(ADJ)	电压输入端(U_i)	20~25	24~30
电压输出端(U_o)	电压调整端(ADJ)	28~35	25~35
电压输入端(U_i)	电压调整端(ADJ)	100~150	120~180

第3章 传感器

传感器就是可以将一些变化参量(温度、湿度、气体浓度、速度、亮度、磁场等)转化为电信号的装置或仪器。人类用眼、耳、鼻、舌等器官来捕获信息,而在自动控制电路中,则是用传感器来进行信息捕获的。传感器可以将环境的变化转化为电信号,经过后级电路的处理后再控制相应的电路执行相应的动作,因此传感器在自动控制电路中应用日益广泛。

下面将对常用的温度传感器、湿敏传感器、气敏传感器、振动传感器等分别进行介绍。

3.1 温度传感器

温度是用来表征物体冷热程度的物理量。而温度传感器是一种能够将温度变化所引起的测温物质的物理特性(如电导率、热容量、热电势、密度或热辐射强度等)的变化转化为电信号的装置或仪器。按照温度变化所引起的测温物质的物理特性的不同,温度传感器可以分为热电阻和热敏电阻传感器、热电偶传感器、辐射式温度传感器、晶体管温度传感器等。

3.1.1 温度测量的基础知识

1. 温度测量的方法

一般温度测量的方法可归纳为两大类,即接触式测温法和非接触式测温法。

(1)接触式测温法。接触式测温法是基于热平衡原理,即将测温器件与被测对象保持接触,使两者之间进行充分的热交换而达到同一温度,并根据测温器件的温度来确定被测对象的温度。膨胀式水银温度计测温、电阻温度计测温、热电偶温度计测温等都属于接触式测温。

(2)非接触式测温法。非接触式测温法是以物体的热辐射原理为依据的。测温时,测温元件无须与被测对象接触,而是通过被测物质的热辐射充分传到测温元件上以达到测温的目的。被测对象的温度越高,辐射到周围空间中的能量就越多。这种测温方法在测量过程中不会扰乱被测对象的温度分布。高温辐射测温计测温、光学高温计测温、比色高温计测温等都属于非接触式测温。

(3)两种测温方法比较。详述如下:

①接触式测温计结构简单、可靠性高、测量精度高,一般可达到刻度的1%左右;而非接触式测温计结构比较复杂,测温时,被测物体辐射出的红外线通过介质时会发生衰减,并且要受到环境条件的影响,测温误差一般在1%以上,而且只能测量物体表面的温度。

②由于热平衡需要一个过程,因而接触式测温法的时间滞后较大,这对于动态温度测量影响较大,而非接触式测温法是通过被测对象的热辐射进行的,响应速度快,便于进行动态测量。

③因为接触式测温法要与被测对象直接接触,所以会影响被测对象温度的热量分布状态,

而测温元件在与被测对象接触时容易发生化学反应,而非接触式测温法就不存在这一问题。

④接触式测温法可测低温和超低温;而非接触式测温法由于温度低时的辐射能量小,故不宜采用。但在测高温时,非接触式测温法无须到达与被测物体相同的温度,故测量的温度上限就比较高;而对于接触式测温法就要受到一定的限制。

2. 各种测温器件的优缺点及使用范围

各种测温器件的优缺点及使用范围,见表3-1。

表3-1 各种测温器件的优缺点及使用范围

测温方式	测温器件种类		优缺点	测量范围
接触式测温	热膨胀式	玻璃液体温度计	结构简单、操作方便、价格低廉;容易破损,测温头大,读数麻烦,不能记录、报警和自控,不能离开被测点	一般测量范围为-100~100 ℃(最高可到150 ℃)。有机液体一般测量范围为0~350 ℃(最大测量范围-30~650 ℃)水银
		双金属温度计	结构紧凑、牢固可靠、能自控和报警、不能离开被测点	一般测量范围为0~300 ℃(最大测量范围-50~500 ℃)
		压力式温度计	耐振、坚固、价廉、感温头体积大,能记录、报警和自控,并可离开被测物体10 m测温,温度较高时测温精度不稳定	液体式:一般测量范围为0~500 ℃(最大测量范围-50~500 ℃)。蒸汽式:一般测量范围为0~100 ℃(最大测量范围-50~200 ℃)
	热膨胀式的热电阻	铂电阻	测量精度高,灵敏度高,能做远距离多点测量,能记录、报警和自控,结构复杂,不能测高温,体积大,易受环境温度影响	一般测量范围为150~500 ℃(最高可到-200~600 ℃)
		镍电阻		一般测量范围为-50~150 ℃(最高可到180 ℃)
		铜电阻		一般测量范围为0~100 ℃(最大测量范围-50~150 ℃)
		热敏电阻	体积小、响应快、灵敏度高、非线性误差大、易受环境温度影响	一般测量范围为-100~200 ℃(最高可到300 ℃)
	热电偶	铂铑$_{10}$-铂	种类较多、适应性强、结构简单、经济方便、测量精度高、测量范围广、低温段测量精度较低、冷端需要补偿	一般测量范围为200~1 400 ℃(最大测量范围0~1 700 ℃)
		镍铬-镍硅		一般测量范围为0~800 ℃(最大测量范围-200~800 ℃)
		镍铬-铜镍		一般测量范围为0~500 ℃(最大测量范围-200~800 ℃)
		镍铑$_{30}$-铂铑$_{6}$		一般测量范围为200~1 500 ℃(最大测量范围100~1 900 ℃)
非接触式测温	光学高温计		携带方便、可测高温(1 000℃以上)、不能做远距离测量、人工操作时误差大	一般测量范围为900~2 000 ℃(最大测量范围700~2 000 ℃)

3. 选用测温器件的一般原则及使用注意事项

(1)测温器件选用的一般原则。首先要满足测量精度和测量范围的要求;体积大小要适当,热容量要小;动态测量时,响应速度要符合测量要求,应选用时间常数小的测温元件;要便于读数、记录、自控;防止损坏和被腐蚀;保证仪器使用的方便性和使用寿命。

(2)测温器件使用的注意事项。接触式测温时,测温元件必须与被测物体保持良好的热接触，确保两者具有同一温度；在进行气体、液体温度检测时，测温器件在被测气体介质或液体中要有一定的插入深度，一般为金属保护管的10～20倍；在使用光学高温计或者辐射高温计时，被测物体应处于全辐射状态，以保证测量值的准确性。

3.1.2 热电阻和热敏电阻传感器

1. 热电阻传感器

（1）基本概念。热电阻是利用导体的电阻率随温度变化这一物理特性而制成的测温元件几乎所有的物质都具有这一特性，但作为测温用的热电阻具有以下特性：

①阻值与温度变化具有良好的线性关系。

②电阻温度系数大，便于精确测量。

③电阻率高、热容量小、反应速度快。

④在测温范围内具有稳定的物理性质和化学性质。

⑤材料、品质要纯，容易加工、复制，价格便宜。

根据以上特性，最常用的材料是铂和铜。在低温测量中则使用铟、锰及碳等材料制成的热电阻。

（2）工作原理。详述如下：

①铂电阻。铂电阻的物理化学性质稳定，电阻率较大，能耐较高的温度，因此用铂电阻作为复现温标的基准器。铂电阻的阻值与温度之间的关系如下：

$$R_t = R_0(1+At+Bt^2)\ (0\sim650℃)$$

$$R_t = R_0[1+At+Bt^2+C(t-100)t^3]\ (-200\sim0℃)$$

式中：R_t是温度为t时的阻值；R_0是温度为0 ℃时的阻值；$A=3.968\ 47\times10^{-3}/℃$；$B=-5.847\times10^{-7}/℃$；$C=-4.22\times10^{-12}/℃$。

②铜电阻。当测量精度要求不高、测量范围不大时，可用相对便宜的铜电阻代替铂电阻，这样可降低成本。在-50～150 ℃时，铜电阻与温度的变化基本上呈线性关系，即

$$R_t = R_0(1+\alpha t)$$

式中：$\alpha=4.25\times10^{-3}\sim4.28\times10^{-3}/℃$，为铜电阻的温度系数。

铜电阻的缺点是电阻率低、体积大、热惯性大，在100 ℃以上时易氧化。

（3）应用。详述如下：

①热电阻温度计。通常工业上测温是采用铂电阻和铜电阻作为敏感元件，测量电路用得较多的是电桥电路。为了克服环境温度的影响，常采用图3-1所示的三导线1/4电桥电路。由于采用这种电路，热电阻两根引线阻值被分配在两个相邻的桥臂中，从而使得由环境温度变化所引起的引线阻值变化造成的误差被相互抵消。

②热电阻流量计。图3-2是热电阻流量计的电路原理图。两个铂电阻探头，R_{T1}放在管道中央，它的散热情况受介质流速的影响；R_{T2}放在温度与流体相同，但不受介质流速影响的小室中。当介质处于静止状态时，电桥处于平衡状态，流量计没有指示。当介质流动时，R_{T1}由于介质流动带走热量，温度的变化引起阻值变化，电桥失去平衡而有输出，检流计的指示直接反映流量的大小。

2. 热敏电阻传感器

（1）基本概念。热敏电阻器是利用半导体的阻值随温度而变化的特性制成的测温元件。热敏电阻器的热电特性曲线如图3-3所示。

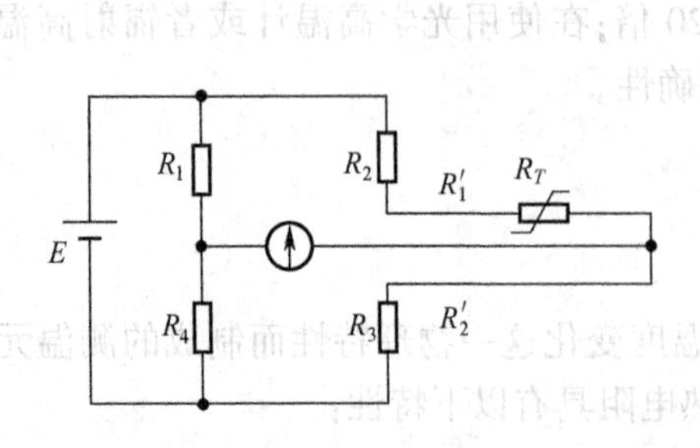

图 3-1 热电阻的测量电路

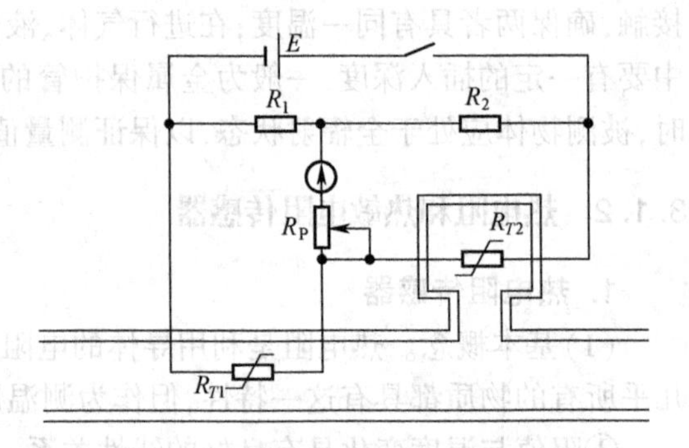

图 3-2 热电阻流量计的电路原理图

(2)工作原理。热敏电阻器的阻值和温度之间的关系如下：

正温度系数热敏电阻器

$$R_T = R_0 e^{B(T-T_0)}$$

负温度系数热敏电阻器

$$R_T = R_0 e^{B(1/T-1/T_0)}$$

式中：R_T是温度为 T 时的阻值；R_0 是温度为 T_0时的阻值；B 为常数，由材料、工艺及结构决定。

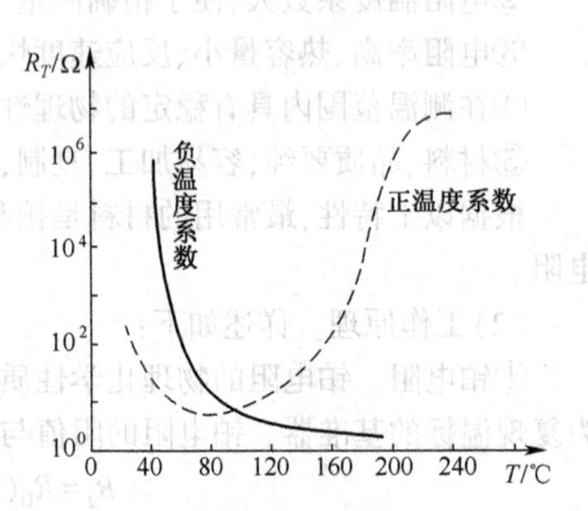

图 3-3 热敏电阻器的热电特性曲线

(3)主要特点。详述如下：

①灵敏度高。是铂电阻、铜电阻灵敏度的几百倍。它与简单的二次仪表结合，就能检测出 $1×10^{-3}$℃的温度变化；与电子仪表组成测温计，可完成更精确的温度测量。

②工作温度范围宽，常温热敏电阻器的工作温度低于 315 ℃；低温热敏电阻器的工作温度低于-55 ℃，可达-273 ℃。

③可以根据不同的要求，将热敏电阻器制成各种不同形状，也可制成 1～10 MΩ 标称阻值的热敏电阻器，以供电路选择。

④稳定性好、过载能力强、使用寿命长。

(4)热敏电阻器的基本应用电路。热敏电阻器主要用作检测元件和电路元件。

①作为检测和电路用的热敏电阻器。其工作点的选取由热敏电阻器的伏安特性(见图 3-4)决定。作为检测元件用的热敏电阻器，在仪器仪表中的应用分类见表 3-2，作为电路元件用的热敏电阻器，在仪器仪表中的应用分类见表 3-3。

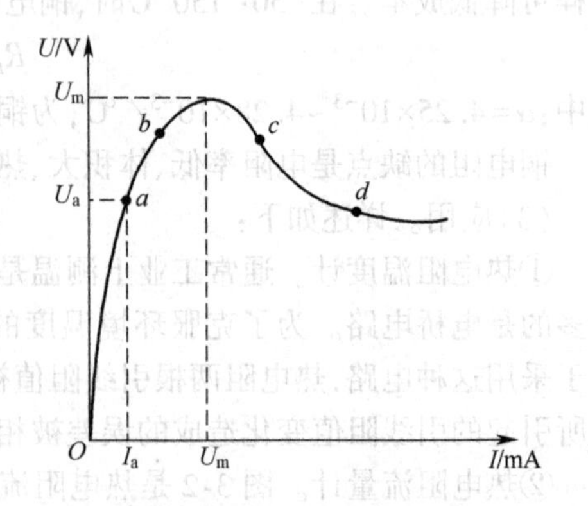

图 3-4 热敏电阻器的伏安特性曲线

表 3-2 热敏电阻器作为检测元件在仪器仪表中的应用分类

在伏安特性图中的位置	在仪器仪表中的应用
U_m右边	温度计、温度差计、温度补偿、微小温度检测、温度报警、温度继电器、分子量测定、水分计、热辐射计、红外探测器、热传导测定、比热容测定
U_m左边	液位报警、液位测量

续表

在伏安特性图中的位置	在仪器仪表中的应用
U_m峰值电压	风速计、液面计、真空计

表 3-3　热敏电阻器作为电路元件在仪器仪表中的应用分类

在伏安特性图中的位置	在仪器仪表中的应用
U_m左边	偏置线圈的温度补偿、仪表温度补偿、热电偶温度补偿、晶体管温度补偿
U_m附近	恒压电路、延迟电路、保护电路
U_m右边	自动增益控制电路、RC 振荡器、振幅稳定电路

②作为测温元件用的热敏电阻器。作为测温元件用的热敏电阻器又称热敏电阻器探头，将其直接与测量电路相连接，即完成温度的测量，具体测量范围和测量灵敏度与选择的探头型号有关系，设计时候要注意。

③作为温度补偿用的热敏电阻器。通常补偿电路是由热敏电阻器 R_T和与温度无关的线性电阻器 R_1和 R_2串、并联组成的，如图 3-5 所示。

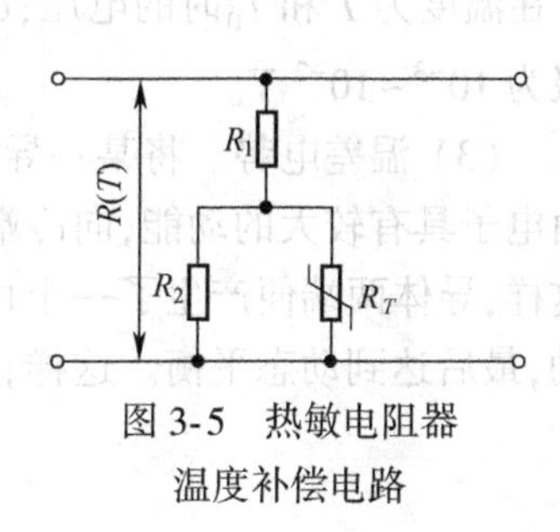

图 3-5　热敏电阻器温度补偿电路

3.1.3　热电偶传感器

1. 热电偶传感器的基本概念

(1) 热电偶。所谓热电偶就是由两根不同性质的导体（A 和 B）所组成的闭合回路，如图 3-6 所示。其中，T 为测温端（又称热端），T_0为自由端（又称冷端）。

(2) 热电偶传感器。热电偶传感器是一种能够将温度的变化转换成电势变化的测量装置，属于接触式测温方法的一种，目前在工业生产和科研中得到了广泛应用。

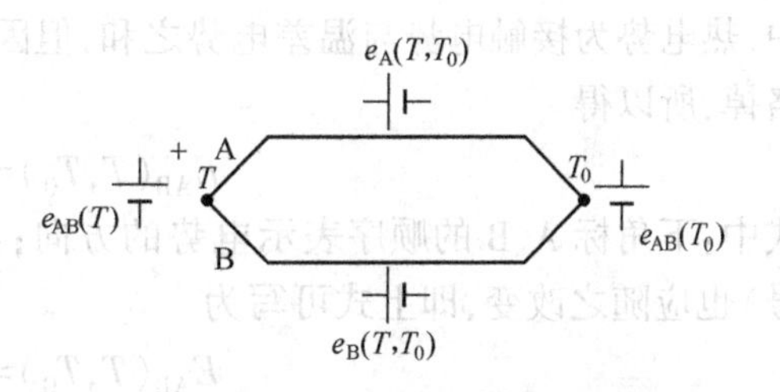

图 3-6　热电偶回路原理图

热电偶与相关测量仪表配套使用后，可直接测量、记录、显示有关测量状态与结果。和其他接触式测温法相比，热电偶测温的优点为：测量精度高；测量范围广，高温可测2 000℃，低温可测-250℃；结构简单，使用方便，便于远距离和多点温度测量。

2. 热电偶传感器的工作原理

(1) 热电效应。热电偶传感器的工作原理是导体材料的热电效应。将两种不同成分的导体组成一闭合回路，如图 3-6 所示，当闭合回路的两个接点分别置于不同的温度场中时，回路中将产生一个电势，该电势的方向和大小与导体的材料及两个接点的温度有关，这种物理现象称为热电效应，两种导体组成的回路称为热电偶，这两种导体称为热电极，产生的电势则称为热电势。热电势由两部分组成，其中一部分为两种导体的接触电势，另一部分为单一导体的温差电势。

(2) 接触电势。当 A 和 B 两种不同材料的导体接触时，由于两者内部单位体积的自由电子数目不同（即电子密度不同），因此，电子在两个方向上扩散的速率就不一样。假设导体 A

的自由电子密度大于导体B的自由电子密度,则可等效成导体A失去电子带正电荷,导体B得到电子带负电荷。于是,在A、B两导体的接触界面上便形成一个由A到B的电场。该电场的方向与扩散运动的方向相反,它将引起反方向的电子转移,阻碍扩散作用的继续进行,最终达到一种动态平衡状态。在这种状态下,A与B两导体的接触处产生了电位差,称为接触电势。接触电势的大小与导体材料、结点的温度有关,与导体的直径、长度及几何形状无关。对于温度分别为T和T_0的两个接点,可得下列接触电势公式

$$e_{AB}(T)=U_{AT}-U_{BT}$$
$$e_{AB}(T_0)=U_{AT_0}-U_{BT_0}$$

式中:$e_{AB}(T)$、$e_{AB}(T_0)$分别为导体A、B在接点温度为T和T_0时形成的电势;U_{AT}、U_{AT_0}为接点A在温度为T和T_0时的电压;U_{BT}、U_{BT_0}为接点B在温度为T和T_0时的电压。接点电势的数量级为$10^{-3}\sim10^{-2}$ V。

(3) 温差电势。将某一导体两端分别置于不同的温度场T和T_0中,在导体内部,热端自由电子具有较大的动能,向冷端移动,从而使热端失去电子带正电荷,冷端得到电子带负电荷。这样,导体两端便产生了一个由热端指向冷端的静电场,该静电场阻止电子从热端向冷端移动,最后达到动态平衡。这样,导体两端便产生了电势,称为温差电势。

$$e_A(T,T_0)=U_{AT}-U_{AT_0}$$
$$e_B(T,T_0)=U_{BT}-U_{BT_0}$$

式中:$e_A(T,T_0)$、$e_B(T,T_0)$分别为导体A、B在接点温度为T和T_0时形成的电势。温差电势的数量级为10^{-5} V。

(4) 热电偶的电势(热电势)。将由A和B组成的热电偶的两个接点分别放在T和T_0中,热电势为接触电势与温差电势之和,但因接触电势比温差电势大得多,故可将温差电势忽略掉,所以得

$$E_{AB}(T,T_0)=e_{AB}(T)-e_{AB}(T_0)$$

式中:下角标A、B的顺序表示电势的方向;当改变下角标的顺序时,电势前面的符号(正、负号)也应随之改变,即上式可写为

$$E_{AB}(T,T_0)=e_{AB}(T)+e_{BA}(T_0)$$

综上所述,可以得出以下结论:

热电势的大小只与组成热电偶的材料和两个接点的温度有关,而与热电偶的形状、尺寸无关,当热电偶两电极材料选定后,热电势便是两个接点的电势差。

3. 热电偶的基本定律

(1) 均质导体定律。如果热电偶的两个热电极材料相同,无论接点的温度如何,热电势为零。

(2) 中间导体定律。在热电偶中接入第三种导体,只要第三种导体的两个接点温度相同,则热电偶的热电势不变。如图3-7所示,在热电偶中接入第三种导体C,设导体A与B接点处的温度为T,A与C、B与C两个接点处的温度为T_0,则回路中的热电势为

$$E_{ABC}(T,T_0)=e_{AB}(T)-e_{AB}(T_0)$$

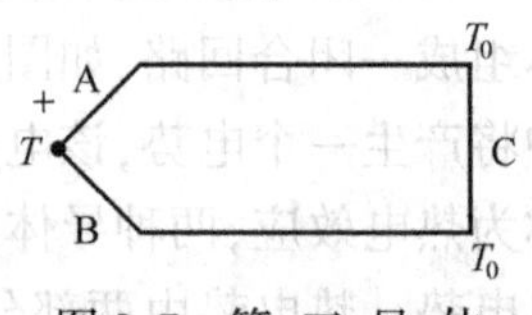

图3-7 第三导体接入热电偶回路

热电偶的这种性质有很重要的实用意义,它使我们可以方便地在回路中直接接入各种类型的显示仪表或调节器,也可以将热电偶的两端不焊接而直接插入

液态金属中或直接焊在金属表面测量。

(3) 标准电极定律。如果两种导体分别与第三种导体组成的热电偶所产生的热电势已知,则由这两种导体组成的热电偶所产生的热电势就可确定。如图3-8所示,导体A、B分别与标准电极C组成热电偶,若它们所产生的热电势已知,即

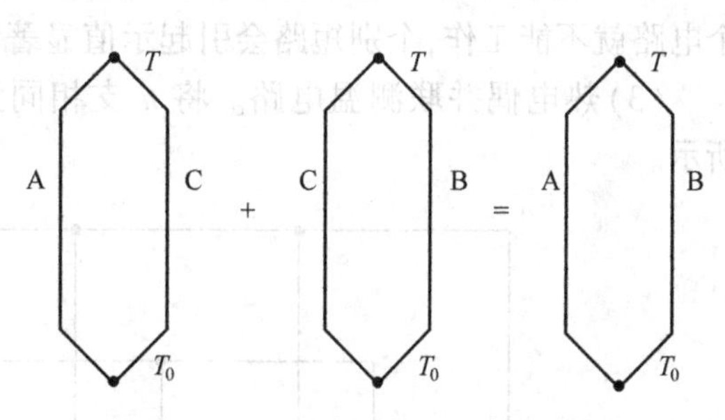

图3-8 三种导体分别组成的热电偶

$$E_{AC}(T,T_0)=e_{AC}(T)-e_{AC}(T_0)$$
$$E_{BC}(T,T_0)=e_{BC}(T)-e_{BC}(T_0)$$

那么,导体A、B组成的热电偶的热电势为

$$E_{AB}(T,T_0)=E_{AC}(T,T_0)-E_{BC}(T,T_0)$$

由于铂的物理化学性质稳定、熔点高、易提纯,所以通常选用高纯铂丝作为标准电极。这样,测得各种金属与纯铂组成的热电偶的热电势,则各种金属组合而成的热电偶的热电势可根据上述公式计算得出。

(4) 中间温度定律。热电偶在两个接点温度分别为T、T_0时的热电势等于该热电偶在接点温度为T、T_1及T_1、T_0时相应热电势的代数和,即

$$E_{AB}(T,T_0)=E_{AB}(T,T_1)+E_{AB}(T_1,T_0)\text{(注:}T_1\text{为中间温度)}$$

中间温度定律为补偿导线的使用提供了理论依据。

4. 热电偶实用测温电路

合理安排热电偶的测温电路,对提高测温精度、经济效益和维修方面都有意义。

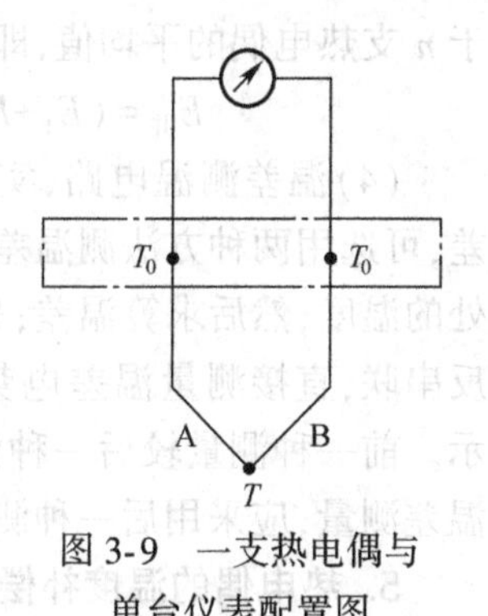

图3-9 一支热电偶与单台仪表配置图

(1)一支热电偶配一台显示仪表的测温电路。图3-9所示是一支热电偶配一台显示仪表的测温电路。显示仪表如果是电位差计,则不必考虑测温电路电阻对测温精度的影响;如果是动圈式仪表,就必须考虑测温电路电阻对测温精度的影响。

(2)热电偶串联测温电路。将n支相同型号的热电偶正、负极依次相连接,如图3-10所示。若n支热电偶的各热电势分别为$E_1,E_2,E_3,\cdots,E_n$,则总电势为

$$E_{串}=E_1+E_2+E_3+\cdots+E_n=nE$$

式中:E为n支热电偶的平均热电势;串联电路的总热电势为E的n倍,$E_{串}$所对应的温度可由$E_{串}$-T关系求得,也可根据平均热电势E在相应的分度表上查出。

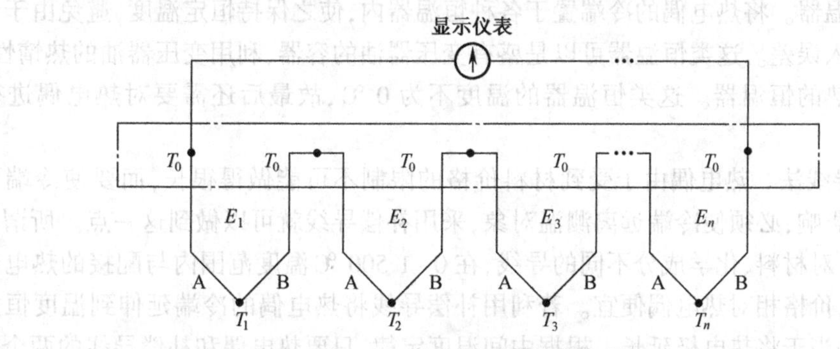

图3-10 热电偶串联测温电路

串联电路的主要优点是热电势大，精度比单支高；主要缺点是只要有一支热电偶断开，整个电路就不能工作，个别短路会引起示值显著偏低。

(3)热电偶并联测温电路。将 n 支相同型号热电偶的正负极分别连在一起，如图 3-11 所示。

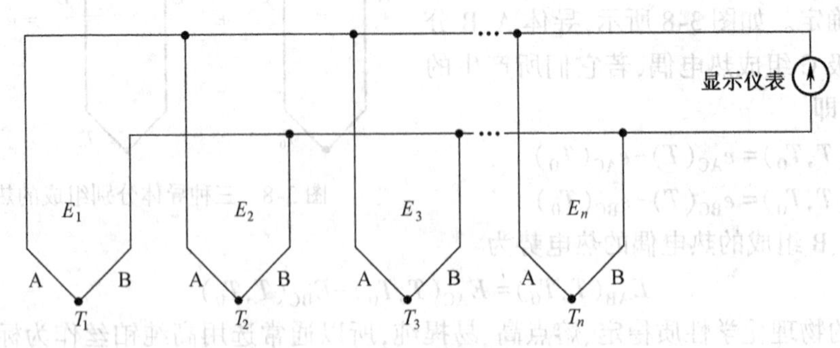

图 3-11　热电偶并联测温电路

如果 n 支热电偶的阻值相等，则并联电路总热电势等于 n 支热电偶的平均值，即

$$E_{并}=(E_1+E_2+E_3+\cdots+E_n)/n$$

(4)温差测温电路，实际工作中常需要测量两处的温差，可选用两种方法测温差：一种是两支热电偶分别测量两处的温度，然后求算温差；另一种是将两支同型号的热电偶反串联，直接测量温差电势，然后求算温差，如图 3-12 所示。前一种测量较后一种测量精度差，对于要求精确的小温差测量，应采用后一种测量方法。

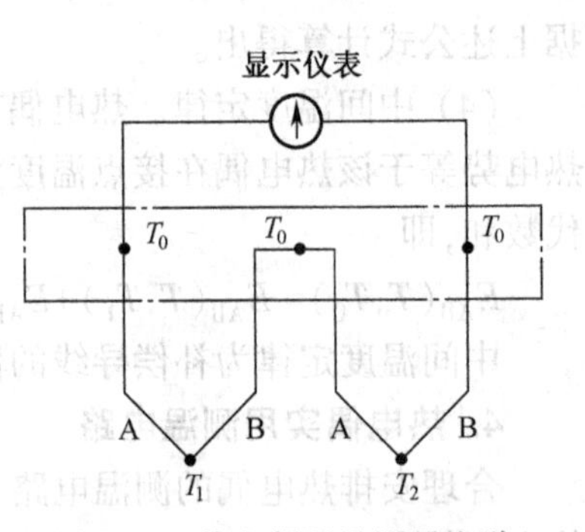

图 3-12　热电偶温差测量电路

5. 热电偶的温度补偿

从热电效应的原理可知，热电偶产生的热电势与两端温度有关；只有将冷端的温度恒定，热电势才是热端温度的单值函数。由于热电偶分度表是以冷端温度为 0 ℃作出的，因此在使用时要正确反映热端温度，最好设法使冷端温度恒为 0℃。但实际应用中，热电偶的冷端通常靠近被测对象，且受到周围环境温度的影响，其温度不是恒定不变的。为此，必须采取一些相应的措施进行补偿或修正，常用的方法有以下几种：

(1)冷端恒温法。详述如下：

①0 ℃恒温器。将热电偶的冷端置于温度为 0 ℃的恒温器内，使冷端温度处于 0 ℃。这种装置常用于实验室或精密的温度测量。

②其他恒温器。将热电偶的冷端置于各种恒温器内，使之保持恒定温度，避免由于环境温度的波动而引入误差。这类恒温器可以是盛有变压器油的容器，利用变压器油的热惰性恒温；也可以是电加热的恒温器。这类恒温器的温度不为 0 ℃，故最后还需要对热电偶进行冷端修正。

(2)补偿导线法。热电偶由于受到材料价格的限制不可能做得很长，而要使冷端不受测温对象的温度影响，必须使冷端远离测温对象，采用补偿导线就可以做到这一点。所谓补偿导线，实际上是一对材料、化学成分不同的导线，在 0~1 500 ℃温度范围内与配接的热电偶有一致的热电特性，价格相对热电偶便宜。若利用补偿导线将热电偶的冷端延伸到温度恒定的场所，其实质是相当于将热电极延长。根据中间温度定律，只要热电偶和补偿导线的两个接点温度一致，是不会影响热电势输出的。

(3)计算修正法。上述两种方法解决了一个问题，即设法使热电偶的冷端温度恒定。但是，冷端温度并非一定为0 ℃，所以测出的热电势还是不能正确反映热端的实际温度。为此，必须对温度进行修正。修正公式为

$$E_{AB}(T,T_0)=E_{AB}(T,T_1)+E_{AB}(T_1,T_0)$$

式中：$E_{AB}(T,T_0)$为热电偶热端温度为T，冷端温度为0 ℃时的热电势；$E_{AB}(T,T_1)$为热电偶热端温度为T、冷端温度为T_1的热电势；$E_{AB}(T_1,T_0)$为热电偶热端温度为T_1、冷端温度为0℃时的热电势。

(4)电桥补偿法。计算修正法虽然很精确，但不适合连续测温，为此，有些仪表的测温电路中带有补偿电桥，利用补偿电桥不平衡时产生的电势补偿热电偶因冷端波动引起的热电势的变化，如图3-13所示。

图3-13中，E为热电偶产生的热电势，U为回路的输出电压。回路中串联了一个补偿电桥。R_1~R_3及R_{CM}均为桥臂电阻：R_{CM}是用漆包铜丝绕制成的，它和热电偶的冷端感受同一温度；R_1~R_3均用温度系数小的锰钢丝绕成，阻值稳定。在桥路设计时，使$R_1=R_2$，并且R_1、R_2的阻值要比桥路中其他电阻大得多。这样，即使电桥中其他电阻的阻值发生变化，左右两桥臂中的电流却几乎保持不变，从而认为其具有恒流特性。

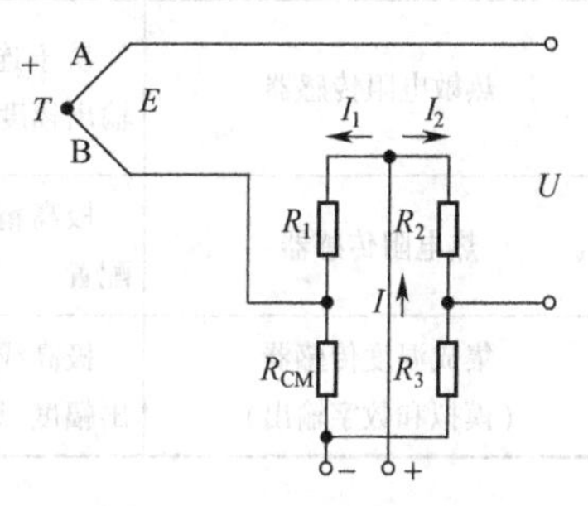

图3-13 电桥补偿电路

回路输出电压U为热电偶的热电势E、桥臂电阻R_{CM}的压降$U_{R_{CM}}$及另一桥臂电阻R_3的压降U_{R_3}三者的代数和。

$$U=E+U_{R_{CM}}-U_{R_3}$$

当热电偶的热端温度一定，冷端温度升高时，热电势将会减小。与此同时，桥臂电阻的阻值将增大，从而使$U_{R_{CM}}$增大，由此达到了补偿的目的。自动补偿的条件为

$$\Delta E=I_1R_{CM}\alpha\cdot\Delta t$$

式中：ΔE为热电偶冷端温度变化引起的热电势的变化，它随所用的热电偶材料不同而不同；I_1为流过R_{CM}的电流，α为桥臂电阻R_{CM}的温度系数，一般取0.003 9/℃；Δt为热电偶冷端温度的变化范围。

通过自动补偿的条件，可得

$$R_{CM}=\frac{\Delta E}{I_1\alpha\Delta t}$$

需要说明的是，热电偶所产生的热电势与温度之间的关系是非线性的，每变化1℃所产生的热电势数值并非都相同，但R_{CM}的阻值变化却与温度变化呈线性关系。因此，这种补偿方法是近似的，但在实际使用时，由于热电偶冷端温度变化范围不会太大，所以这种补偿方法常被采用。

(5)显示仪表零位调整法。当热电偶通过补偿导线连接显示仪表时，如果热电偶冷端温度已知且恒定时，可预先将有零位调整器的显示仪表的指针从刻度的初始值调至已知的冷端温度值上，这时显示仪表的示值即为被测量的实际值。

3.1.4 其他温度传感器

1. 集成温度传感器

与热电阻传感器、热敏电阻传感器和热电偶传感器相比,集成温度传感器具有很高的线性、低系统成本及集成复杂等,能够提供一个数字输出,并能够在一个相当有用的范围内进行温度测量。各种温度传感器的性能比较见表3-4。

表3-4 各种温度传感器的性能比较

类别	优点	缺点
热电偶传感器	易于使用、极低成本、极宽温度范围、坚固耐用、有多种型号、中等精度(1%~3%)	低灵敏度(40~80 mV/℃)、低响应速度(几秒)、高温时老化和温漂、非线性、低稳定性,需要外部参考源
热敏电阻传感器	易于连接、响应快、低成本、高灵敏度、高输出幅度、易于互换、中等稳定度、小尺寸	窄温度范围(高达150 ℃)、大温度系数(4%/℃)、非线性、固有的自身发热,需要外部电流源
热电阻传感器	极高精度、极高稳定度、中等线性、极高配置	有限的温度范围(高达150 ℃)、大温度系数、昂贵,需要外部电流源
集成温度传感器(模拟和数字输出)	极高线性、低成本、高精度(约1%)、高输出幅度、易于系统集成、小尺寸、高分辨率	低响应速度、有限温度范围(-55~+150 ℃)、固有的自身发热,需要外部参考源

(1)模拟输出集成温度传感器。模拟输出集成温度传感器输出与温度成正比的电压或电流。常用的模拟输出集成温度传感器有LM35、LM335、AD590等型号,其主要参数见表3-5。

表3-5 常用的模拟输出集成温度传感器的主要参数

型号	测量范围/℃	输出信号类型	温度系数
XC616A	+40~+125	电压型	10 mV/℃
XC616C	-25~+85	电压型	10 mV/℃
LX6500	-55~+85	电压型	10 mV/℃
LM3911	-25~+85	电压型	10 mV/℃
AD590	-55~+150	电流型	1 mA/℃
LM35	-35~+150	电压型	10 mV/℃
LM134	-55~+125	电流型	1 mA/℃

电压型与电流型模拟输出集成温度传感器的唯一区别就是输出信号为电压或电流,其应用电路如图3-14所示。

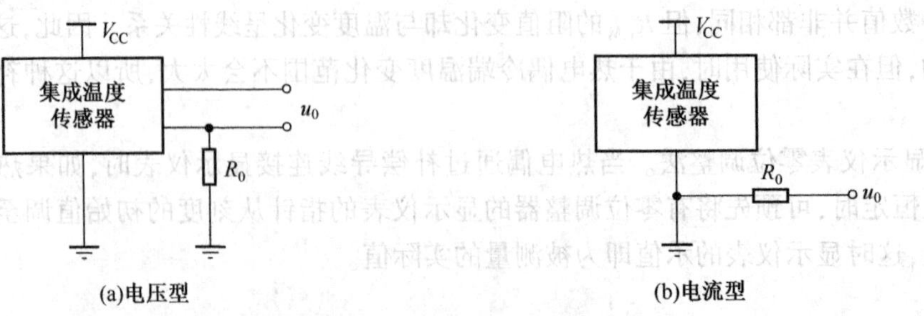

图3-14 电压型与电流型模拟输出集成温度传感器的应用差异

应用方面以LM35为例加以说明。图3-15所示为采用LM35的散热风扇自动控制电路。

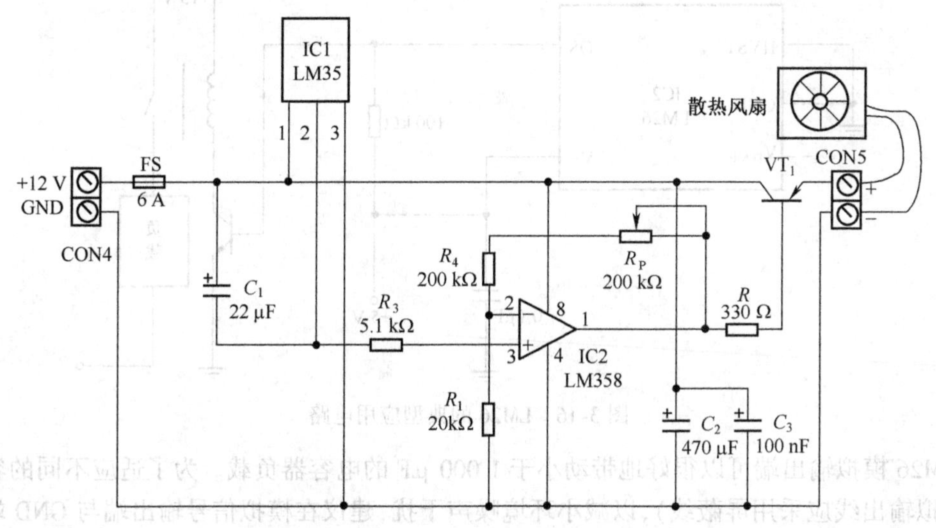

图3-15 采用LM35的散热风扇自动控制电路

如图3-15所示的电路中,LM35的3引脚输出是与温度成正比的电压控制信号。该信号通过R_3输入到LM358的3引脚内部进行放大,放大后的信号从LM358的1引脚输出,驱动开关管VT_1的导通。温度越高,VT_1的基极控制电压就越大,导通就越深,散热风扇两端的电压就越高,风扇的转速越大,加快散热速度;反之,当温度越低时,风扇的转速越小,噪声越小。

(2)数字输出集成温度传感器。数字输出集成温度传感器是通过内置的模-数转换器将传感器的模拟信号转换为数字信号。下面以LM26为例介绍数字输出集成温度传感器的应用。

LM26测量温度与输出电压的对应关系见表3-6。

表3-6 LM26测量温度与输出电压的对应关系

测 量 温 度/℃	输 出 电 压/mV
-55	2 696
-40	2 542
-30	2 438
0	2 123
25	1 855
40	1 639
80	927
110	913

LM26的典型应用电路如图3-16所示。V_+端与GND端之间接的0.1 μF的电容器是消振电容器,可以使传感器工作更稳定。

在大功率功放机中,功放集成电路的发热量一般很大,如散热措施不佳,就会影响功放机的输出音质。因此,可在功放集成电路的表面安装一个由LM26组成的自动控制散热风扇电路,如图3-17所示。当功放集成电路的表面温度超过设定值时,风扇会自动转动,对功放集成电路进行强制散热,能显著降低功放集成电路的表面温度。

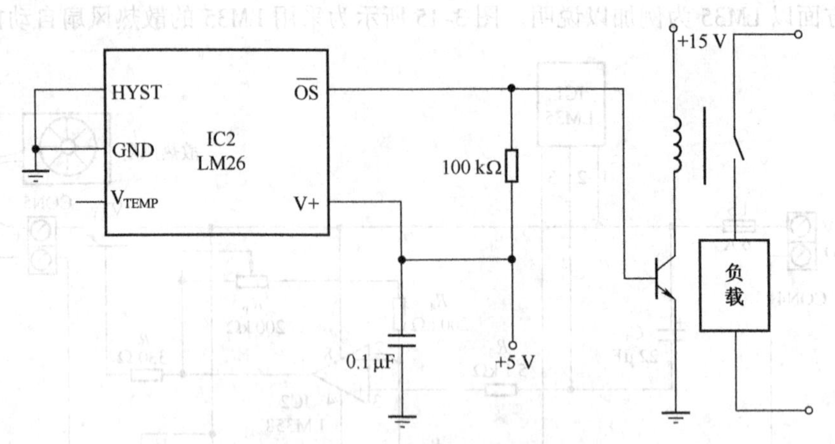

图 3-16 LM26 的典型应用电路

LM26 模拟输出端可以很好地带动小于 1 000 μF 的电容器负载。为了适应不同的容性负载(模拟输出线应采用屏蔽线),以减小环境噪声干扰,建议在模拟信号输出端与 GND 端接一个 *RC* 滤波器,元件取值见表 3-7。

表 3-7 元 件 取 值

C_{LOAD}	R/Ω
≤100 pF	0
1 nF	8 200
10 nF	3 000
100 nF	1 000
≥1 μF	430

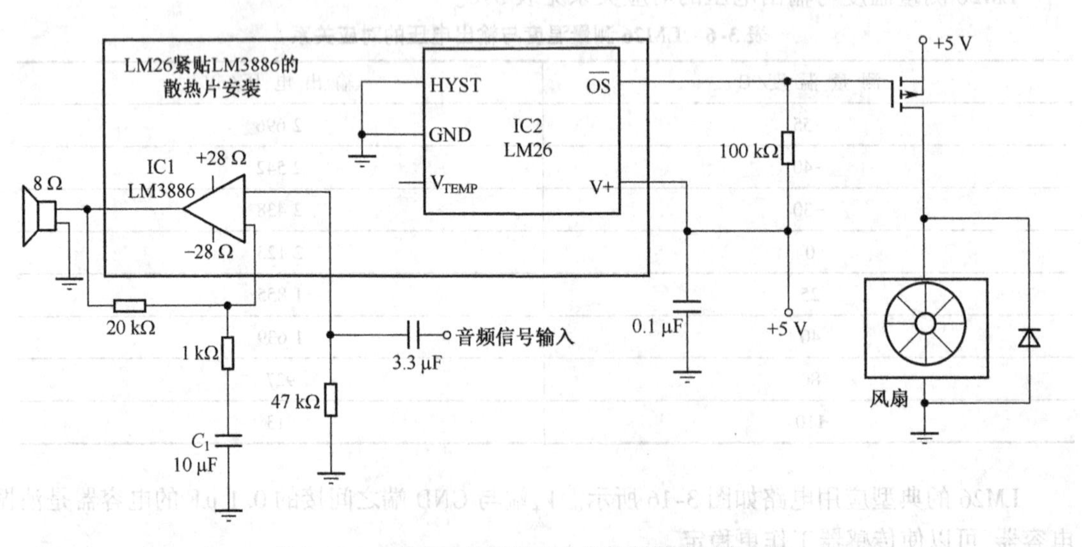

图 3-17 大功率功放机温度自动控制散热风扇电路

2. 辐射式温度传感器

关于辐射温度的检测,目前常用的传感器件有高温辐射温度计、低温辐射温度计、光电温度计、热释电辐射温度传感器等。

（1）高温辐射温度计，这是一种采用光电玻璃透镜和硅光电池组合成的温度计，利用0.7～1.1 μm波长可测量700～2 000 ℃的高温。由于硅光电池在受到辐射后产生电动势，且不经过放大就可得到0～20 mV的信号，测温误差小，1 500 ℃以下约为±0.7%，1 500 ℃以上约为±1%，响应时间短，一般在1 ms以内。

（2）低温辐射温度计，这是一种采用锗滤光片或锗透镜与半导体热敏电阻器配合而成的温度计，它可接受0.7～1.1 μm波长的辐射能量（即处于红外波段的能量），可测量0～200 ℃的温度，测温误差一般为±1%左右，响应时间一般为2 s左右。使用这种低温辐射温度计，必须在测温仪表中加放大电路。

（3）光电温度计，这是一种利用光学玻璃透镜和硫化铅光敏电阻器配合而成的温度计，可接收0.6～2.7 μm波长的辐射能量，可测量400～800 ℃的温度，测温误差一般为±1%左右，响应时间一般为1.5 s，需要加放大电路。

（4）热释电辐射温度传感器，这是一种用热释电元件构成的传感器。热释电元件和压电陶瓷一样，都是铁氧体，如钛酸铅、铌酸钽、铌酸锶钡等。这些材料除了具有压电效应外，在辐射能量照射下还会释放出电荷，然后经高输入阻抗放大电路放大后就可得到足够大的电信号。使用热释电辐射温度传感器时，需要对辐射进行调制，使其成为断续辐射，以得到交变电动势。热释电元件响应时间短，需要配置交流放大电路。通常把它与场效应管一起封装在一个壳体里，当热辐射经锗或硅窗口入射后，由场效应管进行阻抗变换并与放大电路配合后即可对温度进行检测。这种传感器主要用于红外波段的热辐射温度检测。

3.2 气敏、湿敏电阻传感器

3.2.1 气敏电阻传感器

（1）基本概念。气敏电阻传感器是利用半导体气敏元件与被测气体接触后，造成半导体性质发生变化并引起阻值等变化，从而以此来检测待定气体的成分或浓度的传感器的总称。它是一种用金属氧化物（如氧化锡、氧化锌、氧化铝等）的粉末材料按一定的配比烧结而成的半导体器件。

（2）工作原理。气敏电阻传感器工作的对象是气体，但由于其对气体的敏感程度及检测的目的不一样，因而各气敏电阻传感器的工作原理亦有所区别。下面仅以半导体气敏电阻传感器为例，简单介绍它的工作原理。半导体气敏电阻传感器有表面型和体型两大类。其中，SnO_2和ZnO等比较难还原的金属氧化物所制成的半导体，接触气体时在比较低的温度时就会产生吸附效应，从而改变半导体表面的电位、电导率等。由于半导体与气体之间的相互作用仅仅限于器件表面，故称为表面型半导体气敏电阻传感器。而γ-Fe_2O_3这一类较容易还原的氧化物半导体在接触到低温下的气体时，半导体材料内的晶格缺陷浓度将发生变化，从而使半导体的电导率发生改变。这种能改变半导体性能的传感器称为体型半导体气敏电阻传感器。

（3）分类。半导体气敏电阻传感器的分类及有关说明见表3-8。

表 3-8　半导体气敏电阻传感器的分类及有关说明

分类	主要物理特性		传感器举例	工作温度	被测气体
电阻式	电阻	表面型	氧化锡、氧化锌	室温~450℃	可燃性气体
		体型	γ-Fe_2O_3、氧化钛、氧化钴、氧化镁、氧化锡	300~450℃、700℃以上	乙醇、可燃性气体、氧气等
非电阻式	表面电位		氧化银	室温	乙醇
	二极管整流特性		铅/硫化镉、铂/氧化钛	室温~200℃	氢气、一氧化碳、乙醇
	晶体管特性		铂栅 MOS 场效应管	150℃	氢气、硫化氢

(4)结构组成。详述如下：

①表面型半导体气敏电阻传感器，这是一种利用半导体表面在吸附气体时半导体元件的阻值发生变化的特性制成的传感器件。这种类型的传感器具有气体控制灵敏度高、响应速度快、实用价值大等优点。表 3-9 列出了几种国产 QN 型半导体气敏电阻传感器的主要特性。图 3-18 所示为该器件的外形结构及测量电路。

表 3-9　几种国产 QN 型半导体气敏电阻传感器主要特性

型号	加热回路			测量回路	
	电流/A	电压/V	冷电阻/Ω	电压/V	电流/mA
QN-6	0.6+0.05	1.5+0.3	0.8+0.2	6	1~100
QN-02A	0.36+0.04	2.5+0.3	2+0.2		100~1000
QN-03B	0.36+0.04	2+0.3	1.8+0.2		1~100
QN-02	0.28+0.02	2+0.3	2.7+0.2		10~500
QN-01A	0.16+0.04	2.7+0.2	13+1		100~1000
QN-01B	0.16+0.04	3+0.2	13+1		1~100

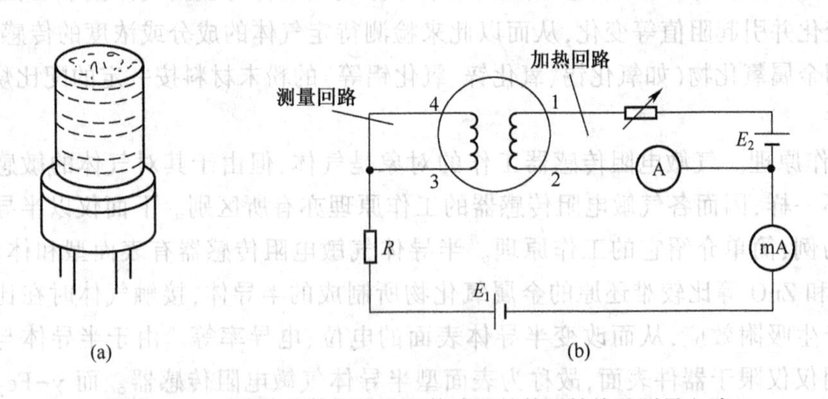

图 3-18　QN 型半导体气敏电阻传感器的外形结构及测量电路

②非电阻式半导体气敏传感器，这是以钯、铟等金属薄膜形成的 MOS 二极管传感器及钯/硫化镉二极管传感器，均可以用来检测氢气的浓度，是目前对氢气成分、浓度等参量进行检测的有效器件。图 3-19 和图 3-20 分别介绍了钯-MOS 二极管敏感元件及应用光电动势作用的钯-MOS 二极管敏感元件结构示意图。

(5)应用及电路配置。详述如下:

①可燃气体检测器。对于可燃气体(如汽油、乙醇、甲烷、乙烷等)的检测,目前比较适用的方法就是用 QN 型半导体气敏电阻传感器进行测量。当气敏半导体遇到电离分解能量比较小的可燃气体时,气体分子中的电子就会向气敏材料的表面移动,使气敏半导体的电子浓度增加,阻值减小,这样就可把气体的浓度信号转变成电信号,从而完成有关测量要求。除此以外,还有一种 P 型气敏半导体检测仪,可用于对多种气体的泄漏进行测量,在浓度测量及超限量报警等方面精度也比较高。目前主要用于石油、化工、电子等行业。

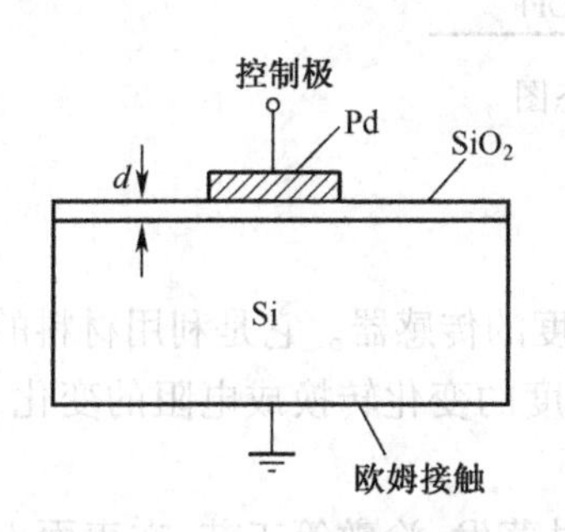

图 3-19 钯- MOS 二极管敏感元件

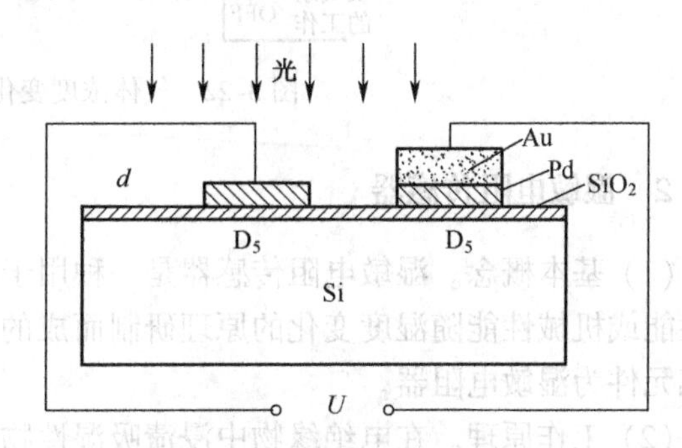

图 3-20 应用光电动势作用的钯- MOS 二极管敏感元件

②气体泄漏报警器及其自动通风电路。当 SiO_2 半导体表面上吸附了被测气体(特别是有毒气体)时,其电导率将发生变化。利用这一原理制成的气体泄漏报警器,可很快地检测出一氧化碳、氨气及各种溶剂蒸气等有毒气体。与此同时还可以自动接通排气扇电路,达到净化空气的目的。该报警器及通风装置的控制电路如图 3-21 所示。

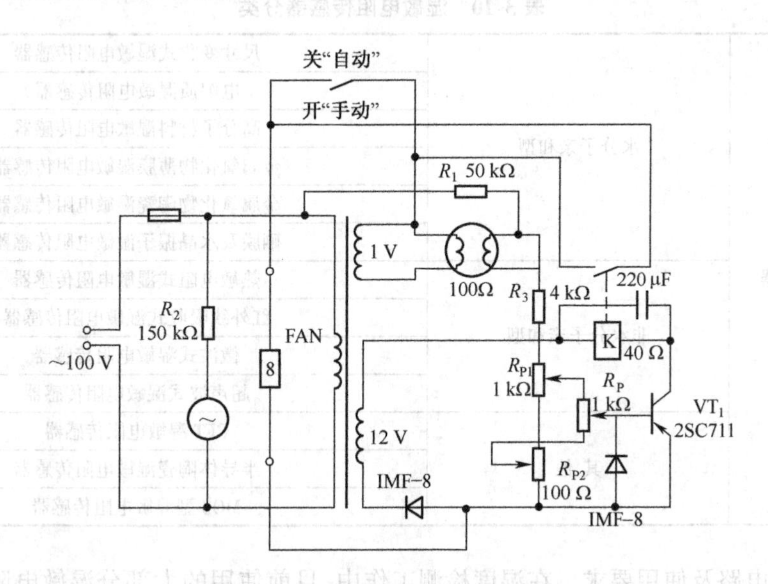

图 3-21 报警器及通风装置的控制电路

电路说明:当污染气体浓度达到一定程度时,传感器的电阻因受污染气体作用而减小,导致晶体管 VT_1 接通,继电器工作,启动风扇通风。如图 3-22 所示,当污染气体的浓度超过了由 R_{P2} 所设定的 C_S 值时,风扇即自动工作,将污染气体排出;并且在气体浓度低于设定值 C_S 后,风扇仍继续工作,只有当气体浓度降至 C_d 点时,风扇才停止工作。

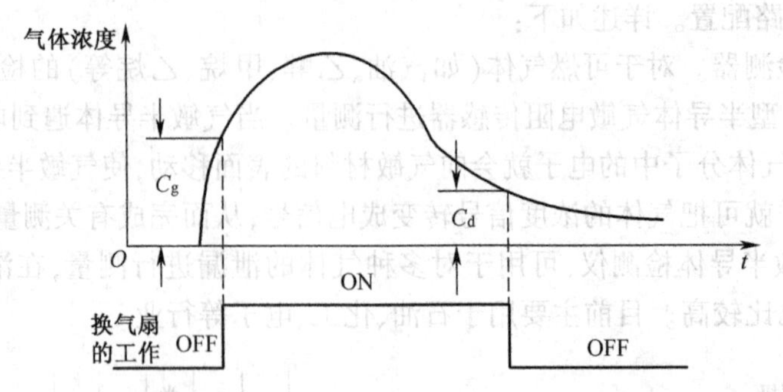

图 3-22 气体浓度变化及排气扇状态图

3.2.2 湿敏电阻传感器

(1) 基本概念。湿敏电阻传感器是一种用于检测空气湿度的传感器。它是利用材料的电气性能或机械性能随湿度变化的原理研制而成的。它能把湿度的变化转换成电阻的变化，其传感元件为湿敏电阻器。

(2) 工作原理。在电绝缘物中浸渍吸湿性物质，或者通过蒸发、涂敷等工艺，在表面上制备一层金属、半导体、高分子薄膜和粉状颗粒，形成湿敏电阻器。在吸湿元件的吸湿和脱湿过程中，水分子分解出的 H^+ 传导状态发生变化，从而使湿敏电阻器的阻值发生变化。湿敏电阻传感器就是利用这一电阻器的阻值随湿气的吸附与脱附而变化的现象制成的，也就是利用阻值与所吸附的水作为媒介的离子传导有关的现象制成的。

(3) 分类。可按设计、生产及使用情况进行分类，具体分类见表 3-10。

表 3-10 湿敏电阻传感器分类

湿敏电阻传感器	水分子亲和型	尺寸变化式湿敏电阻传感器
		电解质湿敏电阻传感器
		高分子材料湿敏电阻传感器
		金属氧化物薄膜湿敏电阻传感器
		金属氧化物陶瓷湿敏电阻传感器
		硒膜及水晶振子湿敏电阻传感器
	非水分子亲和型	热敏电阻式湿敏电阻传感器
		红外线吸收式湿敏电阻传感器
		微波式湿敏电阻传感器
		超声波式湿敏电阻传感器
	其他	CFT 湿敏电阻传感器
		半导体陶瓷湿敏电阻传感器
		MOS 型湿敏电阻传感器

(4) 测量电路及使用要求。在湿度检测工作中，目前使用的大部分湿敏电阻传感器不仅对湿度变化很敏感，而且对温度的变化也比较敏感，这给湿敏电阻传感器在实际应用时带来了一些困难。必须对元件进行温度补偿，同时还必须采用线性化测量电路进行处理。因此，在湿敏电阻传感器的应用电路设计中都考虑了温度特性的影响。下面介绍一种湿度检测电路。

图 3-23 所示的相对湿度检测电路主要用于陶瓷湿度测量，它可检测一般室内环境的相对湿度。这种电路把交流电压加到传感器上，由振荡电路、缓冲器、整流电路、温度补偿差分放大

电路、湿度输出放大电路、温度检测电路和温度输出放大电路等构成。该电路电源电压为+12 V,振荡电路的振荡频率为1 kHz,传感器特性的线性补偿由R_1、R_2、R_3完成。传感器的温度系数为0.7%RH/℃,常用热敏电阻器构成温度补偿电路,A_5用于温度检测,它能和同级的温度放大电路A_6同时取出温度的输出信号;而A_4则可将湿敏电阻传感器取出的信号经A_2放大并与T-H热敏电阻器的温度信号经A_3合成后输出一个湿度信号。采用这种电路能检测35%~85%RH的湿度值,精度大约为+4%RH。而对于低湿度传感器检测电路,它需要采用的多级运算放大器和高电阻组成的低湿度检测电路,一般这种电路即使在相对湿度小于10%的大气中也能进行高精度的测量。

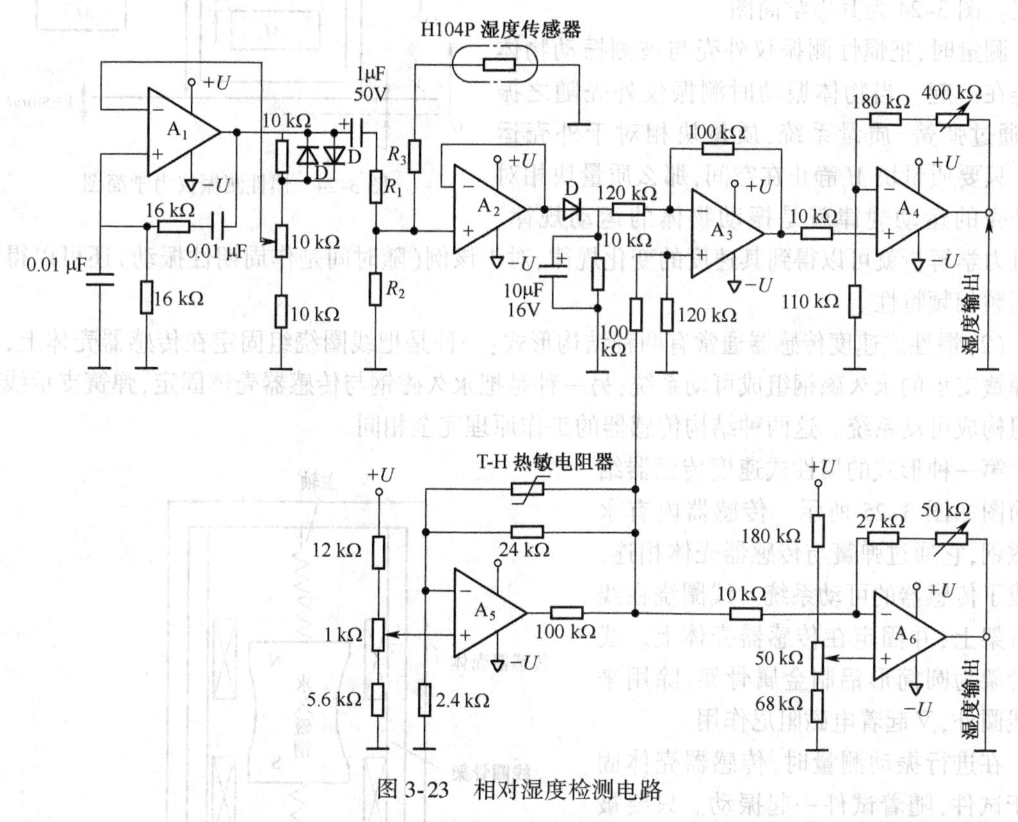

图3-23 相对湿度检测电路

(5) 应用。湿敏电阻传感器在产品质量管理,环境监测与控制等方面都起着重要的作用。它可用于食品、造纸、化工、钢铁、钟表、纤维、半导体、电子元件及设备、光学机械等许多工业过程中的湿度控制。此外,湿敏电阻传感器还可对环境进行必要的控制,例如,医院、办公大楼、实验室等的湿度检测与控制,温室及居住环境的湿度调节,地下、水下工程、矿山安全控制及森林山火预防等。

3.3 振动传感器

振动是物体运动的一种形式,它是指运动着的某个参量在某一基准值附近随着时间反复增减的振荡现象。在工程实际中遇到的振动是形形色色、各不相同的,分类的方法也不同,例如,在振动理论中常把物体的振动分成单自由度振动、多自由度振动及弹性体振动;从运动规律看,又可分成自由振动与强迫振动;从振动特性看,又常分为线性振动与非线性振动等。而振动传感器就是将运动物体的速度、加速度、频率等与时间有关的参量转换为电学量的装置，振动传感器技术的发展，是与整个工业生产的发展密切相关的。

3.3.1 速度传感器

（1）惯性式速度传感器的力学模型。现以惯性式测振仪为例来进行分析讨论。

取一个坚实的框架为外壳，其上端系一刚度系数为 k 的软弹簧及一阻尼为 c 的阻尼器，在弹簧及阻尼器下方悬挂一质量块 M，组成一惯性测振仪。图 3-24 为其力学简图。

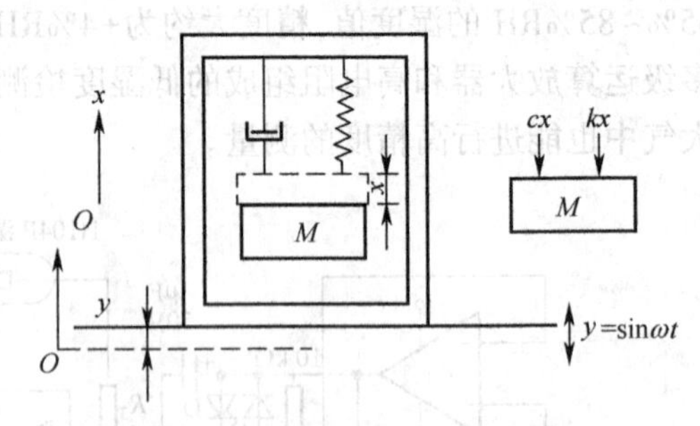

图 3-24 惯性测振仪力学简图

测量时，把惯性测振仪外壳与被测振动物体固连在一起。当物体振动时测振仪外壳随之振动，通过弹簧-质量系统，质量块相对于外壳运动。只要质量块 M 静止在空间，那么质量块相对于外壳的运动规律就是振动物体的运动规律。通过力学解析就可以得到其速度的变化规律，对于该例（随时间是作周期性振动）还可以得到其幅频相频特性。

（2）惯性式速度传感器通常有两种结构形式：一种是把线圈绕组固定在传感器壳体上，而由弹簧支承的永久磁钢组成可动系统；另一种是把永久磁钢与传感器壳体固定，弹簧支承线圈绕组构成可动系统。这两种结构传感器的工作原理完全相同。

第一种形式的惯性式速度传感器结构简图如图 3-25 所示。传感器内有永久磁钢，它通过弹簧与传感器壳体相连，组成了传感器的可动系统。线圈绕在线圈骨架上，并固定在传感器壳体上。线圈骨架为圆筒形铝制金属骨架，除用来绕线圈外，又起着电磁阻尼作用。

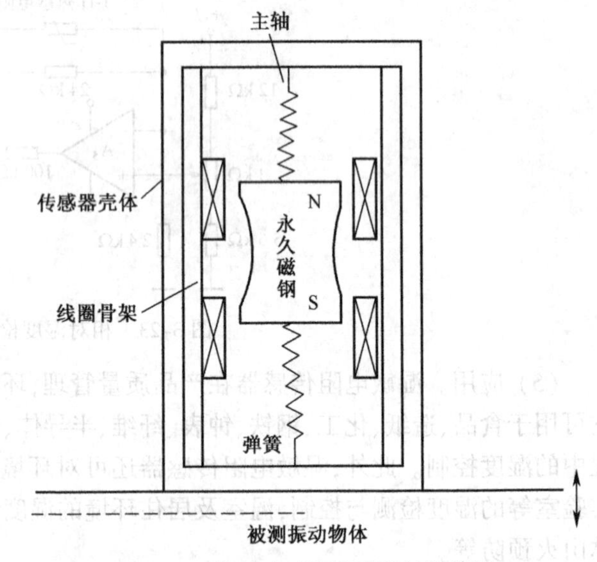

图 3-25 惯性式速度传感器结构简图

在进行振动测量时，传感器壳体固连于试件，随着试件一起振动。只要被测振动物体的频率高于活动系统的固有频率，永久磁钢实际上就停留在空中，这时运动着的线圈与不动的永久磁钢产生相对运动，线圈切割磁感线产生感应电动势 E。

根据电磁感应定律，可得

$$E=BWlv\times10^{-5}$$

式中：B 为永久磁钢与传感器壳体间隙的磁感应强度，G；W 为气隙中绕组的匝数；l 为每匝线圈的平均长度，cm；v 为线圈相对于永久磁钢的运动速度，亦即被测振动物体的振动速度，cm/s。

对于已经选定的结构，$BWl\times10^{-5}$ 是一个常量，所以传感器的输出量——线圈两端的感应电动势 E（单位为 mV）是与被测振动物体的速度成正比的，即

$$E=kv$$

式中：$k=BWl\times10^{-5}$为传感器的灵敏度，它的单位是 mV·s/cm，可用实验方法测得。

由于这种传感器基于电磁感应原理，因此通常称为感应式速度传感器，它具有良好的线性输出特性。

传感器中线圈绕组可以是一个，也可以是两个，如果有上下两个线圈绕组，则这两个绕组一定要反接（或绕向相反），这是因为上下两个线圈切割的磁感线方向恰恰相反，如果两个线圈顺接（或绕向一致），而且匝数相等，则两线圈所感应的电动势大小相等，相位相反，使两者互抵而无输出。

（3）惯性式速度传感器主要技术指标。详述如下：

①灵敏度 k。当传感器在平行主轴方向感受到传感器的空载输出电压值（mV）称为主轴灵敏度，可见 $k=E/v$。

垂直于主轴方向的灵敏度称为横向灵敏度（在速度传感器中又称横向灵敏度效应）。一般要求横向灵敏度越小越好，也即传感器在垂直于主轴方向感受到振动时，传感器应无输出，但由于结构与制造上的原因，只能把横向灵敏度限制在一定限度之内。

②谐振频率 f_0。传感器可动系统的固有频率，即系统无阻尼时的自由振动频率。

$$f_0=\frac{1}{2\pi}\sqrt{\frac{k}{M}}$$

式中：k 为弹簧的刚度系数；M 为永久磁钢的质量。

可见 f_0 与弹簧的刚度系数开方成正比，与永久磁钢质量开方成反比，要使谐振频率 f_0 低，必须选取刚度系数小的软弹簧。

③频率响应。频率响应指当传感器感受一个恒定的振动速度时，在指定的工作频段内，各频率点上灵敏度的差异程度。理论上要求频率响应曲线在工作频段内是平直的，实际上由于工作频率的不同，引起了线圈上感抗的变化，因此其频率响应曲线往往都是不太理想的，如图 3-26 所示。

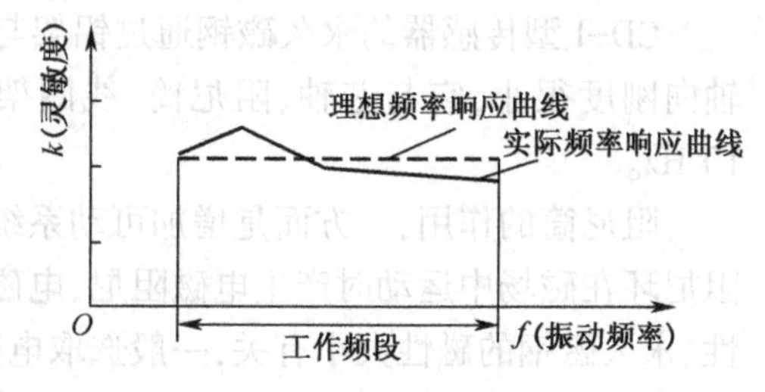

图 3-26 速度传感器频率响应曲线

④幅值线性度。一个良好的传感器，其输出信号与输入振动量之比应呈线性关系，可是由于种种原因，在小振动量及大振动量测试时，往往会出现非线性。因此，通常规定以一定的非线性误差所对应的输入振动的量级来作为传感器的幅值线性范围。

当传感器内可动部件存在机械摩擦时，运动部件一定要克服摩擦力才能运动，运动过程也由非线性到线性。线性的下限由达到线性 5%的点开始，此点称为灵敏度阈。线性的上限取决于敏感元件的非线性和整体的结构强度。线性度可通过实际测定给出。

在规定的工作范围内，传感器的实际输出特性曲线与理想特性曲线（直线）的偏差 ΔE，与实际输出 E 之比的百分数即为传感器的非线性误差，即（$\Delta E/E$）×100%，速度传感器输出特性如图 3-27 所示。

（4）典型的速度传感器。详述如下：

①磁钢活动型速度传感器。磁钢活动型速度传感器以 CD-3 型速度传感器较为典型，其永久磁钢以弹簧与传感器壳体相连组成可动系统，而线圈固定在传感器壳体上。测量时只需把传感器底座与被测振动体相连接。

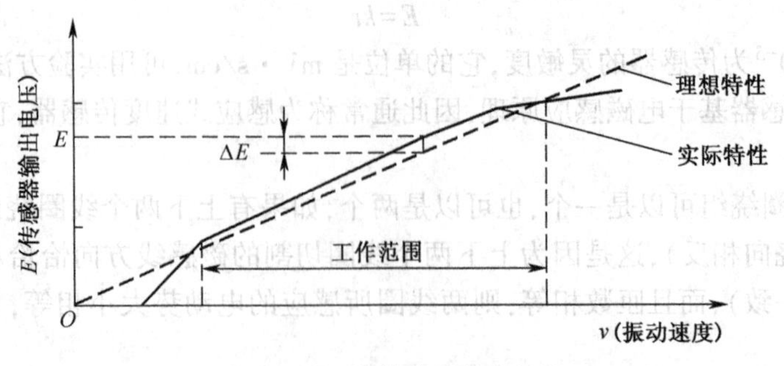

图 3-27 速度传感器输出特性

可动系统(弹簧–永久磁钢)与传感器壳体之间装有专门的滚动轴承,由摆块轴尖、扇形块及轴套组成,它们实质上组成了轴向往复运动的导轨,保证了有足够的横向刚度,且允许在横向振动较大的场合使用。

当可动系统突然受到横向冲击时,作用力始终通过扇形块的轴尖支点,这样就保证了横向灵敏度小于一定的限度(一般指标为 5%)。再则这样的系统使往复运动中的滑动摩擦变成扇形块与轴套之间的滚动摩擦,从而减小了摩擦因数,使传感器的灵敏度阈得以向低值延伸。

②线圈活动型速度传感器。这一类速度传感器是永久磁钢与传感器壳体固连在一起,在永久磁钢中间有一小孔,两端带有线圈架、线圈和阻尼筒的芯轴贯穿其中,与支承弹簧一起构成可动系统。

北京测振仪器厂生产的 CD–1 型速度传感器与华东电子仪器厂生产的 BZD–16 型磁电式传感器均属这一类型的速度传感器,它们的原理是一样的。

CD–1 型传感器的永久磁钢通过铝架与传感器壳体相固连,弹簧片是圆形开槽弹性膜片,轴向刚度很小,它与芯轴、阻尼筒、线圈架与线圈所组成的可动系统的谐振频率很低,小于 10 Hz。

阻尼筒的作用,一方面是增加可动系统的质量,降低传感器的谐振频率,但主要的作用是阻尼环在磁场中运动时产生电磁阻尼,电磁阻尼的大小与阻尼筒的几何尺寸、选用材料的导电性、永久磁钢的磁性大小有关,一般选取电磁阻尼使其阻尼比在 0.6~0.7 之间,以扩大传感器的下限工作频率。

BZD–16 型与 CD–1 型同为惯性式速度传感器,是绝对式的,它们能测量振动物体的绝对速度。由于 CD–1 型速度传感器弹簧片刚度小,抗横向振动能力差,仅适用于横向振动小的场合,否则易损坏仪器。

3.3.2 加速度传感器

加速度传感器通常称为加速度计,其输出信号与加速度成正比。常用的有压电晶体加速度计,它体积小、工作频率范围广,有的可以在特殊环境下使用,从 20 世纪 60 年代起就得到了广泛应用。此外还有应变式、压阻式、电容式、伺服式等加速度计,它们都是利用惯性原理设计的加速度传感器。

(1)压电晶体及压电效应。某些晶体材料,当沿一定方向对其施加压力、拉力或剪力而使其产生机械变形时,在它们的表面会产生电荷,当去除外力后,晶体又会恢复到不带电的状态,这种现象称为压电效应,具有这种效应的晶体称为压电晶体。

在自然界中存在的晶体,石英晶体是其中较好的一种压电晶体,它具有高稳定性、高机械强度和能在很宽的温度范围内使用的特点,不过它的灵敏度较低。为了获得更好的压电效应,近十多年来压电陶瓷得到飞速的发展。常被采用的压电陶瓷有钛酸钡、锆钛酸铅等。它们经过人工极化处理而具有压电性质,采用良好的陶瓷配制工艺可以得到高的压电灵敏度和很宽的工作温度,而且易于制成所需的形状。

实验证明,当在压电晶体片上施加压力(或拉力)F时,在压电晶体片上下表面就会产生电荷,一面聚集正电荷,另一面聚集负电荷,如图3-28所示,这种为(顺)压电效应;反之,如果把压电晶体片置于电场作用下,则压电晶体片会产生机械变形,称为逆压电效应。在(顺)压电效应情况时,其电荷量与所受外力成正比,即

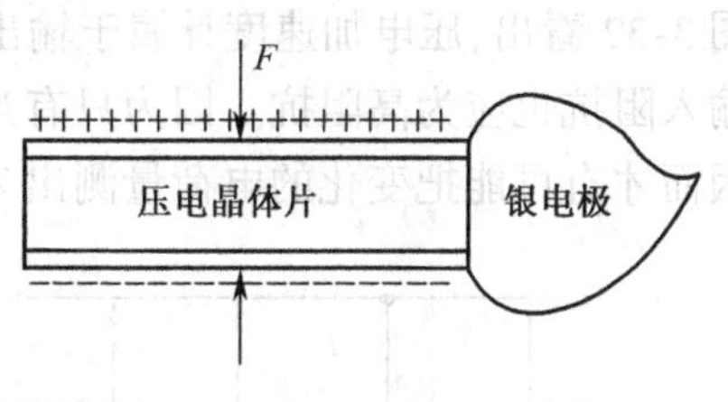

图3-28 晶体片的压电效应现象

$$Q=GF$$

式中:G称为压电常数,如钛酸钡$G=1.3\times10^{-9}$C/N;Q为聚集在压电晶体片两面的电荷量,此时压电晶体片相当于一个电容器,设其电容量为C,则压电晶体片两面的电压为

$$U=\frac{Q}{C}=\frac{G}{C}F$$

(2)压电晶体加速度计结构及工作原理。压电晶体加速度计是一种把振动加速度转换成电压量(或电荷量)的机电换能装置。根据换能元件,即压电晶体片受力状态不同,有压缩型、弯曲型、剪切型等。

中心压缩型(又称单端压缩型)压电加速度计是应用最广泛的一种形式,它的结构保证压电晶体片中心受力,而且在受轴向力作用下工作。它具有高的灵敏度和宽频率响应与宽的动态范围,并可采用多组串、并联的压电晶体片结构,以控制灵敏度和横向灵敏反比。下面以中心压缩型为例介绍其工作原理。

由图3-29可看出,中心压缩型的换能元件是两个压电晶体片,在上面放置一个质量块,再用硬弹簧把质量块预先压紧,所有这些元件都装在一个带厚底座的金属壳中。在测量时,把加速度计外壳固定在被测物体上,使其随之振动。其简化模型如图3-30所示,由力学知识可以很容易得到它的加速度关系。在通过后续测量电路,即可将其转化成可使用的电学量。

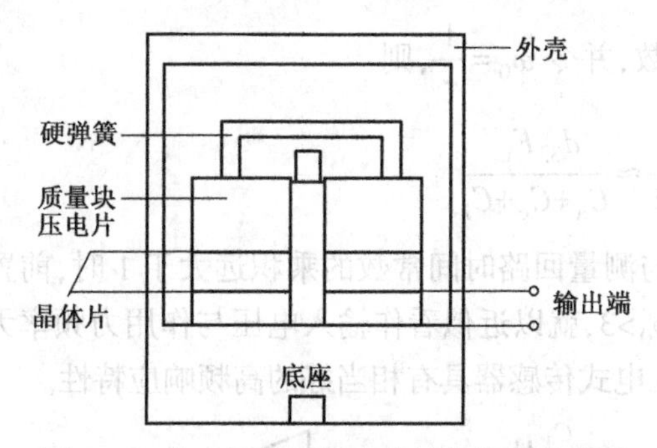

图3-29 中心压缩型加速度计的结构示意图

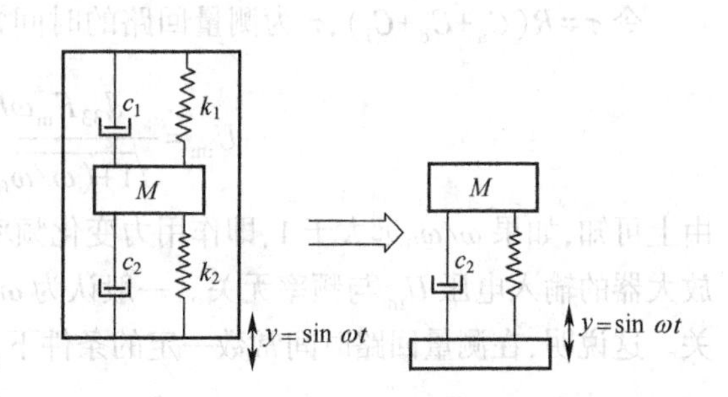

图3-30 压电晶体加速度计简化模型

(3)压电晶体加速度计的测量电路。详述如下:

① 压电晶体加速度计的等效电路。从压电晶体片的压电效应现象可以看到,压电晶体加速度计可以看成是产生电荷的电容器(电容量很小,一般为几百微法到一千微法),因此它好像是一个静电发生器,图3-31所示为它的等效电路。其中C_0为加速度计的电容量,R_0为加速

度计的内电阻也就是加速度计的绝缘电阻。

由等效电路可看到，要测量压电晶体加速度计产生的电荷 Q（或压电晶体片两端的电压量 U）是不能用一般的电表或仪器来测量的。这是因为一般的电表或仪器的输入阻抗都较低，因此压电晶体片两端的电荷就会通过测量电路的输入电阻释放掉，其释放规律可由图 3-32 看出，压电加速度计属于输出阻抗的仪器（一般在 $10^9\ \Omega$ 以上），这就要求测量仪器的输入阻抗也应为高阻抗。因为只有当传感器与测量电路同时是高阻抗时，电荷才不至于泄漏，因而才有可能把变化的电荷量测出来。

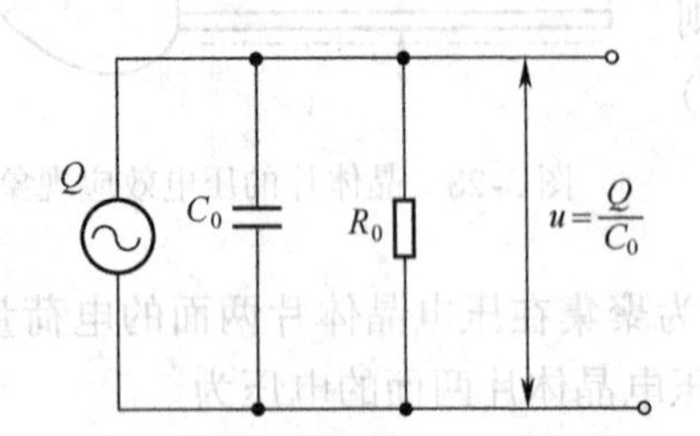

图 3-31　压电晶体加速度计等效电路

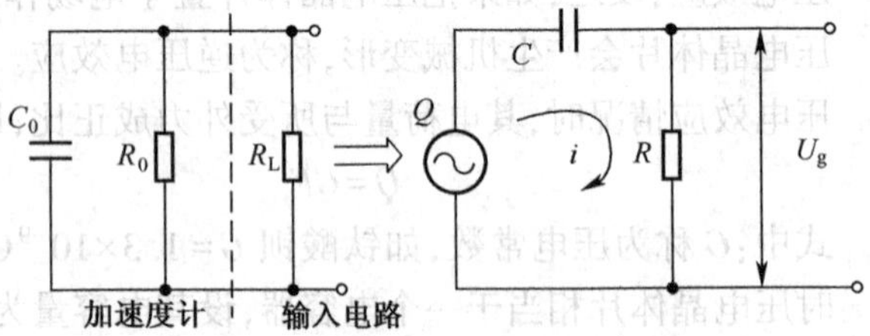

图 3-32　压电晶体加速度计简化输入电路

配压电晶体加速度计的放大器有电压放大器及电荷放大器两种。在使用电压放大器时，为解决传感器长电缆传输问题，得使用前置放大器即阻抗变换器，它的主要作用就是把压电晶体加速度计的高输出阻抗转换成低输出阻抗，以便与一般电表或仪器的低输入阻抗相匹配，同时可把压电晶体加速度计输出信号加以放大、变换。

② 电荷放大电路。压电晶体加速度计相当于一个可以产生静电荷的小电容器，它的输出阻抗很高，用低噪声电缆线输入到电压前置放大器，其等效电路如图 3-33 所示，图 3-33(b) 为图 3-33(a) 的简化等效电路，其中，当压电元件所受作用力 F 为 $F=F_m\sin\omega t$ 时，输入放大器的电压为

$$U_{im}=\frac{d_{33}F_m\omega R}{\sqrt{1+\omega^2R^2(C_a+C_c+C_i)}}$$

式中：F_m 为作用力的幅值；d_{33} 为压电陶瓷的压电系数。

令 $\tau=R(C_a+C_c+C_i)$，τ 为测量回路的时间常数，并令 $\omega_0=\dfrac{1}{\tau}$，则

$$U_{im}=\frac{d_{33}F_m\omega R}{\sqrt{1+(\omega/\omega_0)^2}}\approx\frac{d_{33}F_m}{C_a+C_c+C_i}$$

由上可知，如果 ω/ω_0 远大于 1，即作用力变化频率与测量回路时间常数的乘积远大于 1 时，前置放大器的输入电压 U_{im} 与频率无关。一般认为 $\omega/\omega_0>3$，就以近似看作输入电压与作用力频率无关。这说明，在测量回路时间常数一定的条件下，压电式传感器具有相当好的高频响应特性。

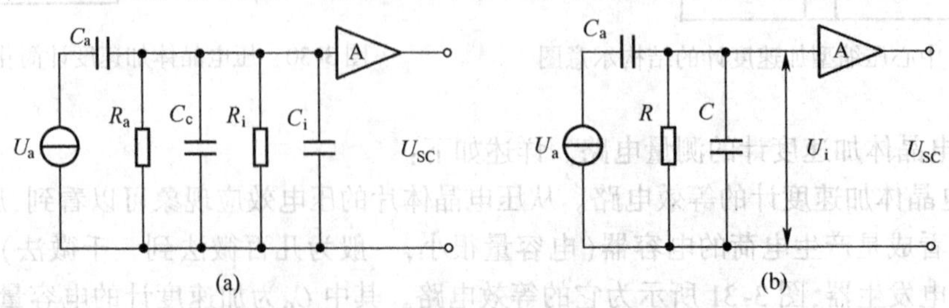

图 3-33　压电式传感器接电压放大器的等效电路

③ 电荷放大器。电荷放大器是一个具有深度负反馈的高增益放大器,其原理图如图3-34所示。若放大器的开环增益 A_0 足够大,并且放大器的输入阻抗很高,则放大器输入端几乎没有分流,运算电流仅流入反馈回路 C_F 与 R_F。

压电传感器接电荷放大器的等效电路如图3-35所示,当 A_0 足够大时,传感器本身的电容和电缆长短将不影响电荷放大器的输出。因此输出电压 U_{SC} 只决定于输入电荷 q 及反馈回路的参数 C_F 和 R_F。由于 $\frac{1}{R_F} \ll \omega C_F$,则

$$U_{SC} \approx -\frac{A_0 q}{(1+A_0) C_F} \approx -\frac{q}{C_F}$$

可见当 A_0 足够大时,输出电压只取决于输入电荷 q 和反馈电容 C_F,改变 C_F 的大小便可得到所需的输出电压。

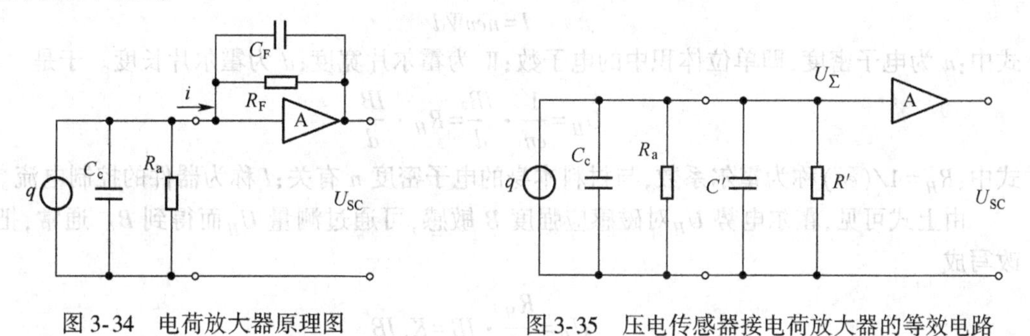

图3-34 电荷放大器原理图 图3-35 压电传感器接电荷放大器的等效电路

除压电式这种常用的加速度传感器外,还有电阻应变式、压阻式、差容式、伺服式等多种类型,由于篇幅有限,这里不再一一介绍。

3.4 其他传感器

3.4.1 霍尔式传感器

霍尔式传感器是利用半导体材料的霍尔效应进行测量的一种传感器。根据霍尔效应制成的霍尔元件是其核心,因而霍尔式传感器是由霍尔元件及相关测量电路共同构成的一种测量装置。它可以直接测量磁场及微位移量,也可以间接测量液位高低、压力大小等工业生产过程参数。

(1)霍尔式传感器的工作原理。霍尔式传感器的工作原理基于半导体材料的霍尔效应。霍尔效应是指若将某载流体置于磁场中,当有电流 I 流过时,在载流体上平行于 I、B 的两侧面之间产生一个大小与电流 I 和磁场 B 的乘积成正比的电动势。这一物理现象称为霍尔效应,所产生的电势称为霍尔电势。

如图3-36所示,一块长为 l、宽为 W、厚为 d 的N型半导体薄片,位于磁感应强度为 B 的磁场中,B 垂直于 l-W 平面,沿 l 通电流 I,N型半导体的载流子将受到 B 产生的洛伦兹力 F_B 的作用。

在力 F_B 的作用下，电子向半导体片的一个侧面偏转，在该侧面上形成电子的积累，而在相对的另一侧面上因缺少电子而出现等量的正电荷。在这两个侧面上产生霍尔电场 E_H。电场使运动电子受到电场力 F_H 的作用。因电场力具有阻止电子继续向原侧面积累的作用，因此，当电子所受电场力和洛伦兹力相等时，电荷的积累达到动态平衡，即 $F_B=F_H$。

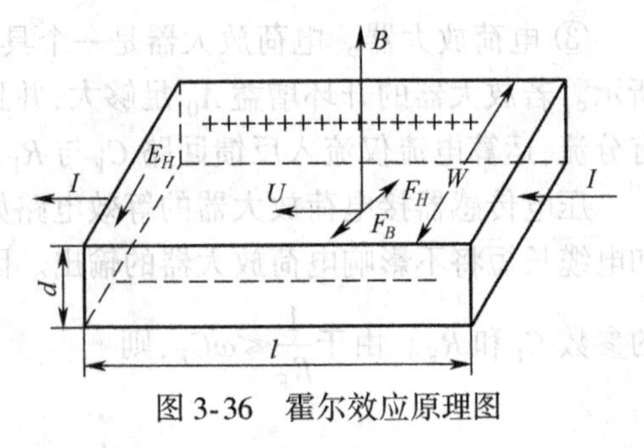

图 3-36 霍尔效应原理图

由于存在 E_H，半导体片两侧面间出现电位差 U_H，其计算公式为

$$eE_H=evB$$

流经载流体的电流 I 与载流体中电子的速度有如下关系

$$I=nevWd$$

式中：n 为电子密度，即单位体积中的电子数；W 为霍尔片宽度；d 为霍尔片长度。于是

$$U_H=\frac{1}{en}\cdot\frac{IB}{d}=R_H\cdot\frac{IB}{d}$$

式中：$R_H=1/(en)$ 称为霍尔系数，与材料本身的电子密度 n 有关；I 称为器件的控制电流。

由上式可见，霍尔电势 U_H 对磁感应强度 B 敏感，可通过测量 U_H 而得到 B。通常，把上式改写成

$$U_H=\frac{R_H}{d}\cdot IB=K_HIB$$

式中：$K_H=\frac{R_H}{d}=\frac{U_H}{IB}$，称为器件的灵敏度，即在单位控制电流和单位磁感应强度下的霍尔电势；I 的单位为 A，B 的单位为 T，U_H 的单位为 V，K_H 的单位为 V/(A · T) 或 mV/(mA · T)。霍尔元件结构示意图如图 3-37 所示。

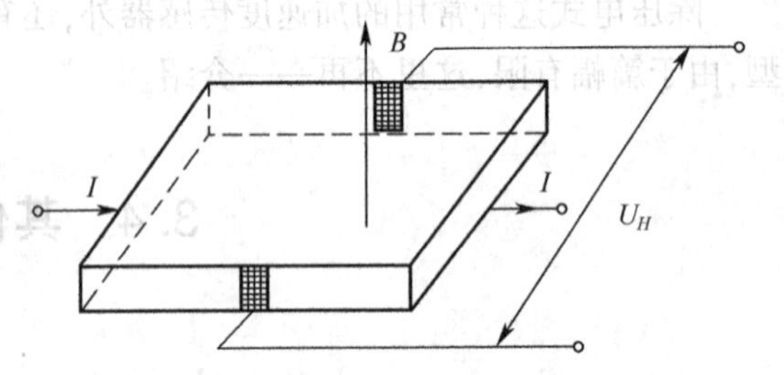

图 3-37 霍尔元件结构示意图

如前所述，当选择霍尔元件的材料时，为了提高霍尔灵敏度，要求材料的 $R_H=1/(en)$ 尽可能大。表 3-11 给出了几种半导体材料在300 K时的参数。

表 3-11 几种半导体材料在 300 K 时的参数

材料（单晶）		禁带宽度 E_g/eV	电阻率 $\rho/(\Omega\cdot cm)$	电子迁移率 $\mu_n/[cm^2\cdot(V\cdot s)^{-1}]$	霍尔系数 $R_H/(cm^3\cdot C)$
N-锗	Ge	0.66	1.0	3 500	4 250
N-硅	Si	1.107	1.5	1 500	2 250
锑化铟	InSb	0. 17	0.005	60 000	350
砷化铟	InAs	0.36	0.003 5	25 000	100
磷砷铟	InAsP	0.63	0.08	10 500	850
砷化镓	GaAs	1.47	0.2	8 500	170

(2)补偿电路。详述如下：

①温度的补偿。霍尔元件温度补偿的方法很多，下面介绍两种常用的方法：

a. 电流源供电，输入端并联电阻器，如图 3-38 所示；电压源供电，输入端串联电阻器，如图 3-39 所示。

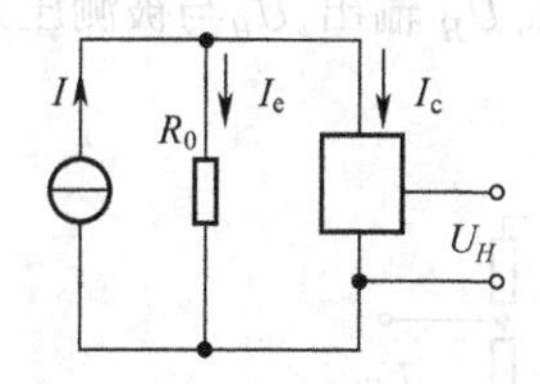

图 3-38 输入端并联电阻器补偿

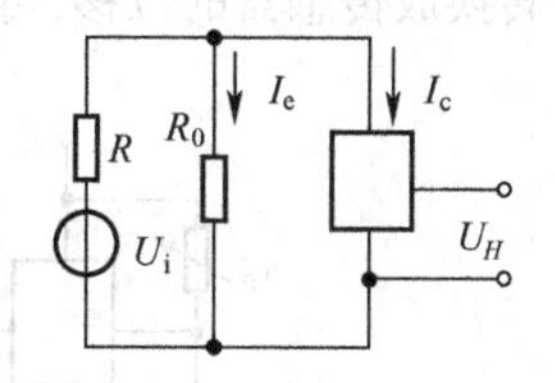

图 3-39 输入端串联电阻器补偿

b. 采用热敏元件。这是最常采用的补偿方法。图 3-40 给出了几种补偿电路的例子。其中图 3-40(a)、图 3-40(b)和图 3-40(c)所示为电压源输入,图 3-40(d)所示为电流源输入,R_i为电压源内阻;R_T和 R_T'为热敏电阻器,其温度系数的符号和数值要与 U_H的温度系数匹配选用。例如,对于图 3-40(b)的情况,如果 U_H的温度系数为负值,随着温度上升,U_H要下降,则选用电阻温度系数为负的热敏电阻器 R_T。当温度上升,R_t变小,流过器件的控制电流变大,使 U_H回升。当 R_T阻值选用适当,就可使 U_H在精度允许范围内保持不变。经过简单计算,不难预先估算出 R_T的值。

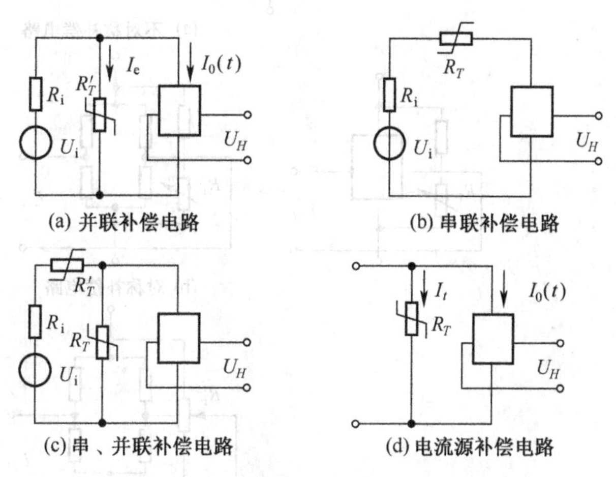

图 3-40 采用热敏元件的温度补偿电路

②不等位电势的补偿。霍尔元件在额定控制电流下,无外磁场时,两个霍尔电极之间的开路电势称为不等位电势 U_0。本来,在 $B=0$ 时,应有 $U_H=0$,但在工艺制备上,使两个霍尔电极的位置精确对称很难,因此,在 $B=0$ 时,两个霍尔电极并不在同一等位面上,而出现电位差 U_0。

霍尔元件制造过程中,要使不等位电势为零是相当困难的,所以有必要利用外电路对不等位电势进行补偿,以便能反映霍尔电势的真实值。为分析不等位电势,可将霍尔元件等效为一电阻电桥,不等位电势 U_0就相当于电桥的不平衡输出。图 3-41 所示为不等位电势补偿电路。图 3-41(a)所示为不对称补偿电路,在不加磁场时,调节 R_P可使 U_0为零。图 3-41(b)所示为对称补偿电路,因而对温度变化的补偿稳定性要好些。若控制电流为交流,可用图 3-41(c)所示的相位补偿电路,它不仅要进行幅值补偿,还要进行相位补偿。

(3)霍尔式传感器应用简介。霍尔式传感器结构简单、工艺成熟、体积小、使用寿命长、线性好、频带宽,因而得到广泛的应用。下面介绍几个应用例子:

①测量磁场。把霍尔式传感器放在待测磁场中,通以控制电流(直流或交流),其输出 U_H就反映了磁场的大小,然后用仪表进行输出显示。其中控制电流为交流时产生的输出信号便于放大处理。

②测量位移。将霍尔式传感器放置在呈梯度分布的磁场中,通以恒定的控制电流,当传感器有位移时,元件上感知的磁场的大小随位移发生变化,从而使得其输出 U_H也发生变化,且与位移成比例。从原理上来分析,磁场梯度越大,则 U_H对位移变化的灵敏度就越高;磁场梯度越均匀,则 U_H对位移的线性度就越好。利用这一原理,可用于测量压力。YSH-1 型霍尔压力变送器便是基于这种原理设计的,其转换机构如图3-42 所示。霍尔式传感器安装在膜盒上,被测压力的变化

经弹性元件转换成传感器的位移，再由霍尔元件将位移转换成 U_H 输出，U_H 与被测压力成比例。

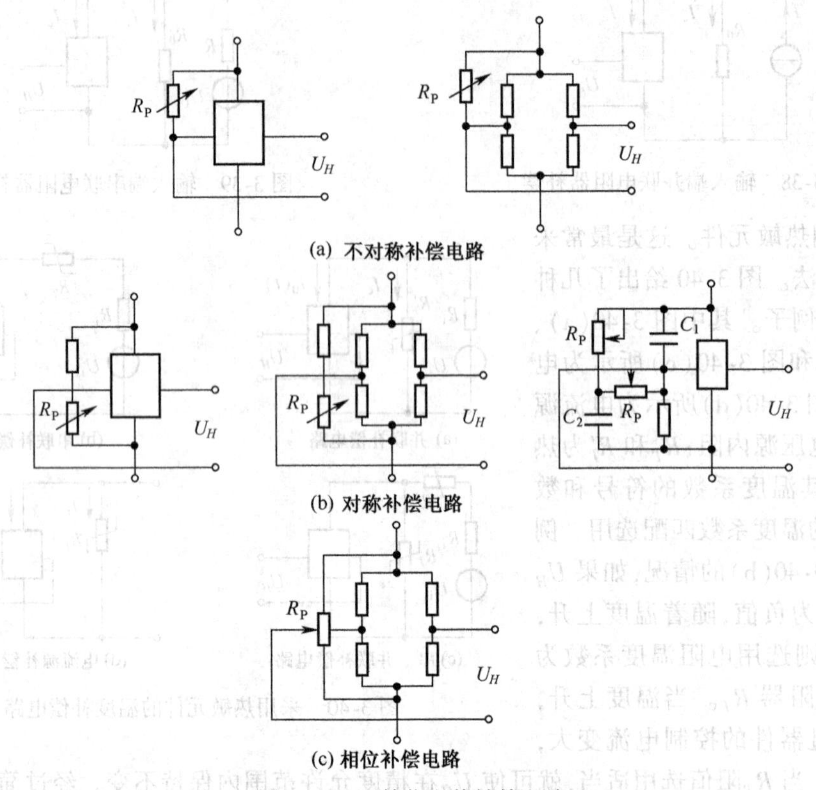

图 3-41　不等位电势补偿电路

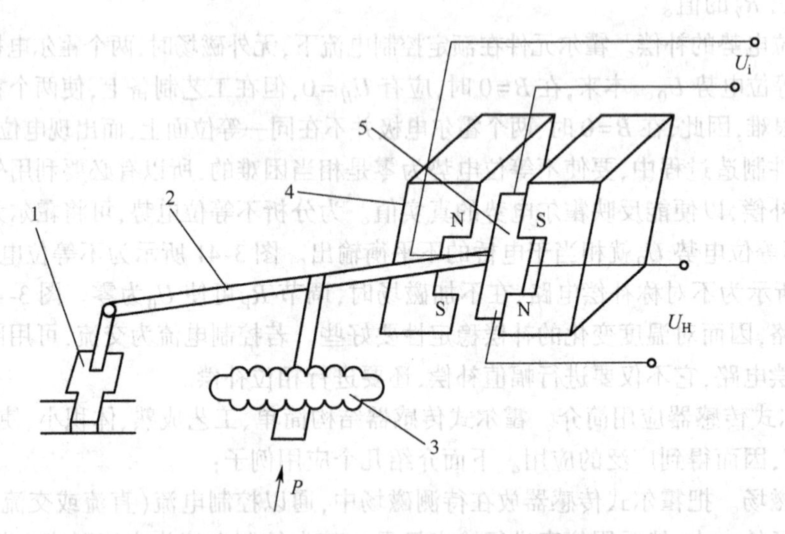

图 3-42　YSH-1 型霍尔压力变送器的转换机构

1—调零螺钉；2—杠杆；3—膜盒；4—永久磁钢；5—霍尔元件

③无触点发信。霍尔式传感器通以恒定的控制电流，在近距离运动的永久磁钢作用下，输出的 U_H 产生显著的变化，这就是无触点发信。无触点发信只要求传感器输出一个足够大的 U_H 信号，而对元件本身的温度特性、线性度等参数要求不高，因此被广泛用于精确定位、接近开关、导磁产品计数以及转速测量。图 3-43 所示为磁转子的转速检测电路。

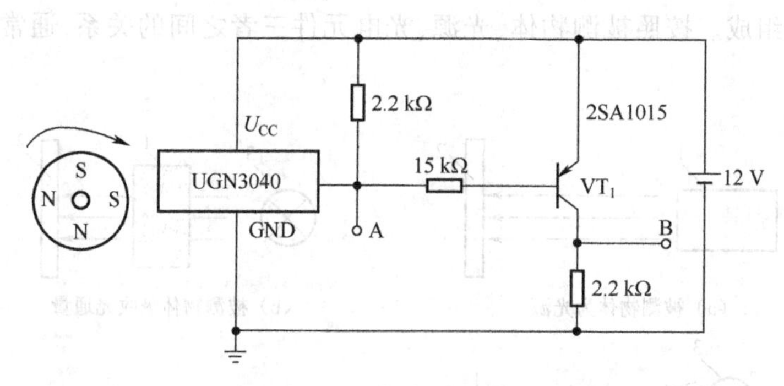

图3-43 磁转子的转速检测电路

3.4.2 光电式传感器

光电式传感器是一种将光信号转换为电信号的传感器。使用这种传感器测量非电学量时，只要将这些非电学量的变化转换为光信号的变化，就可以最终转换为电学量的变化。

(1)光电式传感器的基本概念、主要特点和工作原理。光电式传感器具有结构简单、精度高、响应速度快、非接触等优点，故广泛应用于各种检测技术中。光电元件是光电式传感器中最重要的部件，常见的有真空光电元件和半导体光电元件两大类。

作为光电式传感器的检测对象，有可见光、不可见光，其中不可见光有紫外线、近红外线等。另外，光的不同波长对光电式传感器的影响也各不相同。因此要根据被检测光的性质，即光的波长和响应速度来选用相应的光电式传感器。

光电式传感器的工作原理都是基于不同形式的光电效应。光电效应就是光电材料(或物质)在吸收了光能后而发生相应电效应的物理现象。光能的计算公式为

$$E=h\nu$$

式中：h 为普朗克常量，$h=6.63\times10^{-34}$ J·s；ν 为光波(或光波群)频率，Hz。

光电效应通常分为三类：

①在光线作用下能使电子逸出物体表面的现象称为外光电效应，基于外光电效应的元件有光电管、光电倍增管等。

②在光线作用下能使物体的电阻率改变的现象称为内光电效应，基于内光电效应的元件有光敏电阻器、光敏二极管、光敏三极管、光敏晶闸管等。

③在光线作用下，物体产生一定方向电动势的现象称为光生伏特效应，基于光生伏特效应的光电元件有光电池等。

第一类光电元件属于真空管元件，第二、三类光电元件属于半导体元件。

(2)常用光电式传感器种类。主要有光电管、光电倍增管、光敏电阻器、光敏二极管、光敏三极管、光敏晶闸管、集成光电传感器、光电池、图像传感器等。实际应用时，要根据具体情况选择传感器才能达到预期的目的。一般选用原则：高速的光检测电路、超高速激光传感器、宽范围照度计应选用光敏二极管；几千赫的简单脉冲光敏传感器、简单电路中的低速脉冲光敏开关应选用光敏三极管；响应速度慢，但性能优良的电阻桥式传感器、具有电阻性质的光敏传感器、路灯自动控制电路中的光敏传感器等应选用光敏电阻器；圆盘式编码器、速度传感器等应选用集成光敏传感器。

(3)光电式传感器的应用。光电式传感器属于非接触式测量，它通常由光源、光学通路和

光电元件三部分组成。按照被测物体、光源、光电元件三者之间的关系，通常有四种类型，如图 3-44所示。

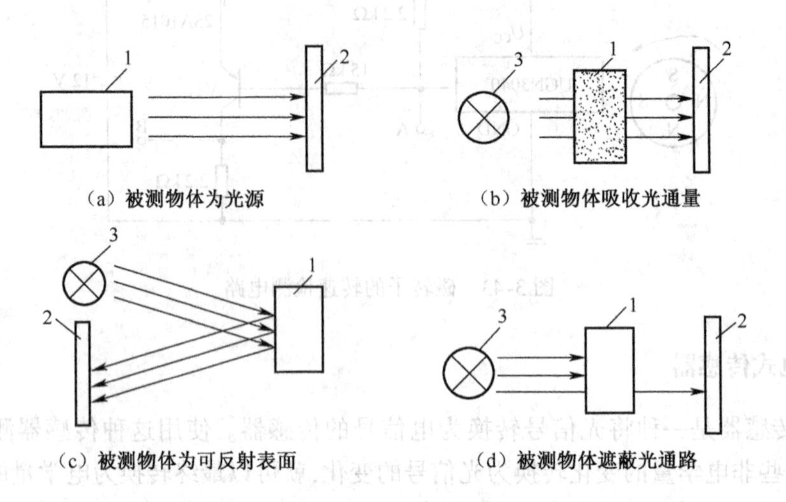

图 3-44 光电式传感器的几种形式

1—被测物体；2—光电元件；3—光源

不同的光电式传感器的用途也不一样，下面介绍几种光电式传感器的实用电路。

①反射式烟雾报警检测器。反射式烟雾报警检测器示意图如图 3-45 所示。该烟雾报警检测器中，光隔板的作用是阻止灯光直接照射在光敏电阻器上，白炽灯的作用是作为光源和热源，当检测箱中空气受热上升后将引起空气对流，空气从底部进入，从顶部溢出，如图 3-45(a)所示。如果通过检测箱的空气无烟雾，则白炽灯的灯光不会反射到光敏电阻器上，其阻值很大；如果空气中有烟雾，则烟尘将灯光反射到光敏电阻器上时就会使其阻值减小，如图 3-45(b)所示。因此在报警电路中，当 R_t 无光照时，R_t 很大，A 点电压 U_A 很小，晶闸管 SCR 触发电压很小，SCR 截止；当 R_t 受光照时，R_t 很小，U_A 电压升高，足够使 SCR 导通，电铃响，发出报警。

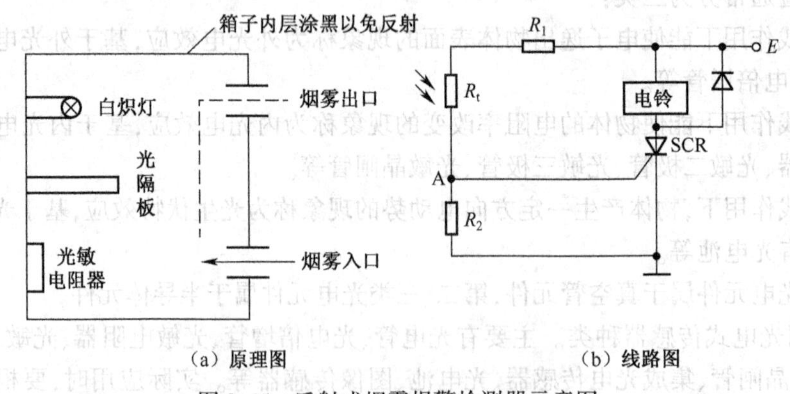

图 3-45 反射式烟雾报警检测器示意图

②光电式转速传感器。光电式转速传感器示意图如图 3-46 所示。当 VT 无光照时，VT、VT_1、VT_2 截止，VT_3 饱和，u_O 为低电平；当 VT 有光照时，VT、VT_1、VT_2 导通，VT_3 截止，u_O 为高电平，u_O 输出的波形为矩形波，送计数器计数，通过计算可得出转速。如 1min 计数 60，即转轴 1min 转 60 次，每秒转 1 圈，则转速为 1r/s。

③光电式带材跑偏检测器。带材跑偏检测器是用来检测带材料在加工过程中偏离正确位

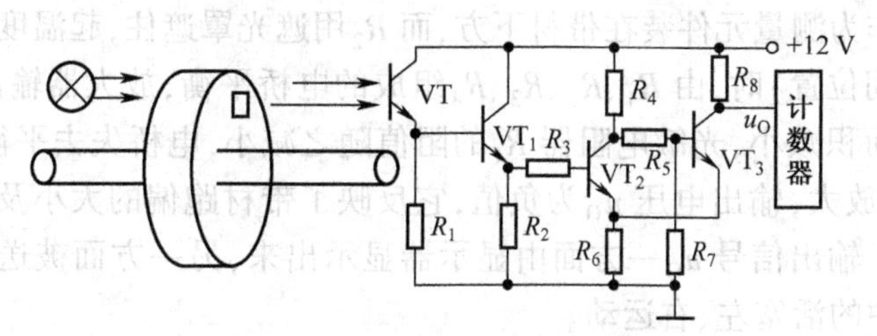

图 3-46 光电式转速传感器示意图

置的大小及方向，从而为纠偏控制电路提供纠偏信号的检测装置。图 3-47 是光电式边缘位置检测纠偏装置的原理图。光源 8 发出的光线经透镜 9 汇聚为平行光束投向透镜 10，并在此被汇聚到光敏电阻器 R_1上，在平行光束到达透镜 10 的途中，有部分光线受到被测带材 1 的遮挡，从而使到达光敏电阻器的光通减小。图 3-47(b) 是测量电路简图，图中，R_1、R_2是相同型号

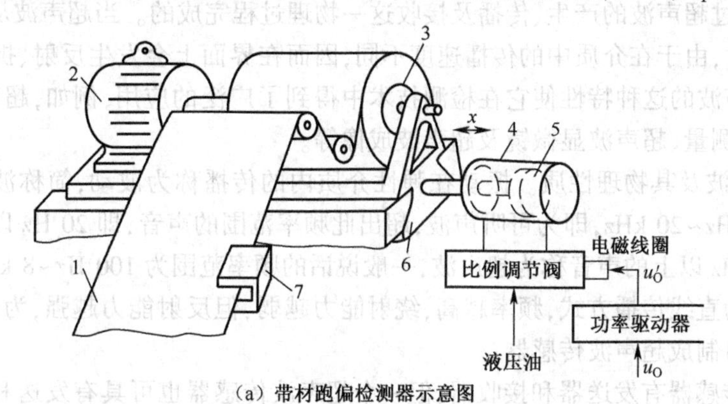

(a) 带材跑偏检测器示意图

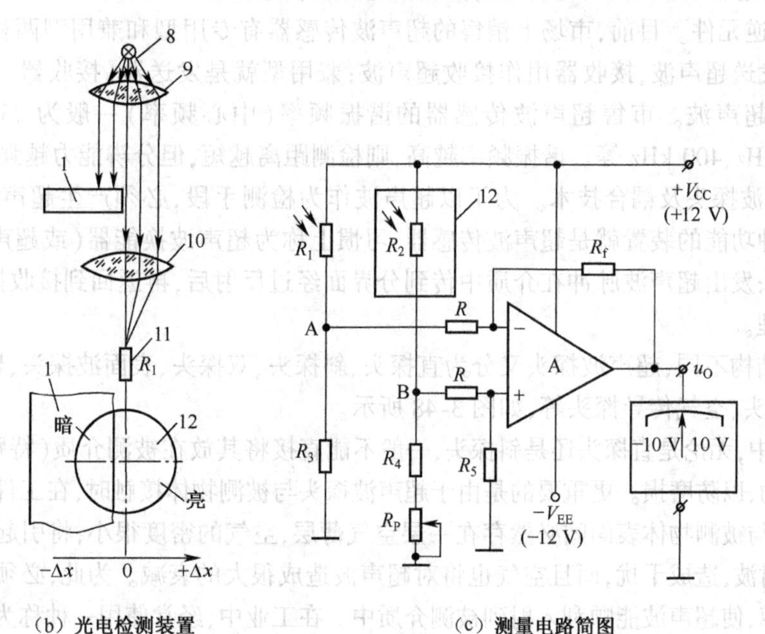

(b) 光电检测装置　　(c) 测量电路简图

图 3-47 光电式边缘位置检测纠偏装置原理图

1—被测带材；2—卷取电动机；3—卷取辊；4—液压缸；5—活塞；6—滑台；

7—光电检测装置；8—光源；9、10—透镜；11—光敏电阻器；12—遮光罩

的光敏电阻器，R_1作为测量元件装在带材下方，而R_2用遮光罩遮住，起温度补偿作用。当带材处于正确位置(中间位置)时，由R_1、R_2、R_3、R_4组成的电桥平衡，放大器输出电压u_0为零。当带材左偏时，遮光面积减小，光敏电阻器R_1的阻值随之减小，电桥失去平衡，差分放大器将这一不平衡电压加以放大，输出电压u_0为负值，它反映了带材跑偏的大小及方向；反之，当带材右偏时，u_0为正值。输出信号u_0一方面由显示器显示出来，另一方面被送到比例调节阀的电磁线圈，使液压缸中的活塞左、右运动。

设带材右偏，正的u_0使液压油从液压缸的左侧进入，将卷取辊支架及滑台向右推，纠正带材跑偏，图中的R_P用于微调电桥的平衡。

3.4.3 超声波传感器

超声波技术是一门以物理、电子、机械及材料学为基础的，许多行业都要使用的通用技术之一，它是通过超声波的产生、传播及接收这一物理过程完成的。当超声波从一种介质入射到另一种介质时，由于在介质中的传播速度不同，因而在界面上会发生反射、折射和波形的转换等现象。超声波的这种特性使它在检测技术中得到了广泛的应用，例如，超声波无损探伤、厚度测量、流速测量、超声波显微镜及超声波成像等。

(1)超声波及其物理性质。振动在弹性介质内的传播称为波动，简称波。人能听见声音的频率为20 Hz~20 kHz，即为可听声波，超出此频率范围的声音，即20 Hz以下的声音称为低频声波，20 kHz以上的声音称为超声波，一般说话的频率范围为100 Hz~8 kHz。

超声波为直线传播方式，频率越高，绕射能力越弱，但反射能力越强，为此，利用超声波的这种性质就可制成超声波传感器。

超声波传感器有发送器和接收器，但一个超声波传感器也可具有发送和接收声波的双重作用，即为可逆元件。目前，市场上销售的超声波传感器有专用型和兼用型两种，专用型就是发送器用作发送超声波，接收器用作接收超声波；兼用型就是发送器(接收器)既可发送超声波，也可接收超声波。市售超声波传感器的谐振频率(中心频率)一般为23 kHz、40 kHz、75 kHz、200 kHz、400 kHz等。谐振频率越高，则检测距离越短，但分辨能力越强。

(2)超声波探头及耦合技术。为了以超声波作为检测手段，必须产生超声波和接收超声波。完成这种功能的装置就是超声波传感器，习惯上称为超声波换能器(或超声波探头)。超声波发射探头发出超声波脉冲在介质中传到分界面经过反射后，再返回到接收探头，这就是超声波测距原理。

由于其结构不同，超声波探头又分为直探头、斜探头、双探头、表面波探头、聚焦探头、冲水探头、水浸探头、空气传导探头等，如图3-48所示。

图3-48中，无论是直探头还是斜探头，一般不能直接将其放在被测介质(特别是粗糙金属)表面来回移动，以防磨损。更重要的是由于超声波探头与被测物体接触时，在工件表面不平整的情况下，探头与被测物体表面间必然存在一层空气薄层，空气的密度很小，将引起三个界面间强烈的杂乱发射波，造成干扰，而且空气也将对超声波造成很大的衰减。为此，必须将接触面之间的空气排挤掉，使超声波能顺利入射到被测介质中。在工业中，经常使用一种称为耦合剂的液态或半液态物质，使之充满在接触层中，起到传递超声波的作用。常用的耦合剂有水、机油、甘油、水玻璃、胶水、化学糨糊等。使用时，耦合剂的厚度应尽量薄一些，以减少耦合损耗。

(3)超声波传感器的应用。详述如下：

①超声波测厚。超声波测量金属零件的厚度，具有测量精度高、测试仪器轻便、操作安全

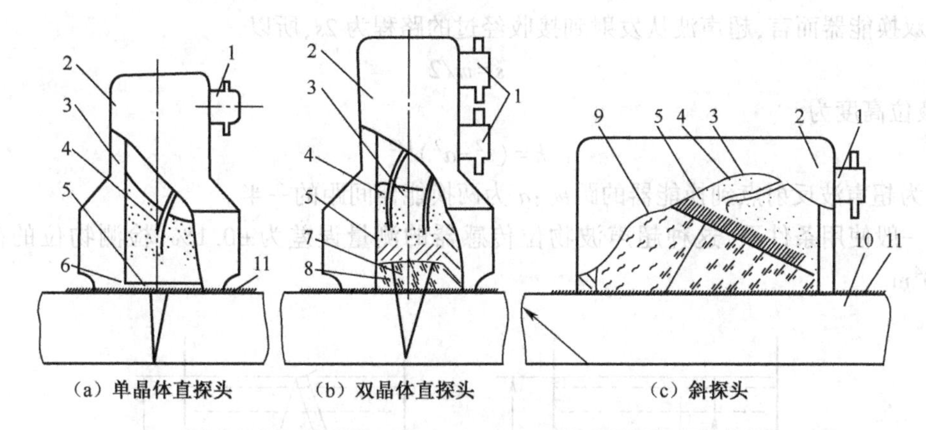

图 3-48 超声波探头结构示意图

1—接插件;2—外壳;3—阻尼吸收块;4—引线;5—压电晶体;6—保护膜;
7—隔离层;8—延迟块;9—有机玻璃斜楔块;10—被测试件;11—耦合剂

简单、易于读数及可实行连续自动检测等优点。但是对于声波衰减很大的材料以及表面凸凹不平或形状很不规则的零件,利用超声波测厚比较困难。超声波测厚常用脉冲回波法,图3-49所示为脉冲回波法测厚框图。超声波探头与被测物体表面接触,主控制器产生一定频率的脉冲信号,送往发射电路,经电流放大后激励压电式探头,以产生重复的超声波脉冲。脉冲波传到被测工件另一面被反射回来,被同一探头接收。如果超声波在工件中的声速 v 是已知的,设工件的厚度 δ,脉冲波从发射到接收的时间间隔 t 可以测量,因此可以求出工件的厚度为 $\delta=vt/2$。

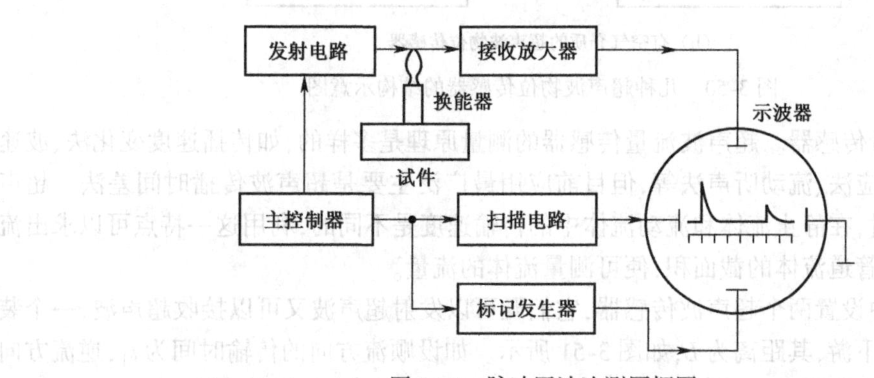

图 3-49 脉冲回波法测厚框图

②超声波物位传感器。超声波物位传感器是利用超声波在两种界面的分界面上的反射特性而制成的。如果从发射超声波脉冲开始,到接收换能器接收到发射波为止的这段时间间隔为已知,就可以求出分界面的位置,利用这种方法可以对物位进行测量。根据发射和接收换能器的功能,传感器可分为单换能器和双换能器。单换能器的传感器发射和接收均使用一个换能器,而双换能器的传感器发射和接收各由一个换能器担任。

图 3-50 给出了几种超声波物位传感器的结构示意图。

对单换能器而言,超声波从发射到液面,又从液面反射到换能器的时间为 t,计算公式为

$$t=2h/v$$

$$h=vt/2$$

式中:h 为换能器距液面的距离;v 为超声波在介质中传播速度。

对双换能器而言，超声波从发射到接收经过的路程为 $2s$，所以

$$s=vt/2$$

因此，液位高度为

$$h=(s^2-a^2)^{1/2}$$

式中：s 为超声波反射点到换能器的距离；a 为两换能器间距的一半。

在一般使用条件下，这种超声波物位传感器的测量误差为±0.1%，检测物位的范围为 $10^2 \sim 10^4$m。

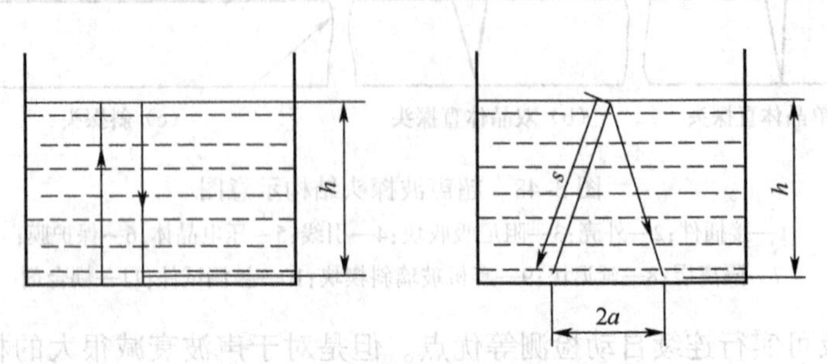

（a）液体介质的超声波物位传感器

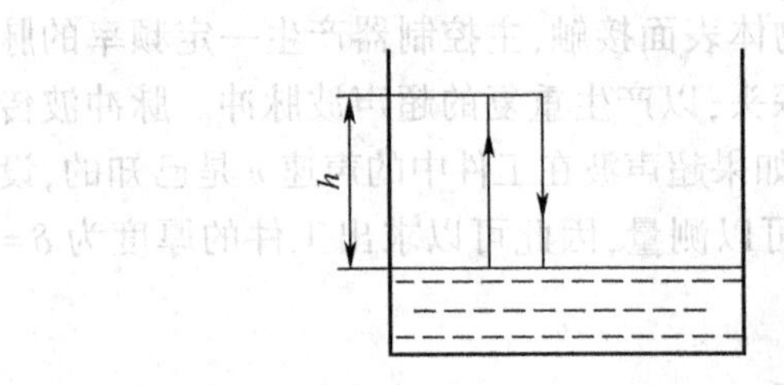

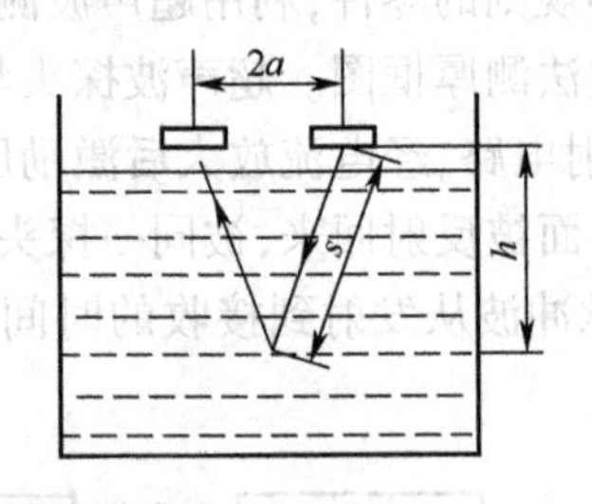

（b）有空气介质的超声波物位传感器

图 3-50　几种超声波物位传感器的结构示意图

③超声波流量传感器。超声波流量传感器的测量原理是多样的，如传播速度变化法、波速移动法、多普勒效应法、流动听声法等，但目前应用最广泛主要是超声波传播时间差法。超声波在流体中传输时，在静止流体和流动流体中的传输速度是不同的，利用这一特点可以求出流体的速度，再根据管道流体的截面积，便可测量流体的流量。

如果在流体中设置两个超声波传感器，它们既可以发射超声波又可以接收超声波，一个装在上游，一个装在下游，其距离为 L，如图 3-51 所示。如设顺流方向的传输时间为 t_1，逆流方向的传输时间为 t_2，流体静止时的超声波传输速度为 c，流体流动的速度为 v，则

$$t_1=L/(c+v)$$

$$t_2=L/(c-v)$$

一般来说，流体的流速远小于超声波在流体中的传播速度，那么超声波传播的时间差为

$$\Delta t = t_2 - t_1 = 2Lv/(c^2-v^2)$$

由于 c 远大于 v，从上式便可得到流体的流速，即

$$v = (c^2/2L)\Delta t$$

在实际使用中，超声波传感器安装在管道的外部，从管道的外面透过管壁发射和接收，超声波不会给管内流动的流体带来影响，如图 3-52 所示。θ 表示超声波传感器 1、2 之间的连线与管道横截面的夹角。

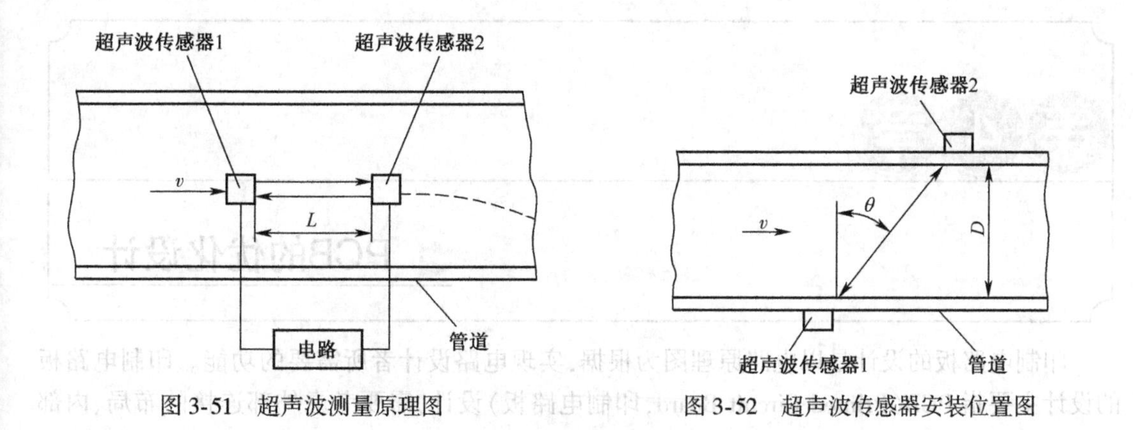

图 3-51 超声波测量原理图　　图 3-52 超声波传感器安装位置图

此时超声波的传播时间将由下式确定，即

$$t_1=\frac{D/\cos\theta}{c+v\sin\theta}$$

$$t_2=\frac{D/\cos\theta}{c-v\sin\theta}$$

超声波流量传感器具有不阻碍流体流动的特点，可测流体种类很多，如非导电的流体、高黏度的流体、浆状流体，只要能传播超声波的流体都可以测量。超声波流量计可用来对自来水、工业用水、农业用水等进行测量，还可用于小水道、农业灌溉、河流等流速的测量。

PCB的优化设计

印制电路板的设计是以电路原理图为根据，实现电路设计者所需要的功能。印制电路板的设计主要指PCB(Printed Circuit Board，印制电路板)设计，需要考虑外部连接的布局、内部电子元件的优化布局、金属连线和过孔的优化布局、抗电磁干扰及热耗散等各种因素。优秀的PCB设计可以节约生产成本，达到良好的电路性能和散热性能。本章针对PCB设计常见问题介绍其优化设计的方法。

4.1 常见PCB设计的不良现象及优化设计的理念

4.1.1 常见PCB设计的不良现象

在实际的工作中，经常出现因为设计的“疏忽”导致试产失败。这个疏忽要加上引号，是因为这并不是真正的粗心造成的，而是对生产工艺的不熟悉而导致的；也有的是布板问题，如未拼板、元器件孔径不一致等。为了避免出现同样的错误，或为了更好地完成试产，下面对一些常见的问题做一些总结及建议，希望能对读者有所帮助。

(1)线路中有断开的导线。如图4-1所示中的圆圈圈中的地方。

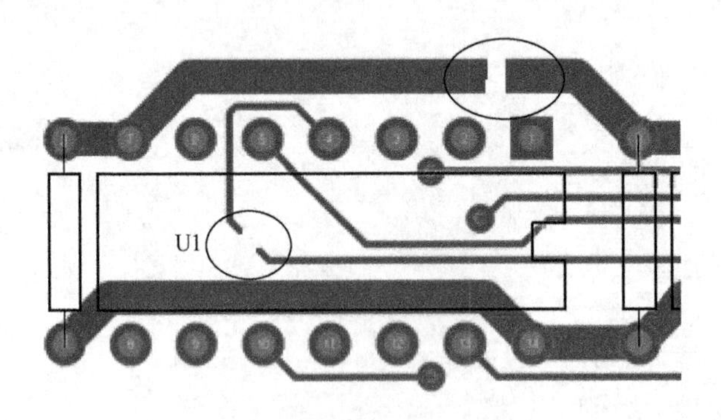

图4-1　有断开线路的PCB图

(2)元器件焊盘、孔径及间距等与PCB上尺寸不符。因为种种原因，如元器件供应商提供的样品与实际有差异(批次不同，可能样品比较旧，也可能厂家不同)，或者在设计的时候载入的元件库被他人修改过等，最后出现元器件焊盘、孔径及间距等与PCB上尺寸不符。所以，在每次最终投产前需要再仔细确认一遍。

(3)有些问题虽然发生在后期制作中，但却是PCB设计中带来的。如过孔太多，沉铜工艺稍有不慎就会埋下隐患，所以，设计中应尽量减少过孔。同向并行的线条密度太大，焊接时很容易连成一片。所以,线密度应视焊接工艺的水平来确定。焊点的距离太小,不利于人工焊接,只能以降低工效来解决焊接质量;否则将留下隐患。所以,焊点的最小距离的确定应综合考虑焊接人员的素质和工效。

(4)导体到边框中心的距离小于 0.3 mm,无法保证焊盘的完整性。如图 4-2 所示,圆圈圈中的地方,表示边框与焊盘的间距太小。

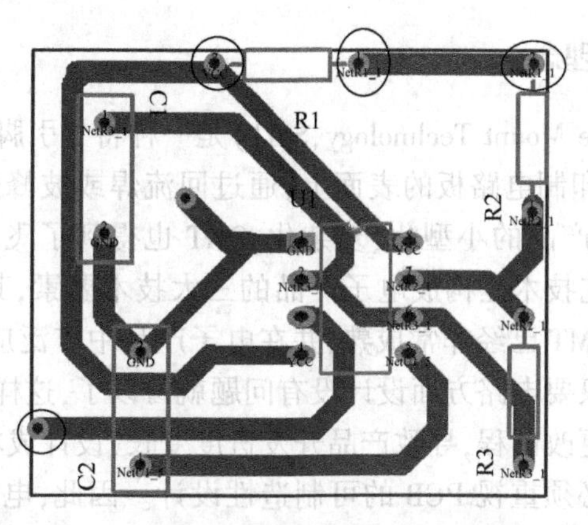

图 4-2　导体距离边框太近的 PCB 图

(5)部分蛇形走线间距不足,导致 PCB 导线间距过小,如果小于 5mil[1],则难以加工,如图 4-3 所示。

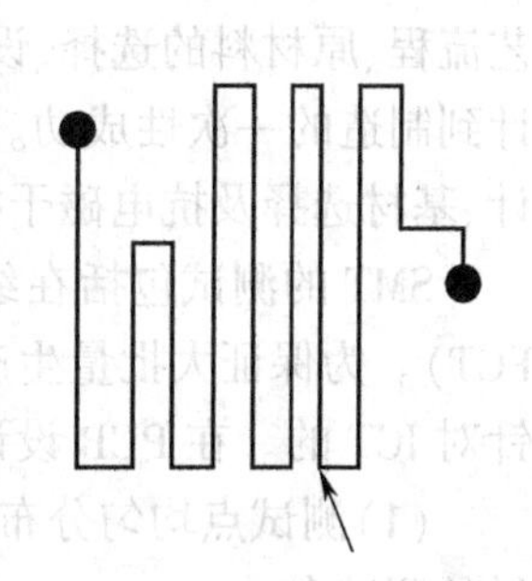
图 4-3　PCB 导线间距过小

(6)设计时没有考虑整形机整形精度(整形后引脚弯曲,特别是立式元器件)。这个问题主要表现在元器件之间间距过小,如电阻器与电阻器引脚相碰导致短路。所以立式电阻器、二极管尽量不要排在一起,可考虑立卧组合或分开布板。如以后要使用 SMT(表面贴装技术),则更加要考虑到 SMT 机器贴片精度。不然小于贴片机的最小精度,将会导致元器件碰飞。

(7)过孔与插件孔重叠现象,即将过孔放置在焊盘上,在生产过程中是没有任何问题的。但是对电路板的组装会带来一些问题,首先因为焊盘上有一个孔,会导致锡膏受热后从孔中流走一部分而可能导致“虚焊”或者“焊接强度不够”;另外,如果是双面贴片板,而且不巧在这个过孔的反面区域布置有其他的焊盘,则可能导致流出的锡膏侵入该焊盘而造成短路。如图 4-4 所示,下面第 2 个焊盘与过孔重叠。

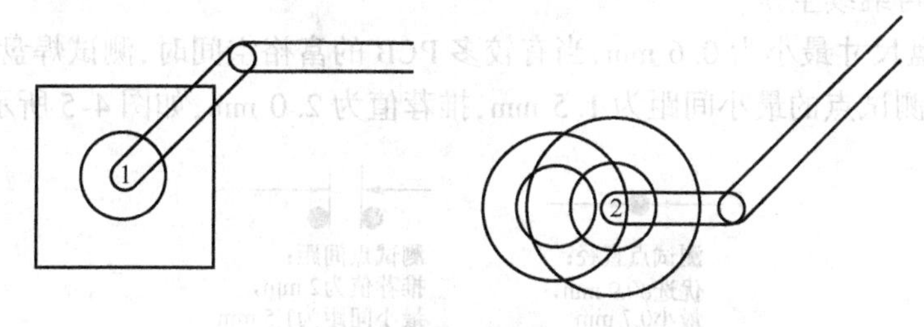

图 4-4　过孔与插件孔重叠

解决上面问题的办法其实很简单，就是在该过孔的表面蒙上阻焊层（就是平时我们看到

① 1 mil = 0.002 54 cm。

绿颜色的那层“油”,主要是绿色,也有黑色等)。这样就相当于给这个过孔“封底”了。封底以后锡膏即使流入,也不会损失很多,而且更不会流到板子的反面。

(8)插件孔设计与器件引脚尺寸一致。由于PCB成品孔径存在0.075 mm的公差和器件的引脚也存在一定的公差,插件孔孔径应比器件引脚大0.15~0.3 mm,否则会出现器件无法安装。

4.1.2 PCB的优化设计理念

表面贴装技术(Surface Mount Technology,SMT)是一种将无引脚或短引线表面组装元器件(简称SMC/SMD)安放在印制电路板的表面上,通过回流焊或波峰焊等方法加以焊接组装的电子装联技术。随着电子产品的小型化、复杂化,SMT也得到了飞速的发展,日趋成熟完善。电路设计、结构设计和工艺技术是构成电子产品的三大技术要素,其中SMT工艺是工艺技术中一个重要环节。目前,SMT已经非常成熟,并在电子产品中广泛应用,有些设计人员不太注重产品的可制造性,认为只要电路方面设计没有问题就可以了,这样设计出来的产品不仅可制造性差,而且需要不断的更改制程,导致产品开发进度变长,设计成本增加,降低了产品的市场竞争力。因此,设计人员必须重视PCB的可制造性设计。因此,电子产品设计师有必要了解SMT的常识和可制造性设计的要求。采用SMT工艺的产品,在设计之初就应综合考虑生产工艺流程、原材料的选择、设备的要求、器件的布局、测试条件等要素,尽量缩短设计时间,保证设计到制造的一次性成功。除了后面内容提到的元器件的布局、PCB布线设计、焊盘及过孔的设计、基材选择及抗电磁干扰及散热设计外,还包含可测试性设计。

SMT的测试包括在线测试(In-Circuit Testing,ICT)和功能测试(Function-Circuit Testing,FCT)。为保证大批量生产的产品的质量,需要使用ICT和FCT,其中SMT的可测试性主要是针对ICT的。在PCB设计阶段一定要考虑添加测试点,相关设计要求如下:

(1)测试点均匀分布于整个PCB上,一般要求每个网络都要至少有一个可供测试探针接触的测试点。

(2)测试点选用时优先次序:优选圆形焊盘;其次,器件引出引脚;最后,过孔为测试点。SMD器件最好采用圆形焊盘作为测试点,OSP处理工艺的PCB不宜采用过孔作为测试点。当使用表面焊盘作为测试点时,应当将测试点尽量放在焊接面。

有机保焊膜(Organic Solderability Preservatives,OSP),又称护铜剂,是在洁净的裸铜表面上,以化学的方法长出一层有机皮膜,这层膜具有防氧化、耐热冲击、耐湿性,用于保护铜表面于常态环境中不再继续生锈。

(3)测试焊盘尺寸最小为0.6 mm,当有较多PCB的富裕空间时,测试焊盘设定为0.9 mm以上。两个单独测试点的最小间距为1.5 mm,推荐值为2.0 mm,如图4-5所示。

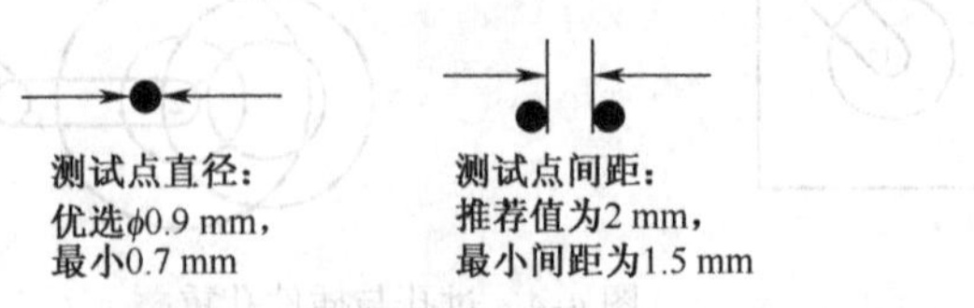

图4-5 测试点尺寸及间距

(4)测试点不能被丝印盖住,丝印通过时会发生接触不良;测试点不能被条码、胶带等挡住。

(5)测试点与SMD的距离至少1.25 mm,测试点与IC器件的距离至少2.0 mm,测试点与

DIP插件孔的距离为1.25 mm。测试点距离板边不得小于5 mm，如图4-6所示。

（6）测试点在添加时，附加线应该尽量短。

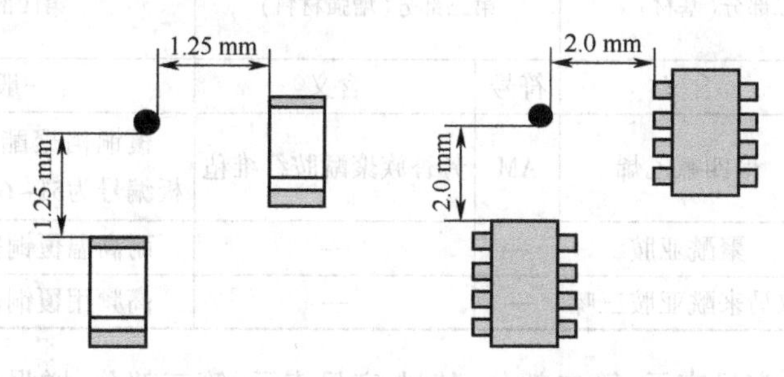

图4-6 测试点与SMD及IC的间距

（7）采用圆形焊盘作为测试点时，如果PCB表面处理工艺为OSP，建议测试焊盘上印刷锡膏，以加强测试的可靠性。

PCB的优化设计在产品开发设计过程中有着重要的作用，每个设计人员都应该认真考虑，确保产品设计的最优化，使产品朝着“无缺陷”或“零缺陷”的方向发展。

4.2 PCB基材的选择

4.2.1 印制电路板基板型号及其命名方法

基材就是印制电路板用的基板材料。基材对成品印制电路板的耐压、绝缘电阻、介电常数、介质损耗等电性能以及耐热性、吸湿性及环保等有很大影响。正确地选择基材是印制电路板设计的重要内容，这对于高速印制电路板设计更为重要。

印制电路板是把一定厚度的铜箔通过胶粘剂热压在一定厚度的绝缘基板即基材上而成的。基材是指可以在其上形成导电图形的绝缘材料，分刚性和挠性两种。了解各种型号板材的应用情况有助于进一步了解印制电路板的属性。

基板的材料、厚度、铜箔及胶粘剂的不同，印制电路板在性能上会有很大的差别，它的型号和命名方法见表4-1。

表4-1 基材的型号和命名方法

第一部分（型号）		第二部分（基材）		第三部分（增强材料）		第四部分（产品编号）
符号	含义	符号	含义	符号	含义	一般用数字表示
C	覆铜箔	PF	酚醛	CP	纤维素纤维纸	覆铜箔酚醛纸层压板编号为01~20
		EP	环氧	GC	无碱玻璃纤维布	覆铜箔环氧纸层压板编号为21~30
		UP	不饱和聚酯	GM	无碱玻璃纤维毡	覆铜箔环氧玻璃布层压板编号为31~40
		SI	有机硅	AC	芳香族聚酰胺纤维布	覆铜箔环氧合成纤维布或毡层压板编号为41~50

续表

第一部分(型号)		第二部分(基材)		第三部分(增强材料)		第四部分(产品编号)
符号	含义	符号	含义	符号	含义	一般用数字表示
C	覆铜箔	TF	聚四氟乙烯	AM	芳香族聚酰胺纤维毡	覆铜箔聚酯玻璃纤维布或毡层压板编号为51~60
		PI	聚酰亚胺	—	—	耐高温覆铜箔层压板编号为61~70
		BT	双马来酰亚胺三嗪	—	—	高频用覆铜箔层压板编号为71~80

第一部分:型号-字母表示;第二部分:基材-字母表示;第三部分:增强材料-字母表示;第四部分:产品编号-数字表示。

(1)产品型号第一个字母C(铜)表示覆铜箔。

(2)第二、三个字母表示基材所用树脂。

(3)第四、五个字母表示基材所用的增强材料。

(4)在字母末尾,用一短横线连着两位数字,表示同类型而不同性能的产品编号。

(5)在产品编号后加有字母F的,表示具有阻燃性的覆箔板。

(6)根据型号的制订原则,按顺序读出,末尾加上"层压板"即为产品的名称,产品编号列于产品名称之前,可用产品编号作为产品型号简称。

例如,CPFCP-03产品命名为03号覆铜箔酚醛纸层压板,简称为"3号板"。

4.2.2 印制电路板基板基材的选择

选择基材应考虑的因素是PCB的使用条件以及机械、电性能要求。根据PCB结构确定基材的覆铜箔层数(单面、双面或多层板);根据PCB尺寸和元器件质量确定基材的厚度;基材参数Tg、CTE及平整度等符合要求;价格因素等。用于SMT工艺的PCB基材有以下要求:

(1)玻璃化转变温度(Glass Transition Temperature,Tg)较高。Tg是聚合物特有的性能,是决定材料性能的临界温度,是选择基板的一个关键参数。环氧树脂的Tg范围为125~140 ℃,再流焊温度在245 ℃左右,远远高于PCB基板的Tg,高温容易造成PCB的热变形,严重时会损坏元件。因此,在选择基材时应选择Tg较高的基材,建议Tg在140 ℃以上。

(2)热膨胀系数(Coefficient of Thermal Expansion,CTE)低。随着印制电路板精密化、多层化以及BGA(球状引脚栅格阵列封装)、CSP(零件尺寸包装)等技术的发展,对覆铜板尺寸的稳定性提出了更高的要求。覆铜板的尺寸稳定性虽然和生产工艺有关,但主要还是取决于构成覆铜板的三种原材料,即树脂、增强材料、铜箔。通常采取的方法是对树脂进行改性,如改性环氧树脂;降低树脂含量的比例,但这样会降低基板的电绝缘性能和化学性能;铜箔对覆铜板的尺寸稳定性影响比较小。

对于多层板结构的PCB来说,由于X、Y方向(即长、宽方向)和Z方向(即厚度方向)的热膨胀系数不一致,容易造成PCB变形,严重时会造成金属化孔断裂和损坏元件。

(3)耐热性高。通常PCB要经过两次回流,为保证二次贴片的可靠性,必须要求PCB的一次高温后变形要小。T260的推荐值为30 min以上,T288的推荐值是大于5 min。

(4)平整度好。一般PCB所允许的翘曲率在0.75%以内,对于PCB厚度为1.6 mm的基板,上翘曲不大于0.5 mm,下翘曲不大于1.2 mm。

(5)良好的电气性能。由于通信技术向高频化的发展,PCB 的高频特性要求也随之提高。频率的增高会引起 PCB 基材的介电常数(ε)增大,导致电路信号的传输速率下降。其他电气性能指标还有介质损耗角正切、抗电强度、绝缘强度、抗电弧强度等。

用于 PCB 的基材品种很多,而 CCL(Copper Clad Laminate,覆铜箔层压板)是制造 PCB 的主要材料,根据其所用的增强材料品种主要分为纸基板、玻璃纤维布基板、复合基板和金属基板四大类。日常所用的电子产品中,以纸基板以及玻璃纤维布基板最为常用。常用基板材料见表 4-2。

表 4-2　常用基板材料

项　目		非阻燃型	阻燃型(V-0、V-1)
刚性板	纸基板	XPC、XXXPC	FR-1、FR-2、FR-3
	复合基板	CEM-2、CEM-4	CEM-1、CEM-3、CEM-5
	玻璃纤维布基板	G-10、G-11	FR-4、FR-5
		PI 板、PTFE 板、BT 板、PPE(PPO)板、CE 板等	
	涂树脂铜箔(RCC)、金属基板、陶瓷基板等		
挠性板	聚酯薄膜挠性覆铜板、聚酰亚胺薄膜挠性覆铜板		

电路板基材共有哪些种类?性能及适用的工艺有哪些?下面逐一进行介绍。

1. 纸基板

纸基板是以浸渍酚醛或环氧树脂的纤维纸为增强材料的覆铜箔板。在纸基 CCL 中,常见的牌号有 XPC、XXXPC、FR-1、FR-2、FR-3 等品种。由于纸的疏松性,其在加工中只能冲孔,不能钻孔,此外,吸水性也较高,故一般纸基板仅适合制作单面板。由于纸基基材的 Z 向热膨胀系数较大,温度变化时将会导致金属化孔及焊点被拉断。选用此类基材设计时一般来说不建议使用金属化通孔。

纸基材料的主要缺点是抗冲击性差,材料尺寸稳定性差,介电性能不稳定,易损坏。其优点是其可冲切加工性,低成本,另外,其电气性能能够满足一般非苛刻要求电子产品的设计要求。其中可冲切加工性使批量生产的纸基产品在加工方面的经济性更加突出。

耐热性方面,板厚在 1.6 mm 以上的所有纸质基材浸焊面耐热性都应当能满足 260 ℃下 5 s无异常的工艺要求,在空气中的耐热性则应满足 120 ℃下 30 min 无气泡分层的测试条件。基于以上特性,此类基材一般来说能够满足波峰焊,以及点胶及固化的焊接条件。由于无铅回流焊的温度及持续时间较高,此类基材一般不适用于回流焊。

2. 玻璃纤维布基板

玻璃纤维布基 CCL 是以浸渍树脂的玻璃纤维布作为增强材料的覆铜箔板,常见的标准牌号有 G-10、G-11、FR-4、FR-5。标准的 FR-4 环氧玻璃布纤维板(FR-4 环氧/E 玻璃纤维)已经应用了很多年,被证明是最成功广泛应用在电路板行业中的材料。对某些高频领域产品来说,当普通 FR4 环氧玻璃纤维布已经不能满足产品性能要求时,多功能高温环氧树脂、聚酰亚胺玻璃布开始得以开发并应用,其他树脂材料还有双马来酰亚胺改性三嗪树脂(BT)、二亚苯基醚树脂(PPO)、马来酸酐亚胺——苯乙烯树脂(MS)、聚氰酸酯树脂、聚烯烃树脂等。在增强材料方面,满足高性能的材料则有 S 玻璃纤维、D 玻璃纤维等。

对于一般无特殊要求的电子产品,都可采用玻璃化温度在 130~140 ℃的 FR-4 材料,其介电常数一般在 4.5~5.4 之间。对于刚性基板来说,树脂含量越少介电常数则越高。

目前 FR-4 板的 Tg 值一般在 130~140 ℃之间,而在印制电路板制程中,有几个工序的问题会超过此范围,对制品的加工效果及最终状态会产生一定的影响。因此,提高 Tg 值是提高 FR-4耐热性的一个主要方法。其中一个重要手段就是提高固化体系的关联密度或在树脂配方中增加芳香基的含量。在一般 FR-4 树脂配方中,引入部分三官能团及多功能团的环氧树脂或是引入部分酚醛型环氧树脂,把 Tg 值提高到 160~200 ℃。

刚性 FR-4 环氧玻璃纤维板的优点:具有很高的机械强度,极好的可加工性及优良的可钻性,加上其良好的尺寸稳定性,低吸水性以及良好的阻燃性,使其成为应用最为广泛的 PCB 基材。此种材料具有较高的性价比,因其在行业中使用时间很长,其加工流程已经被作为印制电路板行业中的标准流程来看待。

耐热性方面:其 260 ℃耐浸焊性能保持在 120 s 以上,此类基材一般能满足回流焊、双面回流焊、波峰焊、点胶固化的工艺要求。

环氧玻纤布覆铜板强度高,耐热性好,介电性好,基板通孔可金属化,实现双面和多层印制层与层间的电路导通,环氧玻纤布覆铜板是覆铜板所有品质中用途最广、用量最大的一类。广泛用于移动通信、数字电视、卫星、雷达等产品中。在全世界各类覆铜板中,纸基覆铜板和环氧玻纤布覆铜板约占 92%。

3. 复合基板

面料和芯料由不同的增强材料构成的刚性覆铜板,称为复合基板。这类板主要是 CEM 系列覆铜板。其中 CEM-1(环氧纸基芯料)和 CEM-3(环氧玻璃无纺布芯料)是 CEM 中两个重要的品种。具有优异的机械加工性,适合冲孔工艺。由于增强材料的限制,一般板材最薄厚度为0.6 mm,最厚为2.0 mm。填料的不同可以使得基材有不同功能,如适合 LED 用的白板、黑板;家电行业用的高 CTI(Comparative Tracking index,相比漏电起痕指数)板等。

CEM-1 覆铜板的结构:由两种不同的基材组成,即面料是玻纤布,芯料是纸或玻璃纸,树脂均是环氧树脂。产品以单面覆铜板为主。CEM-1 覆铜板的特点:产品的主要性能优于纸基覆铜板;具有优异的机械加工性;成本低于玻纤覆铜板。

CEM-3 覆铜板是性能水平、价格介于 CEM-1 和 FR-4 之间的复合型覆铜板层压板,这种板材用浸渍环氧树脂的玻纤布作为板面,环氧树脂玻纤纸作为芯料,单面或双面覆盖铜箔后热压而成。复合基板结构如图 4-7 所示。

总之,不同基材性能以及参数不同,所适应的工艺环境不同,设计人员在设计中除了考虑满足电气性能之外,也需要根据 PCB 加工及组装的工艺采用不同的设计规范,以适应 PCB 生产及组装当中不同的要求。同时负责组装的工艺人员在制订工艺文件时也应该充分了解 PCB 材质的性能及组装要求,才能确保生产出满足设计性能要求及质量要求的合格产品。

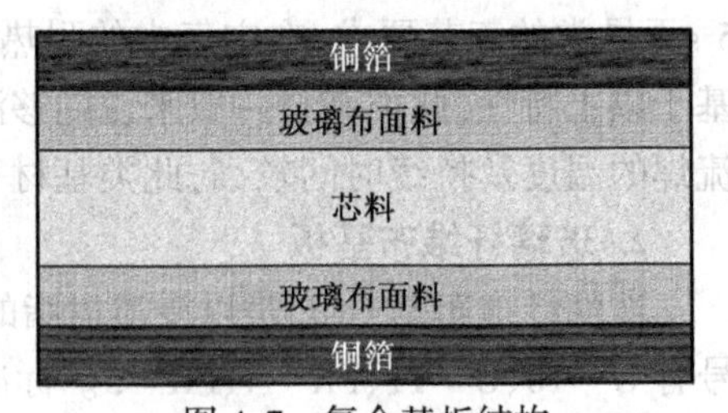

图 4-7 复合基板结构

4.3 PCB 外形尺寸及工艺设计要求

4.3.1 PCB 外形尺寸

印制电路板的结构尺寸,除与印制电路板的翘曲和机械强度有关外,还与印制电路板的制造、装配有密切关系。对于采用自动插装电子元器件和波峰焊的印制电路板，其结构尺寸的准确性、规格化直接影响加工的可行性和经济性。印制电路板的标准结构尺寸可从外形、厚度、板上基本要素等方面来定义。

从生产工艺考虑，形状应当尽量简单，尽量避免采用异形板，尺寸应尽量靠近标准系列，以便简化加工工艺，降低加工成本。

外形尺寸和形状的确定应满足如下条件：

(1) 符合总体和整机给预印制电路板留有的空间位置，尽量有利于缩小体积，减小质量。

(2) 适合电路的复杂程度和元器件大小及布局的要求。

(3) 满足最佳的电气、机械性能要求。

(4) 有利于装配、调试和维修。

(5) 板面不要设计得过大，以免引起共振变形。

面积较大，负荷元器件较重或者在振动条件下使用的印制电路板，应采用边框、加强筋或多设支撑点等形式加固。为了便于生产和降低成本，应避免印制电路板的外形尺寸公差过严。在收录机、电视机等批量大的产品中，有时为了降低成本，常把几块面积小的印制电路板与主印制电路板共同设计成一个整矩形，待装焊后沿工艺线掰开，分装在整机的不同部位。

4.3.2　PCB 工艺设计要求

很多的设计工程师并不了解组装工艺和设备，即认为产品的生产与自己无关，这样设计出的产品在组装时往往容易出现这样那样的问题，甚至直接影响到生产效率和成品率。这种问题在大批量生产时尤为突出，所以对工艺和设备的了解是必要的。

1. 波峰焊工艺要求元件的最小间距

波峰焊时，由于熔融焊锡张力、金属表面润滑等诸多因素，在间距过小的焊盘或通孔之间可能产生焊锡桥接。为了减少这种焊接缺陷，设计时应预保留元件间的合理间距。一般情况下，相邻元件（通孔元件）的安全间距应不小于 50 mil。

2. PCB 的拼板

PCB 图设计好后交给工厂制作 PCB，有时候因为所设计 PCB 面积小，或是几块板才能构成一个完整电路，单块焊接不方便等，就要把许多块拼在一起，焊好后再掰开。4 拼板图如图 4-8 所示。

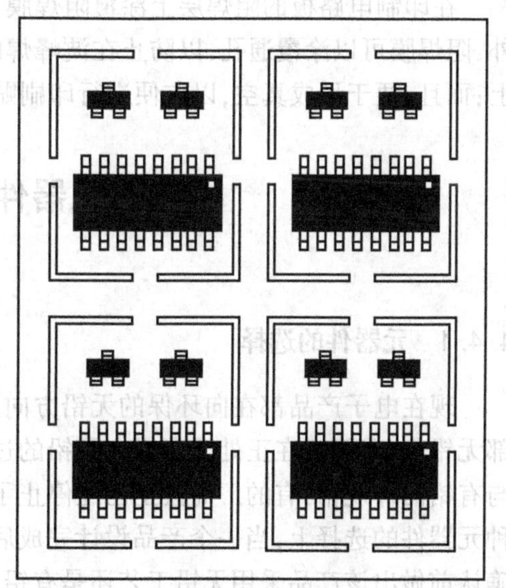
图 4-8　4 拼板图

当然这样做也能省一些开板费，虽然拼板要收费，可是总比每块电路单独开板便宜些。拼板，实际上就是有意识地将若干个单元印制电路板进行规则的排列组合，把它们拼成长方形或正方形。拼板的数量一般为 2 拼、4 拼、6 拼、8 拼、9 拼、15 拼、16 拼，拼板之间一般采用 V 形槽，待加工工序结束后再将其分离。

何时需要拼板：

(1) 为了充分利用贴片机的贴装速度，提高效率，或为适应大批量、自动化生产；尤其是对较小尺寸的 PCB，拼板与单片板的生产贴装效率相差很大,它将直接影响到组装效率。在大批量生产时,拼板的意义将得到充分体现。

(2)当PCB外形尺寸小于50 mm×30 mm时,必须进行拼板;否则,将无法采用机器贴装元件。

拼板的注意事项:

(1)注意拼板后的长宽比不要失调,过长或过宽都将容易让PCB折断。

(2)若采用手工印刷,拼板后的尺寸建议不要大于250 mm×180 mm。(手工印刷的钢网一般为470 mm×370 mm,拼板后的图形区域以小于250 mm×180 mm最为合适。)

(3)当PCB图形为不规则图形时(无可用的平行边),必须进行拼板,以及增加工艺边。

3. 定位孔的设置

有些贴片机、自动印刷机等设备采用孔定位方式,这时,需要在工艺边上四角设置定位孔,孔径一般为$\phi 3.2$ mm。

4. 工艺边的设置

目前,包括波峰焊机、切脚机、贴片机、自动印刷机在内的几乎所有自动化设备均采用轨道式传输,而轨道式传输一般要求PCB要有至少两个平行的对边,且靠边的3~5 mm内不能有器件(要被压在轨道里)。若PCB两边3~5 mm内不安装器件(包括通孔器件),可以不设专用工艺边,即可借用PCB的两边来满足正常生产需要。

何时需要设置工艺边:

(1)当用到孔定位设备时。

(2)当器件布置的太靠边时(无可用的平行边),必须增加工艺边;否则,PCB上靠近轨道3~5 mm距离内的表面贴装元器件将无法采用设备安装。若在此区域内有通孔元件,则可能导致无法进行轨道传输(如波峰焊、切脚机等)。

(3)当PCB图形为不规则图形时(无可用的平行边),则必须考虑增加工艺边和拼板。

工艺边设置的注意事项:

(1)工艺边的设置一般为5~8 mm宽,待加工工序结束后再去掉工艺边。

(2)若设置有工艺边,则应在工艺边上设置定位孔和图形识别标。

5. 阻焊层的应用

在印制电路板的阻焊层上涂覆阻焊膜,可以防止因焊锡迁移而造成的各类焊接缺陷。另外,阻焊膜可以涂覆通孔,以防止在波峰焊时焊剂和熔融焊锡经由通孔冲至印制电路板元件面上;而且,便于形成真空,以方便进行印刷贴片胶和焊膏、针床测试等操作工序。

4.4 元器件的选择及布局设计

4.4.1 元器件的选择

现在电子产品都在向环保的无铅方向发展,2006年7月1日欧洲电子产品就已经实现全部无铅化,我国现在正处于有铅向无铅的过渡期。因此,元器件厂商提供的元器件也出现无铅与有铅两种规格,有的厂商甚至已经停止了有铅元器件的生产。问题点就在于有铅和无铅两种元器件的选择上,当一个产品设计完成后,开发人员需要对具体元器件进行确认,并需要在确认前做出该产品采用无铅工艺还是有铅工艺的选择。如果没有一个具体的确定,在选料时不注意这个问题,原料中出现有铅元器件与无铅元器件同时使用,就会导致生产的困难。如果

混用两种材料,那么必然会导致下列问题出现:

(1)有铅元器件被高温损坏。

(2)无铅元器件,特别是 BGA(Ball Grid Array,球状引脚栅格阵列)封装的元器件,所附锡球未达到熔点,易导致虚焊或抗疲劳度下降。

所以,在确定元器件的时候一定要确认元器件是有铅的还是无铅的,同时如果元器件选择无铅,那么 PCB 也要做相应选择,一方面配合无铅工艺,让无铅焊锡的焊接性得到加强,另一方面应用于有铅制程的 PCB 也无法承受过高的温度,易造成板翘等不良现象。

现在的电子设计中,电磁干扰(Electro Magnetic Interference,EMI)是一个主要的问题。许多电子产品都有非常严格的 EMC 标准,而为了达到这些标准人们都会在系统设计中更多地考虑对于 EMI 的抑制或者减轻。但是对于系统而言,最好能在单板设计的过程中就考虑这些问题,因为电路虽然工作在板级,但是可能对系统的其他部件辐射噪声、干扰,从而引起系统级的问题。而要在单板设计中就考虑 EMC 的问题,设计者就要从选择器件、设计电路和制作 PCB Layer 等方面着手。下面主要从普通电子元器件的选择方面来考虑减轻或者抑制 EMI。

1. 电阻器的选择

在单板电路设计中,电阻器是最普通也是最常用的元器件。但电阻器的种类繁多,各个类型都有自己的优缺点和合适的使用场合,因此,在合适的电路中选择适合的电阻器显得尤为重要,从封装形式上来看,表面贴装的电阻器比插装的电阻器的寄生效应更低,所以首先选择表面贴装的电阻器。

从有铅封装和无铅封装上看,无铅封装的元器件肯定优选。有铅封装的元器件存在着寄生效应,尤其在高频范围内,铅构成了一个低值电感器,大概 1 nH/mm,在终端也可以产生一个小的电容效应,在 4 pF 左右,因此应尽可能地减少铅的长度。无铅的元器件相较而言有更小的寄生效应,大约为 0.1 nH/mm 电感效应和 0.3 pF 左右的终端电容效应。

对于有铅封装的电阻器而言也有选择顺序,由高到低的选择次序为:碳膜电阻器、金属氧化膜电阻器、线绕电阻器。金属氧化膜电阻器在低频(MHz 以下)有显性的寄生影响,所以它一般适合用在大功率密度和高精度的电路中,这就是人们在精密电阻器中往往选择金属氧化膜电阻器的原因;线绕电阻器有很高的敏感度,所以应当避免在频率敏感的电路中应用,线绕电阻器最好在大功率处理电路中使用。

2. 电容器的选择

电容器是解决许多 EMC 问题的重要器件,但是电容器有不同的类型和行为反应,所以电容器的选择并不是一件容易的事情。下面以最普通的电容器的类型、特性和用法等来阐述电容器的选择。

最常用的电容器有铝电解电容器、钽电容器、陶瓷电容器。铝电解电容器通常是在两个电解质中间缠上螺旋状的金属箔构成,每单位体积可以达到很高的电容值,但是也增加了内部的感应系数;钽电容器由带直接焊盘和脚位连接的块电解质构成,它有比电解电容器小的感应系数;陶瓷电容器由多层的金属和陶瓷介质组成,在低于 1 MHz 的频率范围内有显性的寄生效应。不同类型的电容器有着不同的介质,而不同的介质对不同的频率有不同的响应,所以,电容器的选择和使用的频率范围有着密切的关系。铝和钽电解电容器在低频结尾处有优势,主要在储能和低频电路中使用;在中频范围内(kHz~MHz)陶瓷电容器有优势,主要用作去耦合高频滤波;低漂移的陶瓷电容器和云母电容器主要用在超高频或者微波电路中。

3. 电感器的选择

电感器是电场和磁场的连接器件,因为它有可以和磁场相互影响的固有本性,所以电感器比其他元器件更敏感。和电容器一样,当我们恰当地应用电感器时,它可以解决许多 EMC 的问题。

从封装方面来看,电感器相比电容器或者电阻器的好处是它没有寄生效应,所以插装电感器和贴装电感器几乎没有什么不同。

电感器有两种中心材料,即铁或铁氧体。铁中心材料电感器一般用于低频应用中(几十千赫兹);而铁氧体中心材料电感器一般用于高频(MHz)。因此,铁氧体中心材料电感器更适合用在 EMC 应用中。由于铁氧体在衰减较高频的同时让较低频几乎无阻碍地通过,故在 EMI 控制中得到了广泛的应用。用于 EMI 吸收的磁环/磁珠可制成各种形状,广泛应用于各种场合。如在 PCB 上,可加在 DC/DC 模块、数据线、电源线等处。它吸收所在电路上的高频干扰信号,却不会在系统中产生新的零极点,不会破坏系统的稳定性。它与电源滤波器配合使用,可很好地补充滤波器高频端性能的不足,改善系统中滤波特性。

4. 集成电路的选择

现代的数字集成电路大多是基于 CMOS 技术制造的。CMOS 器件的静态功耗比较低,但是快速开关 CMOS 器件需要从电源处有更多的瞬态功率分配。一个高速 CMOS 器件对电源的动态要求可能会超过一个类似的双极性器件(TTL)。因此在这些器件旁边需要使用去耦电容器来减少对电源的瞬态需要。

对于组合逻辑电路,时钟抖动、电力线谐波可能会在使用不同种类的逻辑器件时产生,例如,CMOS 和 TTL,这主要是因为它们有不同的开关门限。为了避免这种问题,最好使用同类逻辑器件。现在多数设计者选择 CMOS 器件是因为它们有一个很高的干扰极限。由于使用 CMOS 技术制造,CMOS 器件是和微控制器接口的首选逻辑器件。很重要的一点是使用 CMOS 器件时,输入脚位在不使用的时候应当接地或者接到电源,因为在 MCU(微控制单元)电路中,噪声干扰也会使这些没有使用的输入端口变得无规律变化,有可能使 MCU 执行不该执行的代码。

现在集成电路的封装五花八门,但是总体而言,集成电路的引线越短,EMI 问题就越少。所以表面贴装的集成电路是 EMC 设计的最佳选择,因为它有低的寄生效应和回路面积。

总之,电子元器件的选择是一个很复杂的问题,对于电路的设计者而言,不只是要考虑元器件的性能,元器件的质量等级,EMC 都已经成为设计之初,设计者必须考虑的问题。因此,合理选择元器件,可对整个系统的 EMC 问题打下良好的基础。

4.4.2 元器件的布局设计

元器件的布局是按照原理图的要求和元器件的封装,将元器件整齐、美观地排列在 PCB 上,满足工艺性、检测、维修等方面的要求,并符合电路功能和性能要求。进行元器件布局设计时要做到工艺流程最少,工艺性最佳。元器件布局设计的基本原则如下:

(1)元器件排布均匀,尽可能做到同类元器件按相同的方向排列;相同功能的模块集中在一起布置;相同结构的电路部分应尽可能采取对称布局。

(2)元器件布局遵照“先难后易、先大后小”的布置原则,即重要的单元电路、核心元器件应当优先布局,其他元器件围绕它来进行布局。

(3)有相互连线的元器件应靠近排列,以保证走线距离最短,有利于提高布线密度。

(4)缩短高频元器件之间的连线,减少它们的分布参数和相互间的电磁干扰。易受干扰的元器件应隔离或屏蔽。

(5)对于热敏感元器件(除温度检测元件),布线时应远离发热量大的元器件。发热元件一般应均匀分布,排布在通风、散热良好的位置,以利于单板和整机的散热。

(6)强信号和弱信号、高电压信号和弱电压信号要完全分开;模拟信号和数字信号要分开;高频信号与低频信号要分开;高频元器件的间隔要充分。

(7)热容量大的元器件排布不宜过于集中,以免局部温度低造成焊接不良。

(8)对于电位器、可调电感器等可调元器件的布局应考虑整机的结构要求。若在机内调节,应放在 PCB 上方便于调节的位置;若在机外调节,其位置要与调节旋钮在机箱面板上的位置相适应。

(9)元器件的排列要便于调试和维修,QFP(Quad Flat Package,小型方块平面封装)、BGA、PLCC(Plastic Lead Chip Carrier,有引线塑料芯片载体封装)等器件周围要留有一定的维修空间。

(10)高大、贵重元器件不要放在 PCB 边缘或靠近插件、贴装孔、槽、V-CUT(角锥形掏槽)等高应力集中区,减少开裂或裂纹。

(11)要考虑插座、接头等元器件之间是否干涉,与结构设计是否矛盾。

(12)同类型的插装元器件在 X 或 Y 方向上应朝一个方向放置。同类型的有极性插装元器件尽量在 X 或 Y 方向上保持一致,以便于生产和检验,同一块板最多允许两个方向。

(13)对贴装元器件而言,同类元器件原则上要求尽可能按相同的排列方向排列;不同类型的元器件的排列方向可根据便于元器件的贴装、焊接和检测的实际需要改变。对于焊接元器件而言,元器件的排列则应尽量做到所有无源元器件要相互平行;所有 SOIC(小外形集成电路封装)要垂直于无源元器件的长轴;SOIC 和无源元器件的较长轴要互相垂直;无源元器件的长轴要垂直于板,沿着波峰焊机传送带的运动方向;当采用波峰焊 SOIC 等多脚元器件时,应于锡流方向的最后两个(每边各一)焊脚处设置吸锡焊盘,以防止连焊。

(14)PCB 上不同的组件相邻焊盘之间的最小间距不应低于 1 mm。

特殊元器件的布局应注意以下几个方面:

(1)高频元件。高频元件之间的连线越短越好,设法减小连线的分布参数和相互之间的电磁干扰,易受干扰的元件不能离得太近。隶属于输入和隶属于输出的元件之间的距离应该尽可能大一些。

(2)具有高电位差的元件。应该加大具有高电位差元件和连线之间的距离,以免出现意外短路时损坏元件。为了避免爬电现象的发生,一般要求 2 000 V 电位差之间的铜膜线距离应该大于 2 mm;对于更高的电位差,距离还应该加大。带有高电压的器件,应该尽量布置在调试时手不易触及的位置。

(3)质量太大的元件。此类元件应该有支架固定,而对于又大又重、发热量多的元件,不宜安装在电路板上。

(4)发热与热敏元件。注意发热元件应该远离热敏元件。

PCB 设计中,元件的安装方式:元件在 PCB 上的安装方式分为卧式和立式两种,如图 4-9 所示。

①立式安装的优点和缺点。详述如下:

立式安装的优点:元件的组装密度高,在 PCB 上所占的面积小,常用于元件多、功耗小、频

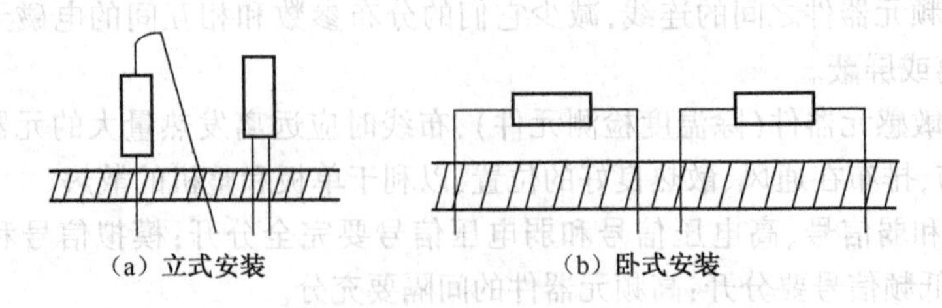

图 4-9 元件在 PCB 上的安装方式

率较低的电路,如小型晶体管收音机等。

立式安装的缺点:元件的机械稳定性差,元件的引脚容易相碰而造成短路;元件密度大,散热条件差,同时会增加引线电感,不适用于机械化装配。

②卧式安装的优点和缺点。详述如下:

卧式安装的优点:元件排列比较整齐;因元件紧贴 PCB,因此,机械稳定性好,元件两端接点的跨距较大,有利印制导线的穿越,故排板比较容易;元件散热性能好,便于焊接和维修,也便于采用机械化装配。

卧式安装的缺点:元件所占的面积较大。

为了克服上述两种安装方式的缺点,可采用混合安装方式,即电阻器为卧式,电容器为立式,如图 4-10 所示。这种安装方式的优点是外观整齐,散热条件好;由于可实现引线最短,因此引线电感最小,适用于频率较高的电路,所以大多使用混合安装方式。

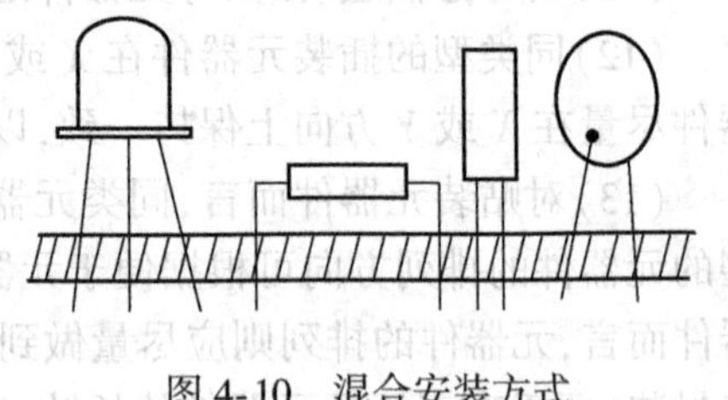

图 4-10 混合安装方式

需要安装较重的元件时,应安排在靠近印制电路板支承点的位置,使印制电路板的翘度减至最小,还应有单独的固定装置使之固定,否则长期振动,引线极易折断。

对于发热元件,在设计时应采取散热措施,以满足元件和 PCB 的最高工作温度要求。

4.5 PCB 布线设计

布线是按照原理图和导线表布设 PCB 导线,布线的一般原则如下:

(1)布线优先次序。详述如下:

①密度优先原则:从 PCB 上连接关系最复杂的器件着手布线,从 PCB 上连线最密集的区域开始布线。

②核心优先原则:例如,DDR、RAM 等核心部分应优先布线,类似信号传输线应提供专层、电源、地回路。其他次要信号要顾全整体,不可以和关键信号相抵触。

③关键信号线优先原则:电源、模拟小信号、高速信号、时钟信号和同步信号等关键信号优先布线。

④布线层数选择原则:在满足使用要求的前提下,选择布线的顺序优先为单层布线,其次为双层布线,最后是多层布线。

(2)尽量为时钟信号、高频信号、敏感信号等关键信号提供专门的布线层,并保证其最小的回路面积。应采取手工优先布线、屏蔽和加大安全间距等方法,保证信号质量。

(3)电源层和地层之间的EMC环境较差,应避免布置对于扰敏感的信号。

(4)有阻抗控制要求的网络应布置在阻抗控制层上,相同阻抗的差分网络应采用相同的线宽和线间距。对于时钟线和高频信号线要根据其特性阻抗要求考虑线宽,做到阻抗匹配。

(5)输入/输出端用的导线应尽量避免相邻平行。最好加线间地线,以免发生反馈耦合。

(6)数字地、模拟地要分开,对低频电路,应尽量采用单点并联接地;高频电路宜采用多点串联接地。对于数字电路,地线应闭合成环路,以提高抗噪声能力。

(7)印制导线拐弯处一般取圆弧形,而直角或夹角在高频电路中会影响电气性能。

(8)走线拐弯处一般取圆弧形,避免直角或夹角,否则在高频电路中会影响电气性能,如图4-11所示。

(9)铜线的宽度应以其所能承载的电流为基础进行设计,铜线的载流能力取决因素:线宽、线厚(铜铂厚度)、允许温升等,表4-3给出了印制导线宽度和导线厚度以及导线电流的关系,可以根据这个基本的关系对导线宽度进行适当选择。

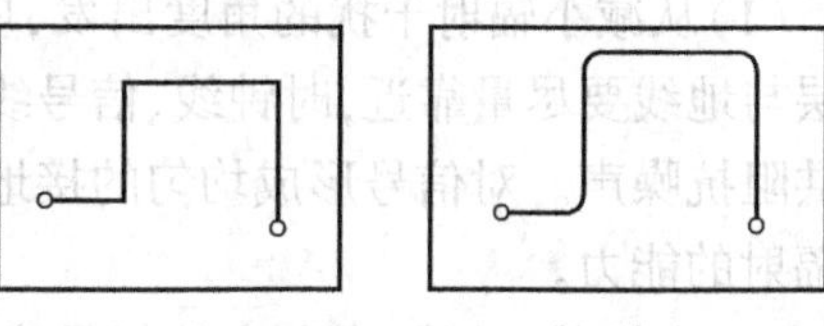

图4-11 走线拐弯处设计

表4-3 印制导线最大允许工作电流(导线厚50 μm,允许温升10 ℃)

导线宽度/mil	导线电流/A
10	1
15	1.2
20	1.3
25	1.7
30	1.9
50	2.6
75	3.5
100	4.2
200	7.0
250	8.3

相关的计算公式为

$$I=KT^{0.44}A^{0.75}$$

式中:K为修正系数,一般覆铜线在内层时取0.024,在外层时取0.048;T为最大温升,单位为℃;A为覆铜线的截面积,单位为mil^2(不是mm^2);I为允许的最大电流,单位为A。

(10)双面板上的公共电源线和地线尽量放置在靠近板的边缘,并且分布在板的两面。多层板可在内层设置电源层和地线层,通过金属化孔与各层的电源线和地线连接。

(11)焊盘与较大面积的导电区相连时,应采用长度不小于0.5 mm的细导线进行热隔离,细导线宽度不小于0.13 mm。

(12)相邻层信号线为正交方向,以减少耦合,切忌相邻层走线对齐或平行。

4.6 PCB的抗电磁干扰及散热设计

4.6.1 PCB的抗电磁干扰设计

电磁干扰问题越来越成为电子产品中的一个严重问题。经验表明,产品批量生产后电磁干扰问题的解决成本是开发阶段解决成本的十几倍,甚至几十倍,因此抗电磁设计应该贯穿电子产品设计的全过程。

常用的抗电磁干扰设计方法如下:

(1)从减小辐射干扰的角度出发,应尽量选用多层板。内层分别作为电源层、接地层,电源层与地线要尽量靠近,时钟线、信号线和地线位置尽量靠近,以获得最小接地电路阻抗,抑制公共阻抗噪声。对信号形成均匀的接地面,加大信号线和接地面间的分布电容,可抑制其向空间辐射的能力。

(2)电源线、地线、印制电路板导线对高频信号应保持低阻抗,在频率很高的情况下,电源线、地线或印制电路板导线都会成为接收与发射干扰的小天线,降低这种干扰的方法除了加滤波电容器的方法外,更值得重视的是减少电源线、地线、印制电路板导线本身的高频阻抗。因此,各种印制电路板导线要短而粗,线条要均匀。

(3)为减少信号线与回线之间形成环路面积,电源线、地线、印制电路板导线的排列要恰当,尽量做到短、宽、直。走线时应避免产生锐角和直角,产生不必要的辐射,同时工艺性能也不好。

(4)当电路板上有不同功能电路时,不同类型电路(数字、模拟、电源)应分离,其接地也应分离。一般数字电路的抗干扰能力比较强,例如,TTL电路的噪声容限为0.4~0.6 V,CMOS电路的噪声容限为电源电压的0.3~0.45倍;而模拟电路只要有很小的噪声就足以使其工作不正常,所以这两类电路应该分开布局布线,如图4-12所示。

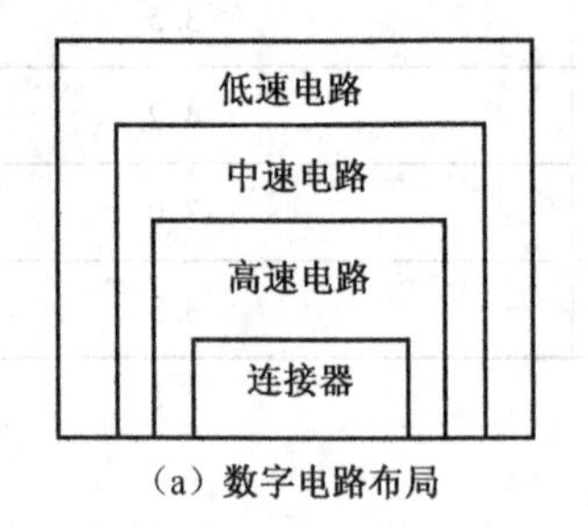

(a)数字电路布局

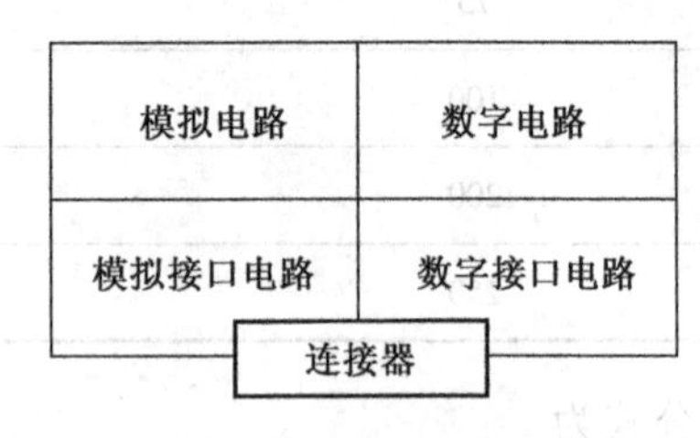

(b)模拟与数字电路混合使用布局

图4-12 数字电路与模拟电路布局设计

(5)对于多层电路板,不同区域的地线面在边沿处要满足20*H*法则(即地线面的边沿要比电源层或信号线层的边沿外延出20*H*,*H*是地线面与信号线层之间的高度)。

(6)当两条印制线间距比较小时,两线之间会发生电磁串扰,电磁串扰会使有关电路功能失常。为避免发生这种串扰,应保持任何线条间距不小于三倍的印制线条宽度。

(7)重叠电源与地线层规则。不同电源层在空间上要避免重叠。主要是为了减少不同电源之间的干扰,特别是一些电压相差很大的电源之间,电源平面的重叠问题一定要设法避免,难以避免时可考虑中间隔地层。

(8)尽量选择表面贴装器件,并尽量选择小尺寸元件。由于 SMD 器件引线的互连长度很短,因此引线的电感、电容和电阻比 DIP(双列直插式封装)器件小得多。

(9)接地线应尽量加粗。若接地线用很细的线条,则接地电位会随电流的变化而变化,使抗噪声能力降低。因此,应将地线加粗,使它能通过三倍于印制电路板上的允许电流。如有可能,接地线应在 2~3 mm 以上。

(10)接地线构成闭环路,只由数字电路组成的印制电路板,其接地电路布成环路大多能提高抗噪声能力。因为环形地线可以减小接地电阻,从而减小接地电位差。

(11)根据印制电路板电流的大小,尽量加粗电源线线宽,减少环路电阻。同时,使电源线、地线的走向和数据传递的方向一致,这样有助于提高抗噪声能力。

(12)综合运用接地、屏蔽和滤波等措施。

还可以采用配置去耦电容器的方法。PCB 设计的常规做法之一是在印刷电路板的各个关键部位配置适当的去耦电容器,去耦电容器的一般配置原则如下:

电源的输入端跨接 10~100 μF 的电解电容器,如果印制电路板的位置允许,采用 100 μF 以上的电解电容器,抗干扰效果会更好。

原则上每个集成电路芯片都应布置一个 0.01~0.1 μF 的瓷片电容器,如遇印制电路板空隙不够,可每 4~8 个芯片布置一个 1~10 μF 的钽电容器(最好不用电解电容器,电解电容器是两层薄膜卷起来的,这种卷起来的结构在高频时表现为电感器,最好使用钽电容器或聚碳酸酯电容器)。

对于抗噪声能力弱、关断时电源变化大的器件,如 RAM、ROM 存储器件,应在芯片的电源线和地线之间直接接入去耦电容器。

电容器引线不能太长,尤其是高频旁路电容器不能有引线。

4.6.2 PCB 的散热设计

PCB 散热设计的目的是采取适当的措施和方法降低元器件的温度和 PCB 的温度,使系统在合适的温度下正常工作。一般从以下几个方面考虑 PCB 的散热设计:

(1)减小元器件发热量。元器件的发热量是由其功耗决定的,因此在设计时首先应选用功耗小的元器件,尽量减小发热量;其次是元器件工作点的设定,一般选择在其额定工作范围内,在此范围内工作时,元器件性能佳、功耗小、使用寿命最长。功放类器件本身发热量就大,设计时尽量避免满负荷工作。对于大功率器件应贯彻降额设计的原则,适当加大设计裕量,这无论是对于加大系统稳定性、可靠性,还是降低发热量都有好处。

(2)用导热改善散热。详述如下:

①用导热系数大的材料(如铜板、铝板)作散热板,使 PCB 上高发热元件产生的热量向 PCB 的表面扩散,以消除局部过热,改善 PCB 的散热能力。

②在 PCB 上设计导热孔改善散热,使发热元件产生的热量沿 PCB 的厚度方向散发。如果导热孔设计的不是 1 个而是 N 个,则热阻值可能会降到 $1/N$。

③采用金属芯 PCB 改善散热。金属芯 PCB 是用铜、铝、铁等高导热金属板作芯板,在其表面涂敷绝缘层后镀铜或覆铜制成导体图形,金属芯 PCB 的截面如图 4-13 所示。因为金属芯 PCB 中有高热的金属芯,使其散热性大大提高。

④用高效散热器改善散热。

(3)用对流改善散热。分散排列高发热元件,改善 PCB 的散热性。此外,局部设置风扇,向高发热元件吹强风,可促进高发热元件散热。

(4)合理排列元件改善散热。当热性能不同的元件混合安装时,最好将发热大的元件安装在下风处;将发热小的元件安装在上风处,如图 4-13 所示。

图 4-13(a)显示了元件的理想排列方式;图 4-13(b)显示了元件的不理想排列方式,即将发热大的元件安装在下风处,发热小的元件,如 IC 安装在上风处,正好处在了发热元件散热的路径上。实际上导电图形的设计要达到如图 4-13(a)所示的理想排列较困难。在 PCB 设计时,若必须在电阻器正上方排列电容器时,则最好在这两元件之间设计隔热板。

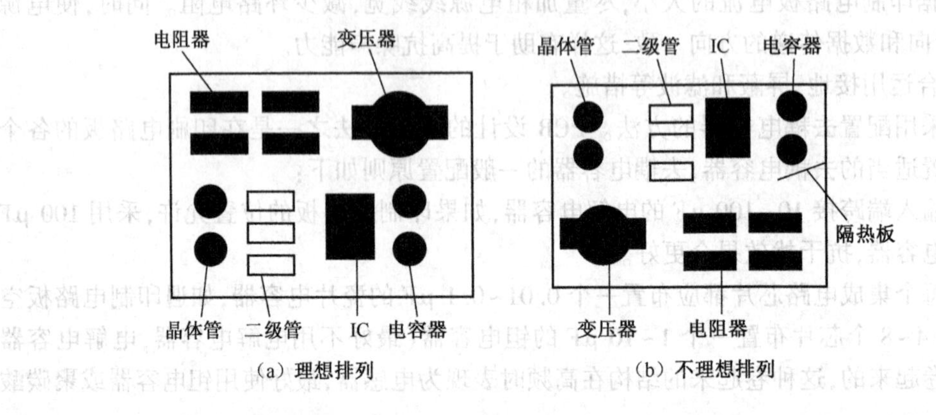

图 4-13 元件排列(注意发热元件的排列)

(5)热性能相同但放热量不同的多个 IC 混装时,基本排列顺序是耗电大的元件和散热性差的元件排列在上风处,如图 4-14 所示。图 4-14 显示了 PCB 上安装 IC(0.3 W)和 LSI(1.5 W)时温度上升的实测值,按图 4-14(a)排列时,IC 的温度上升值是18 ℃~30 ℃,LSI 温度上升值是 50 ℃;按图 4-14(b)排列时,LSI 温度上升值是 40 ℃,比按图 4-14(a)排列要低 10 ℃。

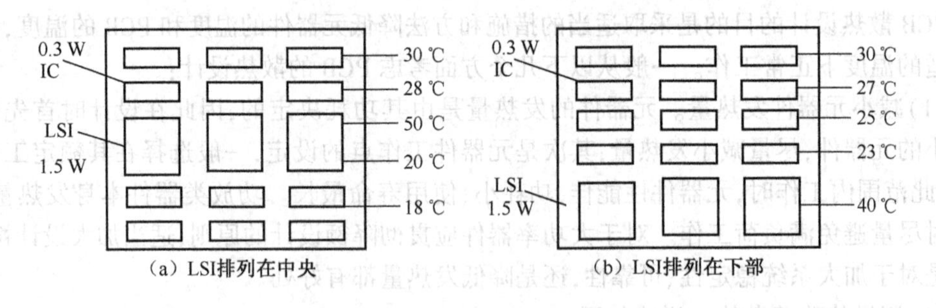

图 4-14 元件的排列

由以上实例可见,耐热水平相同的元件混合排列时,应将耗电大、散热性差的元件设计在上风处。

(6)对于自身温升高于 30 ℃的热源,一般要求:在风冷条件下,电解电容器等温度敏感器件离热源距离要求不小于 2.5 mm;在自然冷条件下,电解电容器等温度敏感器件离热源距离要求不小于 3.0 mm。

(7)设置散热通孔,可以有效地将热量从 PCB 的顶部铜层传递到内部或底部铜层。

4.7　过孔及焊盘的设计

4.7.1　过孔的设计

从作用上看，过孔可以分成两类：一是用作各层间的电气连接；二是用作器件的固定或定位。从工艺制程上看，过孔一般分为三类，即盲孔（Blind）、埋孔（Buried）和通孔（Through）。盲孔位于印制电路板的顶层和底层表面，具有一定深度，用于表层电路和下面的内层电路的连接，孔的深度通常不超过一定的比率（孔径）通孔，这种孔穿过整个印制电路板，可用于实现内部互连或作为元件的安装定位孔。由于通孔在工艺上更易于实现，成本较低，因此绝大部分印制电路板均使用它，而不用另外两种过孔。以下所说的过孔，没有特殊说明的，均作为通孔考虑。过孔示意图如图4-15所示。

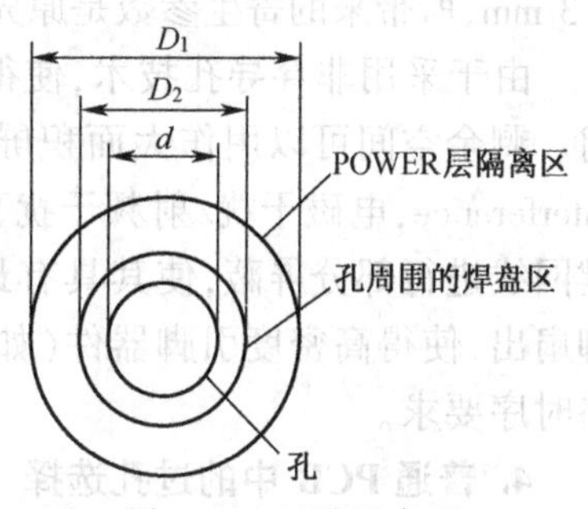

图4-15　过孔示意图

过孔是多层PCB设计中的一个重要因素，一个过孔主要由三部分组成：一是孔；二是孔周围的焊盘区；三是POWER层隔离区。过孔的工艺过程是在过孔的孔壁圆柱面上用化学沉积的方法镀上一层金属，用以连通中间各层需要连通的铜箔，而过孔的上下两面做成普通的焊盘形状，可直接与上下两面的电路连通，也可不连。过孔可以起到电气连接，固定或定位器件的作用。

1. 过孔的寄生电容

过孔本身存在着对地的寄生电容，若过孔在铺地层上的隔离孔直径为 D_2，过孔焊盘的直径为 D_1，PCB的厚度为 T，板基材介电常数为 ε，则过孔的寄生电容大小近似为

$$C=\frac{1.41\varepsilon TD_1}{D_2-D_1}$$

过孔的寄生电容给电路造成的主要影响是延长了信号的上升时间，降低了电路的运行速度，电容值越小则影响越小。尽管单个过孔的寄生电容引起的上升沿变缓的效果不是很明显，但是如果走线中多次使用过孔进行层间的切换，设计者还是要慎重考虑的。

2. 过孔的寄生电感

过孔本身就存在寄生电感，在高速数字电路的设计中，过孔的寄生电感带来的危害往往大于寄生电容的影响。过孔的寄生串联电感会削弱旁路电容器的作用，从而削弱整个电源系统的滤波效用。若 L 指过孔的电感，h 是过孔的长度，d 是中心钻孔的直径，则过孔的寄生电感近似为

$$L=5.08h\left[\ln\left(\frac{4h}{d}\right)+1\right]$$

从式中可以看出，过孔的直径对电感的影响较小，而对电感影响最大的是过孔的长度。

3. 非穿导孔技术

非穿导孔包含盲孔和埋孔。在非穿导孔技术中，盲孔和埋孔的应用，可以极大地降低PCB的尺寸和质量，减少层数，提高电磁兼容性，增加电子产品特色，降低成本，同时也会使得

设计工作更加简便快捷。在传统 PCB 设计和加工中,通孔会带来许多问题。首先,它们占据大量的有效空间;其次,大量的通孔密集一处也会对多层 PCB 内层走线造成巨大障碍,这些通孔占去走线所需的空间,它们密集地穿过电源与地线层的表面,还会破坏电源地线层的阻抗特性,使电源地线层失效。且常规的机械法钻孔将是采用非穿导孔技术工作量的 20 倍。

在 PCB 设计中,虽然焊盘、过孔的尺寸已逐渐减小,但如果板层厚度不按比例下降,将会导致通孔的纵横比增大,通孔的纵横比增大会降低可靠性。随着先进的激光打孔技术、等离子干腐蚀技术的成熟,使应用非贯穿的小盲孔和小埋孔成为可能,若这些非穿导孔的孔直径为 0. 3 mm,所带来的寄生参数是原先常规孔的 1/10 左右,提高了 PCB 的可靠性。

由于采用非穿导孔技术,使得 PCB 上大的过孔会很少,因此可以为走线提供更多的空间。剩余空间可以用作大面积屏蔽用途,以改进 EMI/RFI(Electro Magnetic Interference/RF Interference,电磁干扰/射频干扰)性能。同时更多的剩余空间还可以用于内层对器件和关键网线进行部分屏蔽,使其具有最佳电气性能。采用非穿导孔,可以更方便地进行器件引脚扇出,使得高密度引脚器件(如 BGA 封装器件)很容易布线,缩短连线长度,满足高速电路时序要求。

4. 普通 PCB 中的过孔选择

在普通 PCB 设计中,过孔的寄生电容和寄生电感对 PCB 设计的影响较小,对 1~4 层 PCB 设计,一般选用 0. 36 mm/0. 61 mm/1. 02 mm(孔/孔周围的焊盘区/POWER 层隔离区)的过孔较好,一些特殊要求的信号线(如电源线、地线、时钟线等)可选用 0. 41 mm/0. 81 mm/1. 32 mm 的过孔,也可根据实际选用其余尺寸的过孔。

5. 高速 PCB 中的过孔设计

通过上面对过孔寄生特性的分析,可以看到,在高速 PCB 设计中,看似简单的过孔往往也会给电路的设计带来很大的负面效应。为了减小过孔的寄生效应带来的不利影响,在设计中应尽量做到:

(1)选择合理的过孔尺寸。对于多层一般密度的 PCB 设计来说,选用 0. 25 mm/0. 51 mm/0. 91 mm(孔/孔周围的焊盘区/ POWER 层隔离区)的过孔较好;对于一些高密度的 PCB 也可以使用 0. 20 mm/0. 46 mm/0. 86 mm 的过孔,也可以尝试非穿导孔,例如,对 6~10 层的内存模块 PCB 设计来说,选用 10/20 mil(孔/孔周围的焊盘区)的过孔较好;对于一些高密度的小尺寸的 PCB 设计来说,也可以尝试使用 8/18 mil 的过孔;对于电源或地线的过孔则可以考虑使用较大尺寸,以减小阻抗。

(2)POWER 层隔离区越大越好,考虑 PCB 上的过孔密度,一般为 $D_1=D_2+0.41$。

(3)PCB 上的信号走线尽量不换层,也就是说尽量减少过孔。

(4)使用较薄的 PCB 有利于减小过孔的两种寄生参数。

(5)电源和地的引脚要就近做过孔,过孔和引脚之间的引线越短越好,因为它们会导致电感的增加。同时电源和地的引线要尽可能粗,以减少阻抗。

(6)在信号换层的过孔附近放置一些接地过孔,以便为信号提供短距离回路。甚至可以在 PCB 上大量放置一些多余的接地过孔。当然,在设计时还需要灵活多变。前面讨论的过孔模型是每层均有焊盘的情况,有的时候,我们可以将某些层的焊盘减小甚至去掉,特别是在过孔密度非常大的情况下,可能会导致在覆铜层形成一个隔断回路的断槽,解决这样的问题除了移动过孔的位置,还可以考虑将过孔在该覆铜层的焊盘尺寸减小。

从成本和信号质量两方面综合考虑,在高速 PCB 设计时,设计者总是希望过孔越小越好,这样板上可以留有更多的布线空间，此外，过孔越小，其自身的寄生电容也越小，更适合用于高速电路。在高密度 PCB 设计中，采用非穿导孔以及过孔尺寸的减小同时带来了成本的增加，而且过孔的尺寸不可能无限制地减小，它受到 PCB 厂家钻孔和电镀等工艺技术的限制，在高速 PCB 的过孔设计中应给以均衡考虑。

4.7.2　焊盘的设计

在 PCB 中画元器件封装时，经常遇到焊盘的大小尺寸不好把握的问题，一般资料给出的是元器件本身的大小，如引脚宽度、间距等，但是在 PCB 上相应的焊盘大小应该比引脚的尺寸稍大，否则焊接的可靠性将不能保证。下面将主要讲述焊盘尺寸的规范问题。

1. 焊盘的定义

通孔焊盘的外层形状通常为圆形（见图 4-16）、方形或椭圆形。具体尺寸定义详述如下：

（1）孔径尺寸。若实物引脚为圆形：孔径尺寸（直径）= 实际引脚直径+（0.20~0.30）mm（8.0~12.0 mil）；若实物引脚为方形或矩形：孔径尺寸（直径）= 实际引脚对角线的尺寸+（0.10~0.20）mm（4.0~8.0 mil）。

图 4-16　焊盘的外层形状

（2）焊盘尺寸。常规焊盘尺寸 = 孔径尺寸（直径）+ 0.50 mm（20.0 mil）。

2. 焊盘的相关规范

（1）所有焊盘单边最小不小于 0.25 mm，整个焊盘直径最大不大于元件孔径的 3 倍。一般情况下，通孔元件采用圆形焊盘，焊盘直径大小为插孔孔径的 1.8 倍以上；单面板焊盘直径不小于 2 mm；双面板焊盘尺寸与通孔直径最佳比为 2.5：1，对于能用于自动插件机的元件，其双面板的焊盘为其标准孔径+（0.5~0.6）mm。

（2）应尽量保证两个焊盘边缘的距离大于 0.4 mm，与过波峰方向垂直的一排焊盘应保证两个焊盘边缘的距离大于 0.5 mm（此时这排焊盘可类似看成线组或者插座，两者之间距离太近容易桥连）。在布线较密的情况下，推荐采用椭圆形与长圆形焊盘。单面板焊盘的直径或最小宽度为 1.6 mm 或保证单面板单边焊环 0.3 mm，双面板 0.2 mm；焊盘过大容易引起无必要的连焊。在布线高度密集的情况下，推荐采用圆形与长圆形焊盘。焊盘的直径一般为 1.4 mm，甚至更小。

（3）孔径超过 1.2 mm 或焊盘直径超过 3.0 mm 的焊盘应设计为星形或梅花形焊盘。对于插件式的元器件，为避免焊接时出现铜箔断裂现象，单面板的连接处应用铜箔完全包覆；而双面板要求应补泪滴，如图 4-17 所示。

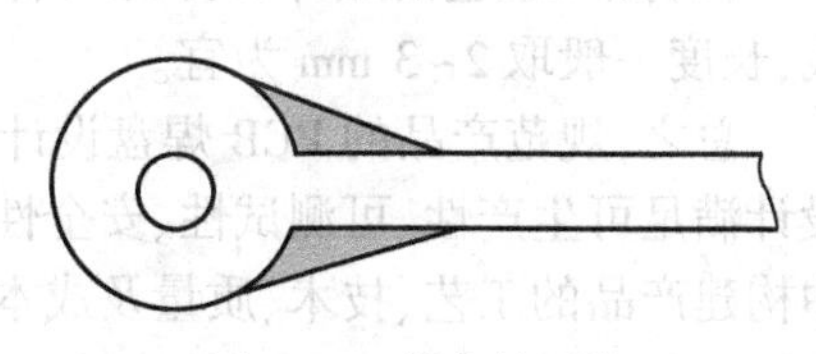
图 4-17　焊盘补泪滴

（4）所有接插件等受力器件或质量大的器件的焊盘引线 2 mm 以内其包覆铜膜宽度要求尽可能增大并且不能有空焊盘设计，保证焊盘足够吃锡，插座受外力时不会轻易起铜皮。大型元器件（如变压器、直径 15.0 mm 以上的电解电容器、大电流的插座等）应加大铜箔及上锡面积如图 4-18 所示；阴影部分面积最小要与焊盘面积相等。或设计成为梅花形或星形焊盘，如图 4-19 所示。

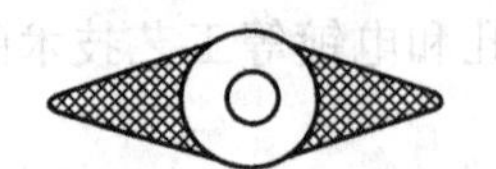

图 4-18 焊盘加大铜箔及上锡面积

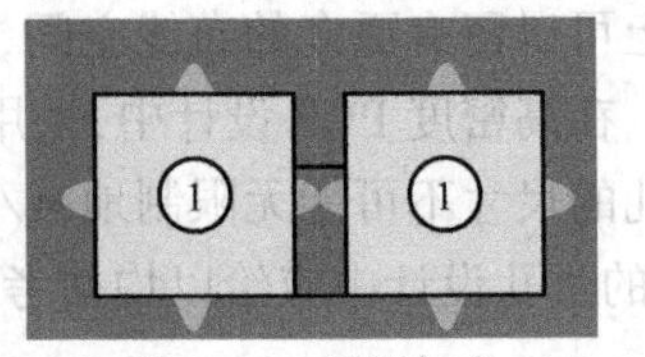

图 4-19 星形焊盘

(5)如果印制电路板上有大面积地线和电源线区(面积超过 500 mm²),应局部开窗口或设计为网格的填充(FILL),如图 4-20 所示。

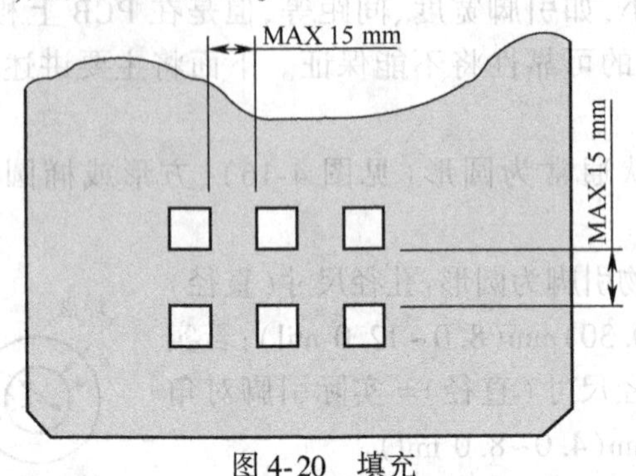

图 4-20 填充

3. 制造工艺对焊盘的要求

(1)贴片元器件两端没连接插装元器件的必须增加测试点,测试点直径在 1.0~1.5 mm 之间为宜,以便于在线测试仪测试。测试点焊盘的边缘至少离周围焊盘边缘距离 0.4 mm。测试焊盘的直径在 1 mm 以上,且必须有网络属性,两个测试焊盘之间的中心距离应大于或等于 2.54 mm;若用过孔作为测量点,过孔外必须加焊盘,直径在 1 mm(含)以上。

(2)有电气连接的孔所在的位置必须加焊盘;所有的焊盘,必须有网络属性,没有连接元件的网络,网络名不能相同;定位孔中心离测试焊盘中心的距离在 3 mm 以上;其他不规则形状,但有电气连接的槽、焊盘等,统一放置在机械层(指单插片、保险管之类的开槽孔)。

(3)引脚间距密集(引脚间距小于 2.0 mm)的元件脚焊盘(如 IC、摇摆插座等),如果没有连接到手插件焊盘时必须增加测试焊盘。测试点直径在 1.2~1.5 mm 之间为宜,以便于在线测试仪测试。

(4)焊盘间距小于 0.4 mm 的,须铺白油,以减少过波峰时连焊。

(5)点胶工艺的贴片元件的两端及末端应设计有引锡,引锡的宽度推荐采用 0.5 mm 的导线,长度一般取 2~3 mm 为宜。

总之,规范产品的 PCB 焊盘设计工艺, 规定 PCB 焊盘设计工艺的相关参数,使得 PCB 的设计满足可生产性、可测试性、安全性、EMC、EMI 等的技术规范要求,就可以在产品设计过程中构建产品的工艺、技术、质量及成本优势。

4.8 贴片元件的封装与焊接

4.8.1 贴片元件的封装

SMT(Surface Mount Technology)是电子业界一门新兴的工业技术,它的兴起及迅猛发展是电子组装业的一次革命,被誉为电子业的“明日之星”,它使电子组装变得越来越快速和简单,随之而来的是各种电子产品更新换代越来越快,集成度越来越高,价格越来越便宜。为 IT(Information Technology)产业的飞速发展做出了巨大贡献。

1. 标准零件

标准零件是在 SMT 发展过程中逐步形成的,主要是针对用量比较大的零件,本节只讲述常见的标准零件。目前主要有电阻器(R)、排阻(RA 或 RN)、电感器(L)、陶瓷电容器(C)、排容(CP)、钽电容器(C)、二极管(D)、晶体管(Q),括号内为 PCB 上的零件代码,在 PCB 上可根据代码来判定其零件类型,一般说来,零件代码与实际装着的零件是相对应的。

(1)零件规格。详述如下:

①零件规格即零件的外形尺寸,SMT 发展至今,业界为方便作业,已经形成了一个标准零件系列,各家零件供货商皆是按这一标准制造的。标准零件的尺寸规格有英制与米制两种表示方法,见表 4-4。

表 4-4　标准零件的尺寸规格

米制表示法	1206	0805	0603	0402
英制表示法	3216	2125	1608	1005

含义:L=1.2 inch(3.2 mm),W=0.6 inch(1.6 mm);L=0.8 inch(2.0 mm),W=0.5 inch(1.25 mm);L=0.6 inch(1.6 mm),W=0.3 inch(0.8 mm);L=0.4 inch(1.0 mm),W=0.2 inch(0.5 mm)。注意:L(Length)表示长度;W(Width)表示宽度;inch 表示英寸;1 inch=25.4 mm。

②在①中未提及零件的厚度,在这一点上因零件不同而有所差异,在生产时应以实际量测为准。

③以上所讲的主要是针对电子产品中用量最大的电阻器(排阻)和电容器(排容)而言的,其他如电感器、二极管、晶体管等因用量较小,且形状也多种多样,在此不进行讨论。

④SMT 发展至今,随着电子产品集成度的不断提高,标准零件逐步向微型化发展,如今最小的标准零件已经到了 0201。

(2)钽电容器(Tantalum)。钽电容器已经越来越多地应用于各种电子产品上,属于比较贵重的零件,发展至今,也有了一个标准尺寸系列,用英文字母 Y、A、X、B、C、D 来代表。其对应关系见表 4-5。

表 4-5　钽电容器的型号

型　号		Y	A	X	B	C	D
规格	L/inch	3.2	3.8	3.5	4.7	6.0	7.3
	W/inch	1.6	1.9	2.8	2.6	3.2	4.3
	T/inch	1.6	1.6	1.9	2.1	2.5	2.8

注意:电容值相同但规格型号不同的钽电容器不可代用。如 10 μF/16 V“B”型与 10 μF/16 V“C”型不可相互代用。

(3)IC 类零件。业界一般以 IC(Integrated Circuit,集成电路)的封装形式来划分其类型,传统 IC 有 SOP、SOJ、QFP、PLCC 等,现在比较新型的 IC 有 BGA、CSP、FLIP CHIP 等,这些零件类型因其 PIN(零件引脚)的多少、大小以及 PIN 之间的间距不一样,而呈现出各种各样的形状,下面是每种 IC 的外形及常用称谓。

①基本IC类型：

SOP(Small Outline Package)：零件两面有引脚，引脚向外张开(一般称为鸥翼型引脚)。

SOJ(Small Outline J-lead Package)：零件两面有引脚，引脚向零件底部弯曲(J型引脚)。

QFP(Quad Flat Package)：零件四边有引脚，零件引脚向外张开。

PLCC(Plastic Leadless Chip Carrier)：零件四边有引脚，零件引脚向零件底部弯曲。

BGA(Ball Grid Array)：零件表面无引脚，其引脚成球状矩阵排列于零件底部。

CSP(Chip Scal Package)：零件尺寸包装。

②IC称谓。在业界对IC的称呼一般采用"类型+PIN脚数"的格式，如SOP14PIN、SOP16PIN、SOJ20PIN、QFP100PIN、PLCC44PIN等。

2. 零件极性识别

在SMT零件中，可分为有极性零件与无极性零件两大类。无极性零件有：电阻器、电容器、排阻、排容、电感器；有极性零件有：二极管、钽电容器、IC。其中无极性零件在生产中不需进行极性的识别，在此不赘述；但有极性零件的极性对产品有"致命"的影响，故下面将对有极性零件进行详尽的描述。

(1)二极管(D)。在实际生产中二极管有很多种类别和形态，常见的有Glass Tube Diode(玻璃二极管)、Green LED(绿色发光二极管)、Cylinder Diode(圆柱形二极管)等几种。

①Glass Tube Diode：红色玻璃管一端为正极(黑色玻璃管一端为负极)。

②Green LED：一般在零件表面用一黑点或在零件背面用一正三角形作记号，零件表面黑点一端为正极；若在零件背面作记号，则正三角形所指方向为负极。

③Cylinder Diode：有白色横线一端为负极。

(2)钽电容器。零件表面标有白色横线一端为正极。

(3)IC。IC类零件一般是在零件面的一个角，标注一个向下凹的小圆点，或在一端标示一小缺口来表示其极性。

上面说明了常见零件的极性标示，但在生产过程中，正确的极性指的是零件的极性与PCB上标识的极性一致，一般在PCB上IC的位置都有很明确的极性标示，IC零件的极性标示与PCB上相应标示吻合即可。

4.8.2 贴片元件的焊接

随着时代和科技的进步，现在越来越多的电路板使用了贴片元件。贴片元件以其体积小和便于维护的特点越来越受设计者的喜爱。但对于不少人来说，对贴片元件感到"畏惧"，特别是对于部分初学者，因为他们认为自己不具备焊接元件的能力，觉得它不像传统的直插元件那样易于焊接，所以了解一下贴片元件的焊接知识是有必要的。贴片元件的焊接主要有如下几个过程：

(1)在焊接之前先在焊盘上涂上助焊剂，用烙铁处理一遍，以免焊盘镀锡不良或被氧化，造成不好焊；芯片则一般不需要处理。

(2)用镊子小心地将QFP芯片放到PCB上，注意不要损坏引脚。应使其与焊盘对齐，要保证芯片的放置方向正确。把烙铁的温度调到约300 ℃，将烙铁头尖沾上少量的焊锡，用工具向下按住已对准位置的芯片，在两个对角位置的引脚上加少量的焊锡，仍然向下按住芯片，焊接两个对角位置上的引脚，使芯片固定而不能移动。在焊完对角位置的引脚后，重新检查芯片的位置是否对准。如有必要可进行调整或拆除并重新在PCB上对准位置。

(3)开始焊接所有的引脚时,应在烙铁头尖上加上焊锡,将所有的引脚涂上焊锡使引脚保持湿润。用烙铁头尖接触芯片每个引脚的末端,直到看见焊锡流入引脚。在焊接时要保持烙铁头尖与被焊引脚并行,防止因焊锡过量发生搭接。

(4)焊完所有的引脚后,用助焊剂浸湿所有引脚,以便清洗焊锡。在需要的地方吸掉多余的焊锡,以消除任何可能的短路和搭接。最后用镊子检查是否有虚焊,检查完成后,从电路板上清除助焊剂,将硬毛刷浸上酒精沿引脚方向仔细擦拭,直到助焊剂消失为止。

(5)贴片阻容元件则相对容易焊一些,可以先在一个焊点上点上焊锡,然后放上元件的一头,用镊子夹住元件,焊上一头之后,再看看是否放正了;如果已放正,就再焊上另外一头。如果引脚很细,在第(2)步时可以先对芯片引脚加锡,然后用镊子夹好芯片,在桌边轻磕,墩除多余焊锡,第(3)步烙铁头尖不用上锡,用烙铁直接焊接即可。当完成一块电路板的焊接工作后,就要对电路板上的焊点质量进行检查、修理、补焊。

符合下面标准的焊点认为是合格的焊点:

(1)焊点成内弧形(圆锥形)。

(2)焊点整体要圆满、光滑、无针孔、无松香渍。

(3)如果有引线、引脚,它们露出长度要在 1~1.2 mm 之间。

(4)零件引脚外形可见,锡的流散性好。

(5)焊锡将整个上锡位置及零件引脚包围。

不符合上面标准的焊点认为是不合格的焊点,需要进行二次修理。

(1)虚焊。看似焊住其实没有焊住,主要原因是焊盘和引脚脏,助焊剂不足或加热时间不够。

(2)短路。有引脚零件在引脚与引脚之间被多余的焊锡所连接短路,也包括残余锡渣使引脚与引脚短路。

(3)偏位。由于器件在焊前定位不准,或在焊接时造成失误导致引脚不在规定的焊盘区域内。

(4)少锡。少锡是指锡点太薄,不能将零件铜皮充分覆盖,影响连接固定作用。

(5)多锡。零件引脚完全被锡覆盖,即形成外弧形,使零件外形及焊盘位不能见到,不能确定零件及焊盘是否上锡良好。

(6)锡球、锡渣。PCB 表面附着多余的锡球、锡渣,会导致细小引脚短路。

贴片元件的总体焊接方法是先固定、后焊接。由于贴片元件没有固定孔,如果不先固定的话,焊接的时候容易导致元件移位,因此焊接前需要先将元件固定。

4.9　单片机控制电路的设计方法

印制电路板的设计对单片机系统的抗干扰能力来说是非常重要的,需本着尽量控制噪声源、减小噪声的传播与耦合、减小噪声的吸收三大原则设计。

单片机系统的印制电路板通常可分三个区,即模拟区(怕干扰)、数字区(既怕干扰又产生干扰)和功率驱动区(干扰源)。应遵循单点接电源、单点接地的原则供电。三个区域的电源线、地线分三路引出,噪声元件与非噪声元件要离得远一些。

(1)把时钟振荡电路、特殊高速逻辑电路部分用地线圈起来,让周围电场接近于零。

(2)I/O 驱动器件、功率放大器件尽量靠近板子的边缘,靠近接插件。

(3)能用低速的器件就不用高速的器件,高速器件只用在关键的位置。

(4)使用满足系统要求的最低频率的时钟,时钟发生器尽量靠近用到该时钟的器件。晶体振荡器外壳要接地,时钟线要尽量短。晶体振荡器及噪声敏感器件的下面要加大接地的面积且不应该走其他信号线,时钟线垂直于 I/O 线比平行 I/O 线干扰小且尽量远离I/O 线。

(5)使用45°的线而不要使用 90°的折线,以减小高频信号的发射。电源线、地线要尽量粗。信号线的过孔要尽量少。

(6)四层板比双面板噪声低 20 dB,六层板比四层板低 10 dB。

(7)关键的线尽量短且粗,并在其两边加保护地线;敏感信号和噪声地带信号通过一条扁带电缆要用地线-信号-地线的方式引出。

(8)任何信号线都不要形成环路,如不可避免,环路应尽量小。

(9)对 A/D 转换类器件,数字部分与模拟部分宁可绕一下也不要交叉,噪声敏感线不要与高速线、大电流线平行。

(10)单片机及其他 IC 电路,如有多个电源、地,每端都要加一个去耦电容器;每个 IC 要加一个去耦电容器,选高频信号好的独石或瓷片电容器作为去耦电容器,焊接去耦电容器时,引脚要尽量短;用大容量的钽电容器或聚酯电容器而不用电解电容器作为电路充电的储能电容器是因为电解电容器分布电感较大,对高频无效;如用电解电容器则要与高频特性好的去耦电容器成对使用。

(11)单片机中未用的 I/O 口要定义成输出;从高噪声区来的信号要加滤波;继电器线圈外要加放电二极管。可以用串一个电阻器的办法来软化 I/O 线的跳变沿或提供一定的阻尼。

(12)需要时,电源线、地线上可加用铜线绕制铁氧体而成的高频扼流器件来阻断高频噪声的传导,弱信号的引出线及高频、大功率引出电缆要加屏蔽,引出线与地线要绞起来。

(13)印制电路板过大或信号线频率过高,使得线上的延迟时间大于或等于信号上升时间,该线要按传输线处理,要加终端匹配电阻器。

(14)尽量不要使用IC 插座,因 IC 插座有较大的分布电容。

【例】单片机系统 PCB 制作。先利用 Protel99se 软件绘制电路原理图,如图 4-21所示。

对绘制好的电路原理图进行电气检查后,如果没有电气连接错误,则生成网络表。在 PCB 编辑器中规划好电路板,添加所需元器件的封装库,加载生成的网络表,排查加载网络表时出现的错误。布局元器件封装,然后设定布线规则,最后得到的 PCB 图如图 4-22 所示。

在图 4-22 中,采取了一些抗干扰措施,比如加粗了电源线和地线,同时进行了相应的填充,并对焊盘采取了补泪滴技术。生成的 3D 图像如图 4-23 所示。

图 4-23 只是大概能看出元器件的位置及布线情况,能够生成 3D 图像不代表绘制的 PCB 正确无误。

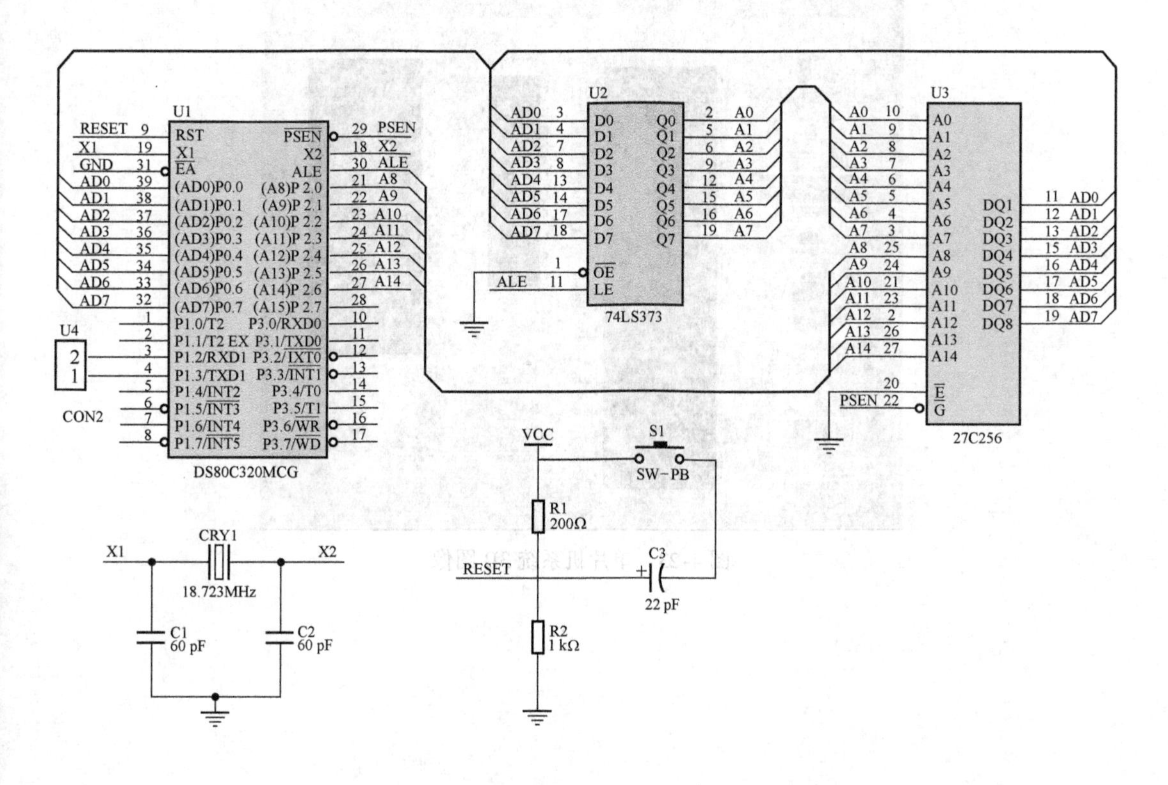

图4-21 单片机系统原理图(本图为仿真软件制图)

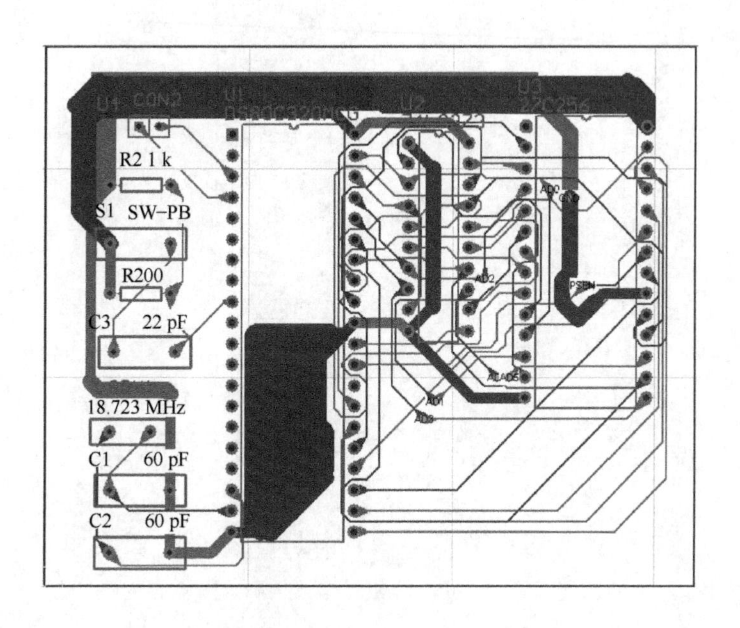

图4-22 单片机系统PCB图(本图为仿真软件制图)

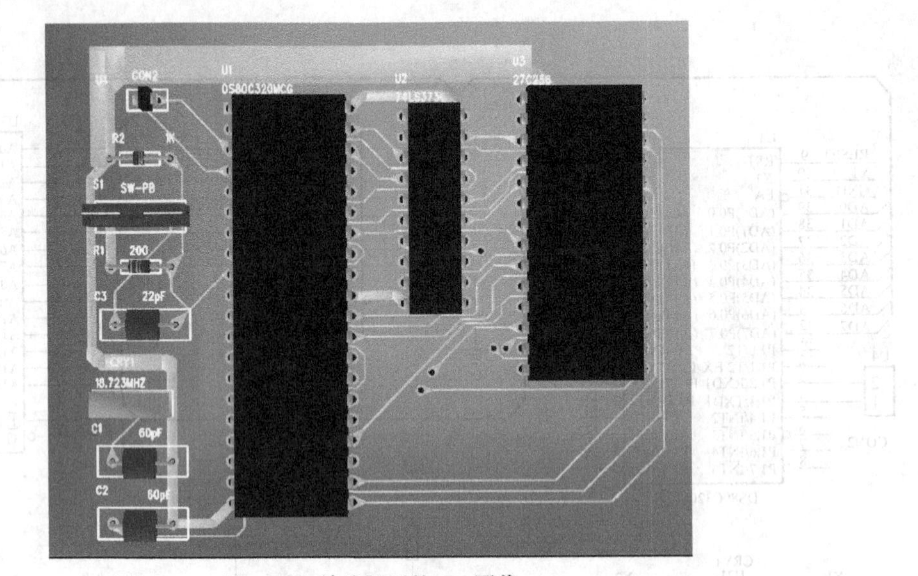

图 4-23 单片机系统 3D 图像

电子电路设计与调试实践训练

设计一个电子电路系统时，首先必须明确系统的设计任务，根据任务进行方案选择，然后对方案中的各部分进行单元的设计、参数计算和器件选择，最后将各部分连接在一起，画出一个符合设计要求的完整的系统电路图。为了验证最终的设计是否成功，还要进行焊接、调试、测量相关参数。

5.1 电子电路的设计与调试

5.1.1 电子电路的设计方法

(1)明确系统的设计任务要求。对系统的设计任务进行具体分析，充分了解系统的性能、指标、内容及要求，以便明确系统应完成的任务。

(2)方案选择。这一步的工作要求是把系统要完成的任务分配给若干个单元电路，并画出一个能表示各单元功能的整机原理框图。

方案选择的重要任务是根据掌握的知识和资料，针对系统提出的任务、要求和条件，完成系统的功能设计。在这个过程中要敢于探索，勇于创新，力争做到设计方案合理、可靠、经济、功能齐全、技术先进，并且对方案要不断进行可行性和优缺点的分析，最后设计出一个完整框图。框图必须正确反映系统应完成的任务和各组成部分的功能，清楚表示系统的基本组成和相互关系。

(3)单元电路的设计、参数计算和器件选择。根据系统的指标和功能框图，明确各部分任务，进行各单元电路的设计、参数计算和器件选择。

①单元电路的设计。单元电路是整机的一部分，只有把各单元电路设计好才能提高整体设计水平。每个单元电路设计前都需要明确本单元电路的任务，详细拟定单元电路的性能指标，与前后级之间的关系，分析电路的组成形式。具体设计时，可以模仿成熟的、先进的电路，也可以进行创新或改进，但都必须保证性能要求。而且，不仅单元电路本身要设计合理，各单元电路间也要互相配合，注意各部分的输入信号、输出信号和控制信号的关系。

②参数计算。为保证单元电路达到功能指标要求，就需要用电子技术知识对参数进行计算。例如，放大电路中各电阻、放大倍数的计算，振荡器中电阻、电容、振荡频率等参数的计算。只有很好地理解电路的工作原理，正确利用计算公式，计算的参数才能满足设计要求。

计算电路参数时应注意下列问题：

a. 元器件的工作电流、电压、频率和功耗等参数应能满足电路指标的要求。

b. 元器件的极限参数必须留有足够充裕量，一般应大于额定值的1.5倍。

c. 电阻和电容的参数应选计算值附近的标称值。

③器件选择。详述如下：

a. 阻容元件的选择。电阻器和电容器种类很多，正确选择电阻器和电容器是很重要的。不同的电路对电阻器和电容器性能要求也不同，有些电路对电容器的漏电要求很严，还有些电路对电阻器、电容器的性能和容量要求很高。例如，滤波电路中常用大容量（100 ~3 000 μF）铝电解电容器，为滤掉高频通常还需并联小容量（0.01 ~0.1 μF）瓷片电容器。设计时要根据电路的要求选择性能和参数合适的阻容元件，并要注意功耗、容量、频率和耐压范围是否满足要求。

b. 分立元件的选择。分立元件包括二极管、三极管、场效应管、光敏二极管、光敏三极管、晶闸管等。根据其用途分别进行选择。

选择的器件种类不同，注意事项也不同。例如，选择三极管时，首先注意选择 NPN 型管还是 PNP 型管，高频管还是低频管，大功率管还是小功率管，并注意三极管的参数 P_{CM}、I_{CM}、V_{CEO}、I_{CBO}、β、f_1 和 f_β 是否满足电路设计指标的要求；高频工作时，要求 $f_\alpha=(5\sim10)f$，f 为工作频率。

c. 集成电路的选择。由于集成电路可以实现很多单元电路甚至整机电路的功能，因此选用集成电路来设计单元电路既方便又灵活，它不仅使系统体积缩小，而且性能可靠，便于调试及运用，在设计电路时颇受欢迎。

集成电路有模拟集成电路和数字集成电路，国内外已生产出大量集成电路，其器件的型号、原理、功能、特征可查阅有关手册。

选择的集成电路不仅要在功能和特性上实现设计方案，而且要求满足功耗、电压、速度、价格等多方面的要求。

（4）电路图的绘制。为详细表示设计的整机电路及各单元电路的连接关系，设计时需绘制完整的电路图。

电路图通常是在系统框图、单元电路的设计、参数计算和器件选择的基础上绘制的，它是组装、调试和维修的依据。绘制电路图时要注意以下几点：

①布局合理、排列均匀、图面清晰、便于看图、有利于对图的理解和阅读。有时一个总电路由几部分组成，绘图时应尽量把总电路画在一张图纸上。如果电路比较复杂，需绘制几张图，则应把主电路画在同一张图纸上，而把一些比较独立或次要的部分画在另外的图纸上，并在图的断口两端做上标记，标出信号从一张图到另一张图的引出点和引入点，以此说明各图纸在电路连线之间的关系。

有时为了强调并便于看清各单元电路的功能关系，每一个功能单元电路的元件应集中布置在一起，并尽可能按工作顺序排列。

②注意信号的流向。一般从输入端或信号源画起，由左至右或由上至下按信号的流向依次画出各单元电路，而反馈通路的信号流向则与此相反。

③图形符号要标准，图中应加适当的标注。图形符号表示器件的项目或概念。电路图中的中、大规模集成电路器件，一般用方框表示，在方框中标出它的型号，在方框的边线两侧标出每根线的功能名称和引脚号。除中、大规模集成电路器件外，其余元器件符号应当标准化。

④连接线应为直线，并且交叉和折弯应最少。通常连线可以水平布置或垂直布置，一般不画斜线，互相连通的交叉处用圆点表示，根据需要，可以在连接线上加注信号名或其他标记，表示其功能或其去向。有的连线可用符号表示，例如，器件的电源一般标电源电压的数值，地线

用符号⊥表示。

设计的电路能否满足设计要求,还必须通过组装、调试进行验证。

5.1.2　电子电路的组装与调试方法

1. 电子电路的组装

电子电路设计好后,便可进行组装。

组装电路通常采用焊接和实验箱上插接两种方式。焊接组装可提高设计人员焊接技术,但元器件可重复利用率低;在实验箱上组装,元器件便于插接且电路便于调试,并可提高元器件重复利用率。下面介绍在实验箱上用插接方式组装电路的方法。

(1)集成电路的装插。插接集成电路时首先应认清方向,不要倒插,所有集成电路的插入方向保持一致,注意引脚不能弯曲。

(2)元器件的装插。根据电路图的各部分功能确定元器件在实验箱的插接板上的位置,并按信号的流向将元器件顺序地连接,以易于调试。

(3)导线的选用和连接。导线直径应和插接板的插孔直径相一致,过粗会损坏插孔,过细则与插孔接触不良。

为检查电路的方便,要根据不同用途,选用不同颜色的导线。一般习惯是正电源用红线,负电源用蓝线,地线用黑线,信号线用其他颜色的线等。

连接用的导线要求紧贴在插接板上,避免接触不良。连线不允许跨在集成电路上,一般从集成电路周围通过,尽量做到横平竖直,这样便于查线和更换器件,但高频电路部分的连线应尽量短。

组装电路时应注意,电路之间要共地。正确的组装方法和合理的布局,不仅使电路整齐美观,而且能提高电路工作的可靠性,便于检查和排除故障。

2. 电子电路的调试

实践表明,一个电子装置,即使按照设计的电路参数进行安装,往往也难于达到预期的效果。这是因为人们在设计时,不可能周密地考虑各种复杂的客观因素(如元件值的误差、器件参数的分散性、分布参数的影响等),必须通过安装后的测试和调整,来发现和纠正设计方案的不足和安装的不合理,然后采取措施加以改进,使装置达到预定的技术指标。因此,掌握调试电子电路的技能,对于每个从事电子技术及相关领域工作的人员来说,是非常重要的。

实验和调试的常用仪器有万用表、稳压电源、示波器、信号发生器和测频仪等。

(1)调试前的直观检查。电路安装完毕,通常不宜急于通电,先要认真检查一下。

①连线是否正确。检查电路连线是否正确,包括错线、少线和多线。查线的方法通常有两种。

a. 按照电路图检查安装的电路。这种方法的特点是,根据电路图连线,按一定顺序逐一检查安装好的电路。由此,可比较容易查出错线和少线。

b. 按照实际电路来对照原理电路进行查线。这是一种以元件为中心进行查线的方法。把每个元件(包括器件)引脚的连线一次查清,检查每个引脚的去处在电路图上是否存在,这种方法不但可以查出错线和少线,还容易查出多线。

为了防止出错,对于已查过的线通常应在电路图上做出标记,最好用指针式万用表 R×1 挡,或数字式万用表 Ω 挡的蜂鸣器来测量,而且直接测量元件、器件引脚,这样可以同时发现接触不良的地方。

②元件、器件安装情况。检查元件、器件引脚之间有无短路，连接处有无接触不良，二极管、三极管、集成电路和电解电容器极性等是否连接有误。

③电源供电（包括极性）、信号源连线是否正确。检查直流电源极性是否正确，信号线是否连接正确。

④电源端对地（⊥）是否存在短路。在通电前，断开一根电源线，用万用表检查电源端对地（⊥）是否存在短路。检查直流稳压电源对地是否短路。

若电路经过上述检查，并确认无误后，就可转入调试。

（2）调试方法。调试包括测试和调整两个方面。所谓电子电路的调试，是以达到电路设计指标为目的而进行的一系列的"测量—判断—调整—再测量"的反复过程。

为了使调试顺利进行，设计的电路图上应当标明各点的电位值，相应的波形图以及其他主要数据。

调试方法通常采用先分调、后联调（总调）。

我们知道，任何复杂电路都是由一些基本单元电路组成的，因此调试时可以循着信号的流向，逐级调整各单元电路，使其参数基本符合设计指标。这种调试方法的核心是，把组成电路的各功能块（或基本单元电路）先调试好，并在此基础上逐步扩大范围，最后完成整机调试。采用先分调、后联调的优点是能及时发现问题和解决问题。新设计的电路一般采用此方法。对于包括模拟电路、数字电路和微机系统的电子装置，更应采用这种方法进行调试。因为只有把三部分分开调试后，分别达到设计指标，并经过信号及电平转换电路后才能实现整机联调；否则，由于各电路要求的输入、输出电压和波形不符合要求，盲目进行联调，就可能造成大量的器件损坏。

除了上述方法外，对于已定的产品和需要相互配合才能运行的产品也可采用一次性调试。

按照上述调试电路的原则，具体调试步骤如下：

①通电观察。把经过准确测量的电源接入电路，观察有无异常现象。包括有无冒烟，是否有异常气味，手摸元器件是否发烫，电源是否有短路现象等。如果出现异常，应立即切断电源，待排除故障后才能再通电。然后测量各路总电源电压和各器件引脚的电源电压，以保证元器件正常工作。

通过通电观察，认为电路初步工作正常，就可转入正常调试。

在这里，需要指出的是一般实验室中使用的稳压电源是一台仪器，它不仅有一个"+"端，一个"-"端，还有一个"地"接在机壳上，当电源与实验板连接时，为了能形成一个完整的屏蔽系统，实验板的"地"一般要与电源的"地"连起来，而实验板上用的电源可能是正电压，也可能是负电压，还可能正、负电压都有，所以电源是"+"端接"地"还是"-"端接"地"，使用时应先考虑清楚。如果要求电路浮地，则电源的"+"端与"-"端都不与机壳相连。

另外，应注意一般电源在开与关的瞬间往往会出现瞬态电压上冲的现象，集成电路最怕过电压的冲击，所以一定要养成先开启电源，后接电路的习惯，在实验中途也不要随意将电源关掉。

②静态调试。交、直流并存是电子电路工作的一个重要特点。一般情况下，直流为交流服务，直流是电路工作的基础。因此，电子电路的调试有静态调试和动态调试之分。静态调试一般是指在没有外加信号的条件下所进行的直流测试和调整过程。例如，通过静态测试模拟电路的静态工作点，数字电路的各输入端和输出端的高、低电平值及逻辑关系等，可以及时发现已经损坏的元器件，判断电路工作情况，并及时调整电路参数，使电路工作状态符合设计要求。

对于运算放大器,静态测试除测量正、负电源是否接上外,主要检查在输入为零时,输出端是否接近零电位,调零电路起不起作用。当运算放大器输出直流电位始终接近正电源电压值或负电源电压值时,说明运算放大器处于阻塞状态,可能是外电路没有接好,也可能是运算放大器已经损坏。如果通过调零电位器不能使输出为零,除了运算放大器内部对称性差外,也可能是运算放大器处于振荡状态,所以实验板直流工作状态的调试,最好接上示波器进行监视。

③动态调试。动态调试是在静态调试的基础上进行的。调试的方法是在电路的输入端接入适当频率和幅值的信号,并顺着信号的流向逐级检测各有关点的波形、参数和性能指标。发现故障现象,应采取不同的方法缩小故障范围,最后设法排除故障。

测试过程中不能凭感觉和印象,要始终借助仪器观察,使用示波器时,最好把示波器的信号输入方式置于DC挡,通过直流耦合方式,可同时观察被测信号的交、直流成分。

通过调试,最后检查功能块和整机的各项指标(如信号的幅值、波形形状、相位关系、增益、输入阻抗和输出阻抗等)是否满足设计要求,如必要,再进一步对电路参数提出合理的修正。

(3)调试中的注意事项。调试结果是否正确,很大程度上受测量正确与否和测量精度的影响。为了保证调试的效果,必须减小测量误差,提高测量精度。为此,需要注意以下几点:

①正确使用测量仪器的接地端。凡是使用带有接地端的电子仪器进行测量,仪器的接地端应和放大器的接地端连接在一起,否则仪器机壳引入的干扰不仅会使放大器的工作状态发生变化,而且将使测量结果出现误差。根据这一原则,调试发射极偏置电路时,若需测量U_{CE},不应把仪器的两端直接接在集电极和发射极上,而应分别测出U_C、U_E,然后将二者相减得U_{CE}。若使用干电池供电的万用表进行测量,由于万用表的两个输入端是浮动的,因此允许直接接到测量点之间。

②在信号比较弱的输入端,尽可能用屏蔽线连接。屏蔽线的外屏蔽层要接到公共地线上。在频率比较高时,要设法隔离连接线分布电容的影响,例如,用示波器测量时应该使用有探头的测量线,以减少分布电容的影响。

③测量电压所用仪器的输入阻抗必须远大于被测处的等效阻抗。因为,若测量仪器输入阻抗小,则在测量时会引起分流,给测量结果带来很大的误差。

④测量仪器的带宽必须大于被测电路的带宽。例如,MF-20型万用表的工作频率为20~20 000 Hz。如果放大器的$f_H=100$ kHz,就不能用MF-20型万用表来测试放大器的幅频特性;否则,测试结果就不能反映放大器的真实情况。

⑤要正确选择测量点。用同一台测量仪进行测量时,测量点不同,仪器内阻引进的误差大小将不同。例如,对于图5-1所示电路,测C_1点电压U_{C_1}时,若选择E_2为测量点,测得U_{E_2},根据$U_{C_1}=U_{E_2}+U_{BE_2}$求得的结果,可能比直接测C_1点得到的U_{C_1}的误差要小得多。所以出现这种情况,是因为R_{E2}较小,仪器内阻引进的测量误差小。

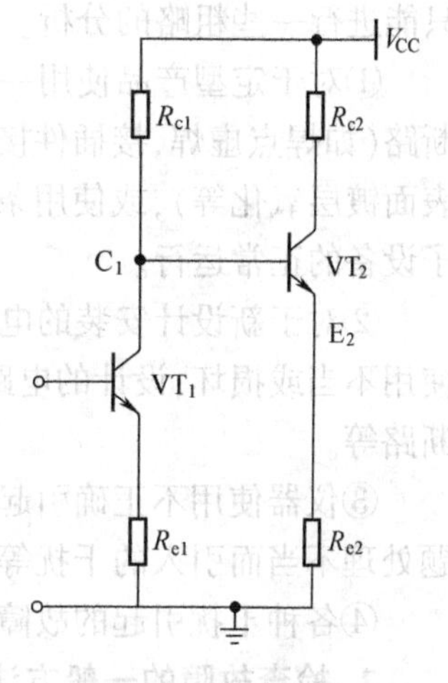

图5-1　被测电路

⑥测量方法要方便可行。需要测量某电路的电流时,一般尽可能测电压而不测电流,因为测电压不必改动被测电路,测量方便。若需知道某一支路的电流,可以通过测取该支路上电阻器两端的电压,经过换算而得到。

⑦调试过程中,不但要认真观察和测量,还要善于记录。记录的内容包括实验条件,观察的现象,测量的数据、波形和相位关系等。只有有了大量可靠的实验记录,并与理论结果加以比较,才能发现电路设计上的问题,完善设计方案。

⑧调试时出现故障,要认真查找故障原因。切不可一遇故障解决不了就拆掉电路重新安装。因为重新安装的电路仍可能存在各种问题,如果是原理上的问题,即使重新安装也解决不了问题。应当把查找故障并分析故障原因看成一次好的学习机会,通过它来不断提高自己分析问题和解决问题的能力。

5.1.3 故障检测的一般方法

故障是我们不希望出现但又是不可避免的电路异常工作状况。分析、寻找和排除故障是电气工程人员必备的实际技能。

对于一个复杂的系统来说,要在大量的元器件和电路中迅速、准确地找出故障是不容易的。一般故障诊断过程就是从故障现象出发,通过反复测试,作出分析判断,逐步找出故障的过程。

1. 常见的故障现象和产生故障的原因

(1)常见的故障现象。详述如下:

①放大电路没有输入信号,而有输出波形。

②放大电路有输入信号,但没有输出波形,或者波形异常。

③串联稳压电源无电压输出,或输出电压过高且不能调整,或输出稳压性能变坏、输出电压不稳定等。

④振荡电路不产生振荡。

⑤计数器输出波形不稳,或不能正确计数。

⑥收音机中出现“嗡嗡”交流声、“啪啪”的汽船声和炒豆声等。

⑦发射机中出现频率不稳,或输出功率小甚至无输出,或反射大,作用距离小等。

以上是最常见的一些故障现象,还有很多奇怪的现象,在这里就不一一列举了。

(2)产生故障的原因。故障产生的原因很多,情况也很复杂,有的是一种原因引起的简单故障,有的是多种原因相互作用引起的复杂故障。因此,引起故障的原因很难简单分类。这里只能进行一些粗略的分析。

①对于定型产品使用一段时间后出现故障,故障原因可能是元器件损坏,连线发生短路或断路(如焊点虚焊,接插件接触不良,可调电阻器、电位器、半可调电阻器等接触不良,接触面表面镀层氧化等),或使用条件发生变化(如电网电压波动,过冷或过热的工作环境等)影响电子设备的正常运行。

②对于新设计安装的电路来说,故障原因可能是:实际电路与设计的原理图不符;元器件使用不当或损坏;设计的电路本身就存在某些严重缺点,不能满足技术要求;连线发生短路或断路等。

③仪器使用不正确引起的故障,如示波器使用不正确而造成的波形异常或无波形,共地问题处理不当而引入的干扰等。

④各种干扰引起的故障。

2. 检查故障的一般方法

查找故障的顺序可以从输入到输出,也可以从输出到输入。一般方法如下所述:

(1)直接观察法。直接观察法是指不用任何仪器,利用人的视、听、嗅、触等手段来发现问题,寻找和分析故障。直接观察包括不通电检查和通电观察。

检查仪器的选用和使用是否正确;电源电压的数值和极性是否符合要求;电解电容器的极性,二极管和三极管的引脚、集成电路的引脚有无错接、漏拉、互碰等情况;布线是否合理,印制电路板有无断线;电阻器电容器有无烧焦和炸裂等。

通电观察元器件有无发烫、冒烟,变压器有无焦味,示波管灯丝是否亮,有无高压打火等。

此法简单,也很有效,可在初步检查时用,但对比较隐蔽的故障无能为力。

(2)用万用表检查静态工作点。电子电路的供电系统、电子管或三极管、集成块的直流工作状态(包括元器件引脚、电源电压),线路中的电阻值等都可用万用表测定。当测量值与正常值相差较大时,经过分析可找到故障。现以两级放大器为例,正常工作时如图 5-2 所示。静态时(输入电压 $u_i=0$),$U_{b1}=1.3$ V,$I_{c1}=1$ mA,$U_{c1}=6.9$ V,$I_{c2}=1.6$ mA,$U_{e2}=5.3$ V。但实测结果 $U_{b1}=0.01$ V,$U_{c1}\approx U_{ce1}=V_{cc}=12$ V。考虑到正常放大工作时,硅管的 U_{be} 为 0.6~0.8 V,现在 VT_1 显然处于截止状态。实测的 $V_{c1}\approx V_{cc}$ 也证明 VT_1 是截止(或损坏)。VT_1 为什么截止呢? 这要从影响 V_{b1} 的 R_{b11} 中去寻找。进一步检查发现,R_{b12} 本应为 11 kΩ,但安装时却用的是 1.1 kΩ 的电阻器,将 R_{b12} 换上正确阻值的电阻器,故障即消失。

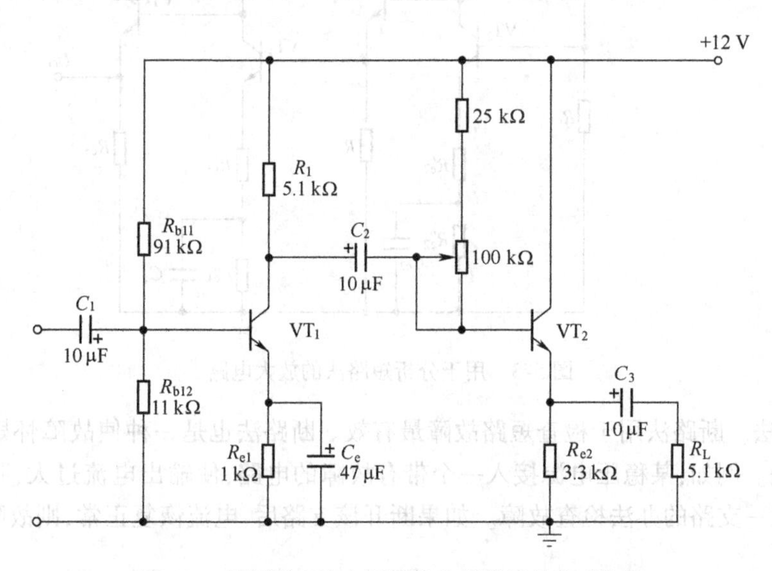

图 5-2　用万用表检查两级放大器故障的参考电路

顺便指出,静态工作点也可以用示波器 DC 输入方式测定。用示波器测定的优点是,内阻高,能同时看到直流工作状态和被测点上的信号波形,以及可能存在的信号及噪声电压等,更有利于分析故障。

(3)信号寻迹法。对于各种较复杂的电路,可在其输入端接入一个一定幅值、适当频率的信号(例如,对于多级放大器,可在其输入端接入 $f=1\,000$ Hz 的正弦信号),用示波器由前级到后级(或者相反),逐级观察波形及幅值的变化情况,如哪一级异常,则故障就在该级。这是深入检查电路的方法。

(4)对比法。怀疑某一些电路存在问题时,可将此电路的参数与工作状态和相同的正常电路中的参数(或理论分析的电流、电压、波形等)进行一一对比,从中找出电路中的不正常情况,进而分析故障原因,判断故障点。

(5)部件替换法。有时故障比较隐蔽,不能一眼看出,如这时手中有与故障产品同型号的产品时,可以将工作正常产品中的部件、元器件、插件板等替换有故障产品中的相应部件,以便于缩小故障范围,进一步查找故障。

(6)旁路法。当有寄生振荡现象时,可以利用适当容量的电容器,选择适当的检查点,将电容器临时跨接在检查点与参考接地点之间,如果振荡消失,就表明振荡是产生在此附近或前级电路中;否则就在后面,再移动检查点寻找。

应当指出的是,旁路电容器要适当,不宜过大,只要能较好地消除有害信号即可。

(7)短路法。短路法就是采取临时性短接一部分电路来寻找故障的方法。如图5-3所示放大电路,用万用表测量VT_2的集电极对地无电压。怀疑L_1断路,则可以将L_1两端短路,如果此时有正常的U_{c2}值,则说明故障发生在L_1上。

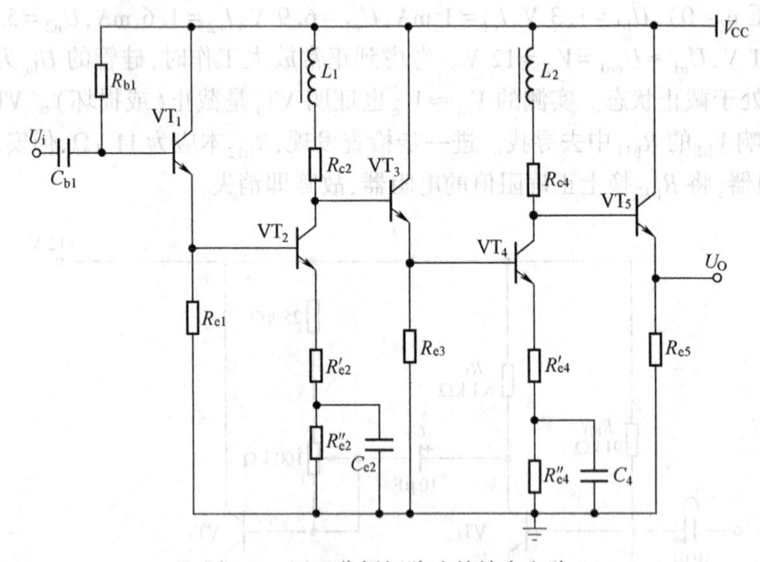

图5-3 用于分析短路法的放大电路

(8)断路法。断路法用于检查短路故障最有效。断路法也是一种使故障怀疑点的范围逐步缩小的方法。例如,某稳压电源接入一个带有故障的电路,使输出电流过大,我们采取依次断开电路的某一支路的办法检查故障。如果断开该支路后,电流恢复正常,则故障就发生在此支路。

(9)暴露法。有时故障不明显,或时有时无,一时很难确定,此时可采用暴露法。检查虚焊时对电路进行敲击就是暴露法的一种。另外,还可以让电路长时间工作一段时间,如几小时,然后再来检查电路是否正常。这种情况下,往往有些处于临界状态的元器件经不住长时间工作,就会暴露出问题来,这样便可对症处理。

实际调试时,寻找故障原因的方法多种多样,以上仅列举了几种常用的方法。这些方法的使用可根据设备条件、故障情况灵活使用。对于简单的故障用一种方法即可查找出故障点,但对于较复杂的故障则需要采取多种方法互相补充、互相配合,才能找出故障点。在一般情况下,寻找故障的常规做法是,采用直接观察法,排除明显的故障;再用万用表(或示波器)检查静态工作点;信号寻迹法是对各种电路普遍适用而且简单直观的方法,在动态调试中广为应用。

应当指出,对于反馈环内的故障诊断是比较困难的。在这个闭环回路中,只要有一个元器件(或功能块)出故障,则往往整个回路中处处都存在故障现象。寻找故障的方法是先把反馈回路断开,使系统成为一个开环系统,然后再接入一适当的输入信号,利用信号寻迹法逐一寻找发生故障的元器件(或功能块)。例如,图 5-4 是一个带有反馈的方波和锯齿电压产生器电路,A_1的输出信号 u_{o1}作为 A_2的输入信号,A_2的输出信号 u_{o2}作为 A_1的输入信号。也就是说,不论 A_1组成的过零比较器或 A_2组成的积分器发生故障,都将导致 u_{o1}、u_{o2}无输出波形。寻找故障的方法是,断开反馈回路中的一点(如 B_1点或 B_2点),假设断开 B_2点,并从 B_2点与 R_7连线端输入一适当幅值的锯齿波,用示波器观测 u_{o1}输出波形应为方波,u_{o2}输出波形应为锯齿波,如果 u_{o1}没有波形或 u_{o2}波形出现异常,则故障就发生在 A_1组成的过零比较器(或 A_2组成的积分器)电路上。

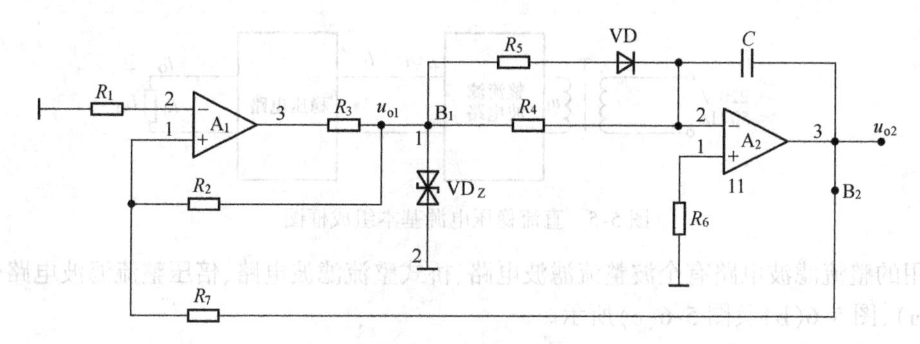

图 5-4　带有反馈的方波和锯齿波电压产生器电路

5.2　设 计 项 目

本节主要介绍几种常见的模拟电路、数字电路的设计与制作方法。

5.2.1　可调直流稳压电源的设计

1. 设计目的

(1)学会选择变压器、整流二极管、滤波电容器及集成稳压器来设计直流稳压电源。

(2)掌握直流稳压电路的调试及主要技术指标的测试方法。

2. 设计内容

(1)可调直流稳压电源的主要技术指标。详述如下:

①同时输出±1.5 V 电压,输出电流为 2 A。

②输出纹波电压小于 5 mV,稳压系数小于 5×10^3;输出内阻小于 0.1 Ω。

③加输出保护电路,最大输出电流不超过 2 A。

(2)设计要求。详述如下:

①电源变压器只做理论设计。

②合理选择集成稳压器及扩流二极管。

③保护电路拟采用限流型。

④完成全电路理论设计,安装调试,绘制电路图,自制印制电路板。

⑤撰写设计报告、调试总结报告及使用说明书。

3. 设计原理

(1)直流稳压电源的基本原理。直流稳压电源一般由电源变压器 T、整流滤波电路及稳压

电路组成,基本组成框图如图5-5所示。各部分电路的作用如下:

①电源变压器T的作用是将电网220 V的交流电压变换成整流滤波电路所需要的交流电压 u_1。

变压器二次侧与一次侧的功率比为

$$P_2/P_1=\eta$$

式中:η 为变压器的效率。

②整流滤波电路。整流电路将交流电压 u_1 变换成脉动的直流电压。再经滤波电路滤除纹波,输出直流电压 U_1。

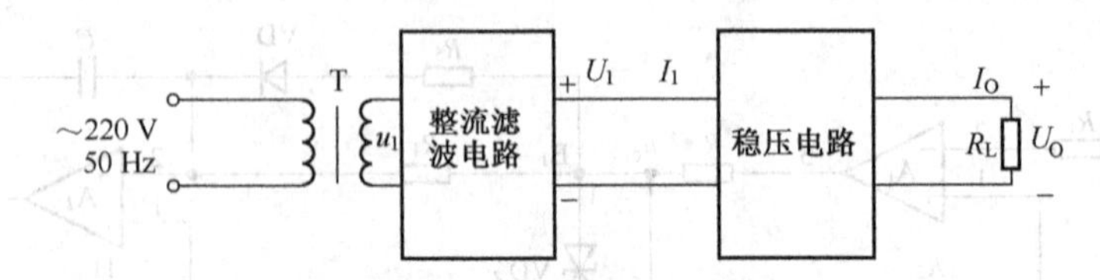

图 5-5 直流稳压电源基本组成框图

常用的整流滤波电路有全波整流滤波电路、桥式整流滤波电路、倍压整流滤波电路分别如图 5-6(a)、图 5-6(b)及图 5-6(c)所示。

各滤波电容器 C 满足:

$$R_{L1}C=(3\sim5)\frac{T}{2}$$

式中:T 为输入交流信号周期;R_{L1} 为整流滤波电路的等效负载电阻。

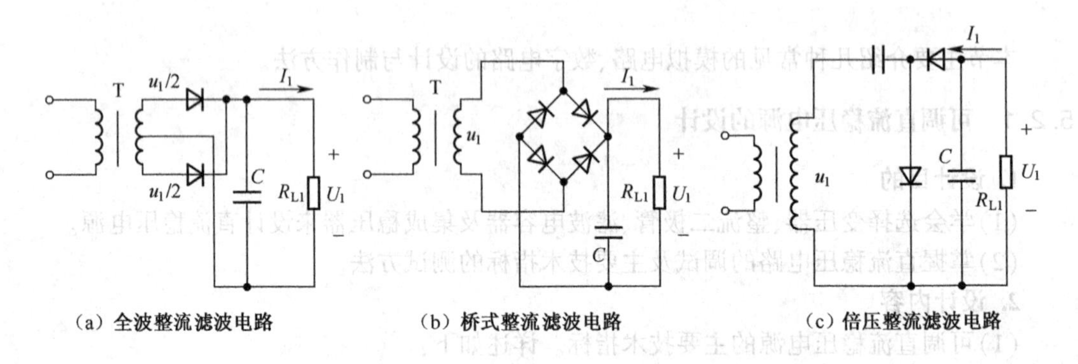

图 5-6 几种常见整流滤波电路

③三端集成稳压器。常用的集成稳压器有固定式三端集成稳压器与可调式三端集成稳压器(均属电压串联型),下面分别介绍其典型应用。

a. 固定式三端集成稳压器。正压系列:78××系列,该系列稳压块有过电流、过热和调整管安全工作区保护,以防过载而损坏。一般不需要外接元件即可工作,有时为改善性能,也加少量元件。78×× 系列又分三个子系列,即 78××、78M××和 78L××。其差别只在输出电流和外形上,78××输出电流为 1.5 A,78M××输出电流为 0.5 A,78L××输出电流为 0.1 A。负压系列:79××系列,该系列与 78××系列相比,除了输出电压极性、引脚定义不同外,其他特点都相同。

78××系列、79××系列的典型电路如图 5-7 所示。

b. 可调式三端集成稳压器。正压系列:W317 系列稳压块能在输出电压为 1.25~37 V 的范围内连续可调,外接元件只需一个固定电阻器和一只电位器。其芯片内也有过电流、过热和安全工作区保护。最大输出电流为1.5 A。

其典型电路如图5-8所示。其中电阻器R_1与电位器R_P组成电压输出调节器,输出电压U_o的表达式为

$$U_o \approx 1.25(1+R_P/R_1)$$

式中:R_1一般取值为120~240 Ω,输出端与调整端电压差为稳压器的基准电压(典型值为1.25 V),所以流经电阻器R_1的泄放电流为5~10 mA。

负压系列:W337系列,该系列与W317系列相比,除了输出电压极性、引脚定义不同外,其他特点都相同。

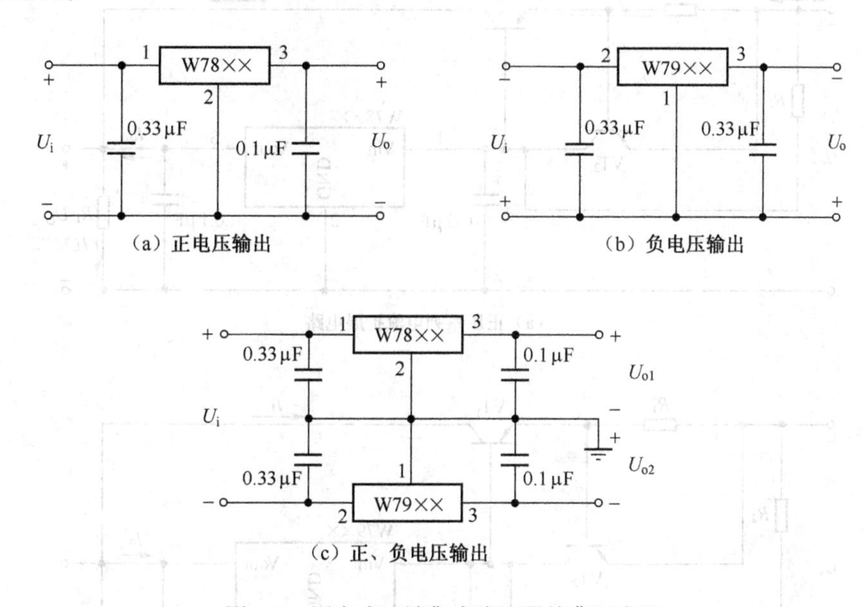

图5-7　固定式三端集成稳压器的典型应用

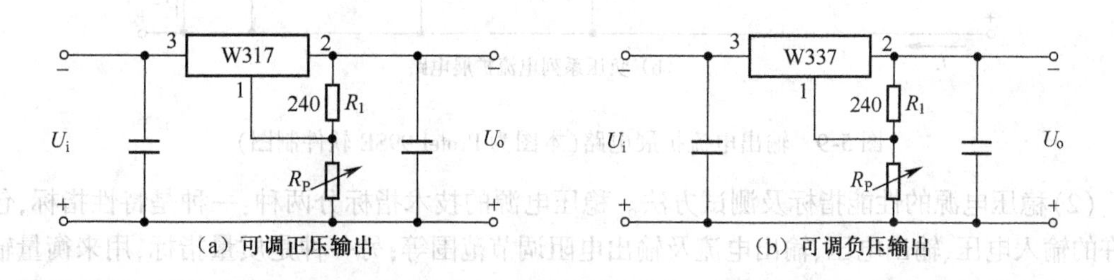

图5-8　可调式三端集成稳压器的典型应用

c. 集成稳压器的电流扩展。若想连续取出1 A以上的电流,可采用图5-9所示的加接三极管增大电流的方法。图5-9中VT_1称为扩流功率管,应选大功率三极管。VT_2为过电流保护三极管,正常工作时该管为截止状态。三极管VT_1的直流电流放大倍数β必须满足$\beta \geq I_1/I_0$。另外,I_1的最大值由VT_1的额定值决定,如需更大的电流,可把三极管接成达林顿方式。可以得出输出电流为

$$I_L = I_0 + I_1$$

但这时,三端集成稳压器内部过电流保护电路已失去作用,必须在外部增加保护电路,这

就是 VT_2 和 R_1。当电流 I_i 在 R_1 上产生的电压降达到 VT_2 的 U_{BE2} 时，VT_2 导通，于是向 VT_1 基极注入电流，使 VT_1 关断，从而达到限制电流的目的。此时有

$$I_{1max} \approx I_{imax} = U_{BE2}/R_1$$

三极管的 U_{BE2} 具有负温度系数，设定 R_1 数值时，必须考虑此温度系数。

以上通过采用外接功率管 VT_1 的方法，达到扩流的目的，但这种方法会降低稳压精度，增加稳压器的输入与输出电压差，这对大电流的工作的电源是不利的。若希望稳压精度不变，可采用集成稳压器的并联方法来扩大输出电流，具体电路形式可参考有关电源类资料。

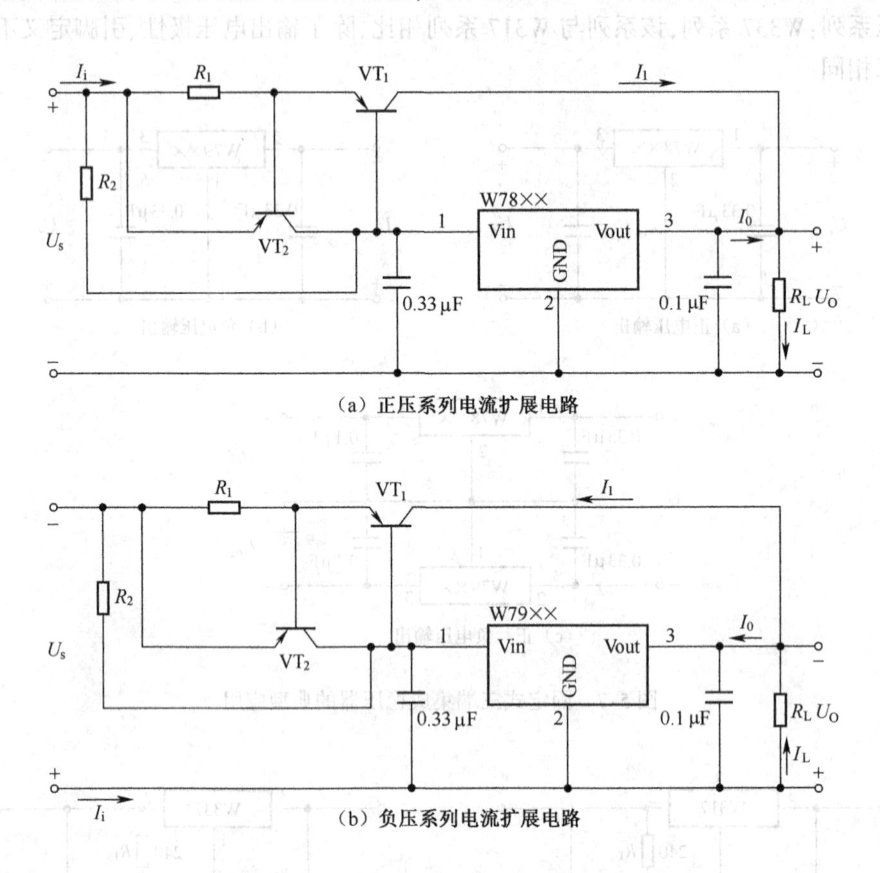

图 5-9　输出电流扩展电路（本图为 Protel 99SE 软件制图）

（2）稳压电源的性能指标及测试方法。稳压电源的技术指标分两种：一种是特性指标，包括允许的输入电压、输出电压、输出电流及输出电阻调节范围等；另一种是质量指标，用来衡量输出直流电压的稳定程度，包括稳压系数（或电压调整率）、输出电阻（或电流调整率）、温度系数及纹波电压等。稳压电源性能指标测试电路如图 5-10 所示，这些质量指标的含义，可简述如下：

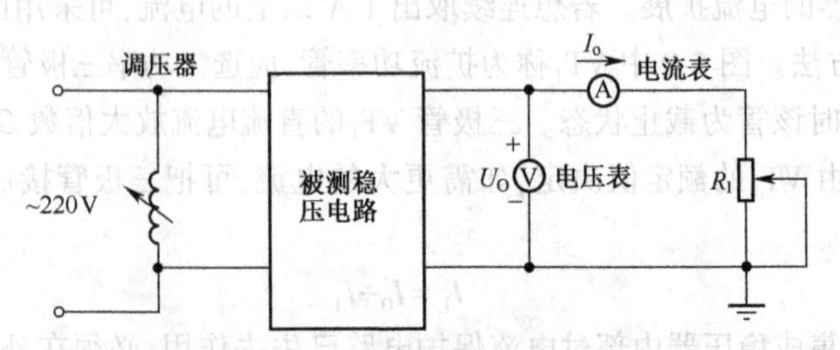

图 5-10　稳压电源性能指标测试电路

①纹波电压。纹波电压是指叠加在输出电压 U_o 上的交流分量。用示波器观测其峰值，ΔU_{opp} 一般为毫伏量级。也可以用交流电压表测量其有效值，但因 ΔU_o 不是正弦波，所以用有效值衡量其纹波电压，存在一定误差。

②稳压系数及电压调整率。详述如下：

稳压系数 S_u：指在负载电流、环境温度不变的情况下，输入电压的相对变化，即

$$S_u = \frac{\Delta U_o / U_o}{\Delta U_I / U_I}$$

电压调整率 K_u：指输入电压相对变化为±10%时的输出电压相对变化量，即

$$K_u = \frac{\Delta U_o}{U_o}$$

稳压系数 S_u 和电压调整率 K_u 均说明输入电压变化对输出电压的影响，因此只需测试其中之一即可。

③输出电阻及电流调整率。详述如下：

输出电阻 r_o：放大器的输出电阻相同，其值为当输入电压不变时，输出电压变化量与输出电流变化量之比的绝对值，即

$$r_o = \frac{|\Delta U_o|}{|\Delta I_o|}$$

电流调整率 K_t：输出电流从 0 变到最大值 I_{Lmax} 时所产生的输出电压相对变化值，即

$$K_t = \frac{\Delta U_o}{U_o}$$

输出电阻 r_o 和电流调整率 K_t 均说明负载电流变化对输出电压的影响，因此，也只需测试其中之一即可。

4. 主要器件

直流稳压电源的一般设计思路：由输出电压 U_o 和输出电流 I_o 确定稳压电路形式，通过计算极限参数（电压、电流和功耗）选择器件；由稳压电路所要求的直流电压（U_1）、直流电流（I_1）输入确定整流滤波电路形式，选择整流二极管及滤波电容器并确定变压器的二次电压 u_S 的有效值、电流 I_1（有效值）及变压器功率。最后由电路的最大功耗工作条件确定稳压器、扩流功率管的散热措施。

图 5-11 为集成稳压电源的典型电路。其主要器件有变压器 T_t、整流二极管 $VD_1 \sim VD_4$、滤波电容器 C、集成稳压器及测试用的负载电阻 R_L。

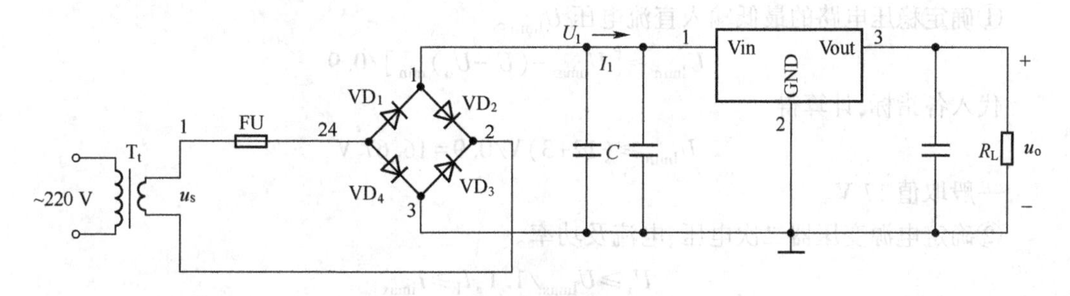

图 5-11　集成稳压电源的典型电路

下面介绍这些器件选择的一般原则。

(1)集成稳压器。集成稳压器输入端端子1上的电压U_1的确定:为保证稳压器在电压低时仍处于稳压状态,要求

$$U_i \geqslant U_{omax}+(U_i-U_o)_{min}$$

式中:$(U_i-U_o)_{min}$是稳压器允许的最小输入输出电压差,典型值为3 V。按一般电源指标的要求,当输入交流电压220 V变化±10%时,电源应稳压。所以稳压电路的最低输入电压

$$U_{imm} \approx \frac{[U_{omax}+(U_i-U_o)_{min}]}{0.9}$$

另一方面,为保证稳压器安全工作,要求

$$U_1 \leqslant U_{omin}+(U_i-U_o)_{max}$$

式中:$(U_i-U_o)_{max}$是稳压器允许的最大输入输出电压差,典型值为35 V。

(2)电源变压器。确定整流滤波电路形式后,由稳压器要求的最低输入直流电压U_{Imin}计算出变压器的二次电压U_I、二次电流I_I。

5. 设计示例

设计一集成直流稳压电源。

性能指标要求:$U_o=5\sim12$ V连续可调,输出电流$I_{omax}=1$ A。

纹波电压:≤5 mV。

电压调整率:$K_u\leqslant3\%$。

电流调整率:$K_i\leqslant1\%$。

选可调式三端集成稳压器W317,其典型指标满足设计要求。电路形式如图5-12所示。

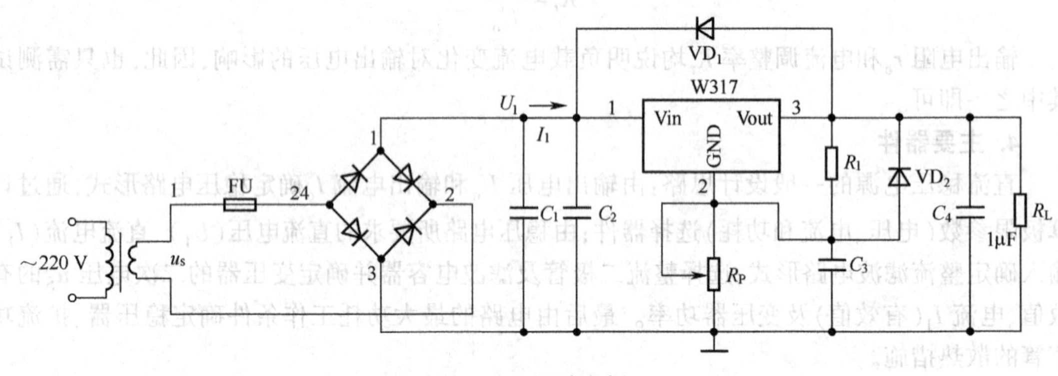

图5-12 设计实例

(1)器件选择。电路参数计算如下:

①确定稳压电路的最低输入直流电压U_{lmin}。

$$U_{lmin} \approx [U_{omax}+(U_i-U_o)_{min}]/0.9$$

代入各指标,计算得

$$U_{lmin} \geqslant (12+3)\ \text{V}/0.9=16.67\ \text{V}$$

一般取值17 V。

②确定电源变压器二次电压、电流及功率。

$$U_I \geqslant U_{lmax}/1.1, I_I \geqslant I_{lmax}$$

所以一般取I_I为1.1 A。

$$U_I \geqslant (17/1.1)\ \text{V}=15.5\ \text{V}$$

变压器二次功率 $P_2 \geqslant 17$ W。

变压器的效率 $\eta=0.7$，则一次功率 $P_1 \geqslant 24.3$ W。由上分析，可选购二次电压为 16 V，输出 1.1 A，功率 30 W 的变压器。

③选整流二极管及滤波电容器，因电路形式为桥式整流滤波，通过每个整流二极管的反峰电压和工作电流求出滤波电容值。已知整流二极管 IN5401，其极限参数为 $U_{RM}=50$ V，$I_D=5$ A。

滤波电容 $C_1 \approx (3\sim5)T \times I_{lmin}/2U_{min}=1\ 941\sim3\ 235$ μF。

故取两只 2 200 μF/25 V 的电解电容器作滤波电容器。

(2)稳压器功耗估算。当输入交流电压增加10%时，稳压器输入直流电压最大，即

$$U_{lmax}=1.1\times1.1\times16\ \text{V}=19.36\ \text{V}$$

所以稳压器承受的最大压差为 19.36−5 V≈15 V

最大功耗为 $U_{lmax}\times I_{lmax}=15\times1.1$ W=16.5 W

故应选用散热功率≥16.5 W 的散热器。

(3)其他措施。如果集成稳压器离滤波电容器 C_1 较远时，应在 W317 靠近输入端处接上一只 0.33 μF 的旁路电容器 C_2，接在调整端和地之间的电容器 C_3 是用来旁路电位器 R_P 两端的纹波电压。当 C_3 的容量为 10 μF 时，纹波抑制比可提高 20 dB，减到原来的 1/10。另一方面，由于在电路中接了电容器 C_3，此时一旦输入端或输出端发生短路，C_3 中储存的电荷会通过稳压器内部的调整管和基准放大管而损坏稳压器。为了防止在这种情况下 C_3 的放电电流通过稳压器，在 R_1 两端并联一只二极管 VD_2。

W317 集成稳压器在没有容性负载的情况下可以稳定工作。但当输出端有500~5 000 pF 的容性负载时，就容易发生自激。为了抑制自激，在输出端接一只不过 1 μF 的钽电容器或 25 μF 的铝电解电容器 C_4，该电容器还可以改善电源的瞬态响应。但是接上该电容器以后，集成稳压器的输入端一旦发生短路，C_4 将对集成稳压器的输出端放电，其放电电流可能损坏集成稳压器，故在集成稳压器的输入端与输出端之间接一只保护二极管 VD_2。

6. 电路安装与指标测试

(1)安装整流滤波电路。首先应在变压器的二次侧接入熔丝 FU，以防电源输出短路损坏变压器或其他器件，整流滤波电路主要检查整流二极管是否接反，若接反会损坏变压器。检查无误后，通电测试(可用调压器逐渐将输入交流电压升到 220 V)，用滑线式变阻器作为等效负载，用示波器观察输出是否正常。

(2)安装稳压电路。集成稳压器要安装适当散热器，根据散热器安装的位置决定集成稳压器是否与散热器之间绝缘，输入端加直流电压 U_I(可用直流电源作输入，也可用调试好的整流滤波电路作输入)，滑线式变阻器作等效负载，调节电位器 R_P，输出电压应随之变化，说明稳压电路正常工作。

注意检查在额定负载电流下稳压器的发热情况。

(3)总装及指标测试。将整流滤波电路与稳压电路相连接并接上等效负载，测量下列各值是否满足设计要求：

①U_I 为最高值(电网电压为 242 V)，U_o 为最小值(此例为+5 V)。测稳压器输入端与输出端电压差是否小于额定值，并检查散热器的温升是否满足要求(此时应使输出电流为最大负载电流)。

②U_I 为最低值(电网电压为 198 V)，U_o 为最大值(此例为+12 V)，测稳压器输入端与输出

端电压差是否大于 3 V,并检查输出稳压情况。

如果上述结果符合设计要求,便可按照前面介绍的测试方法,进行质量指标测试。

5.2.2 水温控制系统的设计

1. 设计目的

(1)了解温度传感器件的性能。

(2)学会在实际电路中应用。进一步熟悉集成运算放大器的线性和非线性应用。

2. 设计内容

要求设计一个温度控制器,其主要技术指标如下:

(1)测温和控温范围:室温~80 ℃(实时控制)。

(2)控温精度:±1 ℃。

(3)控温通道输出为双向晶闸管或继电器,一组转换接点为市电 220 V、10 A。

3. 设计原理

温度控制器的基本组成框图如图 5-13 所示。本电路由温度传感器、K-℃转换器、温度设置、数字显示和输出功率级等部件组成。温度传感器的作用是把温度信号转换成电流或电压信号,K-℃转换器是将绝对温度 K 转换成摄氏温度℃。信号经放大和刻度定标(0.1 V/℃)后,由三位半数字电压表直接显示温度值,并同时送入比较器与预先设定的固定电压(对应控制温度点)进行比较,由比较器输出电平高低变化来控制执行机构(如继电器)工作,实现温度自动控制。

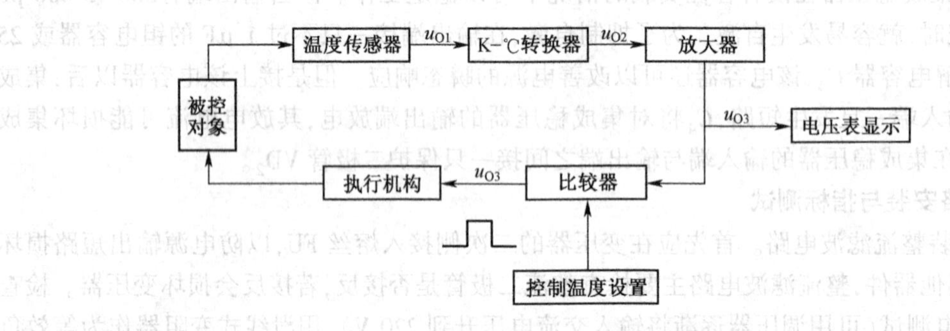

图 5-13 温度控制器的基本组成框图

4. 主要器件

(1)温度传感器。建议采用 AD590 集成温度传感器进行温度-电流转换,它是一种电流型二端器件,其内部已作修正,具有良好的互换性和线性。有消除电源波动的特性。输出阻抗达 10 MΩ,转换当量为 1 μA/K。器件采用 B-1 型金属壳封装。

温度-电压变换电路如图 5-14 所示,由图可得

$$u_{O1}=(1\ \mu A/K)\times R=R\times 10^{-6}\ A/K$$

如 $R=10\ k\Omega$,则 $u_{O1}=10\ mV/K$。

(2)K-℃转换器。因为 AD590 的温控电流值是对应绝对温度 K 的,而在温控中需要采用℃,由集成运放组成的加法器可实现这一转换,参考电路如图 5-15 所示。

元件参数的确定和 $-U_R$ 选取的指导思想:0 ℃(即 273 K)时,$u_{O2}=0$ V。

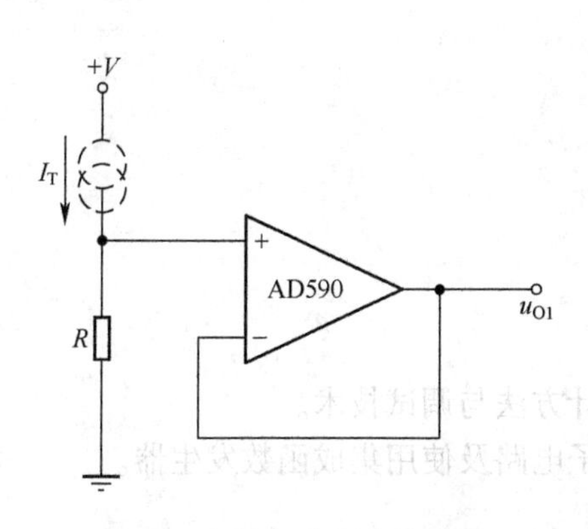

图 5-14　温度-电压变换电路

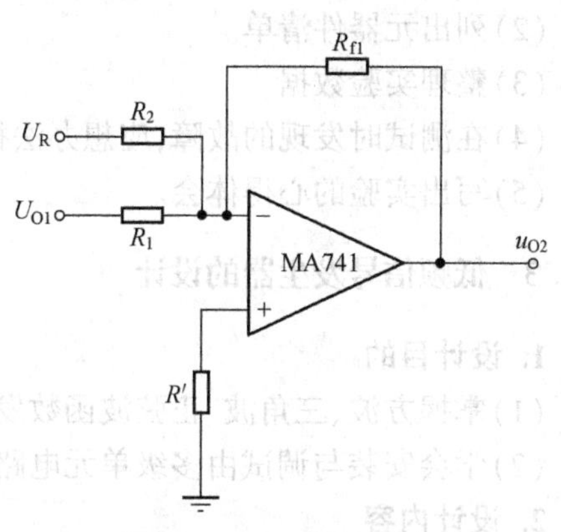

图 5-15　K-℃转换电路

（3）放大器。设计一个反相比例放大器，使其输出 u_{O3} 满足 100 mV/℃。用数字电压表可实现温度显示。

（4）比较器。由电压比较器组成，如图 5-16 所示。U_{RFF} 为控制温度设定电压（对应控制温度），R_{f2} 用于改善比较器的迟滞特性，决定控温精度。

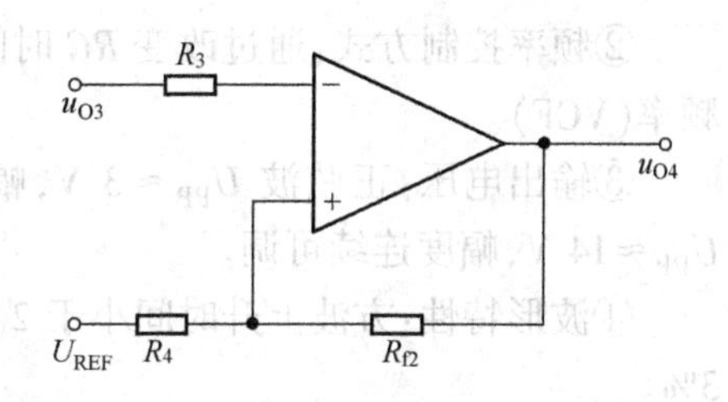

图 5-16　比较器

（5）继电器驱动电路。电路如图 5-17 所示。当被测温度超过设定温度时，继电器触点断开，停止加热；反之，当被测温度低于设置温度时，继电器触点闭合，进行加热。

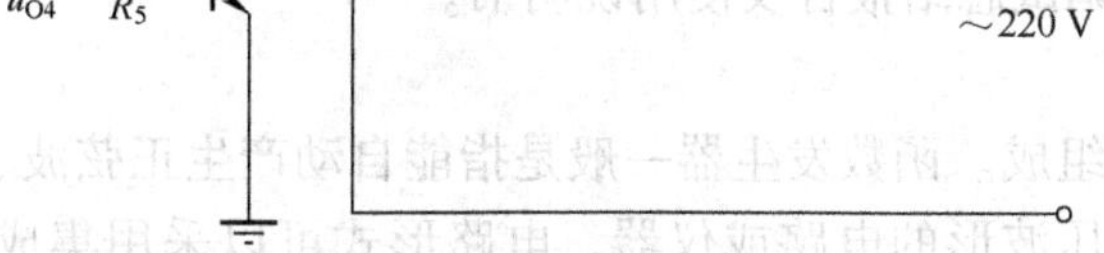

图 5-17　继电器驱动电路

5. 调试要点和注意事项

用温度计测传感器处的温度 T(℃)，如 $T=27$℃（300 K）。若取 $R=10\ \text{k}\Omega$，则 $u_{O1}=3$ V，调整 U_R 的值使 $u_{O2}=-270$ mV，若放大器的放大倍数为−10 倍，则 u_{O3} 应为 2.7 V。测比较器的比较电压 u_{REF} 值，使其等于所要控制的温度乘以 0.1 V，如设定温度为 50 ℃，则 u_{REF} 值为 5 V。比较器的输出可接 LED 指示灯。把温度传感器加热（可用电吹风吹），在温度小于设定值前 LED 应一直处于点亮状态；反之，则熄灭。

如果控温精度不良或过于灵敏造成继电器在被控点抖动，可改变电阻器 R_{12} 的值。

6. 设计报告要求

（1）根据技术要求及实验室条件，自选方案设计出原理电路图，并分析工作原理。

(2)列出元器件清单。

(3)整理实验数据。

(4)在测试时发现的故障,应想办法排除。

(5)写出实验的心得体会。

5.2.3 低频信号发生器的设计

1. 设计目的

(1)掌握方波、三角波、正弦波函数发生器的设计方法与调试技术。

(2)学会安装与调试由多级单元电路组成的电子电路及使用集成函数发生器。

2. 设计内容

(1)主要性能指标。详述如下:

①频率范围:10~100 Hz,100 Hz~1 kHz,1~10 kHz。

②频率控制方式:通过改变 *RC* 时间常数,手控信号频率;通过改变控制电压 U_C实现压控频率(VCF)。

③输出电压:正弦波 $U_{PP}\approx 3$ V,幅度连续可调;三角波 $U_{PP}\approx 5$ V,幅度连续可调;方波 $U_{PP}\approx 14$ V,幅度连续可调。

④波形特性:方波上升时间小于 2 μs;三角波非线性失真小于 1%;正弦波谐波失真小于 3%。

⑤扩展部分:自拟。可涉及下列功能:功率输出;矩形波占空比 50%~95%可调;锯齿波斜率连续可调;能输出扫频波。

(2)设计要求。详述如下:

①根据主要技术指标要求及实验室条件自选方案设计出原理电路图,分析工作原理,计算元件参数。

②列出所用元器件清单报实验室备案。

③安装调试所设计的电路,使之达到设计要求。

④记录实验结果。

⑤撰写设计报告、调试总结报告及使用说明书。

3. 设计原理

(1)函数发生器的组成。函数发生器一般是指能自动产生正弦波、三角波(锯齿波)、方波(矩形波)、阶梯波等电压波形的电路或仪器。电路形式可以采用集成运放及分立元件构成;也可以采用单片集成函数发生器。根据用途不同,有产生三种或多种波形的函数发生器。下面介绍方波-三角波-正弦波函数发生器的设计方法。

产生方波、三角波和正弦波的方案有多种,如首先产生正弦波,然后通过比较器电路变换成方波,再通过积分电路变换成三角波;也可以首先产生方波、三角波,然后再将三角波变换成正弦波或将方波变成正弦波;或采用一片能同时产生上述三种波形的专用集成电路芯片(5G8038)。这里仅介绍先产生方波、三角波,再将三角波变换成正弦波的电路设计方法及集成函数发生器的典型电路。

(2)函数发生器的主要性能指标。详述如下:

①输出波形:方波、三角波、正弦波等。

②频率范围:输出频率范围一般可分为若干波段。

③输出电压:输出电压一般指输出波形的峰值。

④波形特性:

正弦波:谐波失真度,一般要求小于 3%。

三角波:非线性失真度,一般要求小于 2%。

方波:上升沿和下降沿时间,一般要求小于 2 μs。

4. 主要器件

三角波变换成正弦波电路由集成运放及分立元件构成,方波-三角波-正弦波函数发生器电路组成框图,如图 5-18 所示。这里只介绍将三角波变换成正弦波的电路。

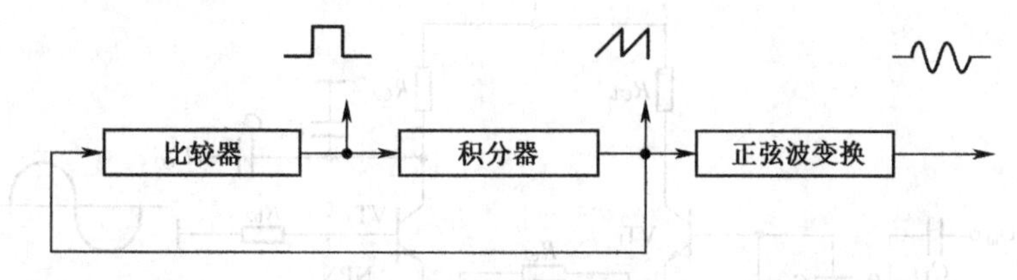

图 5-18　方波-三角波-正弦波函数发生器电路组成框图

(1)用差分放大电路实现三角波-正弦波的变换。波形变换的原理是利用差分放大器传输特性曲线的非线性,波形变换过程如图 5-19 所示。由图可见,传输特性曲线越对称,线性区越窄越好;三角波的幅度 U_{im}应正好使三极管接近饱和区或截止区。

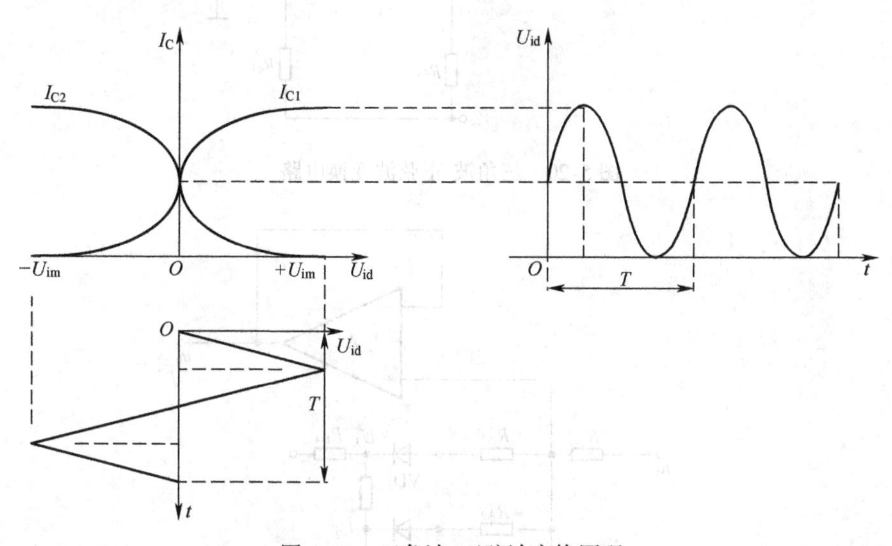

图 5-19　三角波-正弦波变换原理

图 5-20 所示为三角波-正弦波变换电路,其中 R_{P1}调节三角波的幅度,R_{P2}调整电路的对称性,其并联电阻器 R_{e2}用来减小差分放大器的线性区,C_1、C_2、C_3为隔直电容器,C_4为滤波电容器,以滤除谐波分量,改善输出波形。

(2)用二极管折线近似电路实现三角波-正弦波的变换。最简单的二极管折线近似电路如图 5-21 所示。

当电压 $U_I\frac{R_{AO}}{R_{AO}+R_3}$小于 U_1+U_D时,二极管 VD_1、VD_2、VD_3截止;当电压 U_I大于 U_1+U_D且小于 U_2+U_D时,则 VD_1导通;同理可得 VD_2、VD_3的导通条件。不难得出图 5-21 的输入、输出特

性曲线，如图 5-22 所示。选择合适的电阻网络，可使三角波变换为正弦波。一个实用的折线逼近三角波-正弦波变换电路如图 5-23 所示。其计算图如图 5-24 所示，该图是以正弦波角频率 0°为 0 V，90°为峰值画出的。三角波 0°～30°处，三角波和正弦波因为有着相同的电平值而重合，其余部分是，选择转折点为 P，画出用折线逼近正弦波的直线段，由两者的斜率比定出电阻网络的分压比。每个转折点对应着一个二极管，而且所提供给各二极管负端的电位值应该是适当的。

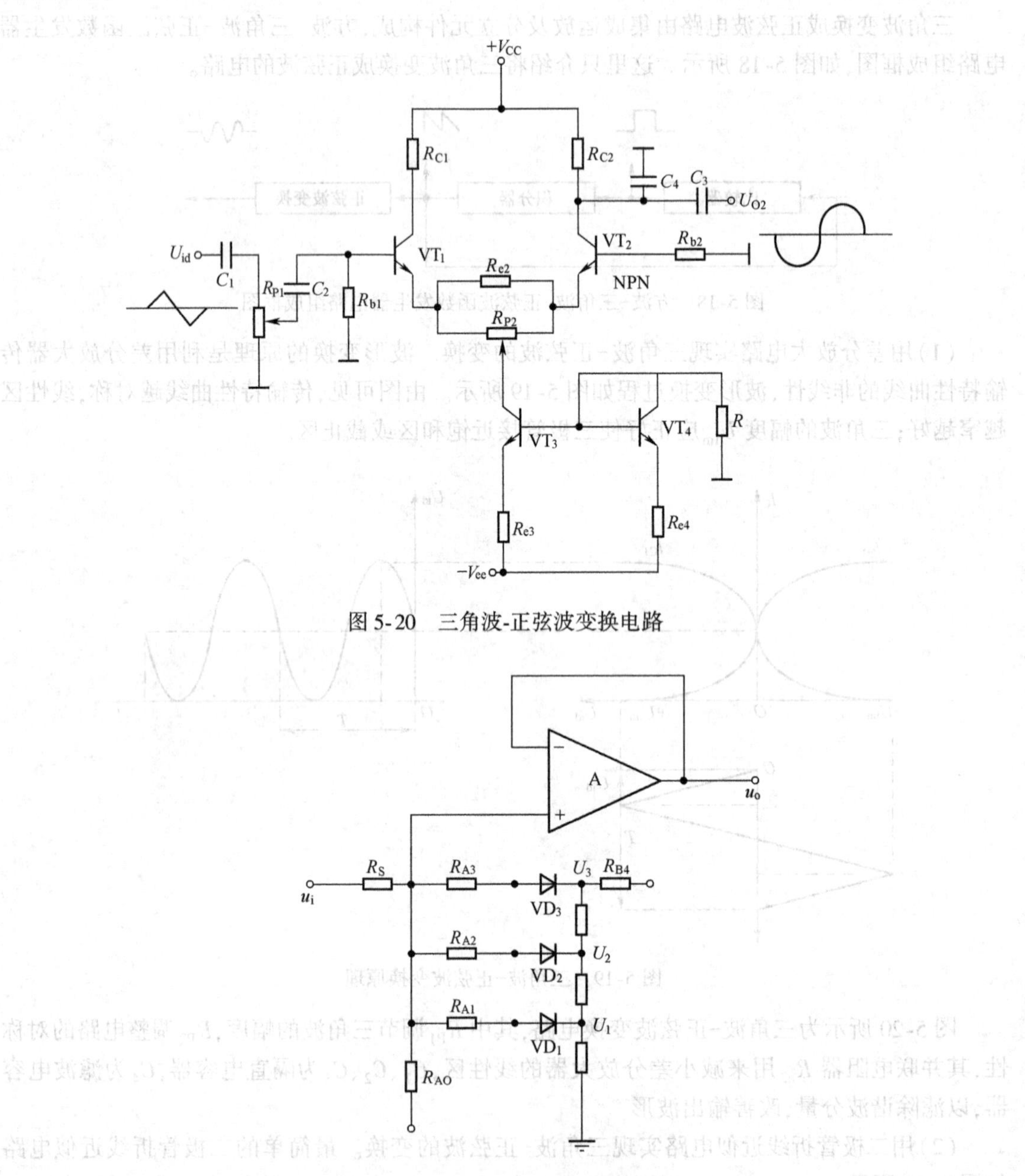

图 5-20　三角波-正弦波变换电路

图 5-21　最简单的二极管折线近似电路

单片集成函数发生器 5G8038 的引脚功能如图 5-25 所示，其内部结构图如图 5-26 所示，基本工作原理可参阅相关资料。

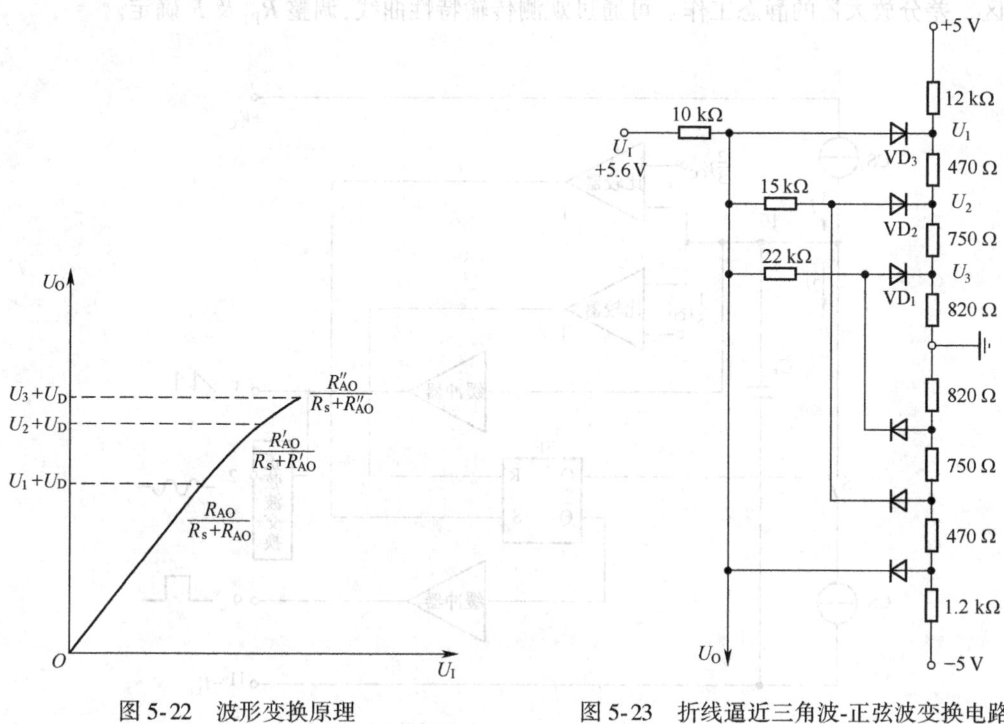

图 5-22　波形变换原理　　　　图 5-23　折线逼近三角波-正弦波变换电路

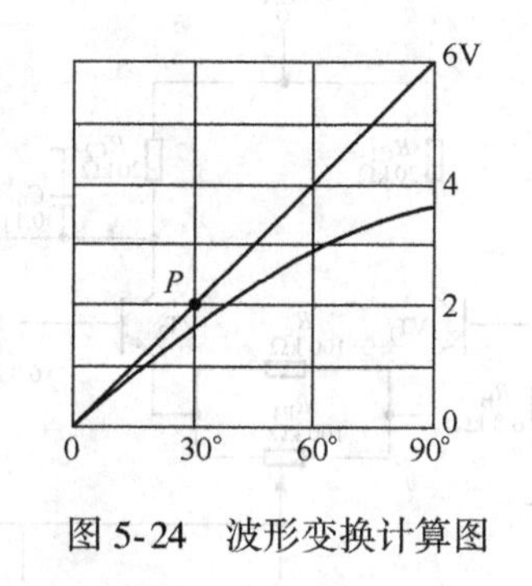

图 5-24　波形变换计算图

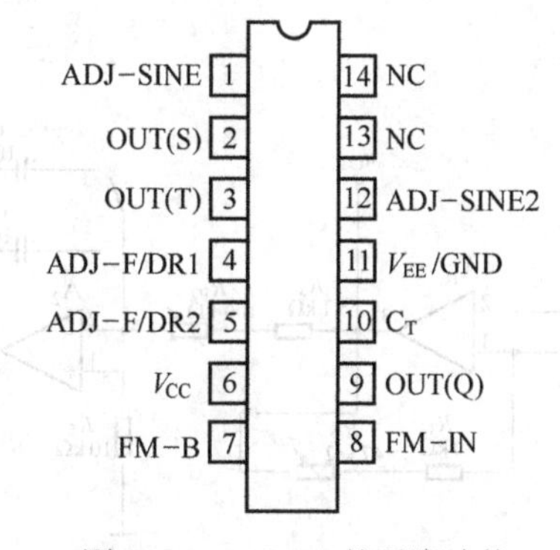

图 5-25　5G8038 的引脚功能

5. 设计示例

(1)由集成运放及分立元件构成方波−三角波−正弦波函数发生器。

①用差分放大实现三角波−正弦波的变换,电路如图 5-27 所示。

指标要求:

频率范围:1~10 Hz;10~100 Hz。

输出电压:方波 $U_{PP} \leq 24$ V;三角波 $U_{PP}=8$ V;正弦波 $U_{PP}>1$ V。

波形特性:方波上升时间小于 100 μs;三角波非线性失真小于 2%;正弦波谐波失真小于 5%。

三角波-正弦波变换电路的参数选择原则:隔直电容器 C_3、C_4、C_5 的容量要取得较大,因为输出频率很低,一般取值为 470 μF,滤波电容器 C_6 的容量视输出的波形而定,若含高次谐波成分较多,C_6 可取的较小,一般为几十皮法至几百皮法。R_{E2} 与 R_{E4} 相关联,以减小差分放大器的线性区。差分放大器的静态工作点可通过观测传输特性曲线,调整 R_{P1} 及 R 确定。

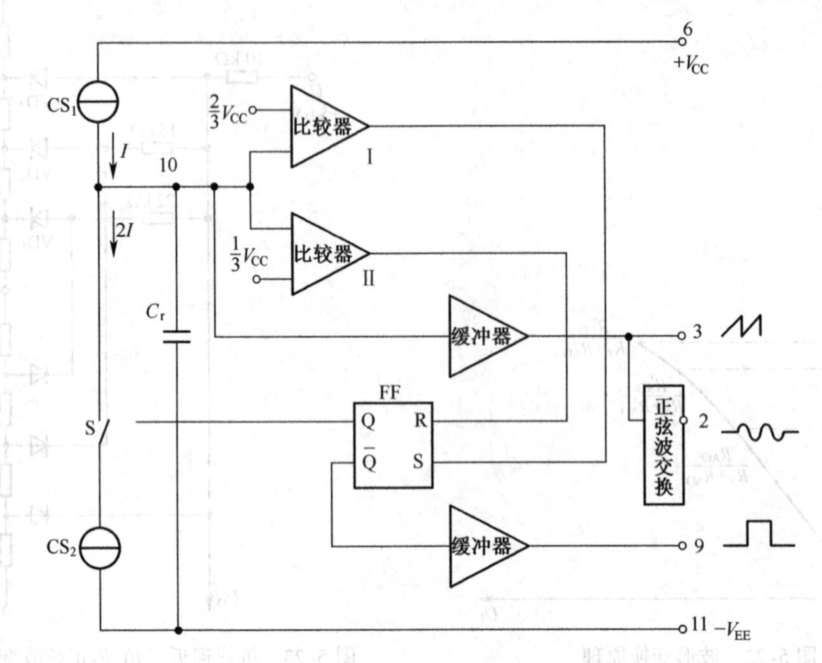

图 5-26　5G8038 内部结构图

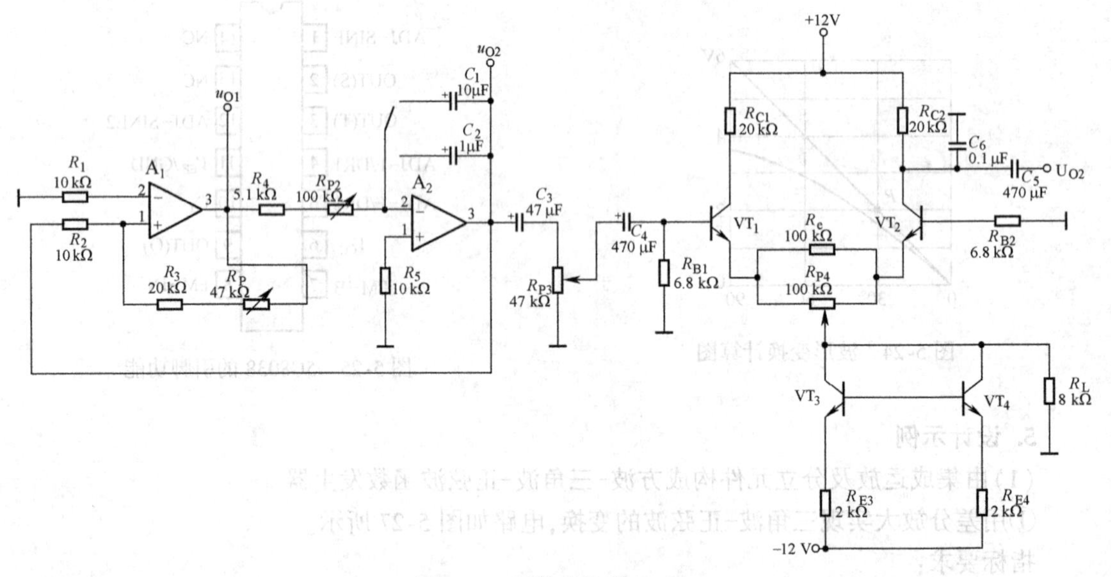

图 5-27　函数发生器(一)

②用二极管折线近似电路实现三角波-正弦波的变换电路如图 5-28 所示。

指标要求:

频率范围:10~100 Hz;100 Hz~1 kHz;1~10 kHz。

频率控制方式:通过改变 RC 时间常数,手控信号频率;通过改变控制电压 U_C 实现压控频率(VCF)。

输出电压:各波形输出幅度连续可调。

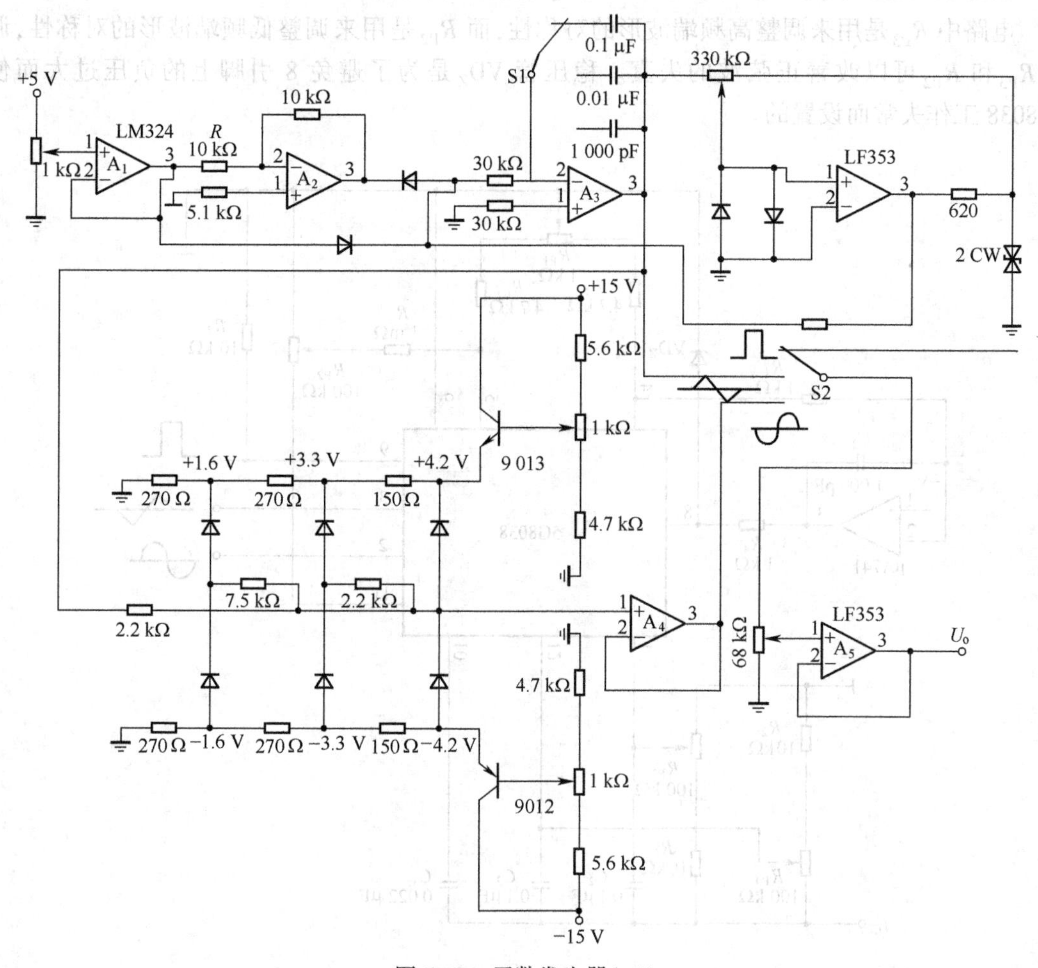

图 5-28　函数发生器(二)

波形特性:方波上升时间小于 2 μs;三角波非线性失真小于 1%;正弦波谐波失真小于 3%。

频率调节部分设计时,可先按三个频段给定三个电容值:1 000 pF、0. 01μF、0. 1μF,然后再计算 R 的大小。手控与压控部分电路要求更换方便。为满足对方波前后沿时间的要求,以及正弦波最高工作频率(10 kHz)的要求,在积分器、比较器、正弦波转换器和输出级中应选用 S_R 值较大的集成运放(如 LF353)。为保证正弦波有较小的失真度,应正确计算二极管网络的电阻参数,并注意调节输出三角波的幅度和对称度,输入波形中不能含有直流成分。

(2)单片集成函数发生器 5G8038。图 5-29 所示是由 μA741 和 5G8038 组成的精密压控振荡器,当 8 引脚与一连续可调的直流电压相连时,输出频率亦连续可调。当此电压为最小值(近似为 0)时,输出频率最低;当此电压为最大值时,输出频率最高。5G8038 控制电压有效作用范围是 0~3 V。由于 5G8038 本身的线性度仅在扫描频率范围 10 :1 时为 0. 2%,更大范围(如 1 000 :1)时线性度随之变坏,因此控制电压经 μA741 后再送入 5G8038 的 8 引脚,这样会有效地改善压控线性度(优于 1%)。若 4、5 引脚的外接电阻相等且为 R,此时输出频率可由下式决定

$$f = 0.3/RC_4$$

设函数发生器最高工作频率为 2 kHz,C_4可由上式求得。

电路中 R_{P3}是用来调整高频端波形的对称性,而 R_{P2}是用来调整低频端波形的对称性,调整 R_{P3}和 R_{P2}可以改善正弦波的失真。稳压管 VD_Z是为了避免 8 引脚上的负压过大而使 5G8038 工作失常而设置的。

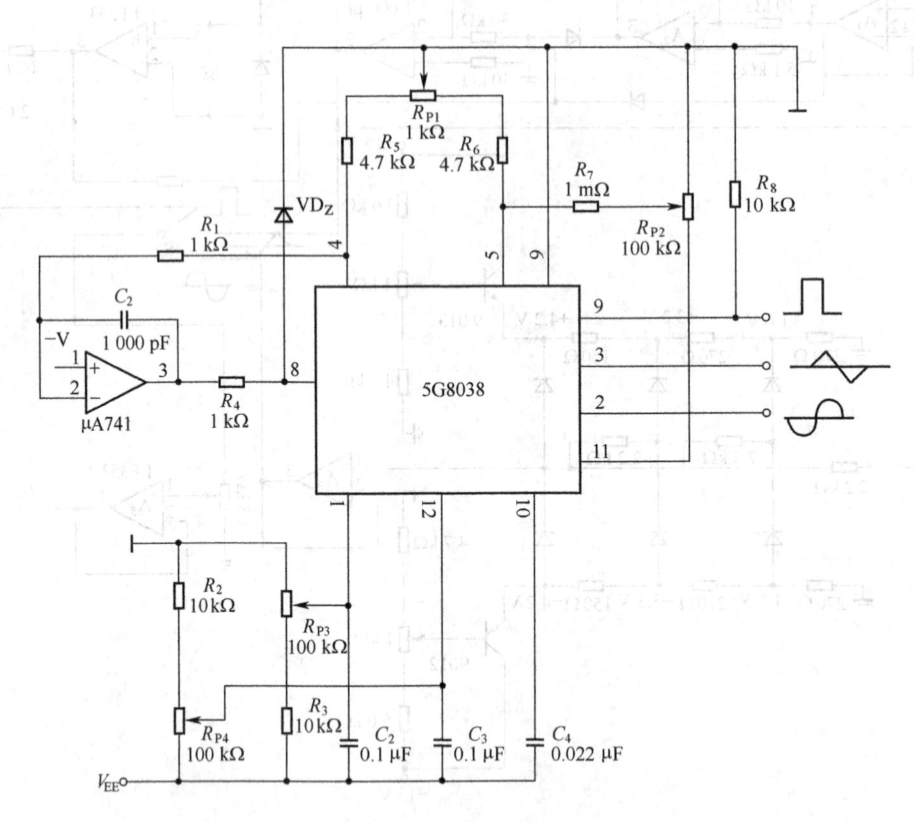

图 5-29 精密压控振荡器

6. 电路安装与指标测试

对于图 5-27 和图 5-28 所示电路的调试,通常按电子电路一般调试方法进行,即按照单元电路的先后顺序进行分级装调与联调,故这里不再赘述。

下面介绍单片集成函数发生器 5G8038 的一般调试方法:

按图 5-29 接线,检查无误后通电观察有无方波、三角波输出,有则进行以下调试:

(1)频率的调节。定时电容器 C_2不变(可按要求分数挡),改变 R_{P1}中心滑动端位置(第 8 引脚电压改变),输出波形的频率应发生改变,然后分别接入各挡定时电容器,测量输出频率变化范围是否满足要求,若不满足,改变有关元件参数(R_1、R_2、R_3及 R_{P1})。

(2)占空比(矩形波)或斜率(锯齿波)的调节。R_{P1}中心滑动端位置不变,改变 R_{P2}中心滑动端位置,输出波形的占空比(矩形波)或斜率(锯齿波)将发生变化,若不变化,查 R_3、R_4、R_{P1}回路。

(3)正弦波失真度的调节。因为正弦波是由三角波变换而得,故首先应调 R_{P2},使输出的锯齿波为正三角波(上升时间、下降时间相等),然后调 R_{P3}、R_{P4},观察正弦波输出的顶部和底部失真程度,使之波形的正、负峰值(绝对值)相等且平滑接近正弦波。最后,用失真度仪测量其失真度,再进行细调,直至满足失真度指标要求。

7. 设计报告要求

(1)画出设计原理图,列出元器件清单。

(2)整理设计数据。

(3)在测试时发现的故障,应想办法排除。

(4)分析整体测试结果。

(5)写出实验的心得体会。

5.2.4　高灵敏度无线探听电路的设计

1. 设计目的

(1)掌握声音的收集、放大电路的应用。

(2)熟悉集成运放的一般结构,掌握使用集成运放设计电路的设计方法。

(3)通过设计,掌握无线收发电路的设计方法,熟悉无线收发电路的原理和特性。

2. 设计内容

采用高灵敏度传声器放大器和无线发射装置组成声音收集电路,然后运用集成运放LM324对收集到的声音进行放大,从而达到探听声音的目的。

要求:

(1)了解LM324的结构和关键性能参数。

(2)熟悉无线收发电路的结构和功能。

(3)用计算机仿真软件设计并绘出电路图。

(4)系统仿真、调试。

(5)整理设计资料,提交设计报告。

3. 设计原理

高灵敏度无线探听电路是由高灵敏度传声器放大器和无线发射装置组成,驻极体传声器采集声音信号,然后经过放大电路进行放大,放大后的信号耦合到高频发射电路发射出去。

这样设计的电路,可以探听到约100 m远处极微弱的声音,而且具有极强的指向性和极高的灵敏度。

4. 主要器件

下面以一个实际电路为例说明该电路的设计过程。

高灵敏度无线探听电路关键部件为LM324芯片,可以用来探听室内或室外的微弱声音,只要在需要探听的地方安装一个探听器,即可在100 m外用调频收音机清晰地探听到该处的声音。

LM324是四运放集成电路,它采用14引脚双列直插塑料(陶瓷)封装。它的内部包含四组形式完全相同的集成运放,除电源共用外,四组集成运放相互独立。每一组运算放大器可用图5-30所示的符号来表示,它有5个引出脚,其中“+”“-”为两个信号输入端,V_+、V_-为正、负电源端,V_o为输出端。两个信号输入端中,V_{i-}为反相输入端,表示集成运放输出端V_o的信号与该输入端的相位相反;V_{i+}为同相输入端,表示集成运放输出端V_o的信号与该输入端的相位相同。LM324的引脚排列如图5-31所示。由于LM324四运放集成电路具有电源电压范围宽,静态功耗小,可单电源使用,价格低廉等优点,因此,被广泛应用在各种电路中。

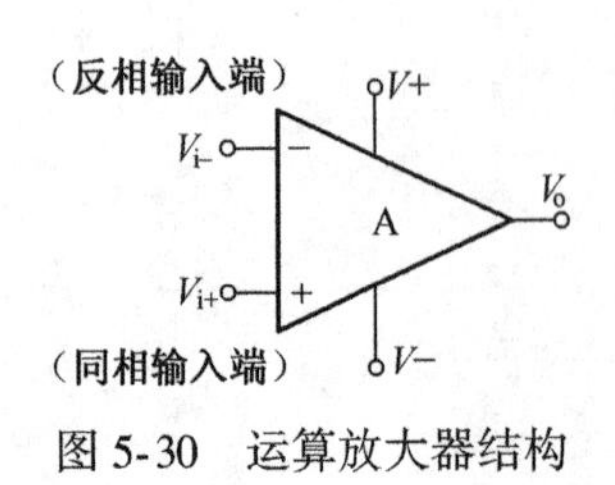

图 5-30 运算放大器结构

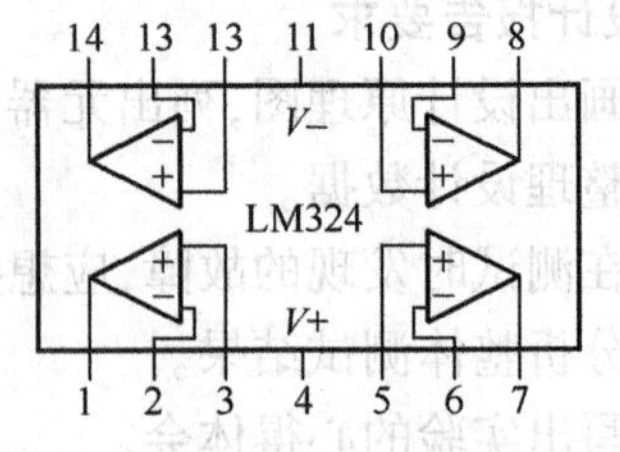

图 5-31 LM324 的引脚排列

高灵敏度无线探听电路结构如图 5-32 所示。

放大时由四运放集成电路 LM324 中的两只集成运放组成。

当传声器 MIC 拾到微弱的声音信号后,便在 MIC 两端产生信号电压,经过电容器 C_1 耦合到第一级运算放大器的 3 引脚进行放大,其放大增益达 20 dB,甚至更高,经过第一级放大以后,从 1 引脚输出,经过电容器 C_3 耦合,电位器 R_P 控制进入到 5 引脚进行第二级放大,经过这两级放大以后,足以将任何微弱的声音信号放大到足够幅度,然后由 C_5 耦合到高频发射电路中。

高频振荡电路是由专用高效发射管 V 及 LC 振荡电路构成,其谐振频率设计在 FM 波段的 88~108 MHz 范围内,音频调制后的载波通过发射天线 W 向周围空间发射,用一台 FM 收音机即可在 100 m 外收听到,其中 R_5 和 R_7 为集成运放的负反馈电阻,调整其阻值可改变放大增益。

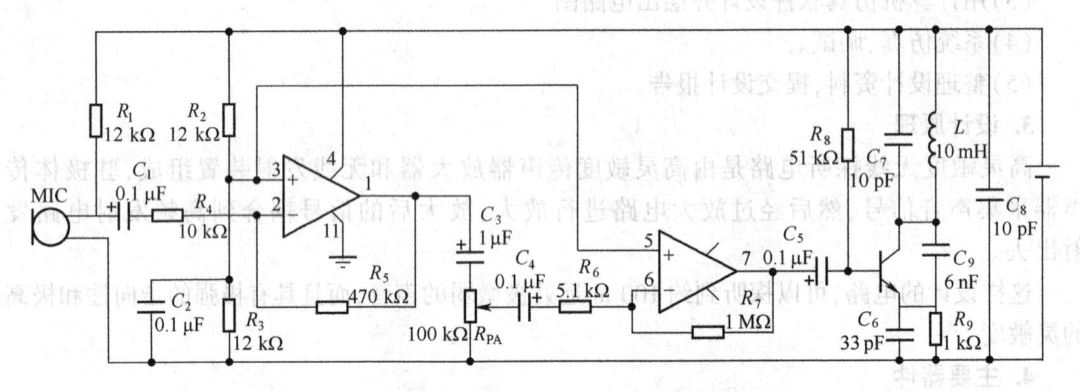

图 5-32 高灵敏度无线探听电路结构

5. 调试要点

MIC 选用微型驻极体传声器,制作适宜在外面加一个聚声盆,将 MIC 装入一个内径为25 mm 的塑料管内,在塑料管的内面贴上一层绒布吸声,以提高声源的质量。发射管采用高效专用发射管 D-50 或 D-40 等(9013),放大倍数大于 100。L 用直径为 0.31 mm 的漆包线在直径为 5 mm 的转头上绕六圈,脱胎后将线圈拉长到 5 mm 左右即可。天线可以采用 40 cm 的导线。

调整电位器 R_P,使 7 引脚输出信号强度适中,可用高阻抗耳机在 C_5负极与地之间监听,调整电路中的 L 间距或 C 的容量使发射频率落在 88~108 MHz 范围内,并边调边拉开距离,一般可以在 100 m 外清晰听到探听电路发射过来的声音信号。

5.2.5 数字电压表的设计

数字电压表的基本原理,是对直流电压进行模-数转换,并将其结果用数字量直接显示出来。按其基本工作原理可分为积分式和比较式两大类。

1. 设计目的

(1)掌握数字电压表的设计、组装与调试方法。

(2)熟悉集成电路MC14433、MC1413、CD4511和MC1403的使用方法,并掌握其工作原理。

2. 设计内容

(1)设计数字电压表电路。

(2)测量范围:直流电压0~1.999 V、0~19.99 V、0~199.9 V、0~1 999 V。

(3)组装调试$3\frac{1}{2}$位数字电压表。

(4)画出数字电压表电路原理图,写出总结报告。

(5)选做内容:自动切换量程。

3. 设计原理

数字电压表是将被测模拟量转换为数字量,并进行实时数字显示的数字系统。

该系统(见图5-33)由$3\frac{1}{2}$位A/D转换器MC14433、七路达林顿驱动器阵列MC1413、七段锁存-译码-驱动器CD4511、高精度低漂移能隙基准电源MC1403和共阴极LED(发光二极管)组成。

该系统是$3\frac{1}{2}$位数字电压表,$3\frac{1}{2}$位是指十进制数0 000~1 999,所谓3位是指个位、十位、百位,其数字范围均为0~9;而所谓$\frac{1}{2}$位是指千位数,它不能从0变化到9,而只能由0变到1,即二值状态,所以称为$\frac{1}{2}$位。

各部分的功能如下:

(1)$3\frac{1}{2}$位A/D转换器将输入的模拟信号转换成数字信号。

(2)高精度低漂移能隙基准电源:提供精密电压,供A/D转换器作参考电压。

(3)译码器:将二-十进制(BCD)码转换成七段信号。

(4)驱动器:驱动显示器的a、b、c、d、e、f、g七个发光段,推动LED进行显示。

(5)显示器:将译码器输出的七段信号进行数字显示,读出A/D转换结果。

工作过程如下:

$3\frac{1}{2}$位数字电压表通过位选信号DS_1~DS_4进行动态扫描显示,由于MC14433电路的A/D转换结果是采用BCD码多路调制方法输出的,所以只要配上一块译码器,就可以将转换结果以数字方式实现四位数字的LED动态扫描显示。DS_1~DS_4输出多路调制选通脉冲信号,DS选通脉冲为高电平,则表示对应的数位被选通,此时该位数据在Q_0~Q_3端输出。每个DS选通脉冲高电平宽度为18个时钟脉冲周期,两个相邻选通脉冲之间间隔2个时钟脉冲周期。DS和EOC的时序关系是在EOC脉冲结束后,紧接着是DS_1输出正脉冲,以下依次为DS_2、DS_3和DS_4。其中DS_1对应最高位(MSD),DS_4则对应最低位(LSD)。在对应DS_2、DS_3和DS_4选通期间，$Q_0 \sim Q_3$输出 BCD 全位数据，即以 8421 码方式输出对应的数字 0~9；在 DS_1 选通期间，$Q_0 \sim Q_3$输出千位的半位数 0 或 1 及过量程、欠量程和极性标志信号。

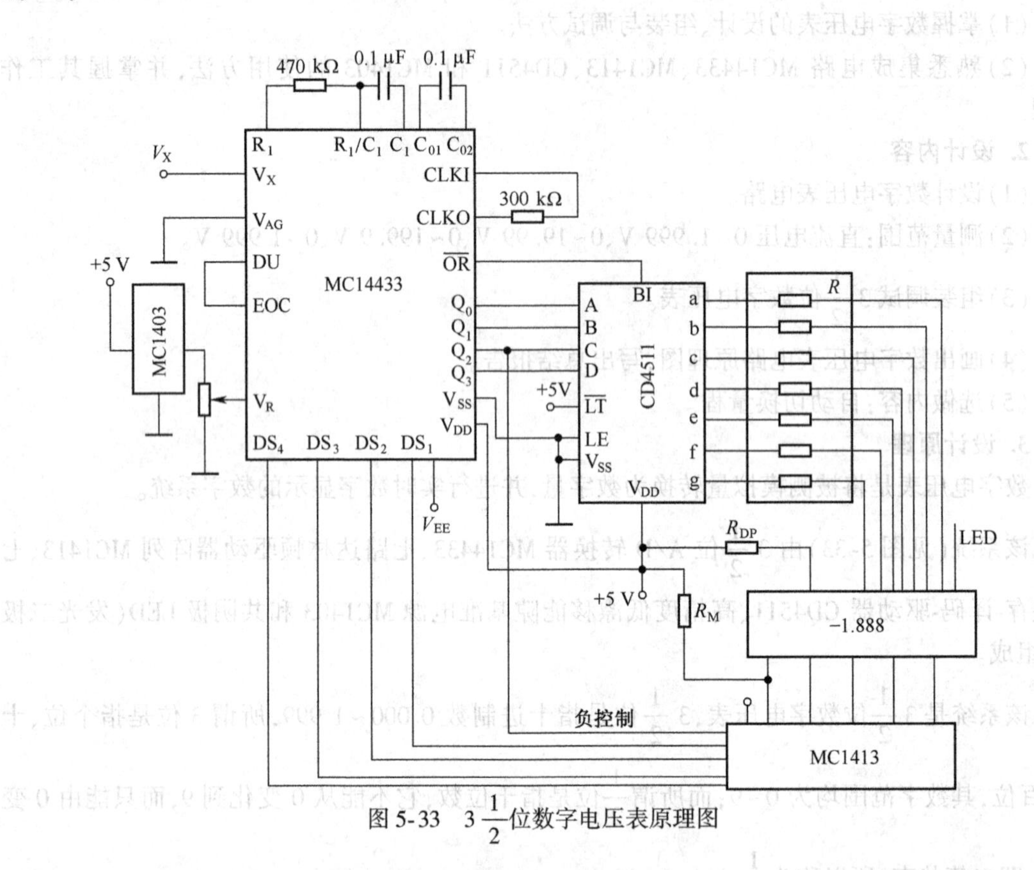

图 5-33　$3\frac{1}{2}$位数字电压表原理图

在位选信号 DS_1 选通期间，$Q_0 \sim Q_3$的输出内容如下：

Q_3表示千位数，$Q_3=0$，代表千位数的数字显示为 1；$Q_3=1$，代表千位数的数字显示为 0。

Q_2表示被测电压的极性，Q_2的电平为 1，表示极性为正，即 $V_X>0$；Q_2的电平为 0，表示极性为负，即 $V_X<0$。显示数的负号（负电压）由 MC1413 中的一只三极管控制，符号位的"-"表示阴极与千位数阴极接在一起，当输入信号 V_X 为负电压时，Q_2端输出置 0，Q_2负号控制位使得驱动器不工作，通过限流电阻器 R_M 使显示器的"-"（即 g 段）点亮；当输入信号 V_X 为正电压时，Q_2端输出置"1"，Q_2 负号控制位使达林顿驱动器导通，R_M 接地，使"-"旁路而熄灭。

小数点显示是由正电源通过限流电阻器 R_{DP} 供电点亮小数点。若量程不同，则选通对应的小数点。

过量程是当输入电压 V_X 超过量程范围时，输出过量程标志信号$\overline{OR}$。

当$\begin{cases} Q_3=0 \\ Q_0=1 \end{cases}$时，表示 V_X处于过量程状态。

当$\begin{cases} Q_3=1 \\ Q_0=1 \end{cases}$时，表示 V_X处于欠量程状态。

当$\overline{OR}=0$ 时，$|V_X|>1999$，则溢出。$|V_X|>V_R$，则$\overline{OR}$输出低电平。

当$\overline{OR}=1$ 时，表示$|V_X|<V_R$。一般情况下$\overline{OR}$为高电平，表示被测量在量程内。

MC14433 的$\overline{OR}$端与 CD4511 的消隐端$\overline{BI}$直接相连，当 V_X超出量程范围时，则$\overline{OR}$输出低电平，即$\overline{OR}=0 \rightarrow \overline{BI}=0$，CD4511 输出全 0，使发光二极管显示数字熄灭，而负号和小数点依然点亮。

4. 主要器件

(1) $3\frac{1}{2}$位 A/D 转换器 MC14433。在数字仪表中，MC14433 电路是一个低功耗 $3\frac{1}{2}$位双积分式 A/D 转换器。MC14433 电路总框图如图 5-34 所示。由图 5-34 可知，MC14433 的 A/D 转换器主要由模拟部分和数字部分组成。使用时只要外接两个电阻器和两个电容器就能执行 $3\frac{1}{2}$位的 A/D 转换器。

①模拟部分。图 5-35 为 MC14433 内部模拟电路的工作原理示意图。其中共有3 个运算放大器 A_1、A_2、A_3和 10 多个电子模拟开关，A_1接成电压跟随器，以提高 A/D 转换器的输入阻抗，由于 A_1采用 CMOS 电路，因此输入阻抗可达 100 MΩ 以上；A_2和外接的 R_1、C_1构成一个积分放大器，完成电压–时间的转换；A_3接成电压比较器，主要功能是完成“0”电平检出，由输入电压与零电压进行比较，根据两者的差值决定输出是“1”还是“0”。比较器的输出用作内部数字控制电路的一个判别信号；电容器 C_0为自动调零失调补偿电容。

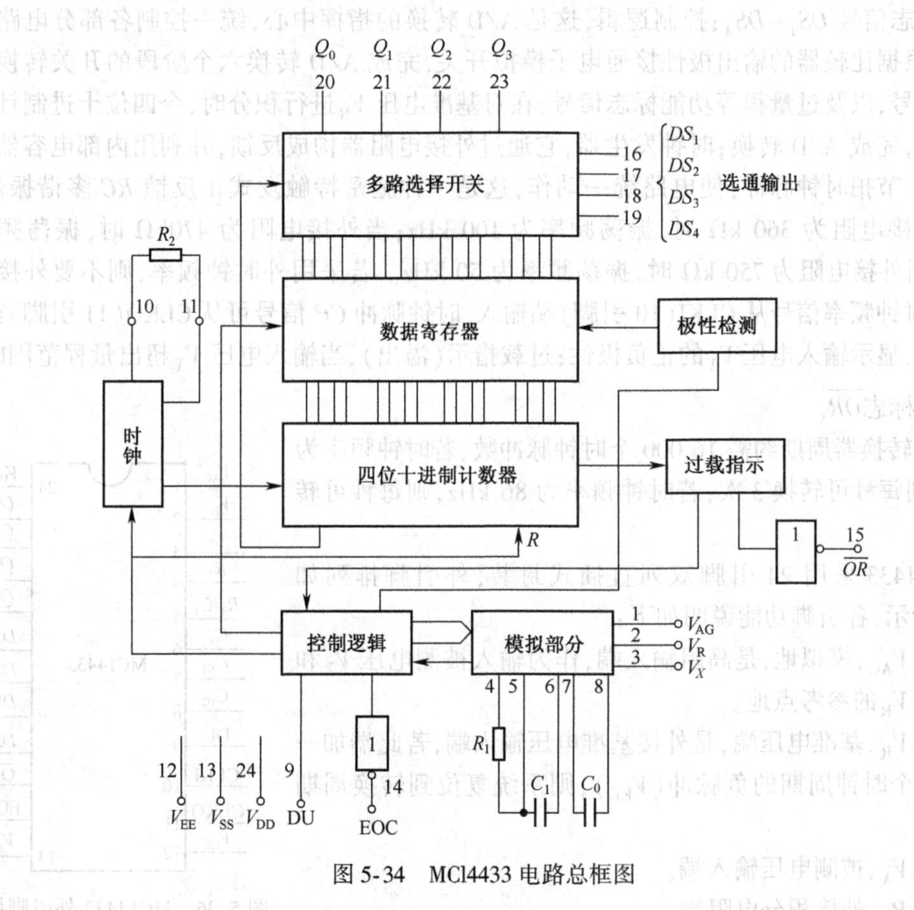

图 5-34　MCl4433 电路总框图

②数字部分。包括图 5-34 中除“模拟部分”以外的部分。其中四位十进制计数器为 $3\frac{1}{2}$

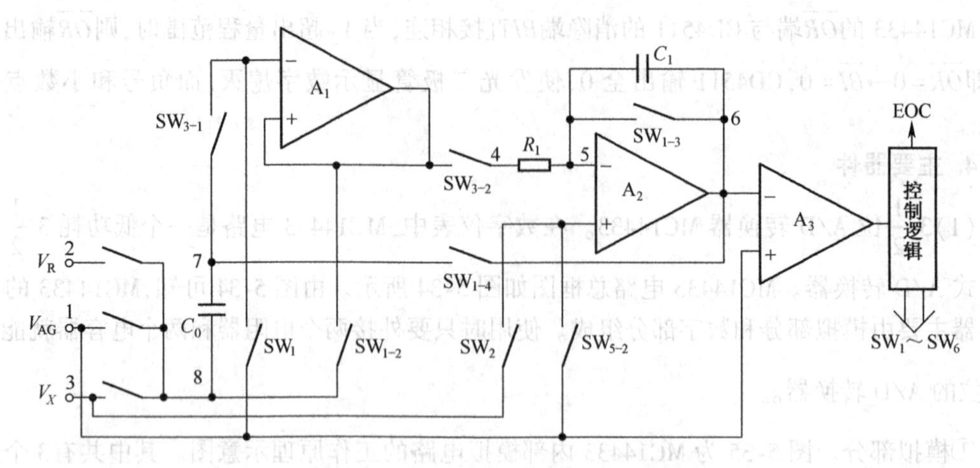

图 5-35　模拟电路工作原理示意图

位 BCD 码计数器，对反积分时间进行计数（0～1999），并送到数据寄存器；数据寄存器为 $3\frac{1}{2}$ 位十进制代码数据寄存器，在控制逻辑和实时取数信号（DU）作用下，锁定和存储 A/D 转换结果；多路选择开关，从高位到低位逐位输出多路调制 BCD 码 $Q_0 \sim Q_3$，并输出相应位的多路选通脉冲标志信号 $DS_1 \sim DS_4$；控制逻辑，这是 A/D 转换的指挥中心，统一控制各部分电路的工作，它是根据比较器的输出极性接通电子模拟开关，完成 A/D 转换六个阶段的开关转换和定时转换信号，以及过量程等功能标志信号，在对基准电压 V_R 进行积分时，令四位十进制计数器开始计数，完成 A/D 转换；时钟发生器，它通过外接电阻器构成反馈，并利用内部电容器形成振荡，产生节拍时钟脉冲，使电路统一动作，这是一种施密特触发式正反馈 *RC* 多谐振荡器。一般当外接电阻为 360 kΩ 时，振荡频率为 100 kHz；当外接电阻为 470kΩ 时，振荡频率为 66 kHz；当外接电阻为 750 kΩ 时，振荡频率为 50 kHz。若采用外时钟频率，则不要外接电阻器，外部时钟频率信号从 CLKI（10 引脚）端输入，时钟脉冲 *CP* 信号可从 CLKO（11 引脚）获得；极性检测，显示输入电压 V_X 的正负极性；过载指示（溢出），当输入电压 V_X 超出量程范围时，输出过量程标志 $\overline{OR}$。

A/D 转换器周期约需 16 000 个时钟脉冲数，若时钟频率为 48 kHz，则每秒可转换 3 次；若时钟频率为 86 kHz，则每秒可转换 4 次。

MC14433 采用 24 引脚双列直插式封装，外引脚排列如图 5-36所示，各引脚功能说明如下：

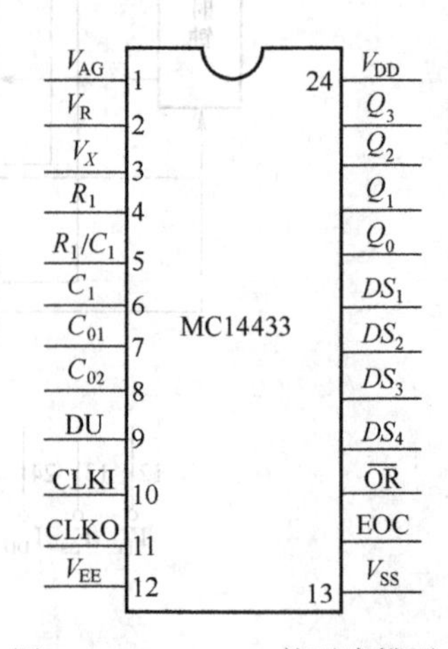

图 5-36　MC14433 外引脚排列

1 端：V_{AG}，模拟地，是高阻输入端，作为输入被测电压 V_X 和基准电压 V_R 的参考点地。

2 端：V_R，基准电压端，是外接基准电压输入端，若此端加一个大于 5 个时钟周期的负脉冲（V_{EE}），则系统复位到转换周期的起点。

3 端：V_X，被测电压输入端。

4 端：R_1，外接积分电阻端。

5 端：R_1/C_1，外接积分元件电阻和电容的接点。

6 端：C_1，外接积分电容端，积分波形由该端输出。

7 端和 8 端：C_{01} 和 C_{02}，外接失调补偿电容端。推荐该两端外接失调补偿电容 C_0 取 0.1μF。

9 端：DU，实时输出控制端，主要控制转换结果的输出，若在积分放电周期，即阶段 5 开始前，在 DU 端输入一正脉冲，则该周期转换结果将被送入输出锁存器并经多路开关输出，否则输出端继续输出锁存器中原来的转换结果，若该端通过一电阻器和 EOC 短接，则每次转换的结果都将被输出。

10 端：CLKI，时钟信号输入端。

11 端：CLKO，时钟信号输出端。

12 端：V_{EE}，负电源端，是整个电路的电源最负端，主要作为模拟电路部分的负电源，该端典型电流约为 0.8 mA，所有输出驱动电路的电流不流过该端，而是流向 V_{SS} 端。

13 端：V_{SS}，负电源端。

14 端：EOC，转换周期结束标志输出端，每一 A/D 转换周期结束，EOC 端输出一正脉冲，其脉冲宽度为时钟信号周期的 1/2。

15 端：$\overline{OR}$，过量程标志输出端，当 $|V_X|>V_R$，则 $\overline{OR}$ 输出低电平。正常量程内，$\overline{OR}$ 为高电平。

16~19 端：对应为 $DS_4 \sim DS_1$，分别是多路调制选通脉冲信号个位、十位、百位和千位输出端。当 DS 端输出高电平时，表示此刻 $Q_0 \sim Q_3$ 输出的 BCD 码是该对应位上的数据。

20~23 端：对应为 $Q_0 \sim Q_3$，分别是 A/D 转换结果数据输出 BCD 码的最低位(LSB)、次低位、次高位和最高位输出端。

24 端：V_{DD}，整个电路的正电源端。

(2) 七段锁存-译码-驱动器 CD4511。CD4511 是专用于将二-十进制代码(BCD)转换成七段显示信号的专用标准译码器，它由四位闩锁、七段译码电路和驱动器三部分组成，如图 5-37 所示。

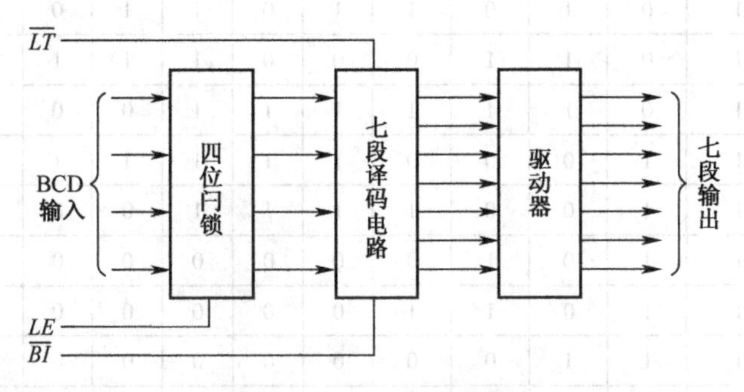

图 5-37　CD4511 功能图

①四位闩锁(LATCH)。它的功能是将输入的 A、B、C 和 D 代码寄存起来，该电路具有锁存功能，在锁存允许端 LE(LATCH ENABLE)控制下起闩锁电路的作用。

当 $LE=1$ 时，闩锁器处于锁存状态，四位闩锁封锁输入。此时它的输出为前一次 $LE=0$ 时输入的 BCD 码；当 $LE=0$ 时，闩锁器处于选通状态，输出即为输入的代码。

由此可见，利用 LE 端的控制作用可以将某一时刻的输入 BCD 码寄存下来，使输出不再随输入变化。

②七段译码电路。将来自四位闩锁输出的 BCD 码译成七段显示码输出，CD4511 中的七

段译码电路有两个控制端。

a. 灯测试端$\overline{LT}$(LAMP TEST)。当$\overline{LT}=0$时,七段译码电路输出全1,发光二极管各段全亮显示;当$\overline{LT}=1$时,七段译码电路输出状态由$\overline{BI}$端控制。

b. 消隐端$\overline{BI}$(BLANKING)。当$\overline{BI}=0$时,控制七段译码电路为全0输出,发光二极管各段熄灭;当$\overline{BI}=1$时,七段译码电路正常输出,发光二极管正常显示。

③驱动器。利用内部设置的NPN管构成的射极输出器,加强驱动能力,使七段译码电路输出驱动电流达20 mA。

CD4511电源电压V_{DD}的范围为5~15 V。它可与NMOS电路或TTL电路兼容工作。CD4511采用16引脚双列直插式封装,如图5-38所示。其真值表见表5-1。使用CD4511时应注意输出端不允许短路,应用时电路输出端需要外接限流电阻器。

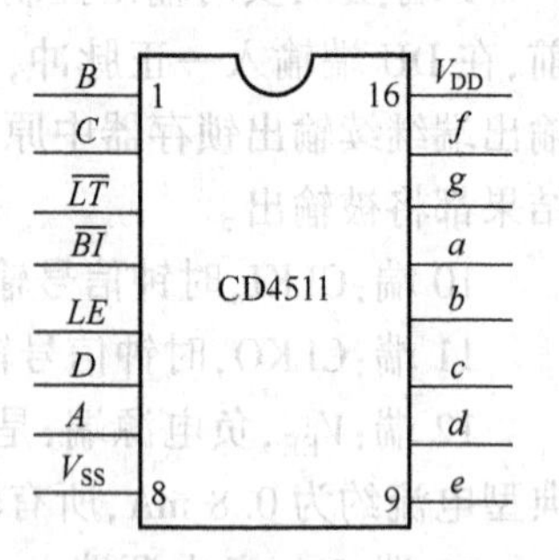

图5-38 CD4511顶视图

表5-1 CD4511真值表

输入							输出							
LE	$\overline{BI}$	$\overline{LT}$	*D*	*C*	*B*	*A*	*a*	*b*	*c*	*d*	*e*	*f*	*g*	显示
×	×	0	×	×	×	×	1	1	1	1	1	1	1	8
×	0	1	×	×	×	×	0	0	0	0	0	0	0	暗
0	1	1	0	0	0	0	1	1	1	1	1	1	0	0
0	1	1	0	0	0	1	0	1	1	0	0	0	0	1
0	1	1	0	0	1	0	1	1	0	1	1	0	1	2
0	1	1	0	0	1	1	1	1	1	1	0	0	1	3
0	1	1	0	1	0	0	0	1	1	0	0	1	1	4
0	1	1	0	1	0	1	1	0	1	1	0	1	1	5
0	1	1	0	1	1	0	0	0	1	1	1	1	1	6
0	1	1	0	1	1	1	1	1	1	0	0	0	0	7
0	1	1	1	0	0	0	1	1	1	1	1	1	1	8
0	1	1	1	0	0	1	1	1	1	0	0	1	1	9
0	1	1	1	0	1	0	0	0	0	0	0	0	0	暗
0	1	1	1	0	1	1	0	0	0	0	0	0	0	暗
0	1	1	1	1	0	0	0	0	0	0	0	0	0	暗
0	1	1	1	1	0	1	0	0	0	0	0	0	0	暗
0	1	1	1	1	1	0	0	0	0	0	0	0	0	暗
0	1	1	1	1	1	1	0	0	0	0	0	0	0	暗
0	1	1	×	×	×	×	取决于原来*LE*=0时的BCD码							

(3)七路达林顿驱动器阵列MC1413。MC1413采用NPN达林顿复合三极管的结构,因此具有很高的电流增益和很高的输入阻抗,可直接接受MOS或CMOS集成电路的输出信号,并把电压信号转换成足够大的电流信号驱动各种负载。该电路内含有7个集电极开路反相器(又称OC门)。MC1413电路结构和引脚如图5-39所示,它采用16引脚的双列直插式封装。

每一驱动器输出端均接有一释放电感负载能量的抑制二极管。

(4)高精度低漂移能隙基准电源 MC1403。MCl403 的输出电压 V_0 的温度系数为零,即输出电压与温度无关。该电路的特点:温度系数小;噪声小;输入电压范围大,稳定性能好,当输入电压从+4.5 V 变化到+15 V 时,输出电压值变化量 $\Delta V_0<3$ mV;输出电压值准确度较高,V_0 值在 2.475~2.525 V 以内;电压差小,适用于低压电源;负载能力小,该电源最大输出电流为 10 mA。

MCl403 采用 8 引脚双列直插式标准封装,如图 5-40 所示。

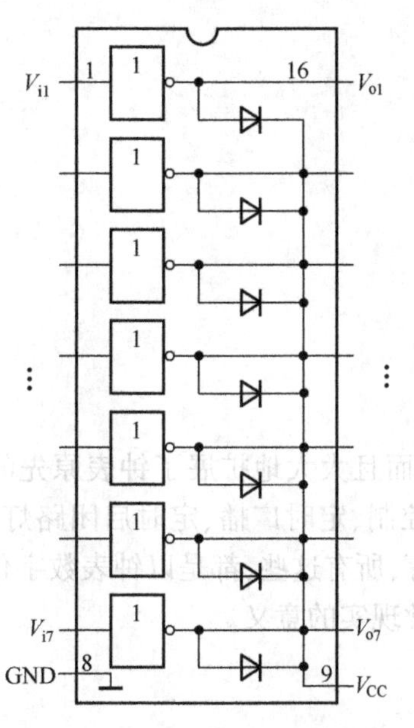

图 5-39　MC1413 电路结构和引脚

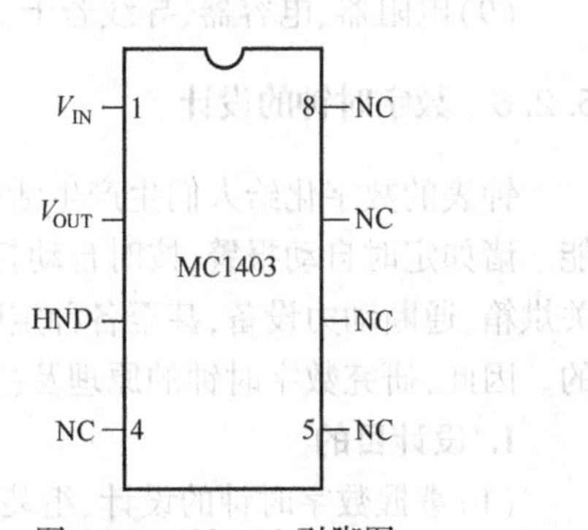

图 5-40　MC1403 引脚图

5. 调试要点

(1)加电源电压。$V_{DD}=+5$ V,$V_{SS}=-5$ V。

(2)用示波器观察 MC14433 的 11 引脚 f_{CLK} 时钟频率。调整电阻 R_2,使 $f_{CLK}=66$ kHz。

(3)采用稳压电源,调整其输出电压为 1.999 V 或 199 mV,以此作为模拟量输入信号 V_X,此值需要用标准数字电压表监视,然后调整基准电压 V_R 的电位器,使 LED 显示量为 1.999 V 或 199 mV,此时将电位器值固定好。

(4)观察 MC14433 第 6 引脚处的积分波形。调整电阻 R_1 的值,使 V_X 为 1.999 V 或199 mV 时,积分器输出既不饱和,又能得到最大不失真的摆幅。

(5)检查自动调零功能。当 MC14433 的端子 V_X 与 V_{AG} 短路或 V_X 端没有信号输入时,LED 显示器应显示 0000。

(6)检查超量程溢出功能。调节 V_X 值,当 V_X 为 2 V(或 $|V_X|>V_R$),观察 LED 发光二极管是否有闪烁显示告警作用,此时 $\overline{OR}$ 端应为低电平。

(7)检查自动极性转换功能。将+1.990 V 和−1.990 V 先后加到 V_X 端,两次读数之差为翻转误差,根据 MOTOROLA 公司规定,正负极性转换时允许个位有±1 个字的误差。

(8)测试线性度误差。将输入信号 V_X 从 0 V 增大到 1.999 V,输出几个采样值,其 V_X 值用标准数字电压表监视,然后与 LED 显示数值相比较,其最大偏差为线性误差。

(9)将信号电压 V_X 极性变反,重复步骤(8)。

(10)当 MCl4433 的 9 引脚与 14 引脚直接相连时,观察有没有 EOC 信号,当 DU 端置 0 时,观察 LED 显示数字是否锁存。

(11)调试分压器,检查各量程是否准确。

6. 供参考选择的元器件

(1)MCl4433 或(5G14433),1 片。

(2)CD451 或(5G4511),1 片。

(3)MCl413 或(5G1413),1 片。

(4)MCl403 或(5G1403),1 片。

(5)CC4051 或(CC4052),1 片。

(6)74L5194 或 CC40194,1 片。

(7)LM324,1 片。

(8)七段显示器,4 片。

(9)电阻器、电容器、导线若干。

5.2.6 数字时钟的设计

钟表的数字化给人们生产生活带来了极大的方便,而且大大地扩展了钟表原先的报时功能。诸如定时自动报警、按时自动打铃、时间程序自动控制、定时广播、定时启闭路灯、定时开关烘箱、通断动力设备,甚至各种定时电气的自动启用等,所有这些,都是以钟表数字化为基础的。因此,研究数字时钟的原理及扩展其应用,有着非常现实的意义。

1. 设计目的

(1)掌握数字时钟的设计、组装与调试方法。

(2)熟悉集成电路的使用方法。

2. 设计内容

(1)设计一个有"时""分""秒"(23 小时 59 分 59 秒)显示且有校时功能的数字时钟。

(2)用中小规模集成电路组成数字时钟,并在实验箱上进行组装、调试。

(3)画出框图和逻辑电路图,写出设计总结报告。

(4)选做内容:

①闹钟系统。

②整点报时。在 59 分 51 秒、53 秒、55 秒、57 秒输出 750 Hz 音频信号,在 59 分 59 秒输出 1 000 Hz 信号,音响持续 1 秒,在 1 000 Hz 音响结束时刻为整点。

③日历系统。

3. 设计原理

数字时钟的逻辑框图如图 5-41 所示。它由石英晶体振荡器、分频器、计数器、译码器、显示器和校时电路组成,石英晶体振荡器产生的信号经过分频器作为秒脉冲,秒脉冲送入计数器计数,计数结果通过时、分、秒译码器显示时间。

(1)石英晶体振荡器。石英晶体振荡器的特点是振荡频率准确、电路结构简单、频率易调整。它还具有压电效应,在晶体某一方向加一电场,则在与此垂直的方向产生机械振动,有了机械振动,就会在相应的垂直面上产生电场,从而使机械振动和电场互为因果,这种循环过程一直持续到晶体的机械强度限制时,才达到最后稳定,这种压电谐振的频率即为石英晶体振荡器的固有频率。

用反相器与石英晶体振荡器构成的振荡电路如图 5-42 所示。利用两个非门 G_1 和 G_2 自我反馈，使它们工作在线性状态，然后利用石英晶体 JU 来控制振荡频率，同时用电容器 C_1 作为两个非门之间的耦合，两个非门输入和输出之间并联的电阻器 R_1 和 R_2 作为负反馈元件用，由于反馈电阻很小，可以近似认为非门的输出输入电压降相等。电容器 C_2 的作用是为了防止寄生振荡。例如，电路中的石英晶体振荡器频率是 4 MHz 时，则电路的输出频率为 4 MHz。

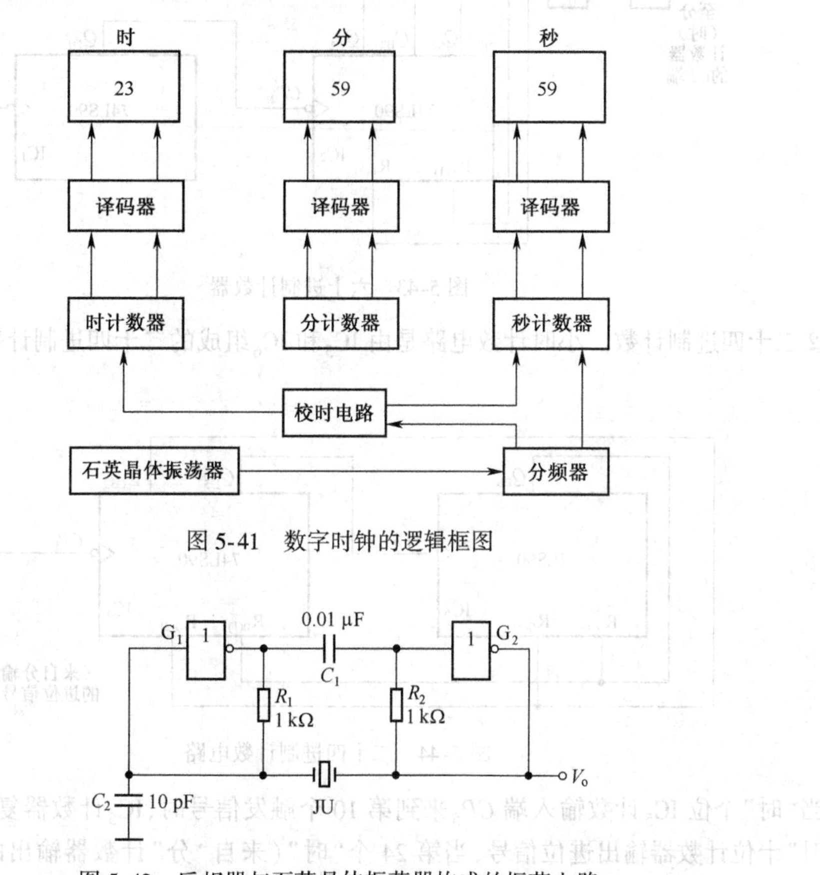

图 5-41　数字时钟的逻辑框图

图 5-42　反相器与石英晶体振荡器构成的振荡电路

(2)分频器。由于石英晶体振荡器产生的频率很高，要得到秒脉冲，需要用分频电路。例如，振荡器输出 4 MHz 信号，通过 D 触发器(74LS74)进行四分频变成 1MHz，然后送到十分频计数器(74LS90，该计数器可以用 8421 码制，也可以用 5421 码制)，经过六次十分频而获得 1 Hz的方波信号作为秒脉冲信号。

(3)计数器。秒脉冲信号经过六级计数器，分别得到“秒”个位、十位，“分”个位、十位，以及“时”个位、十位的计时。“秒”“分”计数器为六十进制，小时为二十四进制。

①六十进制计数。“秒”计数器电路与“分”计数器电路都是六十进制，它由一级十进制计数器和一级六进制计数器连接构成，如图 5-43 所示，采用两片中规模集成电路 74LS90 串联起来构成的“秒”“分”计数器。

IC_1 是十进制计数器，Q_{D1} 作为十进制的进位信号，74LS90 计数器是十进制异步计数器，用反馈归零方法实现十进制计数，IC_2 和与非门组成六进制计数。74LS90 是在 CP 信号的下降沿翻转计数，Q_{A2} 和 Q_{C2} 相与 0101 的下降沿，作为“分”(“时”)计数器的输入信号。当出现状态

0110 时，Q_{B2}和 Q_{C2}为高电平 1 并分别送到计数器的清零端 $R_{0(1)}$、$R_{0(2)}$，74LS90 内部的 $R_{0(1)}$和 $R_{0(2)}$与非后清零而使计数器归零，完成六进制计数。由此可见，IC_1和 IC_2串联实现了六十进制计数。

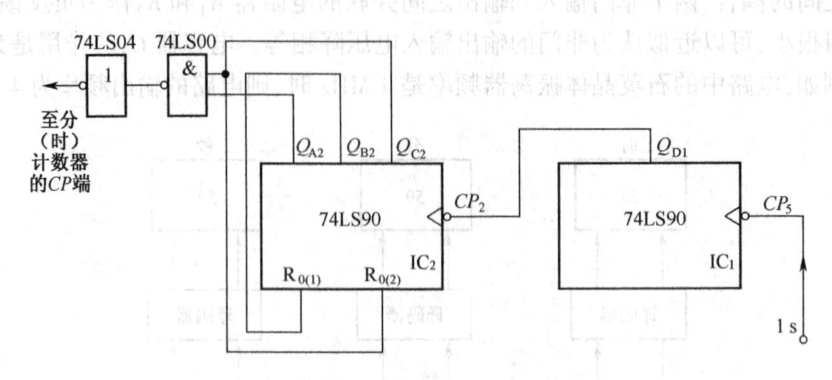

图 5-43 六十进制计数器

②二十四进制计数。小时计数电路是由 IC_5和 IC_6组成的二十四进制计数电路，如图 5-44 所示。

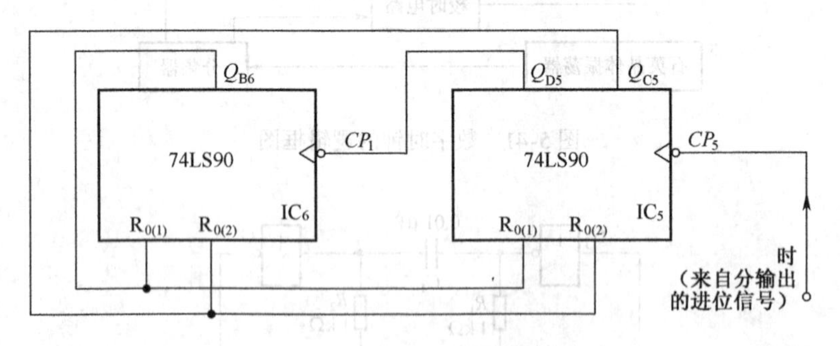

图 5-44 二十四进制计数电路

当“时”个位 IC_5计数输入端 CP_5来到第 10 个触发信号时，IC_5计数器复零，进位端 Q_{D5}向 IC_6“时”十位计数器输出进位信号，当第 24 个“时”（来自“分”计数器输出的进位信号）脉冲到达时，IC_5计数器的状态为“0100”，IC_6计数器的状态为“0010”，此时“时”个位计数器的 Q_{C5}和“时”十位计数器的 Q_{B6}输出为“1”。把它们分别送到 IC_5和 IC_6计数器的清零端 $R_{0(1)}$和 $R_{0(2)}$，通过 74LS90 内部的 $R_{0(1)}$和 $R_{0(2)}$，与非后清零，计数器复零，完成二十四进制计数。

（4）译码器。译码是将给定的代码进行翻译。计数器采用的码制不同，译码电路也不同。

74LS48 驱动器是与 8421BCD 编码计数器配合用的七段译码驱动器。74LS48 驱动器配有灯测试 LT、动态灭灯输入 RBI、灭灯输入/动态灭灯输出 BI/RBO。当 $LT=0$ 时，74LS48 驱动器输出全 1。74LS48 的使用方法参照该器件功能的介绍（参看 TTL 手册）。

74LS48 驱动器的输入端和计数器对应的输出端相连；74LS48 驱动器的输出端和七段显示器的对应段相连。

（5）显示器。本系统用七段发光二极管来显示译码器输出的数字，显示器有两种，即共阳极显示器和共阴极显示器。74LS48 驱动器对应的显示器是共阴极（接地）显示器。

（6）校时电路。校时电路实现对“秒”“分”“时”的校准。在电路中设有正常计时和校时位置。“秒”“分”“时”的校准开关分别通过 RS 触发器控制。

4. 主要器件

(1)七段显示器(共阴极) ,6 片。

(2)74LS10、74LS00,各 10 片。

(3)74LS48,6 片。

(4)74LS04,1 片。

(5)74LS90,12 片。

(6)74LS74,1 片。

(7)4MHz 石英晶体,1 片。

(8)电阻器、电容器、导线若干。

5. 调试要点

在实验箱上组装数字时钟,注意器件引脚的连接一定要准确,“悬空端”“清 0 端”“置 1 端”要正确处理,调试步骤和方法如下:

(1)用示波器检测石英晶体振荡器的输出信号波形和频率,石英晶体振荡器输出频率应为 4 MHz。

(2)将频率为 4 MHz 的信号送入分频器,并用示波器检查各级分频器的输出频率是否符合设计要求。

(3)将 1 s 信号分别送入“时”“分”“秒”计数器,检查各级计数器的工作情况。

(4)观察校时电路的功能是否满足校时要求。

(5)当分频器和计数器调试正常后,观察数字时钟是否准确正常地工作。

5.2.7　多路数据采集系统的设计

1. 设计目的

(1)掌握多路数据采集系统的设计、组装与调试方法。

(2)熟悉集成电路的使用方法。

2. 设计内容及要求

(1)本设计要求具有八路(如温度、压力、应力等各种模拟量)采样/保持(S/H)单元。

(2)将采样/保持单元获取的模拟量,通过 A/D 转换器转换成相应的数字量,再将经系统处理后的数字量,通过 D/A 转换器转换成模拟量送入输出滤波器,滤波器的输出用于控制需要控制的对象。

(3)由地址选通 S/H 电路通道。

(4)在实验箱上组装、调试该系统。

(5)画出逻辑电路图,写出总结报告。

3. 设计原理

多路数据采样/保持及转换系统的组成框图,如图 5-45 所示。

系统组成方式有 a 和 b 两种,方式 a 用得较多,该结构控制方便,所有的 S/H 可同时选通。该系统由八路采样/保持电路、多路开关、A/D 转换器、D/A 转换器及滤波单元组成。模拟信号通过采样/保持电路进行采样,然后进行保持,将保持的信号通过由地址控制的多路开关送进 A/D 转换器,将模拟量变换成数字量,A/D 转换器转换的数字量送入系统处理(如微机处理),在数字量处理完成后,将数字量输入 D/A 转换器转换成模拟量,随后滤波。方式 b 只用一个 S/H 电路,但控制复杂,要先选中某一通道后发采样信号,然后处于保持阶段,再启动转换电路。

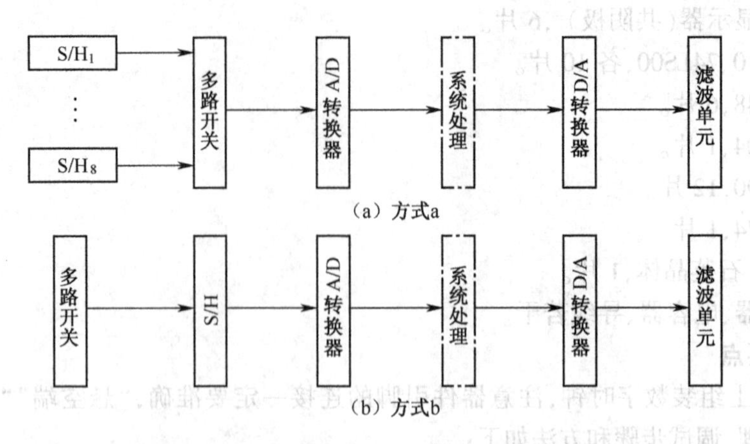

图 5-45 多路数据采样/保持及转换系统组成框图

(1)采样/保持电路。采样/保持电路实质上是一种模拟信号存储器,它在数字指令控制下,使开关通断,对输入信号瞬时值进行采样并寄存,通常用两个集成运放构成高输入阻抗的采样/保持电路,如图 5-46 所示。

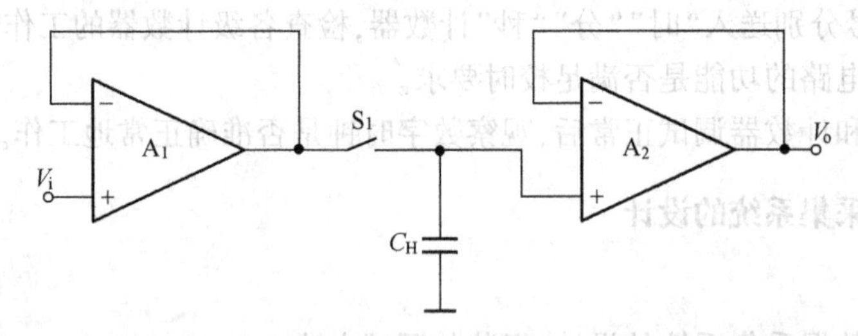

图 5-46 由两个集成运放构成高输入阻抗的采样/保持电路

放大器 A_1 构成射极跟随器。它对模拟信号提供了高输入阻抗,并提供了一个低的输出阻抗,使存储电容器 C_H 能快速充电和放电。放大器 A_2 在存储电容器和输出端之间起缓冲作用。开关 S_1 在指令控制下通断,对电容器 C_H 充电或放电,开关 S_1 通常使用 FET 开关或 MOSFET 开关,存储电容 C_H 一般取0.01~0.1μF。

现在,采样/保持电路经常使用集成电路 LF398,该器件的工作原理和使用方法说明如下:

集成电路 LF398 具有采样和保持功能,它是一种模拟信号存储器,在逻辑指令控制下,对输入的模拟量进行采样和寄存。图 5-47 是该器件的外引脚图。各引脚端的功能如下:

1 和 4 端分别为 V_{CC} 和 V_{EE} 电源端。电源电压范围为±5~±15 V。

2 端为失调调零端。当输入 $V_i=0$,且在逻辑输入为 1 采样时,可调节 2 端使 $V_o=0$。

3 端为模拟量输入端。

5 端为输出端。

6 端为接采样保持电容 C_H 端。

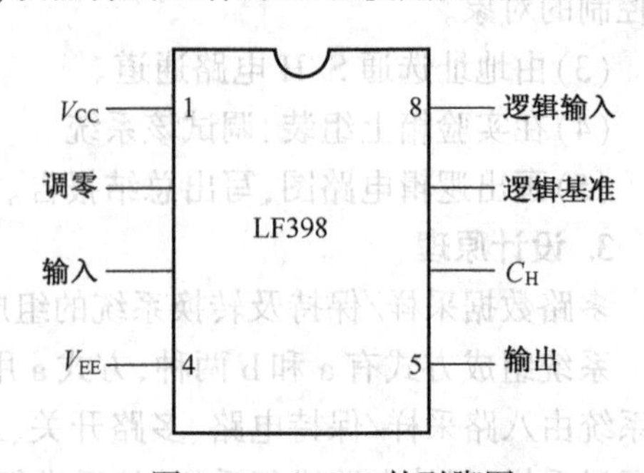

图 5-47 LF398 外引脚图

7端为逻辑基准端(接地)。

8端为逻辑输入控制端。该端电平为1时采样,为0时保持。

LF398内部电路原理图如图5-48所示。

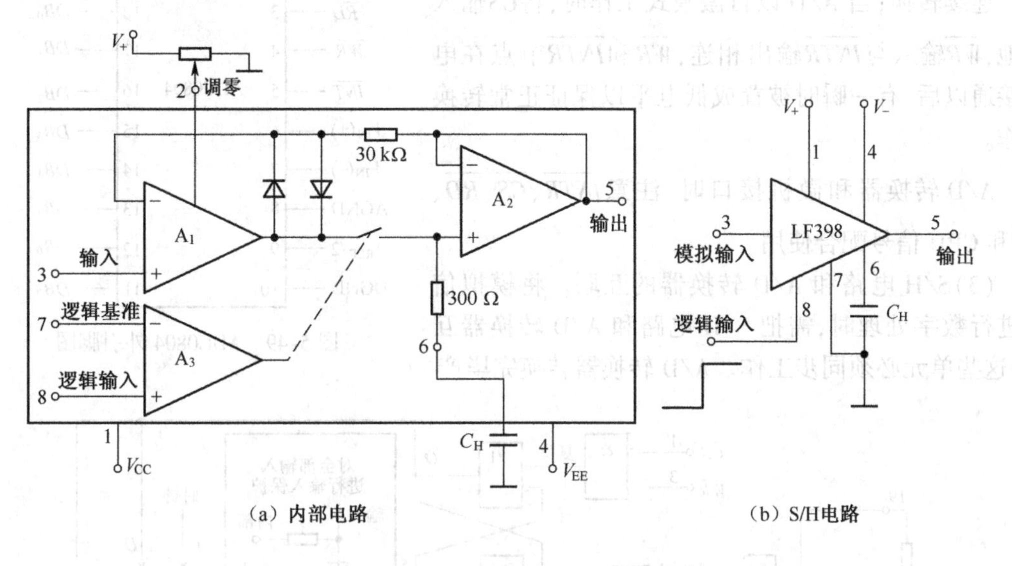

(a) 内部电路 (b) S/H电路

图5-48 LF398内部电路原理图

当8端电平为1时,LF398的内部开关闭合,此时A_1和A_2构成1∶1的电压跟随器,所以,$V_o=V_i$,并使C_H迅速充电到V_i,电压跟随器A_2输出的电压等于C_H上的电压。当8端电平为0时,内部开关断开,输出电压V_o值为控制8端由“1”跳到“0”时C_H上保持的电压,以实现保持目的。8端的逻辑输入再次为“1”、再次采样时,输出电压跟随变化。

(2)A/D转换。模拟量通过A/D转换变成数字量,这种方法运用在很多系统中。A/D转换电路的功能以ADC0801-0804为例进行介绍,其外引脚图和原理图分别如图5-49和图5-50所示。引脚8是模拟地,引脚10是数字地。内部电路主要由梯形网络和译码器、比较器、八位移位寄存器、SAR锁存器、三态输出锁存器等单元组成。

A/D转换是在逻辑控制信号驱动下进行的。电路中设置了片选$\overline{CS}$、数据写入$\overline{WR}$、中断输出$\overline{INTR}$,以及数据读出$\overline{RD}$逻辑控制信号。A/D的时钟可以从CLKIN输入,典型值为64 kHz,或者外接RC网络构成自己的时钟(在CLKR和CLKIN之间接10 kΩ电阻器,在CLKIN和地之间接150 pF电容器)。

当$\overline{CS}$和$\overline{RD}$同时变低时,则转换器启动,它启动触发器F/F置位,这个置位后形成的“1”电平复位信号使八位移位寄存器和中断$\overline{INTR}$的F/F复位,并把“1”输入到D触发器F/F_1。内部时钟信号传递这个“1”到F/F_1的Q输出端,同时与门G_1将这个“1”和时钟信号组合起来形成启动触发器F/F的复位信号,而当原来的置位信号不再存在($\overline{CS}$或$\overline{RD}$是“1”)时,启动触发器F/F被复位为0。八位移位寄存器就这样打入“1”,从而启动了转换过程。

当“1”经过八位移位寄存器以后,将“1”送入D锁存器,与门G_2产生一窄脉冲将SAR输出锁入三态输出锁存器。此时D锁存器的$\overline{Q}$为0,它使$\overline{INTR}$的F/F置位Q为1,经反相器使$\overline{INTR}$为0,表示转换结束。

当要读数据时，$\overline{CS}$和$\overline{RD}$都变低，这将使$\overline{INTR}$的F/F复位，而三态输出锁存器使能，提供八位数字输出。

连续转换；当A/D以自激模式工作时，将$\overline{CS}$输入接地，$\overline{WR}$输入与$\overline{INTR}$输出相连，$\overline{WR}$和$\overline{INTR}$节点在电源接通以后，有一瞬时被置成低电平以保证正常转换工作。

A/D转换器和微机接口时，注意$\overline{INTR}$、$\overline{CS}$、$\overline{RD}$、$\overline{WR}$和CPU信号配合使用。

(3)S/H电路和A/D转换器的互联。将模拟信号进行数字处理时，需把S/H电路和A/D转换器互连，这些单元必须同步工作。A/D转换器转换完毕产

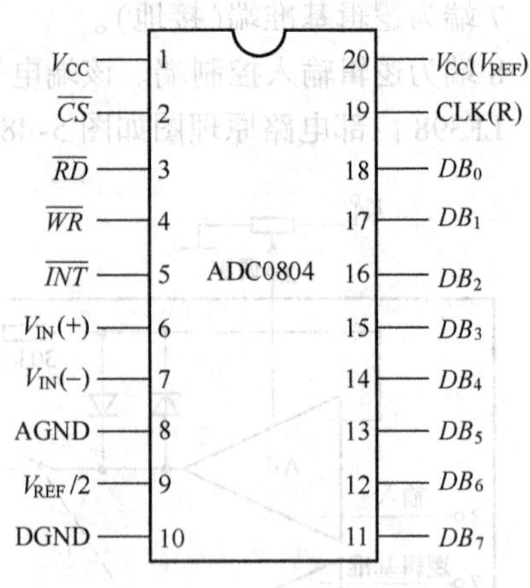

图5-49 ADC0804外引脚图

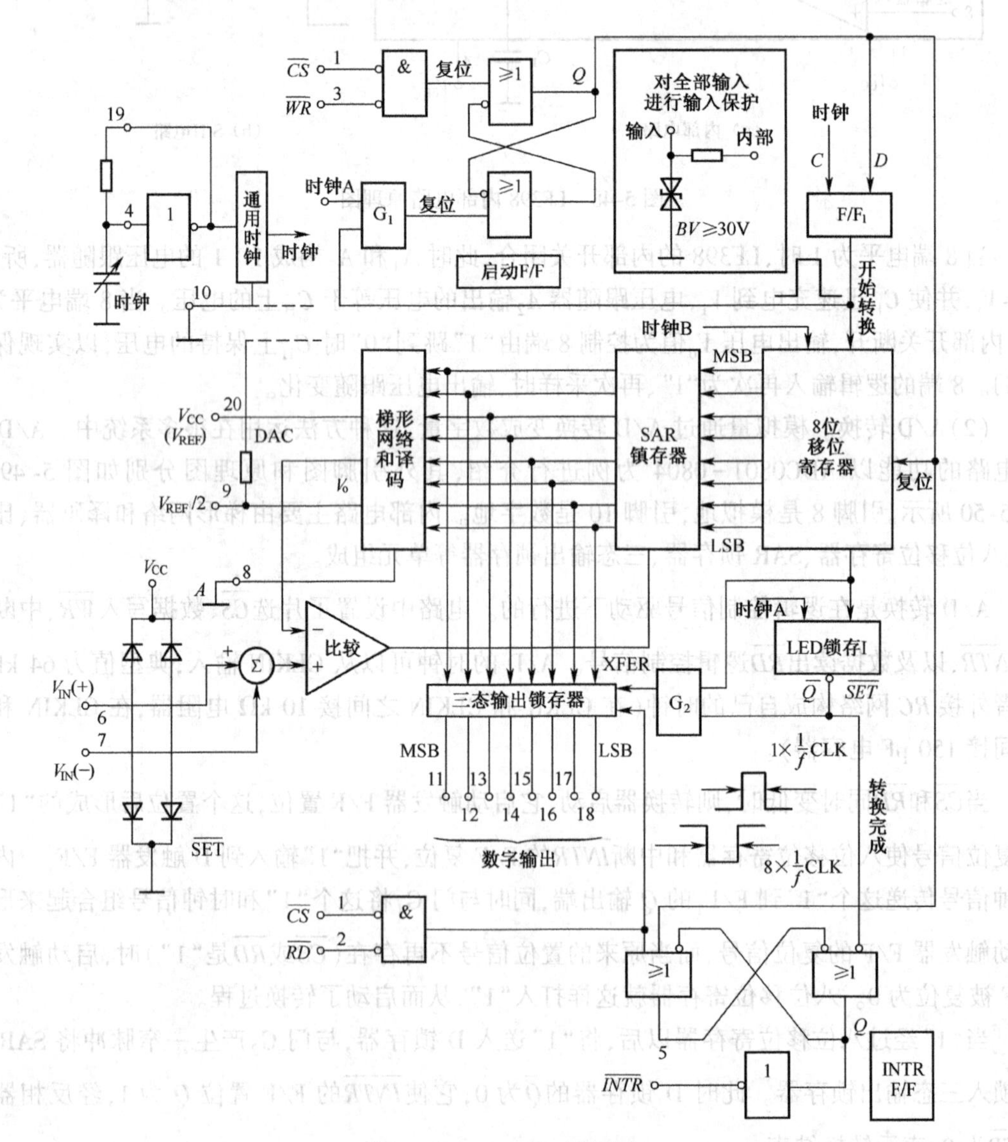

图5-50 ADC0804原理图

生一个转换结束的 EOC 脉冲(ADC0801-0804 由$\overline{INTR}$表示),它通知 S/H 电路何时采样和何时保持。S/H 电路的控制信号用 A/D 转换器中的 EOC,这样,就使 S/H 电路的输出在 A/D 转换器结束转换之前保持不变。然后,当 A/D 转换器转换完毕在输出锁存器中锁存八位数字时,转换结束的 EOC 脉冲出现,S/H 电路才允许采样,改变其模拟输出电平。若 S/H 电路与 A/D 转换器不同步,A/D 转换器转换期间 S/H 电路的输出在改变,这样必将导致错误的数字输出,所以 A/D 转换器和 S/H 电路一定要同步工作。

4. 主要器件

(1)LM324,4 片(或 LF398,8 片)。

(2)ADC0804,1 片(或 ADC0808,1 片)。

(3)4016,2 片。

(4)CC4051B,1 片。

(5)74LS138,1 片。

(6)74LS04,2 片。

(7)DAC0808,1 片。

(8)发光二极管,8 只。

(9)电阻器、电容器、导线若干。

5.2.8　多路数字显示抢答器设计

多路数字显示抢答器常用于青少年开展的科普活动中,如智能竞赛等。

1. 设计目的

(1)掌握多路数字显示抢答器的设计、组装与调试方法。

(2)熟悉集成电路的使用方法。

2. 设计内容

(1)根据参考电压设计一个多路数字显示抢答器的电路。

(2)定量估算电路各点参数。

(3)设计印制电路板图。

(4)调整参数,并选择各元器件规格型号。

(5)焊接、调试、组装。

3. 设计原理

集成电路 CD4511 是八路数字抢答器的主要部分。这是一块 BCD 七段锁存-译码-驱动电路集成器。它的 1、2、6、7 引脚为 BCD 码输入端。9~15 引脚为显示输出端。3 引脚 *LT* 为测试端,当 *LT* 为 0 时,输出全为 1。4 引脚 B_1 为消隐端,当 B_1 为 0 时,输出全为 0;此端为 0 时,还能清除锁存器内的数值。5 引脚 *LE* 为锁存允许端,当此端由 0 变为 1 时,*a*、*b*、*c*、*d*、*e*、*f*、*g* 7 个输出端保持在 *LE* 为 0 时所加 BCD 码对应的显示状态。16 引脚接电源正极,8 引脚接电源负极。

电路由四部分组成,如图 5-51 所示。

第一部分由抢答开关及编码电路组成。每路都有一个抢答按钮开关,并对应有 VD_1 ~ VD_{12} 中的二极管作为编码。例如,第三路开关 SB_3 按下时,通过两只二极管,加到 CD4511 的 BCD 码输入端为“0011”。而当第七路开关 SB_7 按下时,通过三只二极管,加到 CD4511 的 BCD 码输入端为“0111”。以此类推。如果按下某一路抢答开关,电路不显示或显示错误,只要检查与之相应的那组二极管,看是否接反或损坏。

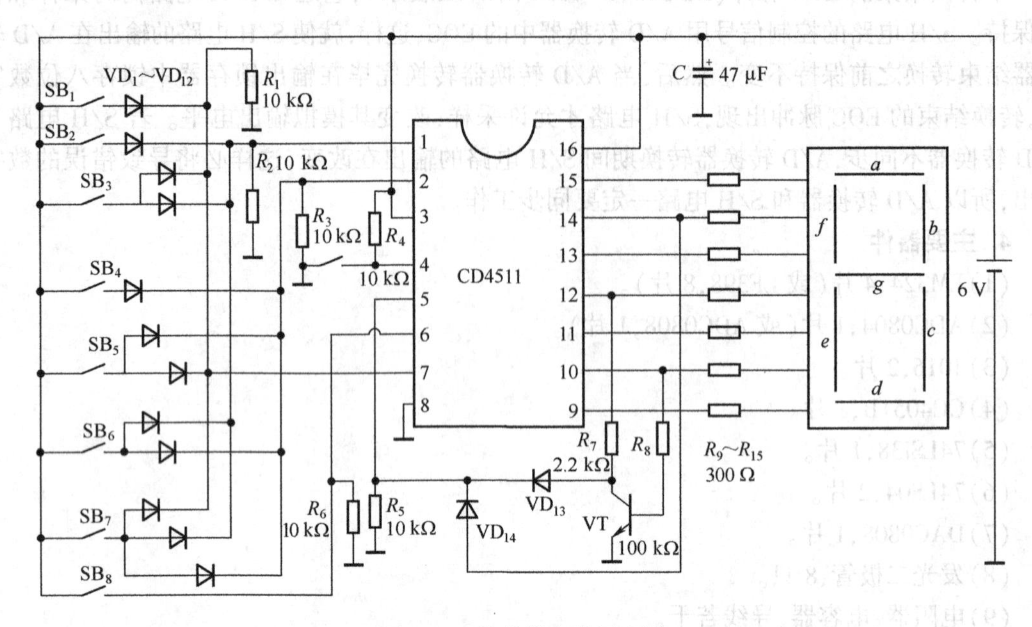

图 5-51　抢答器电路原理图

第二部分是抢答器锁存控制电路,由 VT、VD_{13}、VD_{14}及电阻器 R_7、R_8组成。

当抢答按钮开关都没有按下时,则于 BCD 码输入端都有接地的电阻器,所以 BCD 码输入端为"0000",输出端 d 为高电平,输出端 g 为低电平。通过对 0~9 十个数的分析可以看出,只有在数字"0"时,输出端 d 为高电平,同时输出端 g 为低电平。此时通过锁存控制电路使 CD4511 第 5 引脚上的电压为低电平。这种状态下 CD4511 没有锁存,允许 BCD 码输入。

第三部分是电路的核心 CD4511。它与抢答器锁存控制电路一起完成了抢答器对抢答信号先后的判断功能,并将第一个抢答信号锁存住,同时显示出来。在抢答准备阶段,数码显示为"0",CD4511 的第 5 引脚为低电平。当 SB_1 ~ SB_8 中的任意一个开关按下时,输出端 d 为低电平,或输出端 g 为高电平。这两种状态必有一个存在,或都存在,从而使 CD4511 第 5 引脚为高电平。

例如,SB_1 首先按下时,输出端 d 为低电平,三极管 VT 基极为低电平,集电极为高电平,通过二极管 VD_{13}使 CD4511 的第 5 引脚为高电平,这样 CD4511 中的数据受到锁存,使后边再从 BCD 码输入端送来的数据不再显示。而只显示第一个由 SB_1送来的信号,即"1"。又如 SB_5首先按下时,这时立即显示"5",同时由于输出端为高电平,通过二极管 VD_{14}使 CD4511 的第 5 引脚为高电平,电路受到锁存,封锁了后边接着而来的其他信号。电路锁存后,抢答按钮均失去作用。为了进行下一轮的工作,需要使电路重新复原,这时只需按下复位开关 SB_9,清除锁存器内的数值,使数字显示熄灭一下,然后恢复为"0"状态,这时 SB_1 ~ SB_8均应在开路状态,不能闭合。

第四部分是显示部分。主要由一个发光二极管组成。电阻器 R_9 ~ R_{15}是限流电阻器。

4. 主要器件

七段锁存-译码-驱动器 CD4511 是专用于将二-十进制代码(BCD)转换成七段显示信号的专用标准译码器,其功能介绍见数字电压表的制作器件介绍。本设计所用主要元器件如下:

(1)七段显示器(共阴极),2 片。

(2)二极管,30个。
(3)小按键开关,25个。
(4)三极管VT,2只。
(5)CD4511,1片。
(6)电源,1只。
(7)电阻器、电容器、导线若干。

综合设计

本章是在前面的基础上，综合应用多门课程的知识，设计几个比较典型的工程上常用的综合应用项目，通过这些综合应用项目的训练，读者可以对综合电路设计的思路和方法有一个全面的了解和认识，为后续的设计打下基础。

通常所说的电路设计，一般包括拟订性能指标、电路的预设计、实验和修改设计方案等几个环节。常用电路的设计方法和步骤：选择总体方案，设计单元电路，选择元器件，计算参数，审图，实验（包括修改测试性能），画出总体电路图等。

衡量设计的标准：工作稳定可靠，能达到预期的性能指标，并留有适当的余量；电路简单，成本低廉，体积小；便于调试和生产。

下面以几个具体的设计项目为例，对综合电路设计过程进行较详细的介绍。

（注：为了便于读者学习仿真软件，第 6 章、第 7 章有些图采用了实际仿真软件制图，图形符号与国家标准图形符号有差异，二者对照关系参见附录 A。为保持全书风格一致，第 6 章、第 7 章正文叙述中元器件描述采用与前述章节相同的形式，即文中的 R_1、U_1 分别对应相关仿真软件制图中的 R1、U1，余同。）

6.1 有害气体的检测与报警电路设计

6.1.1 设计任务及要求

（1）设计任务。设计一个有害气体的检测电路，能检测到室内或相应环境的有害气体浓度超标现象，并进行及时报警，同时安装排气通风装置，能及时排出室内有害气体。

（2）设计要求。本设计主要完成以下几个部分的设计：

①直流电源部分。它为系统各部分提供稳定、可靠的直流电源。

②信号采集及处理电路。它由气敏传感器及附属电路组成。气敏传感器将空气中的有害气体浓度变化转换为其本身阻值的变化，从而利于后面的电路操作。

③触发电路：由其输入信号触发执行后续电路。

④声光报警电路。在有害气体浓度超标时，电路产生相应的红色警告信号，同时驱动扬声器产生音频信号，提醒人们空气中的有害气体浓度已超出允许范围，应及时撤离现场；在空气洁净时，电路应以不同的灯光提示，表明安全。

⑤排气通风装置。在有害气体浓度超标时，设计对应的电路驱动排气扇工作，以迅速降低有害气体浓度。

6.1.2 设计实例

本设计主要是完成对甲醛等有害气体进行检测的电路设计，通过相应的气敏传感器，对室内有害气体的浓度进行检测，并对气体浓度超标的现象进行声光报警，同时采取应急措施，驱动排气扇工作，以降低有害气体的浓度。

1. 系统总体设计方案

本系统实现了对甲醛等有害气体浓度的实时监控及准确报警。首先要把甲醛等有害气体浓度的变化转换为电量变化，再对该电量加以分析处理，继而实现监控及报警。本电路监控报警功能是实现了对甲醛等有害气体浓度上限的控制，总体设计思想是利用气敏传感器及外围电路组成信号采集系统，将有害气体浓度变化转换为电量变化，该电量信号输入比较器进行比较，若空气中有害气体浓度超标，则通过继电器驱动声光报警电路及排气通风装置进行报警和通风。

有害气体检测与报警电路系统总体框图如图 6-1 所示。

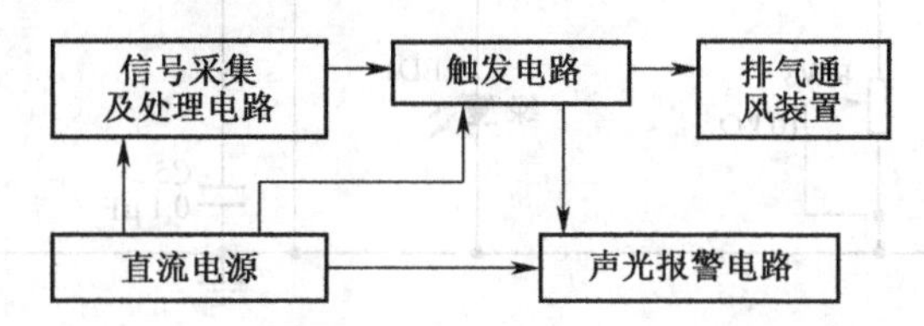

图 6-1 有害气体检测与报警电路系统总体框图

2. 系统电路设计与原理分析

(1)直流电源。直流电源的组成包括电源变压器、桥式整流电路、滤波器、稳压电路等四个组成部分。直流电源电路原理图如图 6-2 所示。

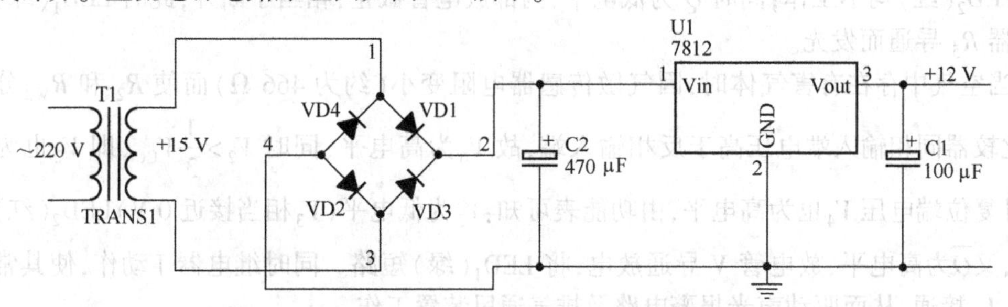

图 6-2 直流电源电路原理图(本图为仿真软件制图)

(2)信号采集及处理电路。信号采集及处理电路包括气体检测电路及对气敏传感器输出信号的处理电路。气体检测电路需要用气敏传感器，将被检测对象中含的气体的浓度变为传感器的电信号输出，以利于后面的信号处理电路进行处理。下面分别对两个部分进行介绍。

①气体检测电路。本电路采用气敏传感器及附属电路实现信号的采集，即实现将甲醛等有害气体的浓度变化转换为电量变化。气敏传感器在信号采集方面起着关键作用。目前比较常见的气体检测是对室内装修的甲醛气体进行检测，对甲醛气体检测目前有专门的甲醛传感器 CH2O/S-10 或 CH2O/C-10。

②电压比较电路。电压比较电路用电压比较器实现。

本设计使用 μA709 集成运放作为比较器，它是一种集成运算放大器，其外形及引脚功能图如图 6-3 所示。

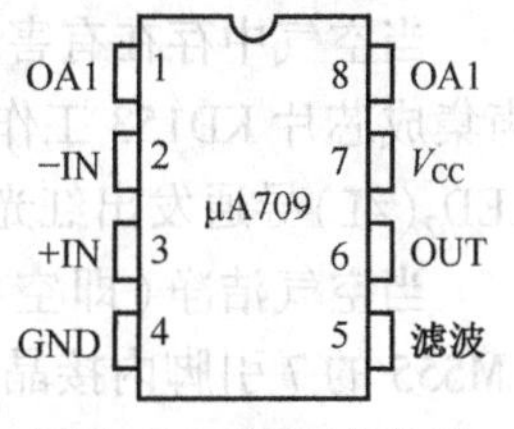

图 6-3 μA709 的外形及引脚功能图

利用 μA709 组成比较器，与后面的触发电路一起，共同组成信号检测电路，进行有害气体浓度超标的检测。

(3)触发电路。触发电路就是用 LM555 组成双稳态触发电路(见图 6-4)，由其输入状态改变输出状态，触发后续的执行电路。

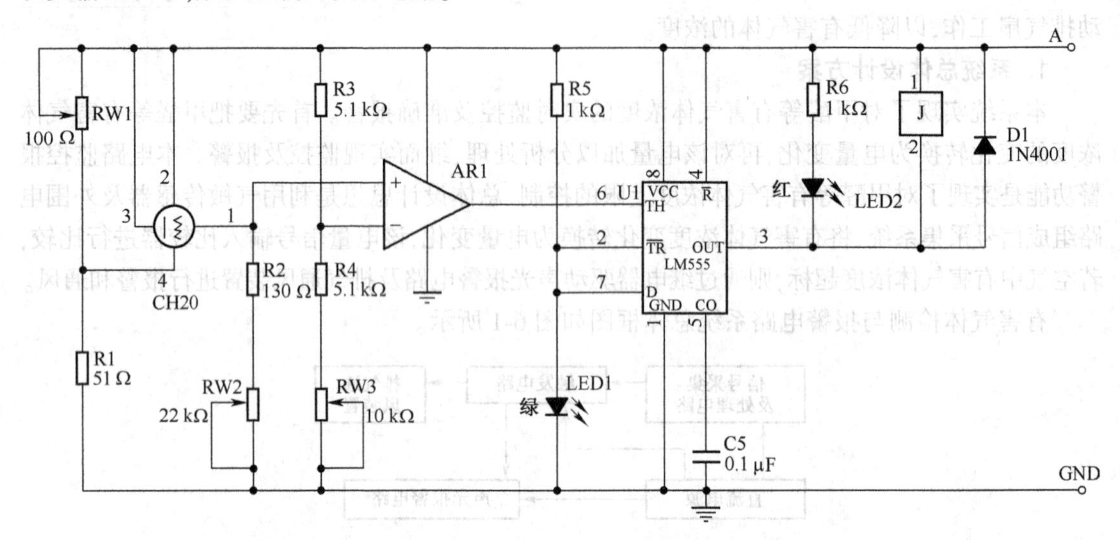

图 6-4 双稳态触发电路图(本图为仿真软件制图)

原理分析：当空气洁净时，因气敏传感器电阻大，R_2 和 R_{W2} 分压小，比较器 LM555 的输出为低电平，即 V_2 和 V_6 都为低电平，由 555 功能可知：V_3 为高电平，即 LM555 置位，此时继电器 J 和 LED$_2$(红)均不工作；同时 $\overline{Q}$ 为低电平，内部放电管截止，相当于断开，此时 LED$_1$(绿)通过电阻器 R_5 导通而发光。

当空气中存在有害气体时，因气敏传感器电阻变小(约为 466 Ω)而使 R_2 和 R_{W2} 分压增大，比较器同相输入端电压高于反相输入端，故 V_6 为高电平，同时 $V_2>\frac{1}{3}V_{CC}$，即 V_2 也为高电平，且复位端电压 V_4 也为高电平，由功能表可知：V_3 为低电平(V_3 相当接近 0 V)LED$_2$(红)导通发光，又 $\overline{Q}$ 为高电平，放电管 V 导通放电，将 LED$_1$(绿)短路。同时继电器 J 动作，使其常开触点 J_1、J_2 接通，从而驱动声光报警电路及排气通风装置工作。

(4)声光报警电路。该报警电路包括光报警电路、声音报警电路两个报警电路，下面简单介绍这两个报警电路的组成部分。

①光报警电路。该电路由两个发光二极管 LED$_1$(绿)、LED$_2$(红)及其附属电路组成。

②声音报警电路。该电路由四声集成芯片 KD153、扬声器及其附属电路组成。具体电路如图 6-5 所示。

当空气中存在有害气体且浓度超过控制点时，继电器 J 开始动作，常开触点 J_1 接通，使四声集成芯片 KD153 工作，将信号转换为音频信号，驱动扬声器发出四声连续的报警声音，同时 LED$_2$(红)导通发出红光，提醒人们空气中有害气体浓度超标，应及时撤离现场。

当空气洁净(即空气中的有害气体浓度不超标)，四声集成芯片 KD153 不动作，同时 LM555 的 7 引脚内接晶体管 V 截止，LED$_1$(绿)导通发出绿光，表明有害气体浓度不超标。

(5)排气通风装置。具体电路如图 6-6 所示。

当空气中有害气体浓度超标时，继电器 J 动作，常开触点 J_2 接通，驱动风扇工作，降低空气中有害气体的浓度，以确保室内人员的生命安全。当空气中有害气体浓度不超标时，继电器J不动作，常开触点J_2不接通，排气通风装置不工作。

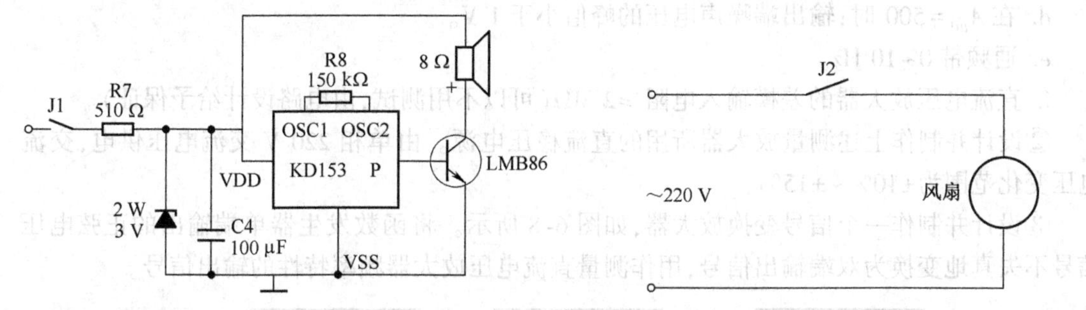

图6-5　声音报警电路（本图为仿真软件制图）　　图6-6　排气通风装置电路（本图为仿真软件制图）

3. 结论

本设计完成了一个包含有直流电源、信号采集及处理电路、触发电路、声光报警电路和排气通风装置的有害气体检测与报警电路。在整个电路中，所选用的元器件价格低廉，电路简单，反应灵敏、准确，辅以多种气敏传感器，可构建成一个有害气体监控报警网，并且电路中部分元器件可自行更换，从而能适用于更多的领域。例如，将气敏电阻型传感器换为热敏电阻型传感器，可对高温蒸汽进行监控，换为湿敏电阻型传感器，可对仓库、储存室等室内空气中的湿度进行监控。

6.2 测量放大电路的设计

6.2.1 设计任务及要求

(1)设计任务。设计并制作一个测量放大器及所用的直流稳压电源，如图6-7所示。

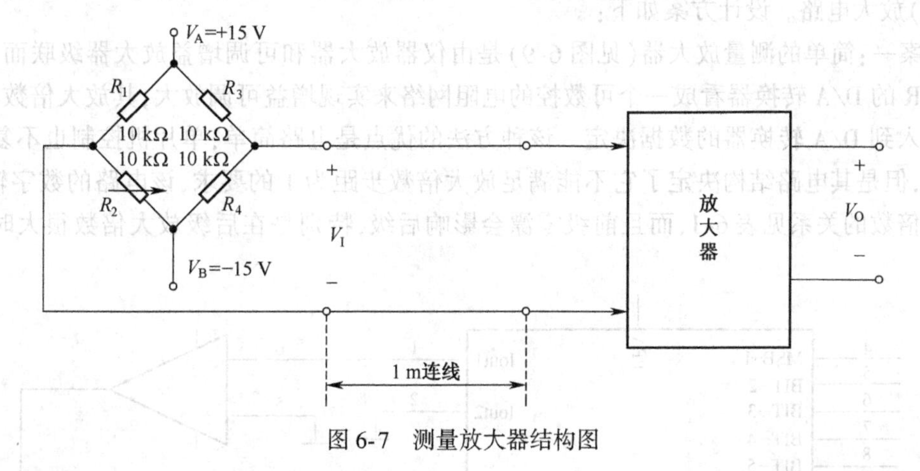

图6-7　测量放大器结构图

输入信号V_I取自桥式测量电路的输出。当$R_1=R_2=R_3=R_4$时，$V_I=0$；R_2改变时，产生$V_I \neq 0$的电压信号。测量电路与放大器之间有长1 m的连接线。

(2)设计要求：

①测量放大器：

a. 差模电压放大倍数$A_{ud}=1\sim500$，可手动调节。

b. 最大输出电压为±10 V,非线性误差<0.5%。

c. 在输入共模电压-7.5~+7.5V 范围内,共模抑制比 $K_{CMR}>10^5$。

d. 在 $A_{ud}=500$ 时;输出端噪声电压的峰值小于 1 V。

e. 通频带 0~10 Hz。

f. 直流电压放大器的差模输入电阻≥2 MΩ(可以不用测试,由电路设计给予保证)。

②设计并制作上述测量放大器所用的直流稳压电源。由单相 220 V 交流电压供电,交流电压变化范围为±10%~±15%。

③设计并制作一个信号变换放大器,如图 6-8 所示。将函数发生器单端输出的正弦电压信号不失真地变换为双端输出信号,用作测量直流电压放大器频率特性的输出信号。

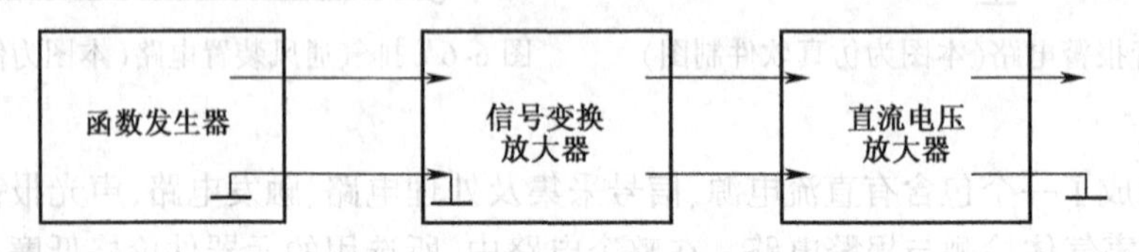

图 6-8 信号变换放大器结构图

6.2.2 设计实例

本设计由三个模块电路组成,即前级高共模抑制比仪器放大器、AD7520 衰减器和单片机键盘显示处理模块。在前级高共模抑制比仪器放大器中还将输出共模电压反馈到正负电源的公共端,使放大器电源电压随共模输入电压浮动,各极偏置电压都跟踪共模输入电压,从而提高了共模抑制比;AD7520 衰减器利用电阻网络的可编程性,实现衰减器衰减率的数字编程;单片机键盘显示处理模块除可以对 8279 进行实时控制外,还可以进行数字处理和对继电器及 AD7520 的控制。

1. 系统设计与工作原理

(1)放大电路。设计方案如下:

方案一:简单的测量放大器(见图 6-9)是由仪器放大器和可调增益放大器级联而成。如将 R-2R 的 D/A 转换器看成一个可数控的电阻网络来实现增益可调放大,其放大倍数将由单片机送入到 D/A 转换器的数据决定。该种方法的优点是电路简单,单片机控制也不复杂,易于实现,但是其电路结构决定了它不能满足放大倍数步距为 1 的要求,该电路的数字输入 D_I 和放大倍数的关系见表 6-1,而且前级零漂会影响后级,特别是在后级放大倍数很大时,影响更大。

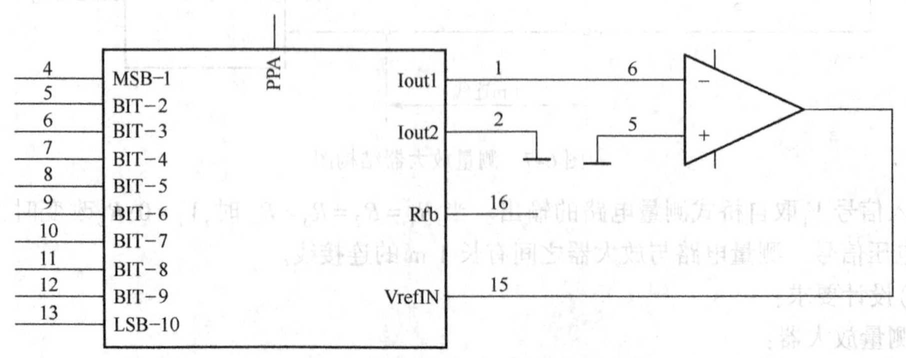

图 6-9 简单的测量放大器

表 6-1　电路的数字输入 D_I 和放大倍数的关系

数字输入(D_I)	放大倍数
1111 1111	−1 023/1 024
1000 0000	−1/2
0000 0001	−1/1 024
0000 0000	开环

方案二:同相关联式高阻测量放大器(见图 6-10),电路前级为同相差分放大结构,要求两放大器的性能完全相同,这样,电路除具有差模、共模输入电阻大的特点外,两放大器的共模增益,失调及其漂移产生的误差也相互抵消,因而不需要精密匹配电阻。后级的作用是抑制共模信号,并将双端输出转变为单端放大输出,以适应接地负载的需要,后级的电阻要求精度高且匹配。增益分配一般前级取高值,后级取低值。

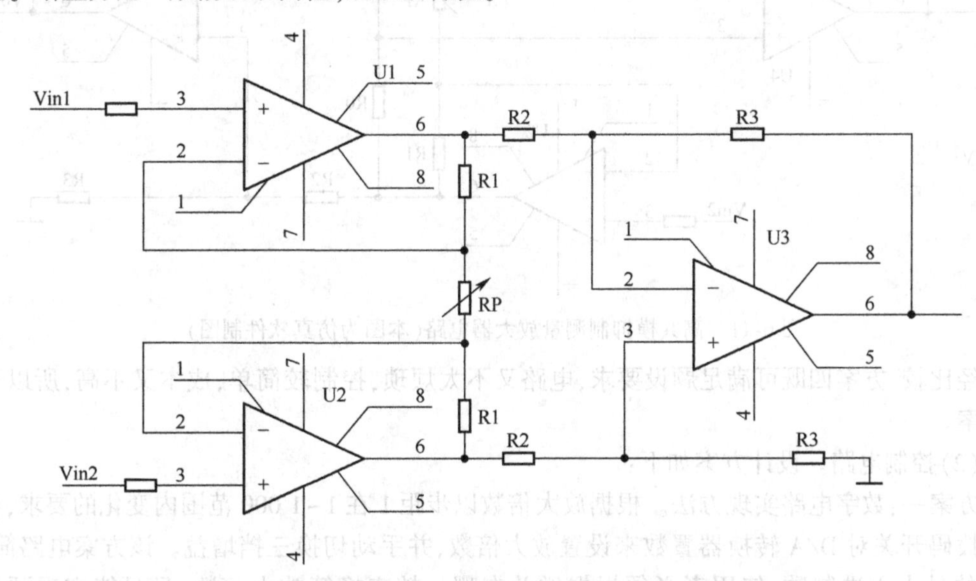

图 6-10　同相关联式高阻测量放大器电路(本图为仿真软件制图)

该方案电路结构简单,易于定位和控制。虽然也可将放大倍数设成固定的几挡,但要调节增益必须手动调节变阻器。

方案三:电路结构与方案二基本相同,只是为了达到增益调节的要求,考虑用两片R-2R的D/A 转换器代替图 6-10 中的 R_p。单片机通过改变 D/A 转换器的电阻网络来改变 R_P 值,从而改变增益。其优点是输入电阻大,两集成运放的共模增益、失调及漂移产生的误差也相互抵消;其缺点是由于电阻匹配的要求而使用了两片 D/A 转换器,既增加了控制的工作量,又提高了成本,而且精度也不能满足要求。

方案四:前级采用仪用放大器组成高共模抑制测量放大器如图 6-11 所示,集成运放 U_1 从两个 R_2 中取出输出共模输入电压,反馈到正负电源的公共端,使集成运放电源电压随共模输入电压浮动,从而使各级偏置电压都跟踪共模输入电压,这就使前级放大器的共模抑制比提高了 CMRR_1 倍。图 6-11 中的 R_p 由三条并列的固定电阻器通路构成,由继电器来控制哪条通路接入电路,由此构成了三挡固定放大器。中间级采用程控衰减器,由 10 位 CMOS 开关及 R-2R 电阻网络的 D/A 转换器及外加运算放大器构成,随着数字量 D_1 的不同,接入电路和电阻网络也相应不同,从而改变运算放大器的增益。再经后级放大 10 倍,以得到 1~1 000 倍的任意整数的放大倍数,而 10 位 D/A 转换器也能满足步距为 1 的要求。该方案前级放大电路的接法提高了共模抑制比,抵消了失调及漂移产生的误差;中间级采用单片机实现数控增益调节,步距为 1,且控制较简单;后级集成运放的固定放大倍数最终保证了设计要求。具体电路经计算可满足要求。

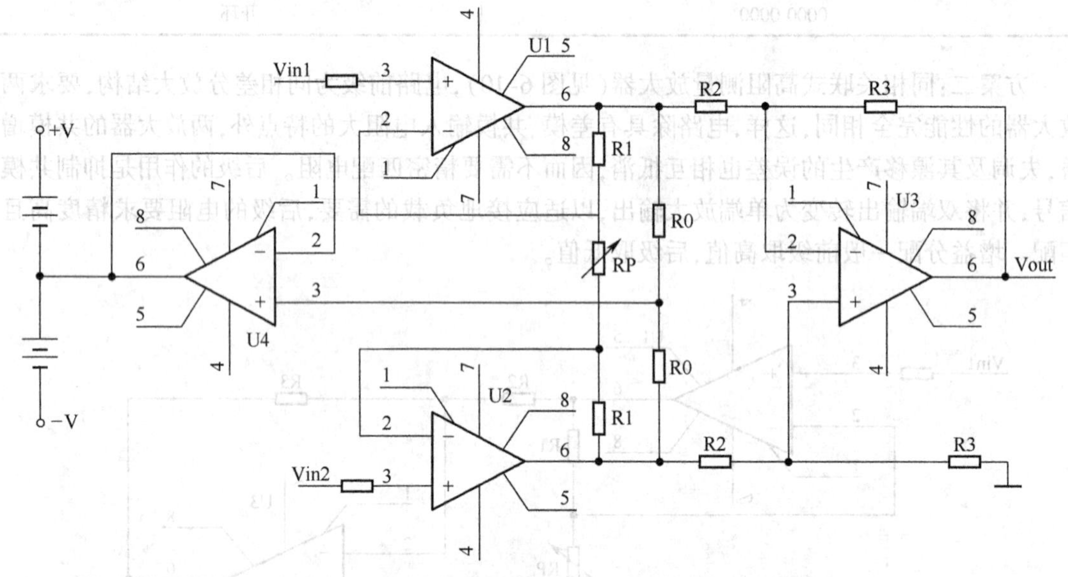

图 6-11 高共模抑制测量放大器电路(本图为仿真软件制图)

经比较,方案四既可满足题设要求,电路又不太烦琐,控制较简单,成本又不高,所以采用该方案。

(2)控制电路。设计方案如下:

方案一:数字电路实现方法。根据放大倍数以步距 1 在 1~1 000 范围内变化的要求,可用十位拨码开关对 D/A 转换器置数来设置放大倍数,并手动切换三挡增益。该方案电路简单,但置的是十六进制数,使用者必须根据增益在哪一挡来换算放大倍数,且只能实现预置数功能。

方案二:单片机实现方法。MCU 最小系统可以 MCS-51 系列芯片或其派生芯片构成,程序存储器有 2 KB 容量已足够。置数可由 0~9 十个数字键及几个功能键完成。八位 LED 显示电路显示提示符及放大倍数。单独设置的"+""-"键,实现步进。在软件的控制下,单片机开机后先将预置数读入,在送去显示的同时,送入 D/A 转换器,然后等待键盘中断,并做相应处理,如加、减和预置数等。

综合比较,方案二控制方式较灵活。

2. 系统原理分析

(1)总体设计思路。根据设计要求,进行认真取舍,充分利用了模拟和数字系统各自的优点,发挥其优势,采用单片机控制放大器增益的方法,大大提高了系统的精度;采用仪用放大器输入,大大提高了放大器的品质。由四片集成运放构成的前级高共模输入的仪表差分放大器,对不同的差模输入信号电压进行不同倍数的放大,再经后级数控衰减器得到要求放大倍数的输出信号。每种信号都将在单片机的算法控制下得到最合理的前级放大和后级衰减,以使信号放大的质量最佳。图 6-12 为本系统原理框图。

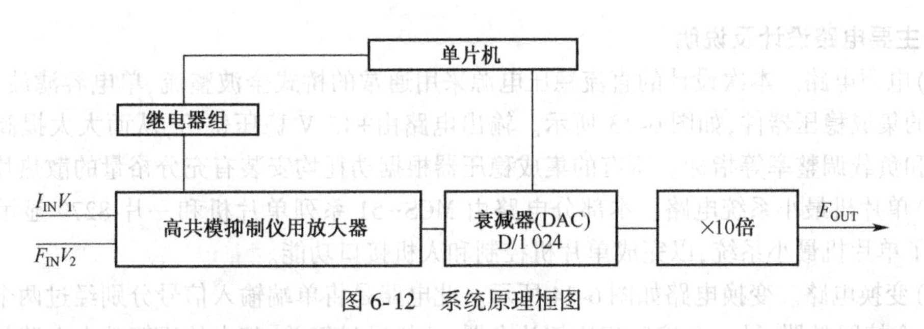

图 6-12　系统原理框图

在前级仪用放大器中,将不同等级的电压信号分别选择不同的通道进行放大,在后级衰减器中,由 D/A 转换器输出的数字控制其衰减倍数,并经×10 倍完成放大,这样的设计可在用一片十位 D/A 转换器的基础上精确地完成设计要求的 1~1 000 倍放大且步距为 1 的任务,且可使放大的误差较小。

(2)原理分析和说明:

①测量放大器基本原理。图 6-11 所示是利用浮动电源法提高前级放大器共模抑制比的电路。与图 6-13 相比,这个电路多加了一级电压跟随器 U_4,U_4的输入信号取自两只电阻器 R_0 组成的共模信号引出电路,所以它的输入电压等于共模输入电压 U_{src},输出电压也是如此。U_4 的输出加到运算放大器 U_1和 U_2正、负电源电压的涨落幅度的公共端,使正、负电源电压浮动起来。若 U_1具有理想特性,则正、负电源电压的涨落幅度与共模输入电压的大小完全相同。这样,虽然共模输入电压照样加在运算放大器的 U_1和 U_2同相端,但因放大器本身电源对共模输入信号的跟踪作用,使它的影响大大削弱。这样就算 U_1和 U_2的元件参数不完全对称,但由于有效共模电压减小,输出端的差分误差电压也是很小的,也就意味着前置级的共模抑制能力提高了。显然,这个电路的共模抑制比仍可由式(6-1)表述,但式中的前级放大器的共模抑制比 $\mathrm{CMR}R_{12}$应考虑隔离级 U_4的作用而加以修正。当运算放大器 U_1、U_2和 U_4的共模抑制比分别为 $\mathrm{CMR}R_1$、$\mathrm{CMR}R_2$、$\mathrm{CMR}R_4$时,整个前置级的共模抑制比 $\mathrm{CMR}R_{12}$可表述为

$$\mathrm{CMR}R_{12}=\frac{\mathrm{CMR}R_1\times\mathrm{CMR}R_2\times\mathrm{CMR}R_4}{\mathrm{CMR}R_1-\mathrm{CMR}R_2} \tag{6-1}$$

从式(6-1)可知,由于 U_4 使电源电压跟随共模输入电压浮动,使前置级的共模抑制比提高了 $\mathrm{CMR}R_4$ 倍。这样,即使 U_1 和 U_2 的共模抑制比不太匹配,整个电路的共模抑制比用式(6-1)来描述也是足够精确的,从而使电路的共模抑制比接近理想值。

②控制原理设计。本系统的控制由单片机完成,任一输入信号都将在前级放大的基础上再经后级数控衰减器才得到最终的放大倍数,因此其控制特色主要也体现在这两个方面。首先是在前级放大器的控制上,在仔细考虑设计要求的基础上,将前级放大器的可调电阻器 R_P 按要求分为三个控制段,分别对 1~10 V、0.1~1 V 和小于 0.1 V 的三个不同电压等级的输入信号进行控制,用继电器切换以实现不同的放大倍数。电压等级与放大倍数关系见表 6-2。

表 6-2　电压等级与放大倍数关系

电压等级/V	前级放大倍数	实际可得放大倍数
1~10	1.024	1~10
0.1~1	10.24	1~100
小于 0.1	102.4	1~100

3. 主要电路设计及说明

(1)电源电路。本次设计的直流稳压电源采用通常的桥式全波整流、单电容滤波、三端固定输出的集成稳压器件,如图6-13所示。输出电路由+15 V稳压供给,从而大大提高了电压高速率和负载调整率等指标。所有的集成稳压器根据功耗均安装有充分裕量的散热片。

(2)单片机最小系统电路。本部分电路由MCS-51系列单片机和一片8279显示键盘接口构成了单片机最小系统,以完成单片机控制和人机接口功能。

(3)变换电路。变换电路如图6-14所示。此电路是将单端输入信号分别经过两个运算放大器,一个接跟随器,另一个接反相比例放大器,这样通过简单、基本的运算放大电路就将单端输入变换成双端输出。

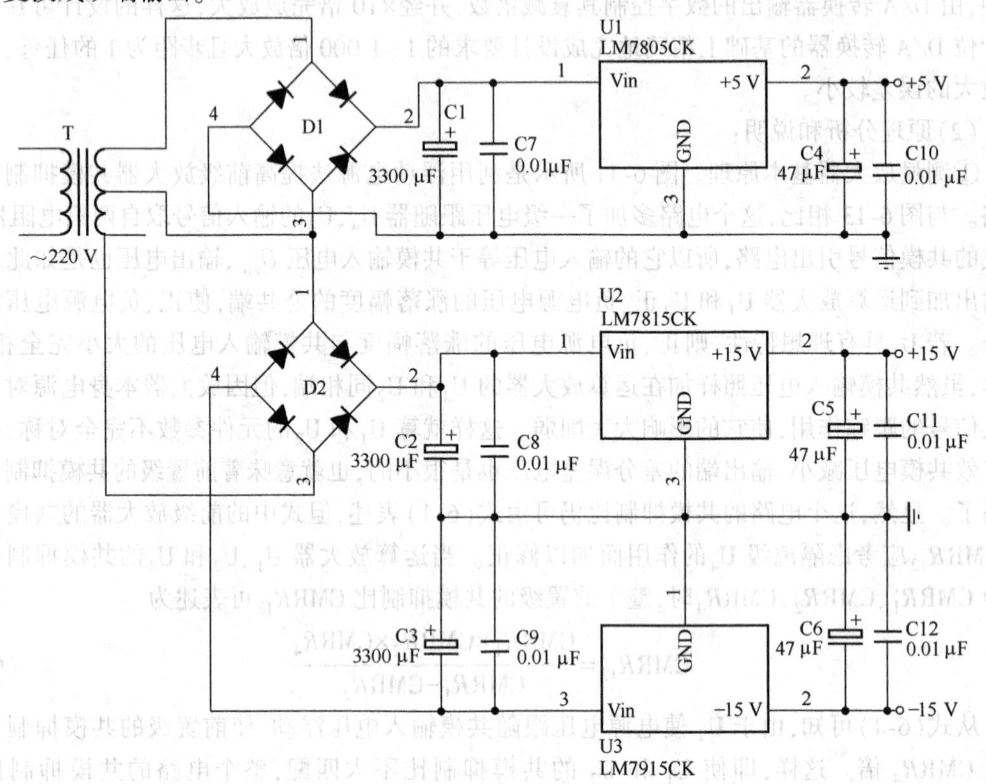

图6-13 电源电路图(本图为仿真软件制图)

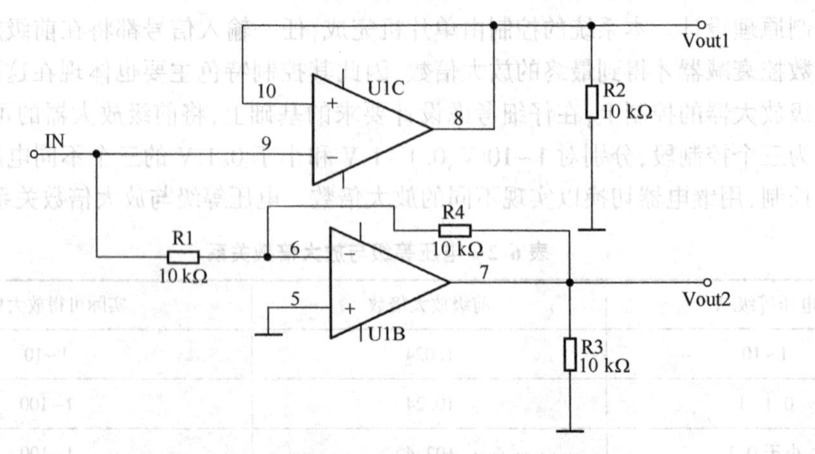

图6-14 变换电路(本图为仿真软件制图)

4. 调试实践

根据前面所提方案的要求,调试过程共分三大部分:硬件调试、软件调试和软硬件联调。其中硬件调试又可分为两部分:数字部分和模拟部分。

(1)数字部分。主要包括 89C51、8279 的键盘和显示电路。根据以往经验,在脱机运行时,很重要的一点是必须使 89C51 的 EA 使能端置高,让它读取执行内部 ROM 中的程序,它才能正常工作。在本次设计中,采用了 AD7520 作为一个可编程的电阻网络来实现可控增益,但是注意到 AD7520 没有片选控制端,它的增益随时会随着输入数字量的改变而改变,所以必须给 AD7520 加一片 74LS373 锁存器。经过实验得知,将一控制端与写信号“或非”后产生一个高电平再连到 74LS373 的 LE 端是可行的办法。

(2)模拟部分。模拟部分是整个系统中最重要的环节。放大电路产生误差的原因很多,一般有集成运放的输入偏置电流、失调电压和失调电流及其温漂;电阻器的实际值与标称值的误差,且随温度变化;另外,电源和信号源的内阻及电压变化、干扰和噪声都会造成误差。模拟部分的核心是一个带自举电源的差分放大电路。

元器件的选择是高性能放大的保证,图 6-14 中集成运放 U_{1C} 和 U_{1B} 的参数必须尽可能相同,因此选用双集成运放,其他几个集成运放也应选共模抑制比高的,这要通过试验来挑选。同时,为了提高共模抑制比,四个电阻器必须精密匹配,可用电桥测量法找出阻值最接近的电阻器。由于对放大电路的频带也有要求,因此选集成运放和调试时还必须注意其频带。

(3)软件静态调试。主要为检查语法错误以及程序的逻辑结构错误。

(4)软硬件联调。由于硬件包括单片机控制和模拟电流两部分,调试时也分两部分进行。模拟电路部分在实验板上调试,测试各项参数是否能满足题目要求。而单片机部分的硬件完成后,就可以进行软件调试了。调试重点是 D/A 转换器在单片机控制下对模拟输出的影响是否满足要求。

(5)结论。经实验验证,该电路各项技术指标均达到设计要求。

6.3　温度巡回检测系统的设计

6.3.1　设计任务及要求

(1)设计任务。本设计要求完成一个能进行温度巡回检测并实时监控的电路系统,能进行实时温度检测、超温判断,并对超温现象进行报警和相应的降温处理。

(2)设计要求:

①设计出适合系统要求的直流稳压电源。

②设计温度采集和超温判断电路,进行实时温度监控。

③设计多路温度巡回检测电路和显示电路。

④设计出合适的报警电路进行超温报警。

6.3.2　设计实例

本节论述分析的是一款能实现温度巡回检测实时监控的电路系统,该系统最大的特点是一反传统的温度/电压转换设计思路,而采用了温度/频率转换电路,从而具有控制精确灵敏、抗干扰能力强、可靠性高等显著优点。不仅如此,它也具有比传统温控电路使用方便、价格低廉、制作实现容易等特点,有着广泛的实际应用价值。

1. 系统总体设计及要求

在电子电路系统中实现对温度的巡回检测,首先要把温度的变化转换为电学量变化,再对该电学量加以分析处理,继而实现检测。另外,对温度的巡回检测,运用到循环检测技术。检测功能是实现温度上限的检测,电路系统设计思想是先把温度转换为频率,每个温度点将对应一个固定频率,在温度上升到控制点,即频率达到了控制点,电路接通指示器和报警器,给予人们提醒。图 6-15 是温度巡回检测系统总体框图。

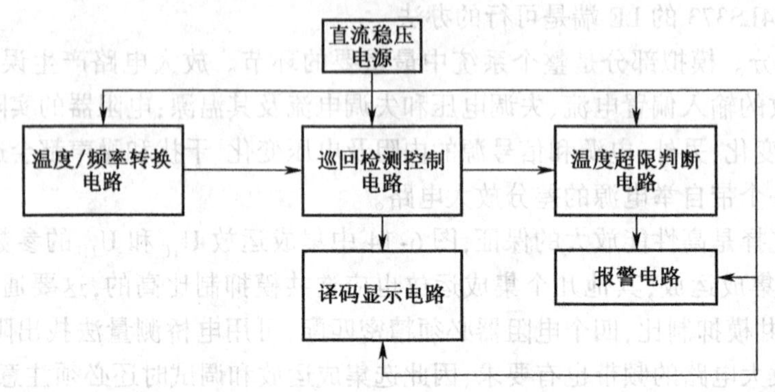

图 6-15　温度巡回检测系统总体框图

2. 系统设计与原理分析

(1)直流稳压电源设计。直流稳压电源包括四个组成部分:电源变压器、整流电路、滤波器和稳压电路。直流稳压电源部分的原理图如图 6-16 所示。

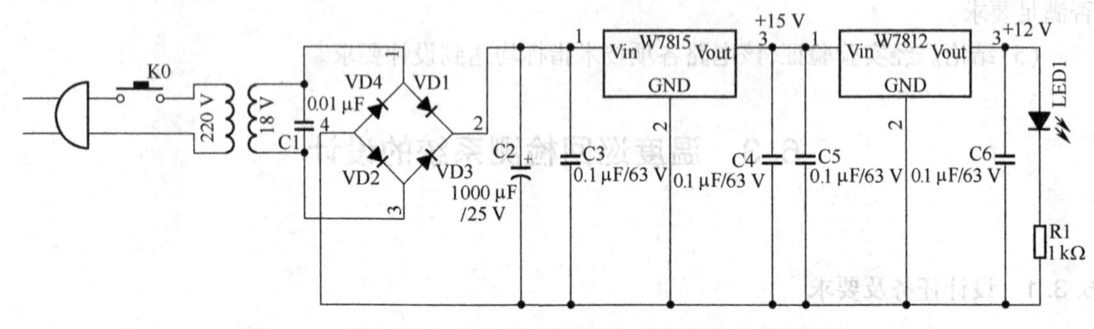

图 6-16　直流稳压电源部分的原理图(本图为仿真软件制图)

(2)温度采集电路设计及原理分析。温度采集器就是把温度信号转化为电学量信号然后送到控制室。传统的采集是把温度信号转变为电压信号后送到控制中心,但是这种电路易受到外界的影响,造成电压跳变,导致报警显示电路误动作,使整个系统瘫痪。本系统采用把温度信号转换为频率信号的方法,在传输过程中使用屏蔽线或同轴线,排除外界干扰因素,达到有警就报、无警不报的目的。

本部分电路主要是通过热敏电阻器进行温度感应,然后由热敏电阻器带动触发器进行频率输出,实现温度/频率变换,从而可以进行温度采集。

①温度/频率转换电路。此部分电路由一个 555 定时器构成的多谐振荡器组成,原理图如图 6-17 所示,此电路工作电压为 12 V,W7815 输出 15 V 电压,再经过 W7812 稳压后降为 12 V,为 LM555 提供工作电压。R_2、R_{P1}、NTC、C_{11}是外接定时元件,LM555 的 6 端和 2 端连接

起来接 C_{11}(1 000 pF)。7 端接到 RP_1、NTC 的连接点,NTC 为负温度系数的热敏电阻器,当温度上升时阻值下降。

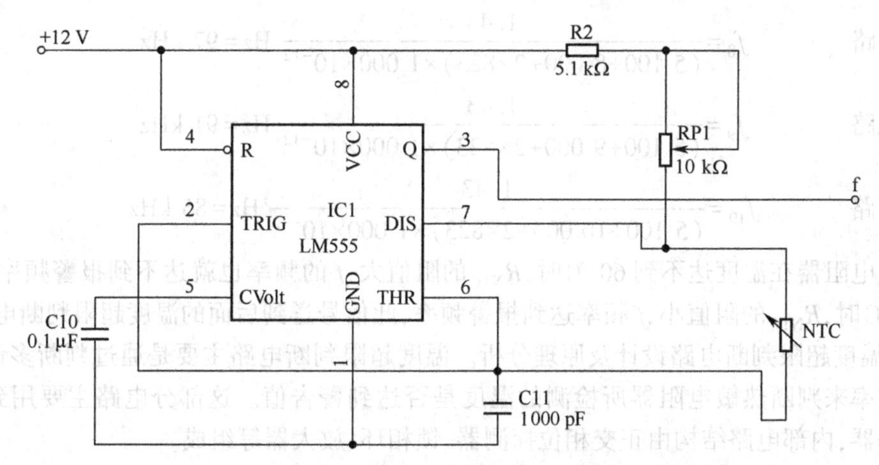

图 6-17　温度/频率转换电路(本图为仿真软件制图)

②振荡频率的计算。由 LM555 的工作原理,可以对矩形波的振荡频率进行估算。

振荡周期:
$$T= t_{w1}+ t_{w2}=0.7(R_2+R_{P1}+R_{NTC})C_{11}+ 0.7R_{NTC}C_{11}$$
$$=0.7(R_2+R_{P1}+2R_{NTC})C_{11}$$

频率:
$$f=\frac{1}{T}=\frac{1}{0.7(R_2+R_{P1}+2R_{NTC})}C_{11}$$
$$\approx\frac{1.43}{(R_{P1}+R_2+2R_{NTC})}C_{11} \tag{6-2}$$

在本系统中,由于需要有 10 个检测点,也就需要 10 个探头,为了不使每个探头产生的频率互相干扰,因此本电路中加上了滑线式变阻器 R_{P1},使各个探头的频率可调(间隔为 1 kHz)。该频率要通过图 6-18 中的 LM567,而 LM567 的频率通带为 0.01 Hz~500 kHz。

本电路设定当温度达到 60 ℃时报警,由热敏电阻器阻值-温度特性曲线表可查,当温度为 60 ℃时,$R_{NTC}=823\ \Omega$。(当温度上限设为其他时,可以查表算出以下各个数据,而后对电路进行调整)每路探头产生的频率为

第一路　$$f_1=\frac{1.43}{(5\,100+1\,000+2\times823)\times1\,000\times10^{-12}}\text{ Hz}=185\text{ kHz}$$

第二路　$$f_2=\frac{1.43}{(5\,100+2\,000+2\times823)\times1\,000\times10^{-12}}\text{ Hz}=164\text{ kHz}$$

第三路　$$f_3=\frac{1.43}{(5\,100+3\,000+2\times823)\times1\,000\times10^{-12}}\text{ Hz}=147\text{ kHz}$$

第四路　$$f_4=\frac{1.43}{(5\,100+4\,000+2\times823)\times1\,000\times10^{-12}}\text{ Hz}=133\text{ kHz}$$

第五路　$$f_5=\frac{1.43}{(5\,100+5\,000+2\times823)\times1\,000\times10^{-12}}\text{ Hz}=122\text{ kHz}$$

第六路　$$f_6=\frac{1.43}{(5\,100+6\,000+2\times823)\times1\,000\times10^{-12}}\text{ Hz}=112\text{ kHz}$$

第七路 $$f_7=\frac{1.43}{(5\ 100+7\ 000+2\times823)\times1\ 000\times10^{-12}}\ \mathrm{Hz}=104\ \mathrm{kHz}$$

第八路 $$f_8=\frac{1.43}{(5\ 100+8\ 000+2\times823)\times1\ 000\times10^{-12}}\ \mathrm{Hz}=97\ \mathrm{kHz}$$

第九路 $$f_9=\frac{1.43}{(5\ 100+9\ 000+2\times823)\times1\ 000\times10^{-12}}\ \mathrm{Hz}=91\ \mathrm{kHz}$$

第十路 $$f_{10}=\frac{1.43}{(5\ 100+10\ 000+2\times823)\times1\ 000\times10^{-12}}\ \mathrm{Hz}=85\ \mathrm{kHz}$$

热敏电阻器在温度达不到 60 ℃时，R_{NTC}的阻值大，f 的频率也就达不到报警频率；当温度达到 60 ℃时，R_{NTC}的阻值小，f 频率达到报警频率，此信号送到后面的温度超限判断电路。

(3)温度超限判断电路设计及原理分析。温度超限判断电路主要是通过判断多谐振荡器的输出频率来判断热敏电阻器所检测的温度是否达到警告值。这部分电路主要用到 LM567 音频译码器，内部电路结构由正交相位探测器、锁相环、放大器等组成。

当 LM567 工作时，其锁相环内部电压控制振荡器产生一定频率的振荡信号，此信号连同引脚 3 输入的信号频率一起送入正交相位探测器进行比较，若连续输入的信号频率落在给定的通频带时，锁相环即将这个信号锁定，同时 LM567 的内部晶体管受控导通，引脚 8 输出端输出低电平。

温度超限判断电路原理图如图 6-18 所示。

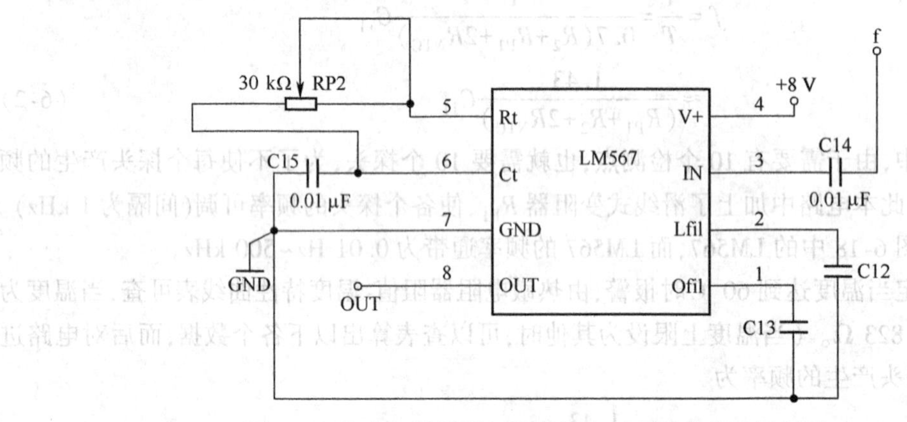

图 6-18 温度超限判断电路原理图(本图为仿真软件制图)

C_{14}为滤波电容器，R_{P2}、C_{15}分别为定时电阻器和定时电容器，决定了内部压控振荡器的中心频率 $f_0\approx\dfrac{1.1}{R_{P2}\times C_{15}}$。2 引脚所接电容器 C_{12}决定锁相环路的捕捉带宽，C_{12}的确定方法：$C_{12}=\dfrac{130}{f}\left(\dfrac{R_{P2}+10}{R_{P2}}\right)$。1 引脚所接电容器 C_{13} 的容量应至少是 2 引脚所接电容器容量的 2 倍。当 LM567 的 3 引脚输入信号幅度≥25 mV、频率在捕捉带宽范围内时，8 引脚由高电平变成低电平。我们可利用 LM567 接收到相同频率的载波信号后 8 引脚输出低电平这一特性，来形成对控制对象的控制。

电路在工作前要先将 LM567 的中心频率 f_0 调到与对应探头输出频率上限的频率相同，即使 $f_0=f$。

对于第一路 $f_1=18.5\ \mathrm{kHz}$

$$f_{01}=\frac{1.1}{R_{P2,1}\times C_{15}}=f_1$$

从而得 $R_{P2,1}=\frac{1.1}{f_1\times C_{15}}=\frac{1.1}{185\ 000\times 0.01\times 10^{-6}}\ \Omega=594\ \Omega$

第二路 $R_{P2,2}=\frac{1.1}{f_2\times C_{15}}=\frac{1.1}{164\ 000\times 0.01\times 10^{-6}}\ \Omega=670\ \Omega$

第三路 $R_{P2,3}=\frac{1.1}{f_3\times C_{15}}=\frac{1.1}{147\ 000\times 0.01\times 10^{-6}}\ \Omega=748\ \Omega$

第四路 $R_{P2,4}=\frac{1.1}{f_4\times C_{15}}=\frac{1.1}{133\ 000\times 0.01\times 10^{-6}}\ \Omega=827\ \Omega$

第五路 $R_{P2,5}=\frac{1.1}{f_5\times C_{15}}=\frac{1.1}{122\ 000\times 0.01\times 10^{-6}}\ \Omega=902\ \Omega$

第六路 $R_{P2,6}=\frac{1.1}{f_6\times C_{15}}=\frac{1.1}{112\ 000\times 0.01\times 10^{-6}}\ \Omega=982\ \Omega$

第七路 $R_{P2,7}=\frac{1.1}{f_7\times C_{15}}=\frac{1.1}{104\ 000\times 0.01\times 10^{-6}}\ \Omega=1\ 058\ \Omega$

第八路 $R_{P2,8}=\frac{1.1}{f_8\times C_{15}}=\frac{1.1}{97\ 000\times 0.01\times 10^{-6}}\ \Omega=1\ 134\ \Omega$

第九路 $R_{P2,9}=\frac{1.1}{f_9\times C_{15}}=\frac{1.1}{91\ 000\times 0.01\times 10^{-6}}\ \Omega=1\ 209\ \Omega$

第十路 $R_{P2,10}=\frac{1.1}{f_{10}\times C_{15}}=\frac{1.1}{85\ 000\times 0.01\times 10^{-6}}\ \Omega=1\ 294\ \Omega$

当热敏电阻器感测温度在控制点范围内，LM567 的 3 引脚输入信号频率不在捕捉带宽范围内，8 引脚输出高电平；当热敏电阻器感测温度达到控制点，LM567 的 3 引脚输入信号频率便进入了捕捉范围内，8 引脚输出高电平输出变为低电平，即

当 $T<60$ ℃时，$f_0\neq f$，$V_8=$“1”；

当 $T=60$ ℃时，$f_0=f$，$V_8=$“0”。

由于每一路的输入频率不同，LM567 的中心本振频率也不一样。因此就需要调整每一路 LM567 的工作带宽，而 C_{12} 决定其捕捉带宽。

于是，对应于每一路 C_{12}、C_{13} 的容值为

$$C_{12,1}=\frac{130}{f_1}\left(\frac{R_{P2,1}+10}{R_{P2,1}}\right)=720\ \mu F \qquad C_{13,1}=2\times C_{12,1}=1\ 440\ \mu F$$

$$C_{12,2}=\frac{130}{f_2}\left(\frac{R_{P2,2}+10}{R_{P2,2}}\right)=810\ \mu F \qquad C_{13,2}=2\times C_{12,2}=1\ 620\ \mu F$$

$$C_{12,3}=\frac{130}{f_3}\left(\frac{R_{P2,3}+10}{R_{P2,3}}\right)=900\ \mu F \qquad C_{13,3}=2\times C_{12,3}=1\ 800\ \mu F$$

$$C_{12,4}=\frac{130}{f_4}\left(\frac{R_{P2,4}+10}{R_{P2,4}}\right)=990\ \mu F \qquad C_{13,4}=2\times C_{12,4}=1\ 980\ \mu F$$

$$C_{12,5}=\frac{130}{f_5}\left(\frac{R_{P2,5}+10}{R_{P2,5}}\right)=1\ 010\ \mu F \qquad C_{13,5}=2\times C_{12,5}=2\ 020\ \mu F$$

$$C_{12,6}=\frac{130}{f_6}\left(\frac{R_{P2,6}+10}{R_{P2,6}}\right)=1\ 170\ \mu F \qquad C_{13,6}=2\times C_{12,6}=2\ 340\ \mu F$$

$$C_{12,7}=\frac{130}{f_7}\left(\frac{R_{P2,7}+10}{R_{P2,7}}\right)=1\ 260\ \mu F \qquad C_{13,7}=2\times C_{12,7}=2\ 520\ \mu F$$

$$C_{12,8}=\frac{130}{f_8}\left(\frac{R_{P2,8}+10}{R_{P2,8}}\right)=1\ 350\ \mu F \qquad C_{13,8}=2\times C_{12,8}=2\ 700\ \mu F$$

$$C_{12,9}=\frac{130}{f_9}\left(\frac{R_{P2,9}+10}{R_{P2,9}}\right)=1\ 440\ \mu F \qquad C_{13,9}=2\times C_{12,9}=2\ 880\ \mu F$$

$$C_{12,10}=\frac{130}{f_{10}}\left(\frac{R_{P2,10}+10}{R_{P2,10}}\right)=1\ 540\ \mu F \qquad C_{13,10}=2\times C_{12,10}=3\ 080\ \mu F$$

在进行电路调试时，先使温度达到控制点，测出多谐振荡器输出信号频率 f_0，调节 R_{P2} 使 LM567 的 5 引脚信号频率 $f=f_0$，这时 8 引脚应为低电平，在温度为其他值时，8 引脚应为高电平，证明电路可以正常工作。

(4)巡回检测控制电路设计及原理分析。本部分电路包括环形移位寄存器、电子模拟开关、CP 脉冲发生器，电路原理图如图 6-19 所示。

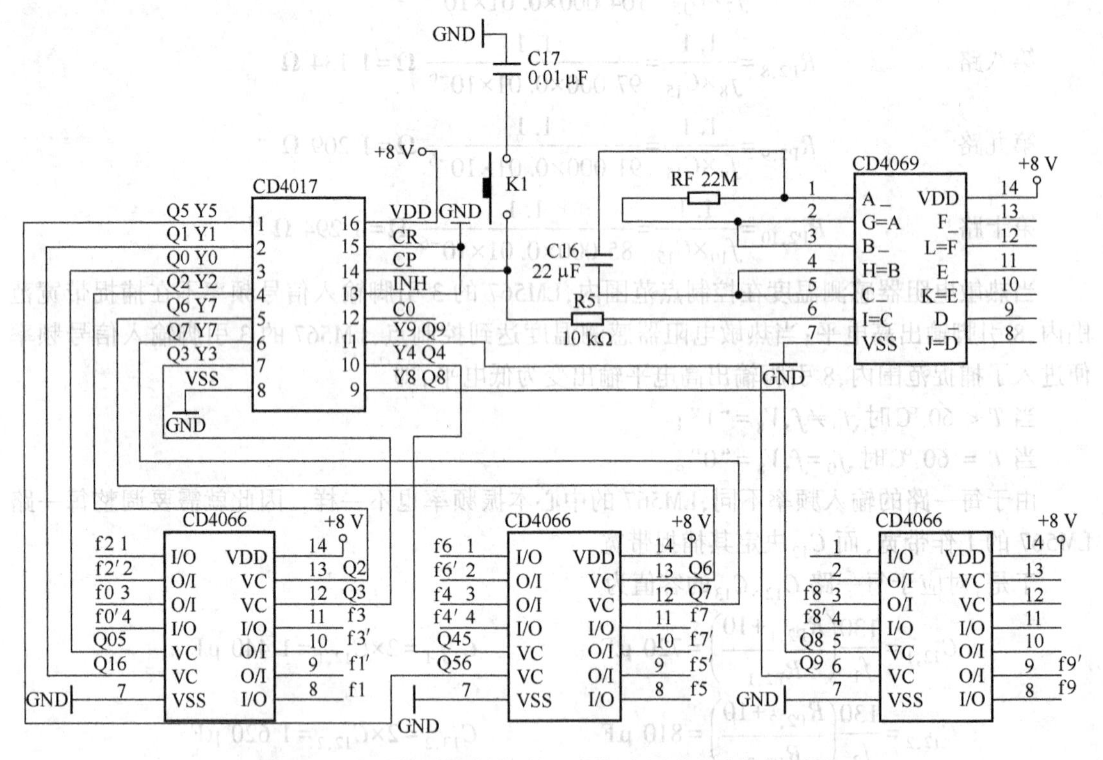

图 6-19 巡回检测控制电路原理图(本图为仿真软件制图)

其中，f 代表每一路信号在通过电子模拟开关的输入频率，f' 代表输出频率。

① CP 脉冲发生器。该电路每隔一定时间向 CD4017 发送一个 CP 脉冲，使之能够正常循环工作。该发生器用集成芯片 CD4069(六位反相器)构成，我们只利用其中的三位反相器就可以组成一个非对称式多谐振荡器。下面分析三位反相器构成的非对称式多谐振荡器的工作原理，其原理如图 6-20 所示。

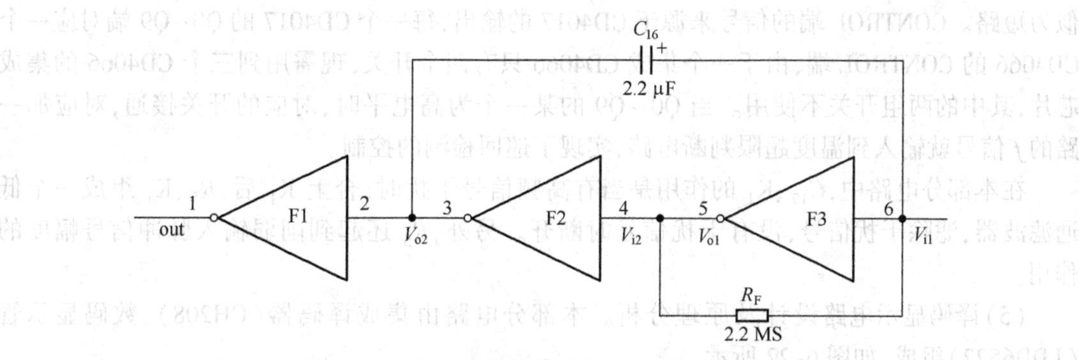

图 6-20　三位反相器构成的非对称式多谐振荡器

F2、F3、C_{16}、R_F 组成一个振荡器，F1 起整形的作用。首先保证静态时 F1、F2、F3 工作在电压传输特性的转折区，以获得较大的电压放大倍数。

假设由于某种原因使 V_{i1} 有极微小的正跳变发生，则必将引起如下正反馈过程：

$$V_{i1}\uparrow \rightarrow V_{i2}\downarrow \rightarrow V_{o2}\uparrow$$

使 V_{o1} 迅速跳变为低电平而 V_{o2} 迅速跳变为高电平，电路进入第一暂稳状态。

同时，电容器 C_{16} 开始放电，随着电容器 C_{16} 的放电，V_{i1} 逐渐下降。当降到 $V_{i1}=V_{TH}$ 时，又有另一正反馈过程发生，即

$$V_{i1}\downarrow \rightarrow V_{i2}\uparrow \rightarrow V_{o2}\downarrow$$

使 V_{o2} 迅速跳变为高电平而 V_{o2} 迅速跳变为低电平，电路进入第二暂稳状态。同时 C_{16} 又开始充电。

这个稳态不能持久，随着 C_{16} 的充电，V_{i1} 不断上升，当升至 $V_{i1}=V_{TH}$ 时，电容器又重新换为第一个暂稳状态。如此便不停地在两个暂稳态之间振荡。其振荡周期为

$$T=2R_F C_{16}\ln 3=2.2R_F C_{16}=2.2\times 2.2\times 10^6\times 2.2\times 10^{-6}\ \text{s}\approx 10\ \text{s}$$

即每隔 5 s 向 CD4017 输入一个脉冲，其输出波形为方波，占空比为 50%。

②电子模拟开关。CD4066 为四双向模拟开关，其引脚图如图 6-21 所示。

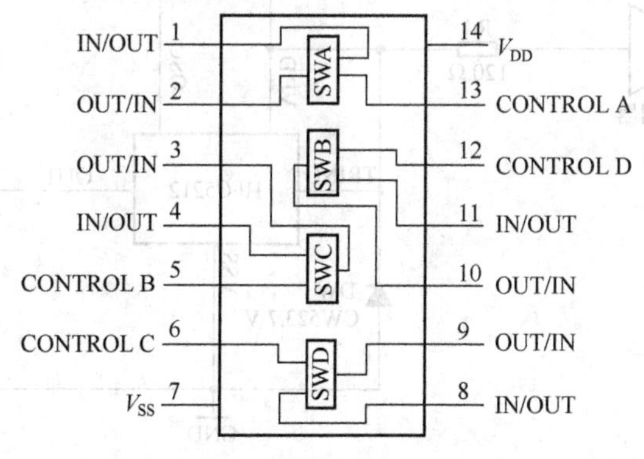

图 6-21　CD4066 引脚图

当 CONTROL 端输入高电平时，OUT/IN 端与 IN/OUT 端接通。假定 IN/OUT 端为从探头送来的频率信号，受 CONTROL 端控制，而且允许电流方向的任意改变，其接通电阻很小可近

似为短路。CONTROL 端的信号来源于 CD4017 的输出，每一个 CD4017 的 Q0～Q9 端对应一个 CD4066 的 CONTROL 端，由于一个集成 CD4066 只有四个开关，现需用到三个 CD4066 的集成芯片，其中的两组开关不使用。当 Q0～Q9 的某一个为高电平时，对应的开关接通，对应那一路的 f 信号就输入到温度超限判断电路，实现了巡回检测的控制。

在本部分电路中，C_{17}、K_1 的作用是当有高频信号干扰时，合上 K_1 后，R_5、K_1 组成一个低通滤波器，滤除干扰信号，没有干扰信号时断开。另外，R_5 还起到削弱输入脉冲信号幅度的作用。

（5）译码显示电路设计及原理分析。本部分电路由集成译码器（CH208）、数码显示管（LDD6522）组成，如图 6-22 所示。

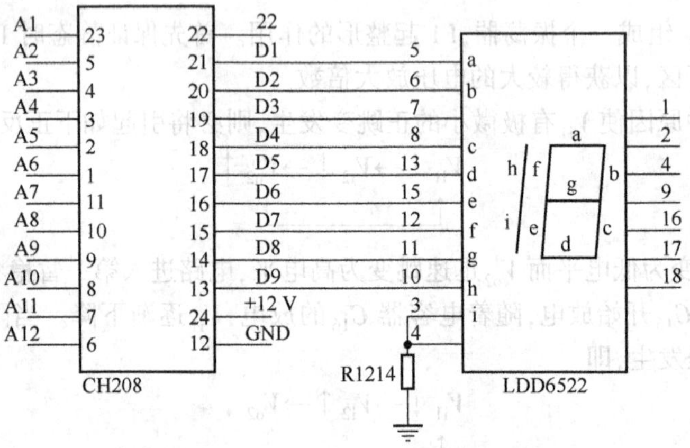

图 6-22　译码显示电路（本图为仿真软件制图）

（6）报警电路设计及原理分析。本部分电路由集成语音芯片 HFC5212、扬声器、功放管组成，其电路原理图如图 6-23 所示。

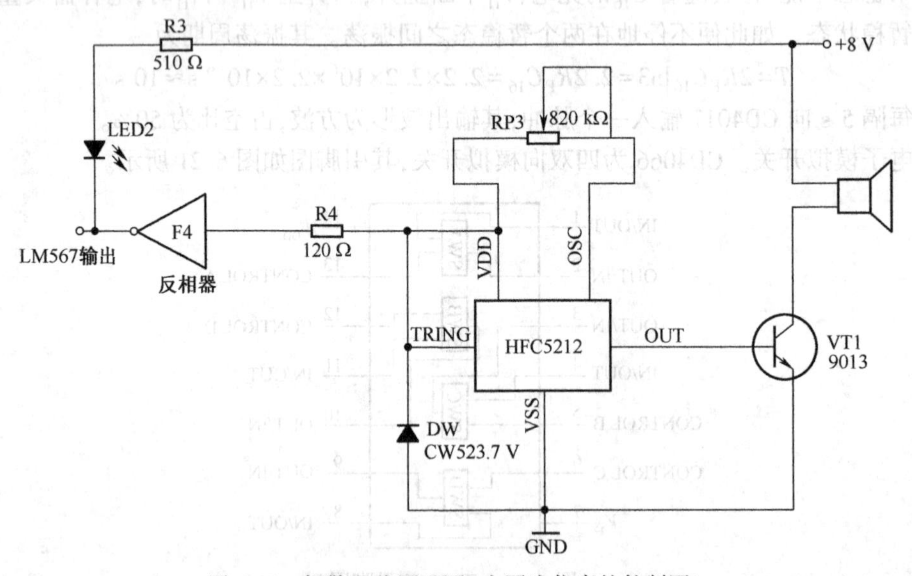

图 6-23　报警电路原理图（本图为仿真软件制图）

当某一路温度超限时，其对应的那一路的 LM567 输出低电平，此低电平经过反相器 F4（利用 CD4069 内的一个反相器）变为高电平，作为 HFC5212 的驱动电平。此处要用到两个

CD4069 集成反相器芯片。

当 HFC5212 输出高电平时，驱动功放管 VT_1 工作，扬声器发声。LED2 为发光二极管，R_3 为限流电阻器。HFC5212 是语音集成电路，它存有“嘟嘟，请注意”的语音信号。该集成电路采用电平触发方式，一旦得电触发，则迅速演奏出内存语句。它的工作电压 V_{DD} 为 2.4～2.6 V。为保证其工作可靠，电路中采用 R_4、DW 稳压电路，2CW52 稳压输出 3.7 V 电压，为其供电。HFC5212 外围电路外接电阻器 R_{P3}，调节 R_{P3} 的大小，可改变其发音音调和节奏。

3. 结论

(1)在整个电路中所选用的元器件价格低廉、成本较低、有利于推广，并且电路中部分元器件可自行更换，从而能适用于更多的领域。如热敏电阻器换为气敏电阻器，可对高温蒸气或有害气体进行监控，换为光敏电阻器可对光强度进行监控。

(2)采用的 LM567 对温度上限进行监控，经过调整后可对温度下限进行监控，从而进一步扩展本电路的适用范围。而上、下限温度同时监控时，又可实现对正常温度范围进行精确控制。这些工作不难从上述的原理中获得，其具体电路有待进一步研究。

(3)可以在报警端接一继电器，进行自动降温，其具体电路有待进一步研究。

(4)显示电路显示时间稍微短暂，可改进电路对显示时间进行延长，另外可以改为一路报警器对应一个显示装置。

(5)以上部分的电路分析和设计仅供参考，具体电路安装时要精心调试。

(6)本电路的输入信号特别容易受外界杂散信号的干扰而误报警，如何滤除外界杂散信号的干扰有待进一步研究。

6.4 无绳电话防盗用节电电路设计

6.4.1 设计任务及要求

(1)设计任务。设计一个无绳电话的节电电路，要求：

①电路通但无人通话时，电话电路处于关闭状态。

②有人通话时，电路工作时间不受限制。

③有人通话无人接时，电路延时 5 min 自动断电。

(2)设计要求：

①交流电源：220 V，50 Hz。

②延时接通电话时间 5 min。

③无人通话话机工作状态：断开。

④铃流通断时间：通 1 s，断 4 s。

⑤通话时间不受限制。

⑥挂机延时吸合时间小于 1 min 。

6.4.2 设计实例

本设计采用 555 定时电路，完成无绳电话防盗用节电电路设计。能够保证无人通话时电路处于断开状态，有效防止电话被盗用。

1. 电路设计

使用无绳电话,电源都是一直通着的,这样既耗电,同时易被邻近同频率的无绳电话盗用,为此制作了一个主机防盗用的节电电路。电路原理图如图 6-24 所示。

U_1 选用 NE555 集成电路。J_1 选用直流电阻 1kΩ 的干簧继电器,J_2 选用 12V 小型继电器。T_1 选用输出 9 V 的 2 W 变压器。R_1、C_5 的值可根据自己日常通话时间而增减。

2. 电路原理分析

电话不使用时,电路处于关闭状态;当电话外线有振铃信号经 C_1、整流器向 J_1 供电,使 $J_{1\text{-}1}$ 吸合,接通节电器和无绳电话电源,由 U_1 组成的延时电路开始工作,$J_{2\text{-}2}$ 吸合。经过10 min 左右,如果无人接或通话完毕,$J_{2\text{-}2}$ 释放,电路和无绳电话电源关断。如需要向外打电话,按一下开关 SA 即可。

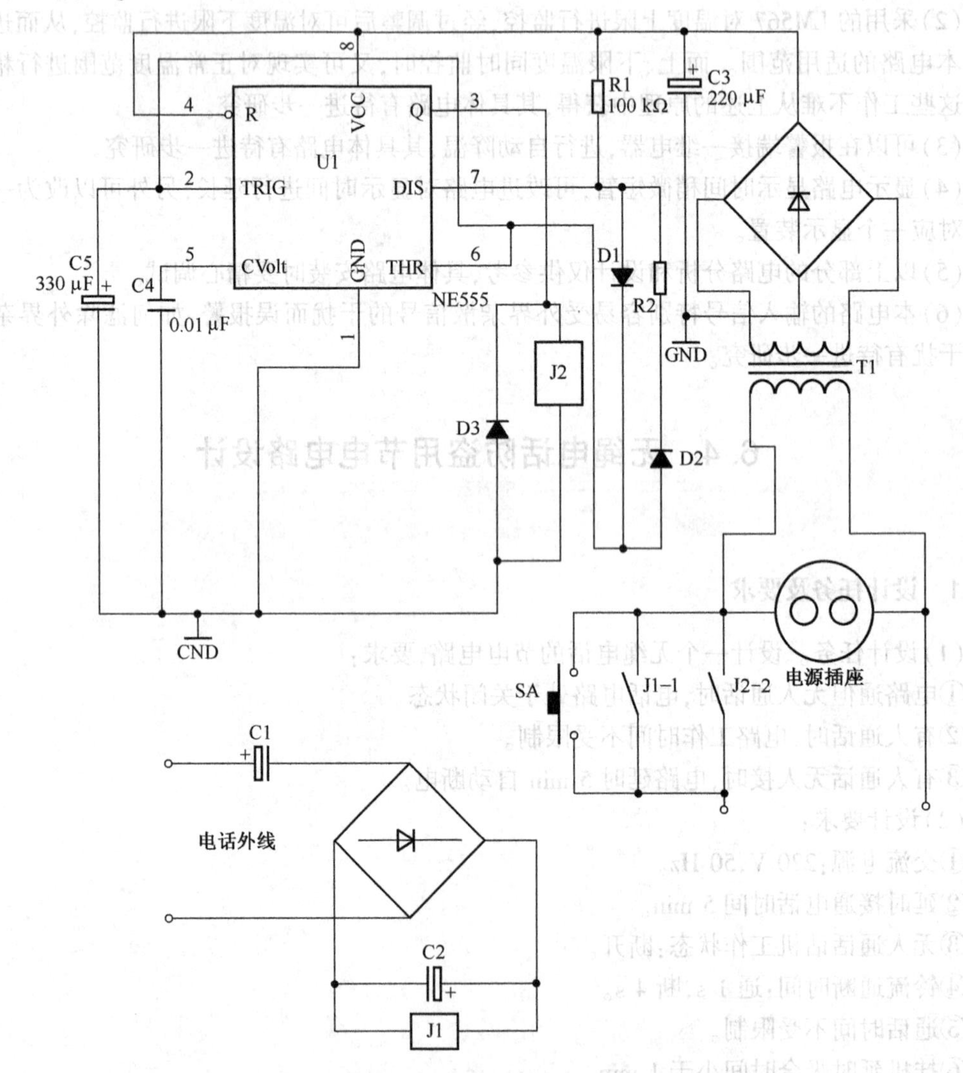

图 6-24　无绳电话防盗用节电电路原理图(本图为仿真软件制图)

3. 电路方案改进

由于上述电路的通话时间要受延时电路的限制,下面尝试对电路进行改进,如图 6-25 所示,给电路增加 D_4、D_5、R_3、光耦合器(U_2)后,不但通话时间不受限制,且更节电。

下面来说明图 6-25 所示电路的工作原理。当电话不使用时电路处于关断状态,电话外线有振铃信号时,其信号经 U_2 的 1、3 引脚或 2、4 引脚及 C_1、整流器向 J_1 供电,使 $J_{1\text{-}1}$ 吸合,接通节电器和无绳电话电源。由 U_1 组成的延时电路(延时约 1min)工作,Q_1 导通,$J_{2\text{-}2}$ 吸合。由于铃流通断时间为通 1 s 断 4 s,只要有铃流,$J_{2\text{-}2}$ 会一直吸合。摘机通话时,光耦合器 IC_2 中的二极管导通,U_2 的 5 引脚或 7 引脚为高电位,经 D_5、R_3 使 Q_1 导通,$J_{2\text{-}2}$ 吸合。这时 $J_{2\text{-}2}$ 的吸合与延时电路无关,因此通话可任意长短。挂机后,$J_{2\text{-}2}$ 最多继续吸合 1 min,节电更明显。

图 6-25 中,新增设的 U_2 为光耦合器 TLP521-2,R_3 为 29 kΩ,R_1C_1 定时 1 min 时,R_1 为 100 kΩ。

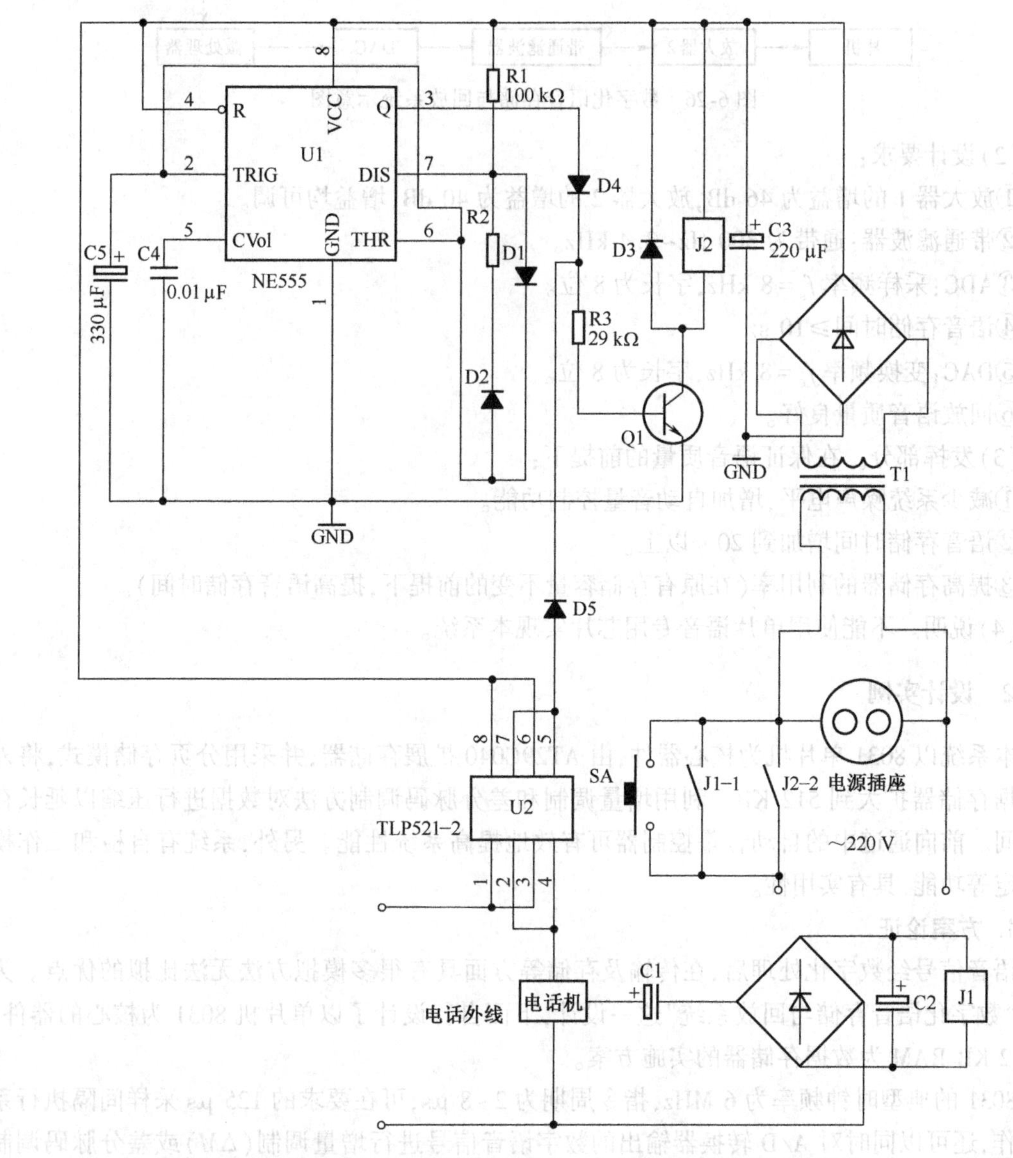

图 6-25　改进后的无绳电话防盗用节电电路(本图为仿真软件制图)

4. 结论

经检验,改进后的电路能更有效地防盗,同时通话时间不受限制。

6.5 数字化语音存储与回放系统

6.5.1 设计任务及要求

(1)设计任务。设计并制作一个数字化语音存储与回放系统,其示意图如图6-26所示。

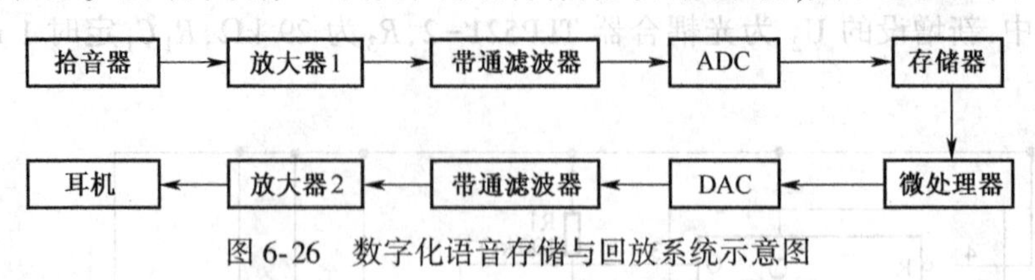

图6-26 数字化语音存储与回放系统示意图

(2)设计要求:

①放大器1的增益为46 dB,放大器2的增益为40 dB,增益均可调。

②带通滤波器:通带为300 Hz~3.4 kHz。

③ADC:采样频率f_s=8 kHz,字长为8位。

④语音存储时间≥10 s。

⑤DAC:变换频率f_c=8 kHz,字长为8位。

⑥回放语音质量良好。

(3)发挥部分。在保证语音质量的前提下:

①减少系统噪声电平,增加自动音量控制功能。

②语音存储时间增加到20 s以上。

③提高存储器的利用率(在原有存储容量不变的前提下,提高语音存储时间)。

(4)说明。不能使用单片语音专用芯片实现本系统。

6.5.2 设计实例

本系统以8031单片机为核心器件,由AT29C040扩展存储器,并采用分页存储模式,将外部数据存储器扩大到512 KB。利用增量调制和差分脉码调制方法对数据进行压缩以延长存储时间。前向通道中的自动音量控制器可有效地提高系统性能。另外,系统有自检和工作模式设定等功能,具有实用性。

1. 方案论证

语音信号经数字化处理后,在传输及存储等方面具有很多模拟方法无法比拟的优点。为完成"数字化语音存储与回放系统"这一设计,下面自行设计了以单片机8031为核心的器件,以512 KB RAM为数据存储器的实施方案。

8031的典型时钟频率为6 MHz,指令周期为2~8 μs,可在要求的125 μs采样间隔执行系统工作,还可以同时对A/D转换器输出的数字语音信号进行增量调制(ΔM)或差分脉码调制(Differential Pulse Code Modulation,DPCM)。ΔM和DPCM是两种语音压缩编码技术,可分别将语音速率由64 kb/s压缩到8 kb/s和32 kb/s。另外,为延长录音与回放时间,可利用一片AT29C40,借助8031的P1口参与地址选择,采用分页存储模式,可将系统的数据存储空间扩展至512 KB,以512 KB空间存储PCM码,语音回放时间可达60 s,达到设计要求。

2. 系统设计与原理分析

整个系统由前向通道、主机和后向通道三个子系统构成,如图 6-27 所示。

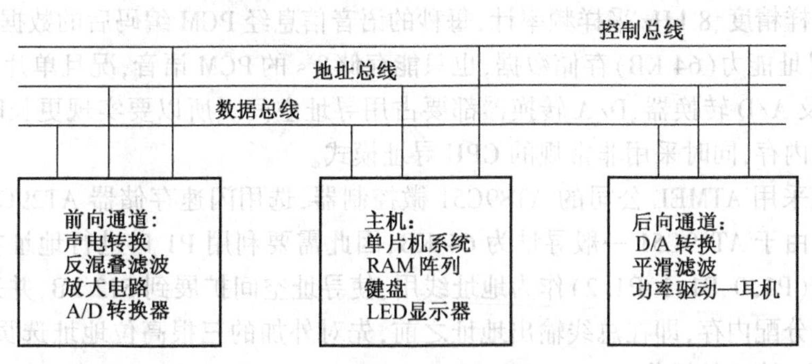

图 6-27 系统结构图

(1) 前向通道子系统。该子系统由声电转换、反混叠滤波、放大电路、A/D 转换器组成。

声电转换通过驻极体传声器实现,它具有灵敏度高、噪声小、价格低等诸多优点。转换后的电信号经低噪声宽频带的集成运放 NE5532 放大,该电路采用一级反向放大接一级隔离缓冲,使电路结构大大简化,并减少了系统噪声。放大增益由两个 50kΩ 精密电位器调节,可满足设计的要求。

放大后的信号进入自动音量控制器,如图 6-28 所示。放大电路输出的音频交流电压经二极管 2AP9 和 *RC* 电路构成的包络检波器检波后,输出一个随音频平均电压变化的电压,用此电压控制工作于可调电阻区的场效应管的栅极,改变场效应管的导通电阻,使放大倍数受音频信号大小控制。当音频信号强时自动减小放大倍数;信号弱时自动增大放大倍数,从而实现音量自动调节。

前向通道中的带通滤波器用以消除混叠失真,所以称为抗混叠滤波器,它由二阶低通滤波器级联二阶高通滤波器构成。由于人耳听到 20 Hz~20 kHz 的声音,但实际上人说话的声音带宽主要集中在 300~3.4 kHz,故将通频带设置为 300~3.4 kHz,同时根据公式 $f=1/(2\pi RC)$ 计算电阻、电容值。

带通滤波器的输出信号经采样保持(LF398)后送 A/D 转换器转换,本方案选用的是 AD574 芯片,本系统中采样频率 $f_s=8$ kHz,字长为 8 位。AD574 是快速、逐次逼近型、12/8 位 A/D 转换器,转换速度最大为 35 μs,转换精度小于或等于 0.05%。AD574 片内具有三态输出缓冲电路,可直接与 8 位或 16 位单片机接口,使用非常方便,应用广泛,价格适中。

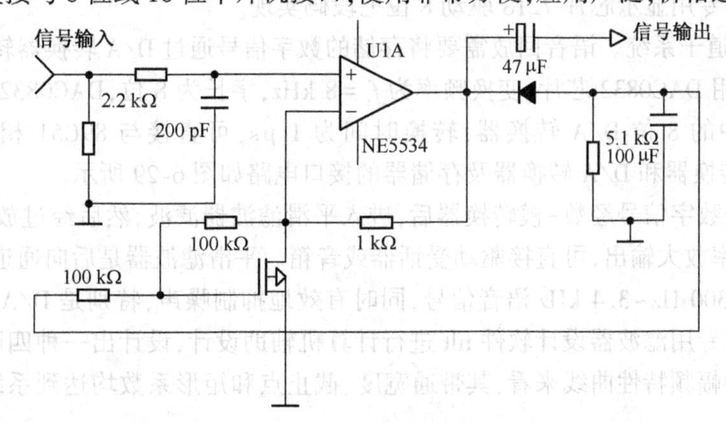

图 6-28 自动音量控制电路(本图为仿真软件制图)

(2)主机子系统。数字存储的关键技术在于数据的编码压缩和物理存储器的扩展,这是主机子系统所要解决的问题。

以8位采样精度、8 kHz采样频率计,每秒的语音信息经PCM编码后的数据量为8 KB,以8031的最大寻址能力(64 KB)存储数据,也只能存储8 s的PCM语音,况且单片机的外设如键盘、显示器以及A/D转换器、D/A转换器都要占用寻址空间。所以要实现更长时间的语音存储就必须扩展内存,同时采用非常规的CPU寻址模式。

①本方案采用ATMEL公司的AT89C51微控制器,选用闪速存储器AT29C040作为存储器供采集用。由于AT89C51一般寻址为64 KB,因此需要利用P1口进行地址扩展。本系统中另加三根线(P1.0、P1.1、P1.2)作为地址线用,使寻址空间扩展到512 kB,并采用分页管理方式进行管理分配内存,即在总线输出地址之前,先对外加的三根高位地址选页,然后在所选页中,进行输入、输出的操作。

由于系统的采样频率$f_s=8$ kHz,字长为8位,故1 s的语音存储需要8 kB的存储空间,这样一片AT29C040可存储60 s的语音,基本可达到实际的需要。

②采用增量调制和差分脉码调制技术实现数据压缩。增量调制(ΔM)是一种实现简单且压缩比高的语音压缩编码方法,该方法只用一位码记录前后语音采样值$S(n)$、$S(n-1)$的比较结果,若$S(n)>S(n-1)$,则编为“1”码;反之,则编为“0”码。这种技术可将语音转换的数码率由64 kb/s降低到8 kb/s,存储时间可延长到128 s,但噪声大,信号失真明显。差分脉码调制(DPCM)是一种比较成熟的压缩编码方法,它比ADPCM实现起来更简单,可以把数码率由64 kb/s降低到32 kb/s,从而使语音存储时间增加一倍,达到32 s,并且信噪比损失小。其数学表达式如下:

$$e(n)=\begin{cases}-8 & [S(n)-A(n-1)<-8] \\ S(n)-A(n-1) & [-8\leqslant S(n)\ A(n-1)\leqslant 7] \\ 7 & [S(n)-A(n-1)>7]\end{cases}$$

$$A(n)=A(n-1)+e(n) \tag{6-3}$$

式中:$S(n)$表示当前采样值;$A(n)$表示增量累加值;$A(n-1)$表示预测值;$e(n)$表示差分值,以4位存入RAM。

系统的三种录音模式,即PCM模式(16 s)、DPCM模式(32 s)、增量调制模式(128 s),可供用户由按键自行选择。

③键盘和显示。键盘为4×4编码键盘,直接与数据总线相连,有键按下时可发出中断申请。显示部分由专用显示芯片7218驱动8位七段码实现。

(3)后向通道子系统。语音回放需要将存储的数字信号通过D/A转换器转换成语音模拟信号,本方案采用DAC0832芯片,变换频率为$f_c=8$ kHz,字长为8位,DAC0832是一种具有两个输入数据缓冲的8位D/A转换器,转换时间为1 μs,可直接与89C51相连。本设计中89C51与A/D转换器和D/A转换器及存储器的接口电路如图6-29所示。

主机输出的数字信号经数-模转换器后,进入平滑滤波器滤波,然后经过放大器进行电压调整,最后经功率放大输出,可直接驱动受话器或音箱。平滑滤波器是后向通道中的重要组成部分,它应滤出300 Hz~3.4 kHz语音信号,同时有效地抑制噪声,特别是D/A转换后的数字信号。这里利用专用滤波器设计软件filt进行计算机辅助设计,设计出一种四阶带通滤波器。从计算机模拟的幅频特性曲线来看,其带通宽度、截止点和矩形系数均达到系统要求,实测效果接近模拟结果。

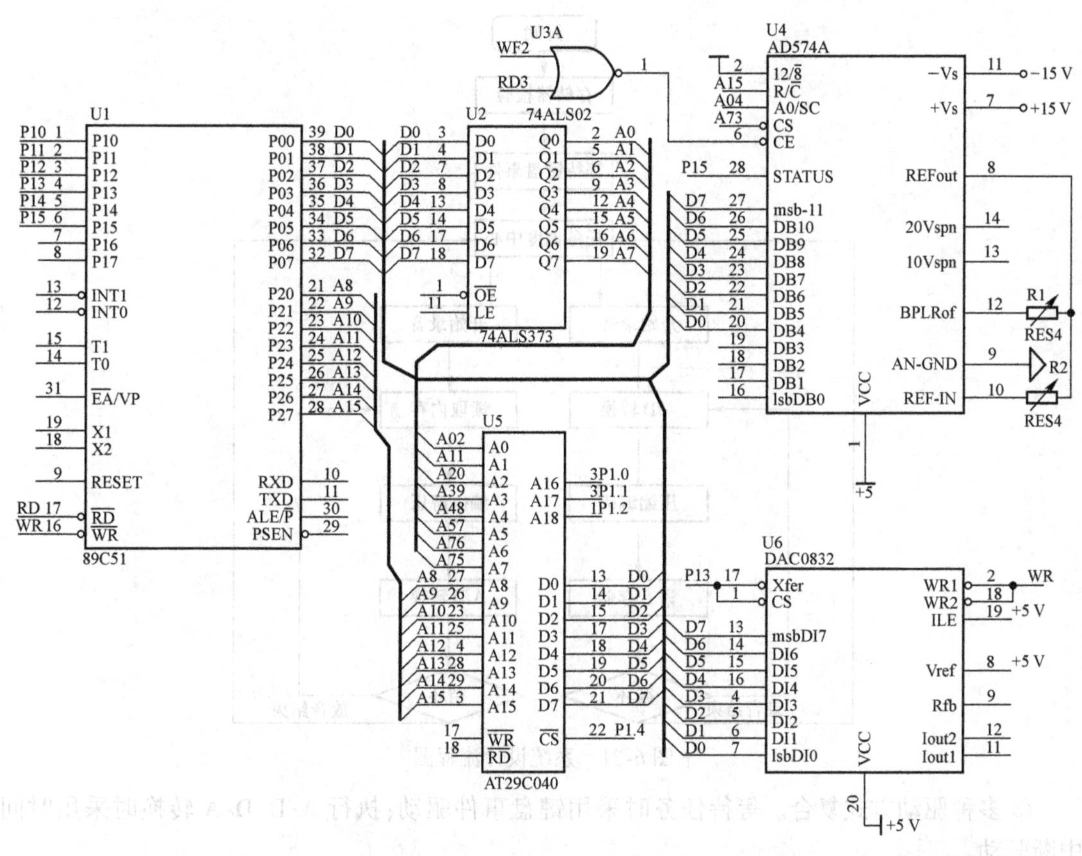

图 6-29 89C51 与 A/D 转换器和 D/A 转换器及存储器的接口电路(本图为仿真软件制图)

由软件 PSPICE5.0 模拟,结果如图 6-30 所示。由滤波器输出的信号经一级集成运放隔离,再经甲类功率放大器,可驱动受话器或音箱,回放出录制的语音。

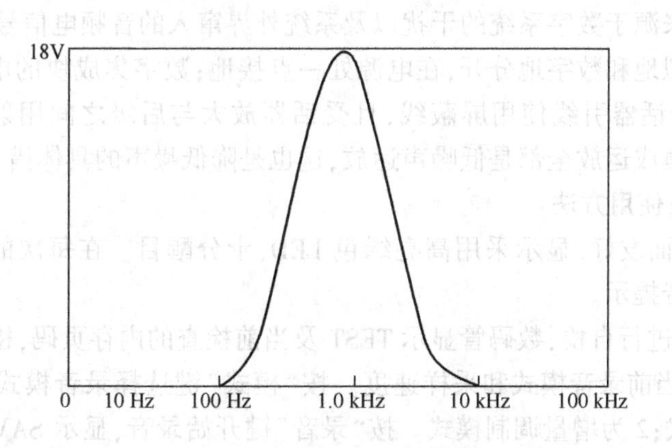

图 6-30 平滑滤波器幅频特性

(4)设计流程。本系统设计流程图如图 6-31 所示。系统特点如下:

①进程管理。采用多进程统一集中调度方式。进程由调度中心调用,进程结束后,统一返回调度中心。进程为独立功能模块,进程间并行且互斥,严格避免进程间冲突。

②中断管理。采用单中断方式,即同一时刻只能有一个中断源处于允许状态,从而避免因中断嵌套而引起的任务相互干扰。

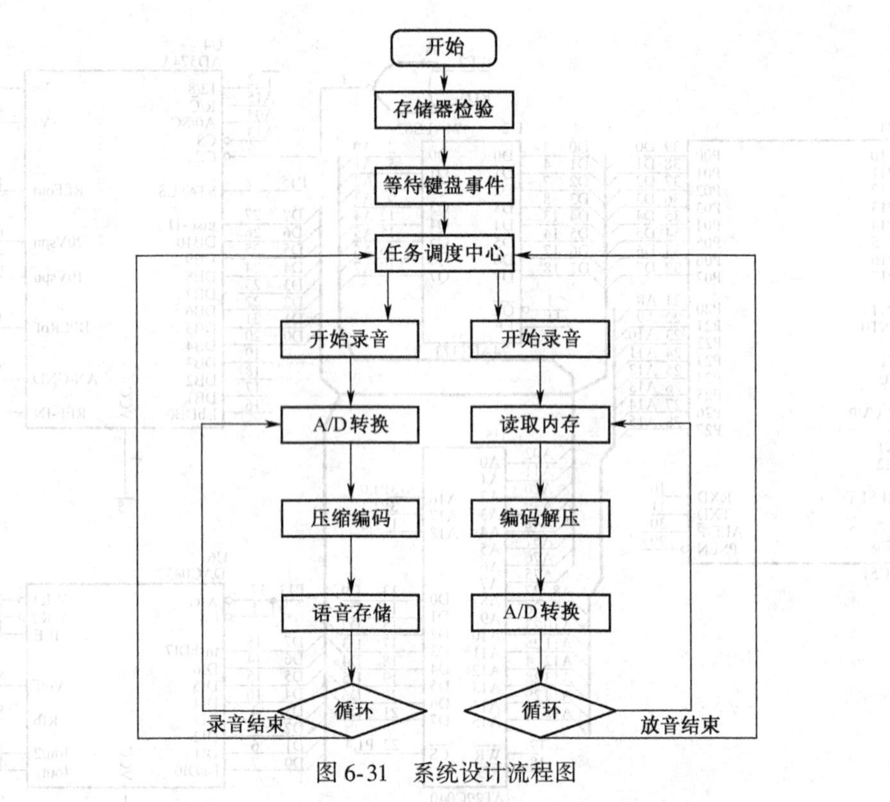

图 6-31　系统设计流程图

③多种驱动方式复合。等待任务时采用键盘事件驱动；执行 A/D、D/A 转换时采用时间中断驱动。

④模块与主线的耦合。输入/输出模块与主线呈松耦合，便于功能扩充；A/D、D/A 模块与主线呈紧密耦合，便于快速转换、编码。

(5)噪声分析及降噪措施。初步完成的系统在放音中夹杂着明显的噪声，实验观察及分析表明，这种噪声来源于数字系统的干扰以及系统外界窜入的音频电信号干扰。据此，采取了几项降噪措施：模拟地和数字地分开，在电源处一点接地；数字集成块的电源引脚接入端接上 0.01 μF 电容器；受话器引线使用屏蔽线，且受话器放大与后级之间用射极跟随器隔离。另外，系统所使用的集成运放全部是低噪声运放，这也是降低噪声的具体措施。

3. 系统功能及使用方法

本系统用户界面友好，显示采用高亮绿色 LED，十分醒目。在每次的功能切换时都有英文显示，并伴有声音提示。

系统开机后将进行自检，数码管显示 TEST 及当前检查的内存页码，检测成功后显示 SUCCESS，几秒后显示当前录音模式和采样速度。按“模式”键选择录音模式：0 为非压缩编码模式；1 为 DPCM 模式；2 为增量调制模式。按“录音”键开始录音，显示 SAVE 及当前存储页码。录音结束后按“播放”键回放，显示 PLAY 及当前读取页码。用户还可以通过选择“快放”和“慢放”功能听到有趣的变声效果。

(1)系统测试：

测试仪器：DF1731SB 3A 直流稳压电源；SS-7802 20 MHz 示波器；YB1651 功率函数信号示波器。

测试结果：前端滤波器半功率点 270 Hz~3.3 kHz；后端滤波器半功率点 310 Hz~3.3 kHz；

无信号输入时,终端输出噪声 25 mV;最大不失真输出 4.5 V;信噪比 45 dB。

(2)试听测试。以本系统的各种录音模式录制朗读声音,回放试听效果如下:

64 kb/s PCM 编码存储,录音时间 16 s。声音清晰,试听中未听到噪声。

32 kb/s DPCM 压缩编码存储,录音时间 32 s。声音清晰,有轻度噪声干扰。

8 kb/s 增量调制压缩编码存储,录音时间 128 s,回放中有明显噪声,但朗读内容仍能听清。

6.6　红外线控制自动干手器电路的设计

6.6.1　设计任务及要求

(1)设计任务。采用红外光电传感器作为感光元件,设计一个自动干手器电路。当手置于自动干手器下方时,由于手对红外线的反射作用,红外光电传感器将接收到的红外线变成电信号,经处理后,接通热风机。一段时间(此时间可调,以适合不同场合的应用)后,自动关断。

(2)设计要求:

①掌握生物医学传感器的应用。

②熟悉传感器的一般结构,掌握简单传感器电路的设计方法。

③通过设计,掌握红外线检测电路的设计方法,熟悉红外光电传感器的原理和特性。

6.6.2　设计实例

本设计完成一个自动干手器电路设计。当有人手伸过来时,红外线开关将电热吹风机自动打开,人离开时又自动将吹风机关闭。成品的自动干手器将红外线控制开关和电热吹风机制作为一体,根据这个基本原理,用一只普通的电热吹风机,加装一个红外控制开关,就可组成一个自动干手器,其效果与成品自动干手器是一样的。本设计就是要实现这样的自动干手器。

1. 方案论证及主要器件

自动干手器电路一般采用反射式红外传感器。反射式光电传感器可以用来检测地面明暗和颜色的变化,也可以探测有无接近的物体。反射式红外传感器就是反射式光电传感器的一种,当人或有物体接近时,遮挡了红外光,光敏元件接收到光信号,从而进行光电转换,作用在控制电路上,使干手器打开。该红外线自动干手器电路由红外线发射器、红外线接收放大器和开关控制电路组成。开关控制电路主要包括放大电路、整形电路、译码电路、执行电路。

根据设计任务与要求,当人们需要干手时,人们把手靠近自动干手器时,自动干手器会自动打开热风机和吹风机,一段时间后会自动停止,并可以调节加热和吹风的时间。这些功能可以采用 555 定时器及多谐振荡器和单稳态触发器等元件组成电路来实现。

本系统由红外线发射电路、红外线接收电路、时间延迟电路、自动干手器开关电路和电源电路五部分构成,如图 6-32 所示。

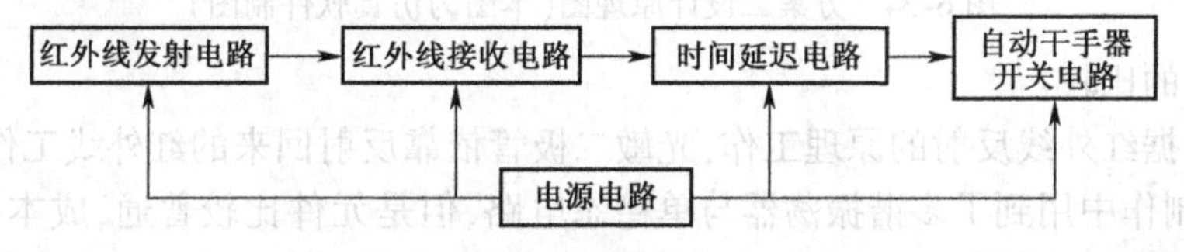

图 6-32　红外线控制自动干手器电路组成

能够实现上述功能的电路设计方案有多种，举例如下：

方案一：本方案的红外线发射部分由光敏二极管、555 定时器构成的多谐振荡器与红外线发射管组成，实现对由多谐振荡器获得的电信号进行发射的功能；红外线接收部分由集成运算放大电路和红外线接收管构成，实现对由光敏二极管发射的电信号进行接收、放大、选频的功能，由 555 定时器构成的单稳态电路和交流固态继电器作为该设计的延时电路，实现控制电吹风的工作与停止。

本方案的电路组成部分比较接近一般通用自动干手器电路的组成，具体设计框图如图 6-33所示。

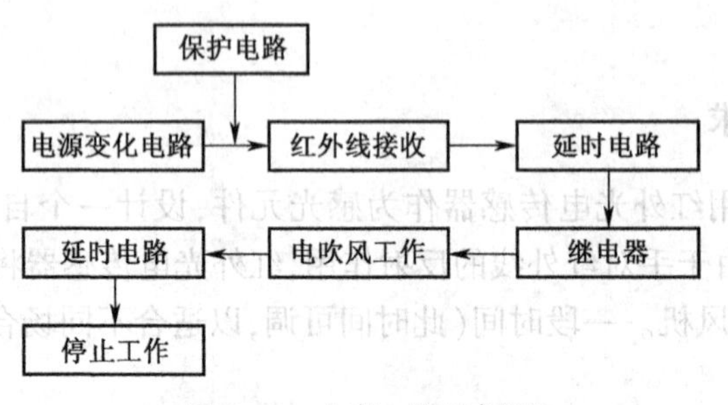

图 6-33　方案一设计框图

方案二：采用 BISS0001 型红外传感信号专用处理集成电路与红外线热释传感器构成红外线触发电路，它可以接收到人身体发射出的红外线并通过专用的集成电路产生触发脉冲，用来触发 555 定时器构成的单稳态电路，单稳态电路可以提供延时功能，使自动干手器实现工作一定时间后自动停止的功能。SSR 采用 JCX-2F-DC5V 型过零紧凑型固态继电器，它体积小巧，可以直接插焊在印制电路板上，如图 6-34 所示。

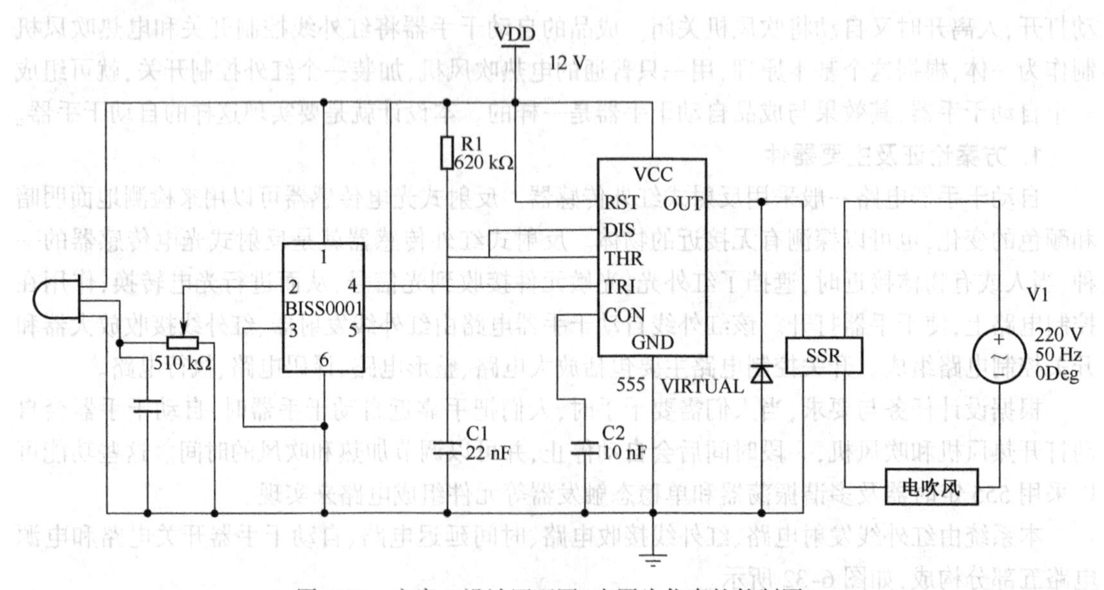

图 6-34　方案二设计原理图（本图为仿真软件制图）

两种方案的比较：

方案一根据红外线反射的原理工作，光敏二极管依靠反射回来的红外线工作，性能比较稳定，控制电路制作中用到了多谐振荡器与单稳态电路，但是元件比较普通，成本也不高。方案二根据红外线热释传感器实现工作要求，红外线热释传感器感应外界红外线变化工作，有可能对其他红外热源敏感,并且需要专用的芯片支持。二者的延时电路与电吹风电路基本相同,方案一虽然电路相对复杂,但是其稳定性与成本方面比较占优势;方案二电路虽然简单,但是其稳定性不高,容易产生误操作,并且成本控制得不好。出于实用与生产方面考虑可以选择电路相对复杂一些的方案一。

2. 主要电路设计

(1)红外线发射电路设计。如图 6-35 所示,红外线发射器以 555 芯片及红外线发射管构成,555 芯片连接成多谐振荡器,为红外线发射管提供振荡脉冲,使其发射出红外线。根据任务要求,要发射出 1 000 Hz 的红外线,那么多谐振荡器的振荡频率便为 1 000 Hz。根据多谐振荡器频率式(6-4),根据频率 f 为 1 000 Hz,可以求出 R_1、R_2、C 的值, 即

$$f=\frac{1}{T}=\frac{1}{(R_1+2R_2)C\ln2} \tag{6-4}$$

给定 R_1 和 R_2 的值,便可计算出电容 C 的值,如给定 $R_1=30\ \text{k}\Omega$, $R_2=60\ \text{k}\Omega$,则可算出 $C=0.01\ \mu\text{F}$。

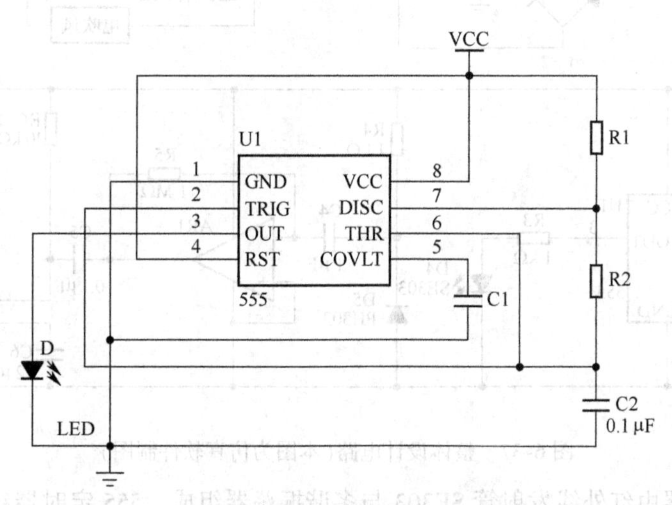

图 6-35　红外线发射电路图(本图为仿真软件制图)

(2)延时装置设计。延时装置由 555 定时器组成的单稳态触发器构成,当受到红外线信号触发后,将给继电器一个高电平,继电器得电吸合,将电吹风电源接通,吹出热风。这时单稳态触发器进入暂稳态,其稳态时间由 R、C 数值决定,电路图如图 6-36 所示。

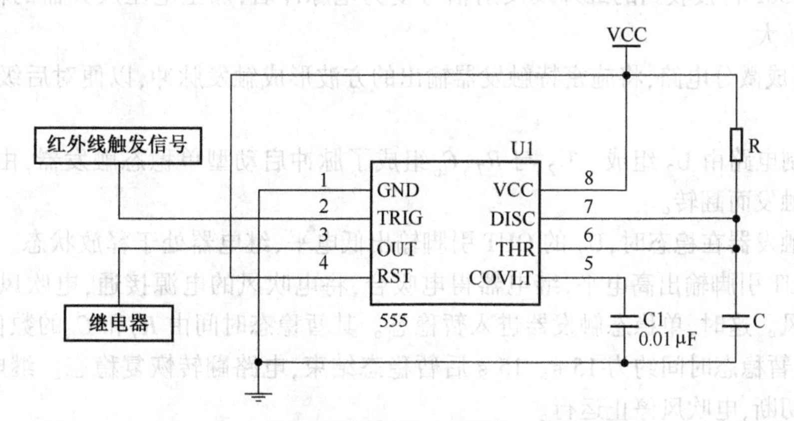

图 6-36　延时装置电路图(本图为仿真软件制图)

根据式(6-5)可以求出 R、C 的值。

$$t_w = RC\ln\frac{V_{CC}-0}{V_{CC}-\frac{2}{3}V_{CC}} = RC\ln 3 = 1.1RC \tag{6-5}$$

把暂稳态时间定为 15 s,若选电容 $C = 22\ \mu F$,则可求出 $R = 620\ k\Omega$。

(3)整体电路设计。根据单元电路的设计,将各单元电路的独立电源整合为一个 12 V 电源,加入电路工作指示灯,并且加入了选频网络电路,对光敏二极管接收的红外信号进行放大、整形、滤波,使其变成标准的触发脉冲信号。由此得到红外线自动干手器整体设计电路,如图 6-37所示。

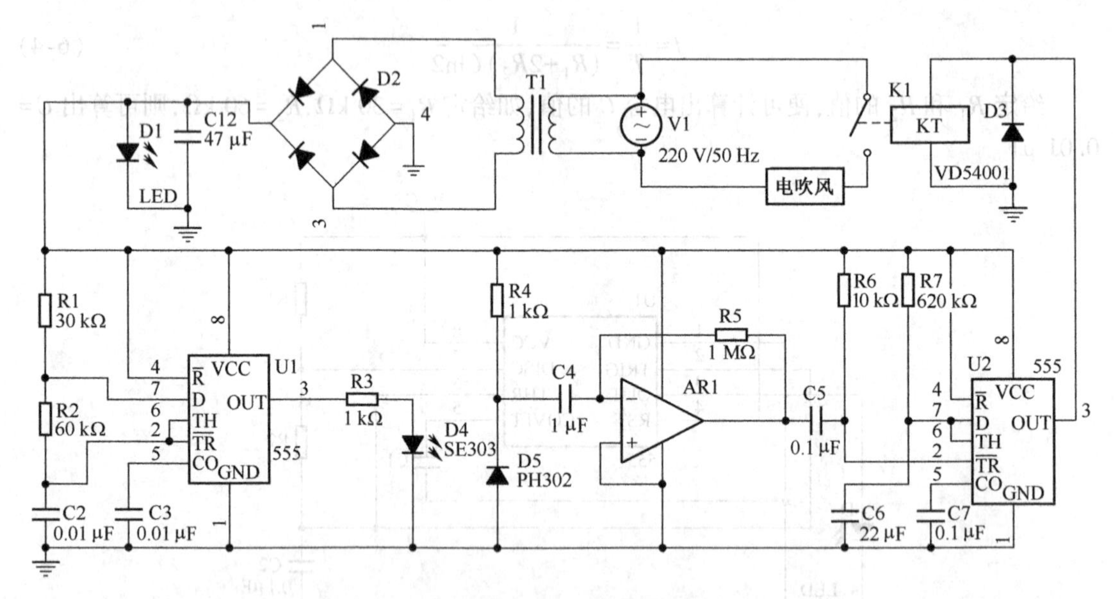

图 6-37 整体设计电路(本图为仿真软件制图)

红外线发射器由红外线发射管 SE303 与多谐振荡器组成。555 定时器组成的多谐振荡器振荡频率为 1 000 Hz。由多谐振荡器产生的振荡频率脉冲经 R_3 送到红外线发射管 SE303 向外发射。

红外线接收器由红外线接收管 PH302 和电压放大器组成,R_5 是其反馈偏置电阻。由红外线接收管 PH302 将接收到的红外线反射信号变为电脉冲后,加至电压放大器的输入端,进行脉冲幅度的放大。

C_5、R_6 组成微分电路,将施密特触发器输出的方波形成触发脉冲,以便对后级电路可靠地触发。

开关控制电路由 U_2 组成。U_2 与 R_7、C_6 组成了脉冲启动型单稳态触发器,由 C_5、R_6 形成的触发脉冲触发而翻转。

单稳态触发器在稳态时,U_2 的 OUT 引脚输出低电平,继电器处于释放状态。当其受到触发后翻转,OUT 引脚输出高电平,继电器得电吸合,将电吹风的电源接通,电吹风得电开始运转并吹出热风。这时,单稳态触发器进入暂稳态。其暂稳态时间由 R_7 和 C_6 的数值决定,按电路中的数值,暂稳态时间约为 15 s。15 s 后暂稳态结束,电路翻转恢复稳态。继电器释放,将电吹风电源切断,电吹风停止运行。

自动干手器的控制器应安装在洗手间的适当位置,将红外线发射、接收头置于控制器的下方。当手伸向控制器的下方时,红外线发射头发射的红外线信号被反射到接收头,通过信号处理使电吹风开启,15 s后自动关闭。如果想继续开启,可在停机后再次将手伸向控制器的下方。

由上述分析可知,整体设计电路是在对各单元电路设计基础上,结合各单元电路的特点,加上适当的滤波整流电路、电源电路以及指示电路,实现了整体电路的设计要求。

6.7 微型家用探盗发射电路的设计

6.7.1 设计任务及要求

(1)设计任务。本设计要求完成一个家用探盗报警系统,能通过探测器对防范现场进行检测,在有人入侵时能及时发出报警信号。

(2)设计要求:

①设计出适合系统要求的稳压电源。

②设计信号检测电路。

③设计信号传输电路。

④设计出合适的报警电路。

6.7.2 设计实例

本设计采用红外线发射模块进行探测,当在防范现场有人入侵时,会进行报警,提醒用户“有人入侵”。本设计所用电路及模块较简单,成本低廉,使用方便。

1. 系统总体设计

(1)设计背景及目的。家庭防盗是一个与人们的生活和财产安全息息相关的话题,也是人们最乐于探索和尝试的领域。目前,市面上各种各样的家用探盗装置层出不穷,不同的装置所用的原理各有差异,有的采用微波,有的采用红外线,有的采用激光、超声波或振动等方式,信号的传输方式也有无线传输和有线传输等。形形色色的家用探盗装置给人们的生活带来了巨大的方便。

本设计完成的是一个采用红外线发射方式进行探盗报警的装置。它用由红外线发射电路发出红外线,根据反射效应或遮光效应触发报警器工作,从而可以有效地检测到有人入侵,并进行及时报警。

(2)系统主要结构。家用探盗报警系统是在探测到防范现场有入侵者时能及时发出报警信号的专用电子系统,一般由探测器、传输系统和报警控制器组成。探测器检测到意外情况就产生报警信号,通过传输系统送入报警控制器发出声、光或其他报警信号。探测器的种类很多,按所探测的物理量的不同,可分为微波、红外、激光、超声波和振动等方式;按电信号传输方式不同,可分为无线传输和有线传输两种方式。这里主要介绍红外线探测器。

在性能方面,一方面能有效判断是否有人员进入;另一方面要尽可能大地增加防护范围。当然,系统工作的稳定性和可靠性也是用户追求的重要指标。至于报警可采用声光信号。

2. 系统设计与原理分析

红外线探盗发射电路有两种:一种是红外线反射式,即采用反射式红外探测模块发出红外线，当检测区域有人进入时，红外线发射出的信号经人体反射回来即可以被该模块接收，从而触动报警器进行报警；另一种是红外线遮光式，将红外线接收模块和发射模块分别安放在受控场所的门或窗两侧，当有人从门窗进入时，会使红外光束短暂中断，导致红外线接收模块暂时无法接收到发射方发出的红外光，从而触动报警器进行报警。

下面分别对两种电路的设计方法及原理进行分析，并进行对比。

（1）红外线反射式探盗报警器设计。详述如下：

①电路组成。红外线反射式探盗报警器电路由电源电路、红外线探测电路、语音发生器和音频功放组成，电路图如图 6-38 所示。

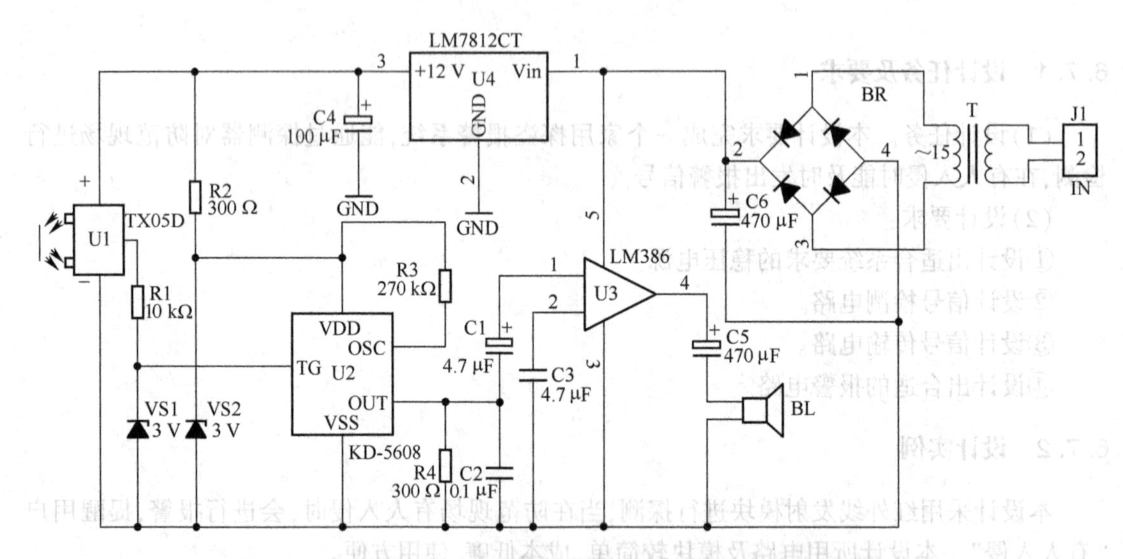

图 6-38 红外线反射式探盗报警器电路图（本图为仿真软件制图）

电路中，电源电路由电源变压器 T、整流桥 BR、滤波电容器 C_4、C_6 和三端稳压器 LM7812CT（U_4）组成；红外线探测电路由红外线反射式探测模块 TX05D（U_1），电阻器 R_1、3 V 稳压管 VS_1 组成；音效发生器由音效集成电路 KD-5608（U_2），电阻器 R_2、R_3 和 3 V 稳压二极管 VS_2 组成；音频放大输出电路由音频功放 LM386（U_3），电容器 C_1~C_3、C_5 和扬声器 BL 组成。

②原理分析。将该电路安置在受监测的区域，平时无人进入此区域，U_1 收不到反射信号，U_1 输出低电平，U_2 不能触发工作，因此 BL 也不发声。当有人进入 U_1 的探测区域时，U_1 发射的红外线信号经人体反射回来，U_1 接收到该反射信号并对信号进行处理后，输出高电平触发信号，使 U_2 受触发工作，输出音效电信号。该电信号经音频功放 U_3 放大后，驱动 BL 发出声音，提醒用户“有人入侵”。

（2）红外线遮光式探盗报警器设计。详述如下：

①电路组成。红外线遮光式探盗报警器电路由电源电路、红外线发射电路和红外线接收控制报警电路组成，其中红外线接收控制报警器电路又由红外线接收电路、开关控制电路和声光报警电路组成，整体电路如图 6-39 所示。

电路中，红外线发射电路由 555 定时器 U_1，红外发光二极管 L_1，电阻器 R_8、R_9，电容器 C_6~C_8 和可调电阻器 R_P 组成。红外线接收控制报警器电路中，红外线接收电路由一体化红外线接收基础电路 MC78M05CT（U_3）、三端稳压器 LM7805（U_2）、限流电阻器 R_1 和滤波电容

器 C_1 组成;开关控制电路由晶闸管 VT、晶体管 V、电阻器 $R_2 \sim R_4$、电容器 C_2 组成;声光报警电路由 555 定时器 U_4,电阻器 $R_5 \sim R_7$,电容器 $C_3 \sim C_5$,二极管 VD_1、VD_2,发光二极管 L_2,报警器 HA 和继电器 K 组成。

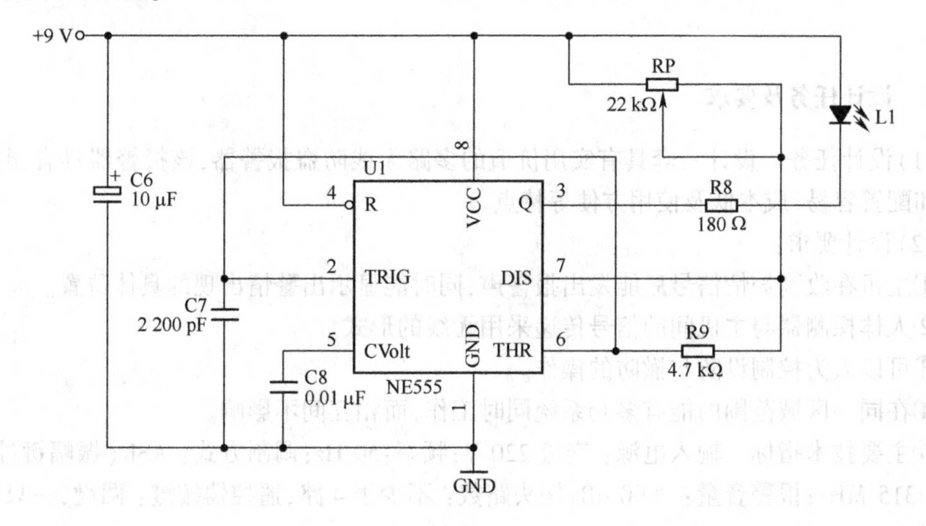

（a）红外线发射电路

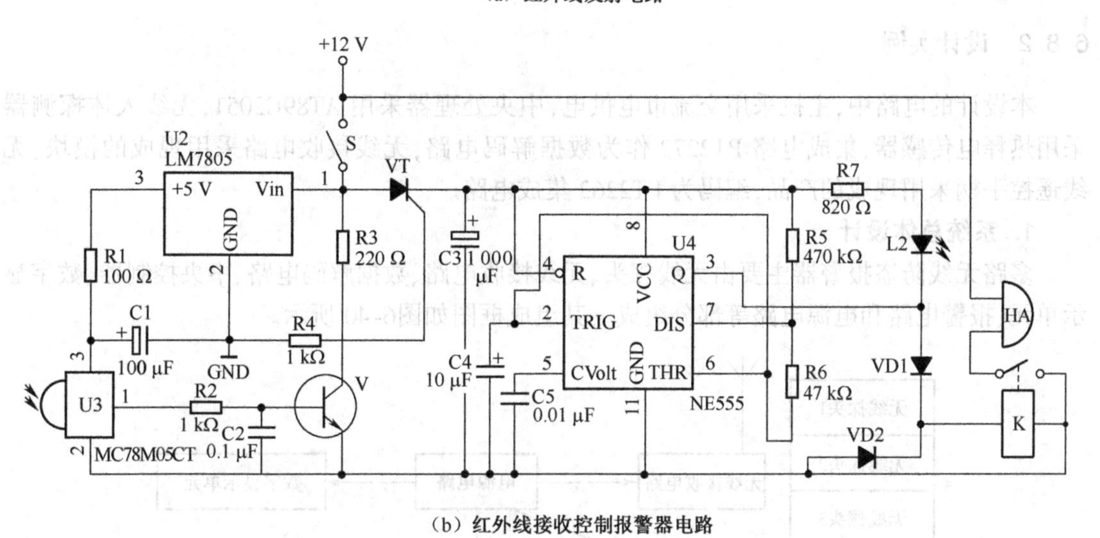

（b）红外线接收控制报警器电路

图 6-39　红外线遮光式探盗报警器电路图(本图为仿真软件制图)

②原理分析。将红外线发射模块和接收模块分别安装在受监控场所的门(窗)的两侧。平时,L_1 发出的调制红外光(频率为 36~38 kHz)经 U_3 接收后,使 U_3 的 1 引脚输出低电平,V 和 VT 处于截止状态,声光报警电路不能工作。

当有人从门(窗)进入时,会使 U_3 接收的红外线光束短时间中断,U_3 的 1 引脚输出高电平,使 V 导通,V 的发射极输出的高电平使 VT 受触发而导通,U_4 得电工作,其 3 引脚输出低频振荡信号,L_2 闪烁发光,K 间歇吸合。在 K 吸合时,其常开触点将报警器 HA 的一端接地,HA 得电工作,发出响亮的报警声。

在整个电路中,若想改变 L_2 闪烁的频率,以及报警器的报警声节奏,可以调节 R_5 或 C_4 的值,从而改变 U_3 的 3 引脚所输出的振荡信号的频率。

6.8 多路无线防盗报警电路设计

6.8.1 设计任务及要求

(1)设计任务。设计一套具有实用价值的多路无线防盗报警器,该报警器具有误报率低、安装和配置容易、成本低及使用方便等特点。

(2)设计要求:

①主机在收到警情信号后能发出报警声,同时能显示出警情出现的具体位置。

②人体探测器与主机间的信号传递采用无线的形式。

③可以人为控制设防与撤防的操作。

④在同一区域范围内能有多套系统同时工作,而相互间不影响。

⑤主要技术指标。输入电源:交流 220 V;频率:50 Hz;调制方式:ASK(振幅键控);发射频率:315 MHz;报警音量:≥90 dB;探头路数:不少于 4 路;遥控器按键:两键,一只布防,一只撤防。

6.8.2 设计实例

本设计的电路中,主机采用交流市电供电,中央处理器采用 AT89C2051,无线人体探测器采用热释电传感器,集成电路 PT2272 作为数据解码电路,无线接收电路采用现成的模块,无线遥控手柄采用现成的产品,编码为 PT2262 集成电路。

1. 系统总体设计

多路无线防盗报警器主要由无线探头、无线接收电路、数据解码电路、中央控制器、数字显示单元、报警电路和电源电路等部分组成。其组成框图如图6-40 所示。

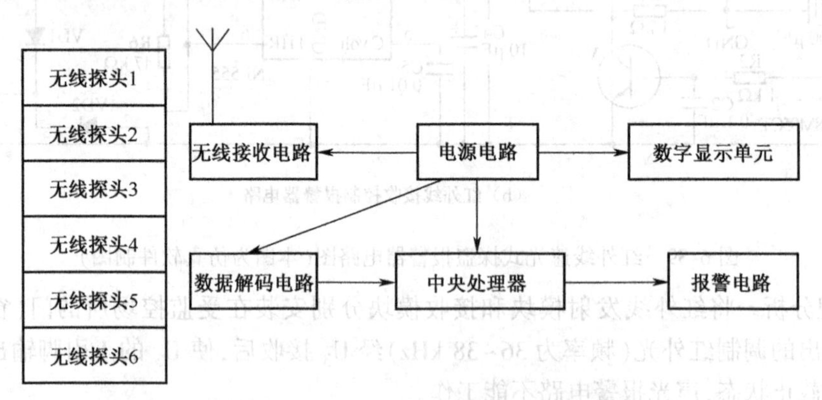

图 6-40 多路无线防盗报警器组成框图

2. 主要芯片简介

(1)芯片 AT89C2051。AT89C2051 是美国 ATMEL 公司生产的低电压、高性能 CMOS 8 位单片机,片内含 2 KB 的可反复擦写的只读程序存储器(Programmable Erasable Read-Only Memory,PEROM)和 128 B 的随机存储器(Random Access Memory,RAM),器件采用 ATMEL 公司的高密度、非易失性存储技术生产,兼容标准 MCS-51 指令系统,片内置通用 8 位中央处理器和

Flash 存储单元。AT89C2051 引脚图如图 6-41 所示。

(2)编码芯片 PT2262。由于无线信号容易受外界环境影响,考虑到系统的可靠性,发射的控制信号采用编码的方式进行传送,而且在同一区域内要同时使用多个系统而相互间又不影响,因此无线信号的编码由 PT2262 芯片完成,具体引脚如图 6-42 所示。该芯片具有 8 位地址信号和 4 位数据信号,不同的地址与数据的组合,可以编制上万种编码,完全可以满足同一区域内互不影响地工作。为了使电路简单且使用电池进行供电,数据对高频载波的调制方式采用 ASK 方式,即当发送数据信号为 1 时,接通高频振荡器电源,发送高频无线信号;当发送数据信号为 0 时,断开其电源,停止工作,这种设计在静态时工作电流几乎为零。在具体的应用中,外接振荡电阻器可根据需要进行适当的调节,阻值越大振荡频率越慢,编码的宽度越大,发码一帧的时间越长。

IC3

引脚	名称	名称	引脚
1	RST	+5V	20
2	P3.0/RXD	P1.7	19
3	P3.1/TXD	P1.6	18
4	XTAL2	P1.5	17
5	XTAL1	P1.4	16
6	P3.2/INT0	P1.3	15
7	P3.3/INT1	P1.2	14
8	P3.4/T0	P1.1/AIN−	13
9	P3.5/T1	P1.0/AIN+	12
10	GND	P3.7	11

图 6-41 AT89C2051 引脚图

(3)解码芯片 PT2272。PT2272 是一款与 PT2262 配对使用的解码芯片,解码芯片 PT2272 接收到信号后,其地址码经过两次比较核对后,VT 引脚才输出高电平,与此同时相应的数据引脚也输出高电平,如果发送端一直按住按键,编码芯片也会连续发射。具体引脚如图 6-43 所示。

引脚	名称	名称	引脚
1	A0	V_{DD}	18
2	A1	DOUT	17
3	A2	OSC1	16
4	A3	OSC2	15
5	A4	$\overline{TE}$	14
6	A5	A11/D5	13
7	A6/D0	A10/D4	12
8	A7/D1	A9/D3	11
9	V_{SS}	A8/D2	10

图 6-42 PT2262 引脚图

引脚	名称	名称	引脚
1	A0	V_{DD}	18
2	A1	VT	17
3	A2	OSC1	16
4	A3	OSC2	15
5	A4	DIN	14
6	A5	A11/D5	13
7	A6/D0	A10/D4	12
8	A7/D1	A9/D3	11
9	V_{SS}	A8/D2	10

图 6-43 PT2272 引脚图

3. 硬件电路设计

(1)系统硬件结构图。系统硬件电路主要由三部分组成:无线遥控电路、红外探测信号发射电路和主机电路。红外探测信号发射电路结构图如图 6-44 所示,主机电路结构图如图 6-45 所示。

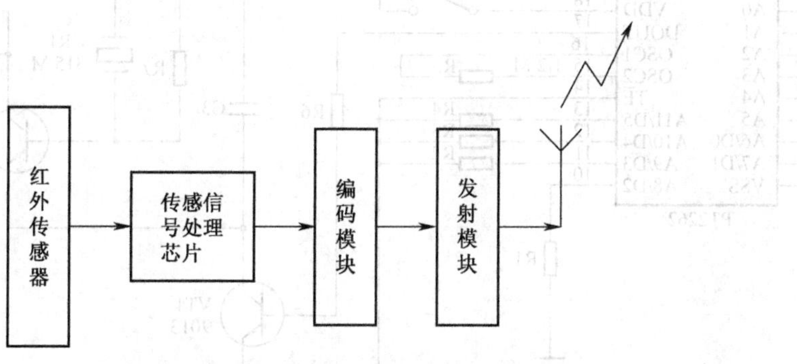

图 6-44 红外探测信号发射电路结构图

无线遥控电路由编码模块和发射模块组成,功能是实现对报警器进行布防或撤防,实际上是发射两组编码,即布防编码和撤防编码。

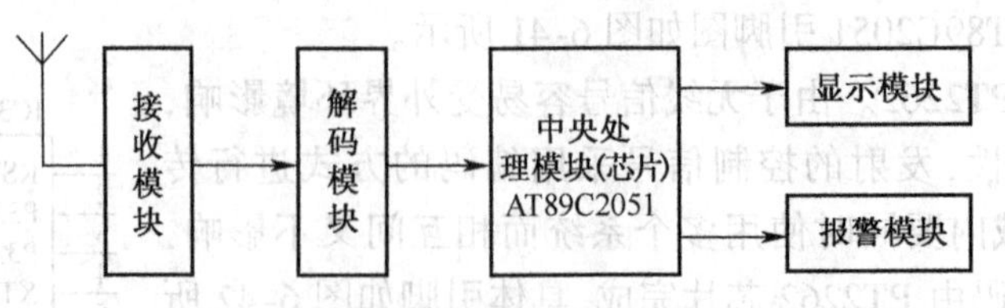

图 6-45 主机电路结构图

红外探测信号发射电路由红外探测器、传感信号处理芯片、编码模块、发射模块组成。该电路通过红外探测器把探测信号传给信号处理器，由信号处理器判断是否有异常，若无异常则不用编码发送；若有异常则通过发射电路把代表有异常的编码发送出去。

主机电路是由接收模块、解码模块、中央处理模块、显示模块、报警模块组成的。工作方式是通过接收模块接收到信号，再由解码模块解码并把已解码信号通过处理器处理，处理器再判断接收的为遥控器的信号还是探测器的异常信号，再分别处理，若是异常信号则开启报警模块与显示模块，若是遥控器的信号则实现撤防或布防的功能。

(2)电源电路。电源电路如图 6-46 所示。

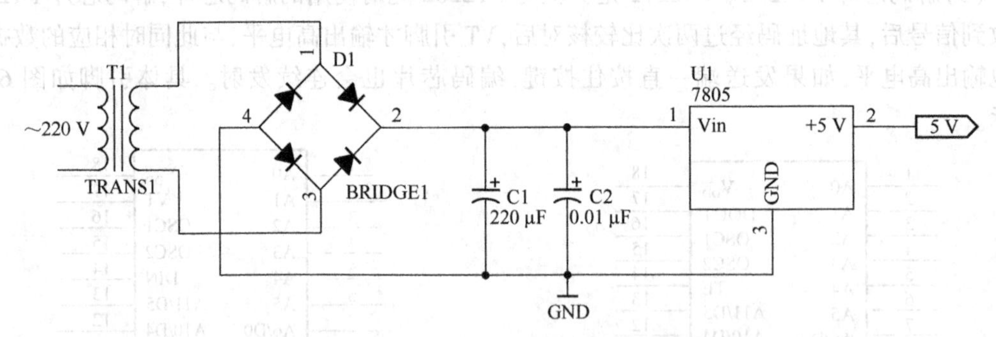

图 6-46 电源电路(本图为仿真软件制图)

(3)编码发射电路。由于无线信号容易受外界环境影响，因此从系统的可靠性考虑，发射的控制信号采用编码的方式进行传送，而且在同一区域内要同时使用多个系统而相互间又不影响，所以无线信号的编码由 PT2262 芯片完成，该芯片具有 8 位地址信号和 4 位数据信号，其原理图如图 6-47 所示。

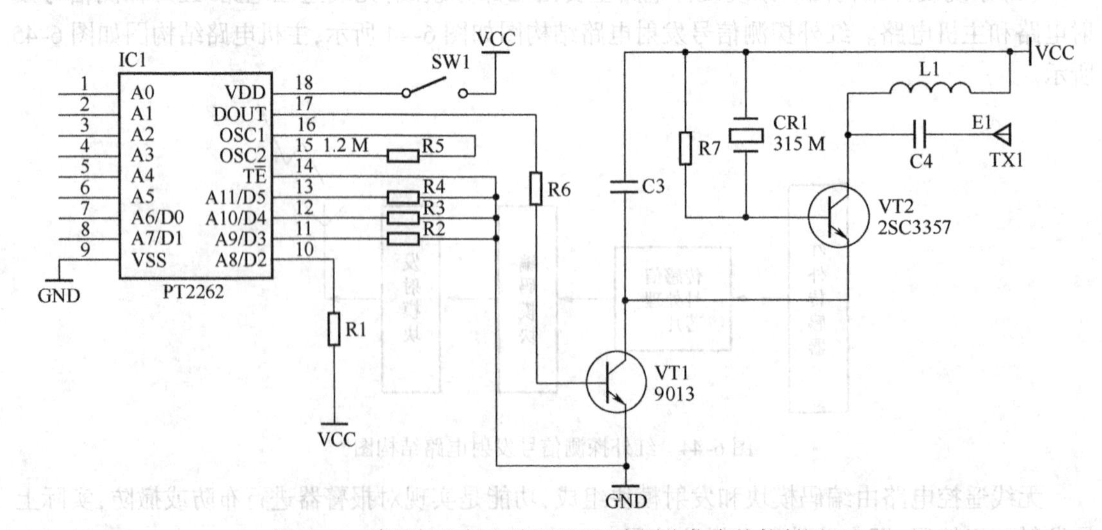

图 6-47 编码与发射电路原理图(本图为仿真软件制图)

PT2262 的电源 VDD 端是由可控开关控制且受制于探测处理芯片，一旦发现异常就会开启 PT2262 芯片的电源，一旦 PT2262 芯片工作则会把已经固定的编码信号通过发射电路发送出去。具体的编码是由 D2、D3、D4、D5 的接法决定的，图 6-47 中 D2 接电源，D3、D4、D5 都接地，那么所固定的编码为 1000。

(4)数据解码与接收电路。接收电路的无线接收与解码部分采用的是现成的高频接收模块，可以简化设计工作，而且可靠性较好，接收模块采用的是超再生接收，具体的解调过程为：当发射器发送 1 时，相应的发射高频电路工作，接收部分就会相应地接收到一个 315 MHz 的高频信号，使模块输出为 1；当发射器发送 0 时，相应的发射高频电路停止工作，接收部分就输出为 0，这样就实现了无线信号的传输。

经高频接收且解调出来的信号是编码集成电路 PT2262 编码后的串行信号，必须经相应的解码电路解码才能还原出控制信号数据，PT2272 就担任了这个解码任务。PT2262 和 PT2272 是一对专用的编、解码集成电路，当接收部分 PT2272 的 8 位地址数据与发射部分的 8 位地址数据相同时，就会在 PT2272 的 17 引脚输出一个高电平，表示解码成功，同时在 4 位数据位上输出相应的数据信号，后续的输出控制电路就根据解码输出的数据位，控制开关的开与关，电路图如图 6-48 所示。

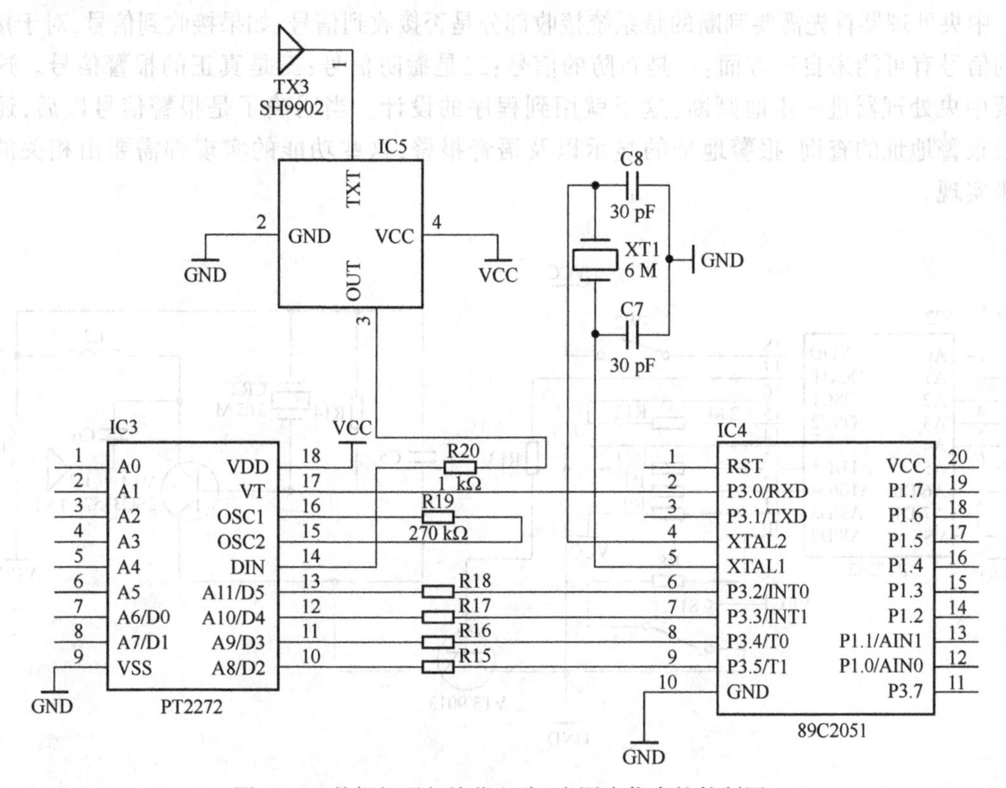

图 6-48　数据解码与接收电路(本图为仿真软件制图)

(5)遥控电路。遥控电路的设计与编码发射电路的设计原理一样，在 PT2262 芯片的电源接通后就会把编码(D2D3D4D5 的值)通过发射电路发出，这里只是加上开关使它能够有选择地发送编码且两个编码分别为 1100、0100，其中一个作为布防的编码信号，另一个作为撤防的编码信号，具体电路如图 6-49 所示。

(6)显示及报警电路设计。为使设计简便同时发出的音效逼真，音频信号发生器采用集成的语音电路,另外,为了使报警的音量足够大,在音频信号发生器后面再增加一级功率放大器。这里采用集成电路LM386,其工作电压为5~18 V,功率为1.25 W,频率响应的上限为300 kHz,增益可达50 dB,而且外围电路简单,易于设计。

4. 软件设计

软件的设计是基于硬件电路而设计的,简单来说就是处理器怎么样处理外部电路所发送过来的信号,并发送相应的命令,从而保证相应功能的实现。

软件设计随单片机应用系统的不同而不同,一般可分为以下几个方面:

(1)总体规划。

(2)程序设计技术:模块程序设计;自顶向下的程序设计。

(3)程序设计:建立数学模型;绘制程序流程图;程序的编制。

(4)软件。

基于以上设计思路,再考虑本设计的实际情况。本设计主要是对接收到的信号进行判断,看其是否为报警信号,这里就需要制定出一些判断的标准;然后,判断报警信号的来源,判断出到底是哪一个探测器发出的信号,就可以知道报警的位置;最后,是报警显示,这里使用LED发光二极管来显示报警的位置,同时发出报警的声音,具体如下:

中央处理器首先需要判断的是系统接收部分是否接收到信号,如果接收到信号,对于接收到的信号有可能来自三方面:一是布防的信号;二是撤防信号;三是真正的报警信号。这就需要中央处理器进一步地判断,这里就用到程序的设计。当明确了是报警信号以后,还要涉及报警地址的查询、报警地址的显示以及语音报警,这些功能的实现都需要由相关的程序来实现。

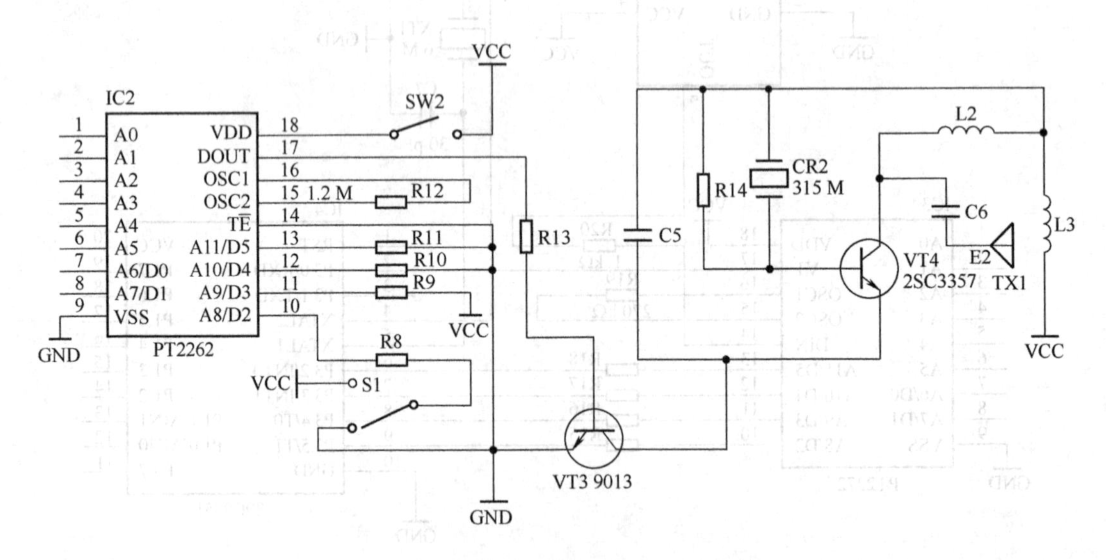

图6-49 遥控电路(本图为仿真软件制图)

可以按照以上的流程来考虑,程序设计思路:首先,要对各个存储单元进行数据初始化;然后使用"JNB P3.0,AGAEN"这条指令来判断是否有有效信号输入,若无则返回,若有则需要进一步的判断:先判断是否是布防信号(CJNE A,#30H,XH;这里事先确定了0100为布防信号,1100为撤防信号),若是则返回,不是就进一步判断其是否为撤防信号;如果信号既不是布防信号,也不是撤防信号,就可以断定它是真正的报警信号;然后,就需要对报警信号的来源进行判断(这里分别对四个探测器,设计了四个子程序,依次进行判断,最终得出报警的具体位置)。程序流程图如图6-50所示。程序设计略。

综合以上设计过程,主机电路图如图6-51所示。

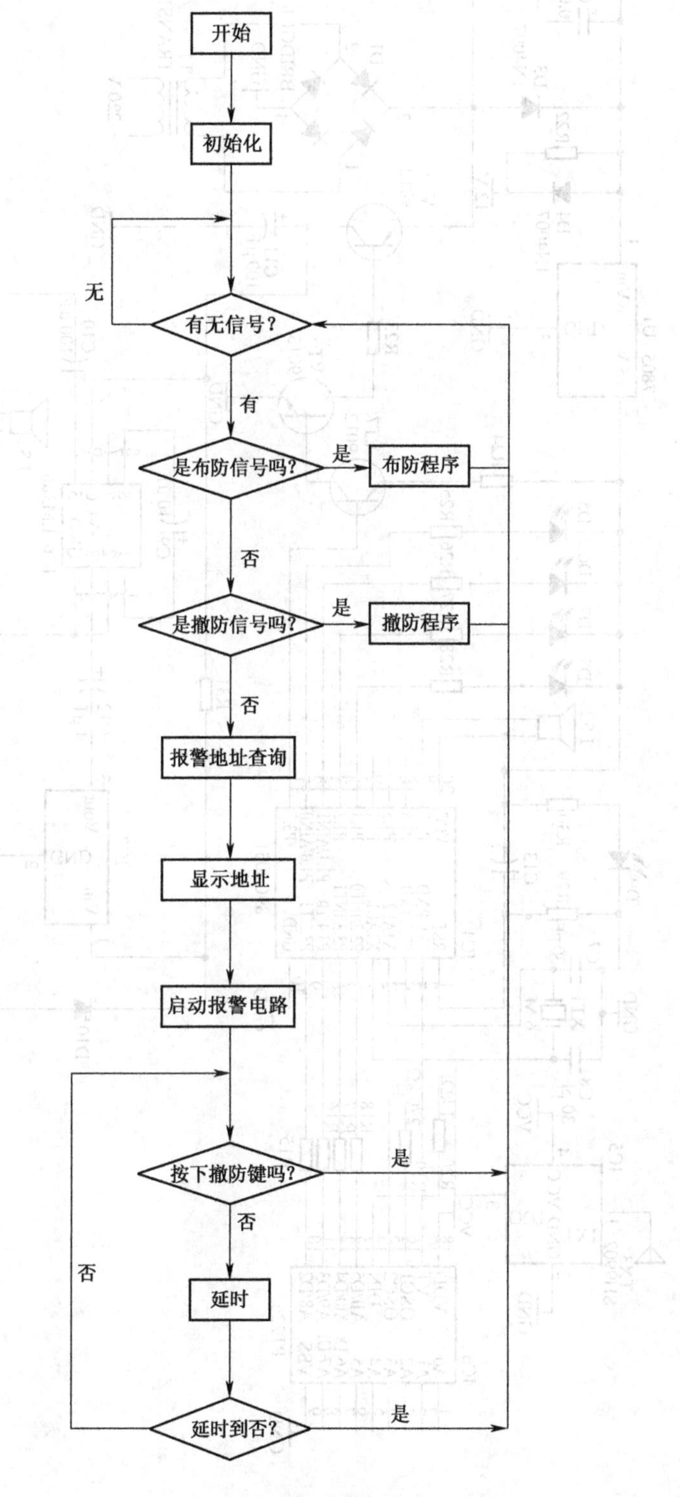

图6-50 程序流程图

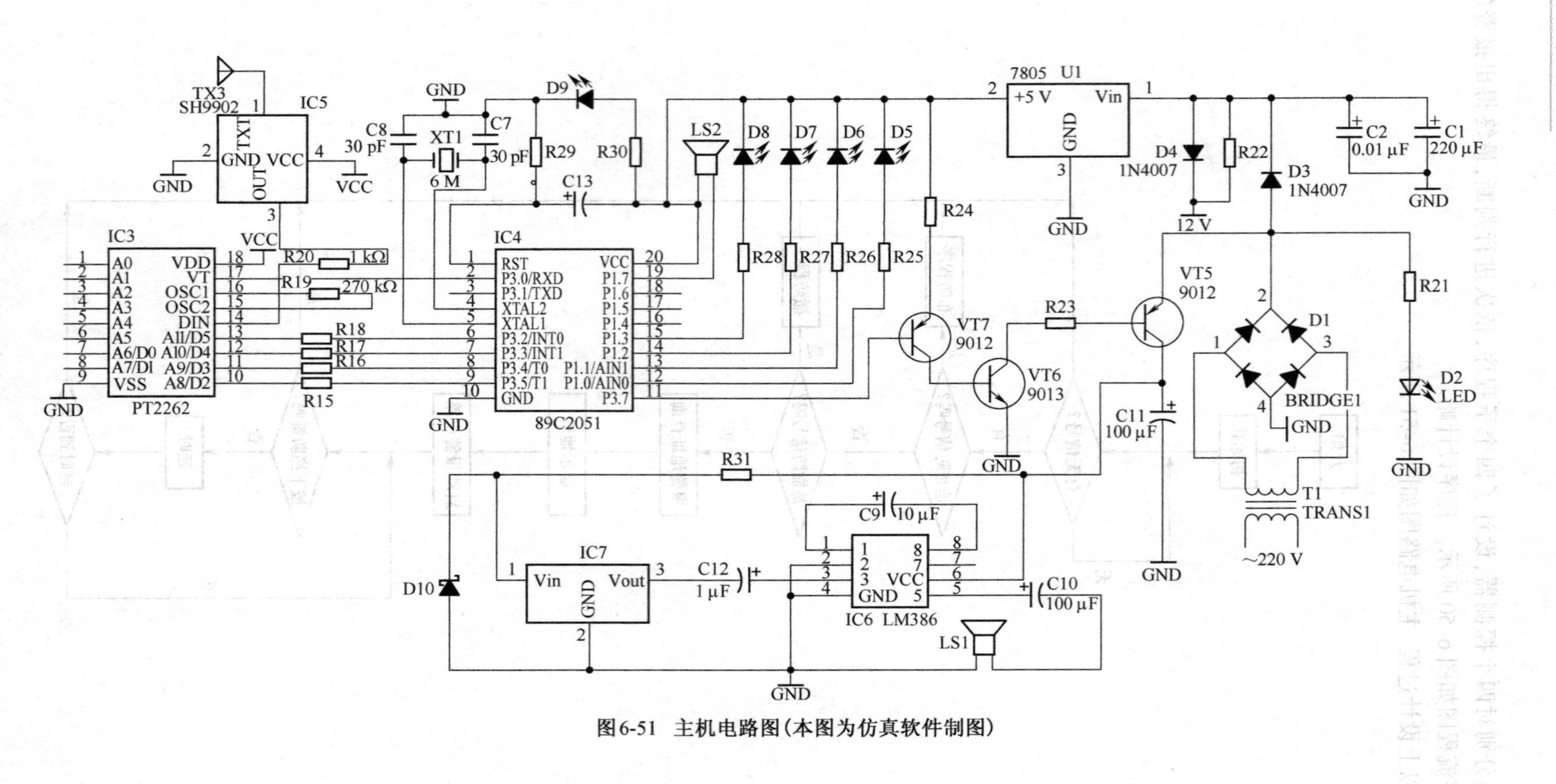

图6-51 主机电路图(本图为仿真软件制图)

6.9　16×16 LED 显示屏设计

6.9.1　设计任务及要求

(1)设计任务。本设计要求利用 AT89S52 单片机实现一个 16×16 LED 显示屏电路,该显示屏能够实现图片和汉字的多方向的滚动显示,给出设计的硬件电路和相应的软件程序,分析工作原理和相关技术。

(2)设计要求:

①设计出适合系统要求的稳压电源。

②设计基于单片机的点阵控制和行、列驱动电路。

③完成由 8×8 LED 显示屏扩展的 16×16 LED 显示屏。

④编写相应软件程序,进行整机的调试。

6.9.2　设计实例

本设计是一个基于 AT89S52 单片机的 16×16 LED 汉字点阵滚动显示屏的设计,该显示屏能够按不同方向滚动显示汉字和简单图形,可应用于公交汽车站、码头、商店、学校和银行等公共场合的信息发布和广告宣传。本节详细分析了其工作原理、硬件组成与设计、程序编写与调试、Proteus 软件仿真等基本环节和相关技术。

1. 系统总体设计

(1)设计背景。LED 显示屏是利用发光二极管点阵模块或像素单元组成的平面式显示屏幕。它具有发光效率高、使用寿命长、组态灵活、色彩丰富以及对室内外环境适应能力强等优点。并广泛地应用于公交汽车站、码头、商店、学校和银行等公共场合的信息发布和广告宣传。本设计对 LED 显示屏的基本原理、硬件组成与设计、程序编写与调试、Proteus 软件仿真等基本环节和相关技术进行了详细分析,为读者提供了一定的借鉴价值。

(2)系统主要结构。该 LED 汉字点阵滚动显示屏设计与制作是利用单片机的控制技术,通过程序控制 LED 的显示内容。可利用扫描器件将要显示的汉字或图片转换成高低电平,输入到 AT89S52 单片机的控制端,AT89S52 单片机输出相应的高低电平,通过接入相应的行、列驱动电路,即可实现 LED 阵列中不同位置 LED 的亮和灭,最终达到所要显示的内容。总体设计框图如图 6-52 所示。

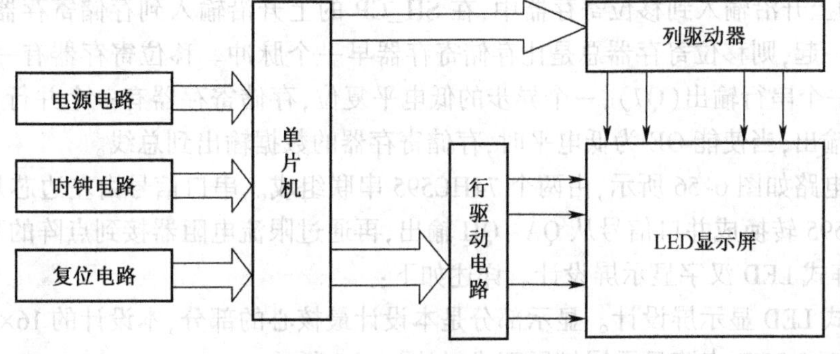

图 6-52　总体设计框图

2. 系统电路设计与原理分析

(1)芯片的简要介绍。AT89S52是一种带4 KB闪烁可编程可擦除只读存储器的低电压、高性能CMOS型8位微处理器,俗称单片机。该器件采用ATMEL公司高密度非易失存储器制造技术制造,与工业标准的MCS-51指令集和输出引脚相兼容。由于将多功能8位CPU和闪烁存储器组合在单个芯片中,能够进行1 000次写/擦循环,数据保留时间为10年。它是一种高效微型控制器,它灵活性高,价格低廉,常用于嵌入式控制系统。因此,在智能化电子设计与制作过程中经常用到AT89S52芯片。

(2)驱动电路设计。详述如下:

①行驱动电路设计。为节省I/O口资源,方便扩展,行驱动电路采用串口输入。本设计电路中行方向由两片74HC164完成扫描。74HC164引脚图如图6-53所示。

74HC164是高速硅门CMOS器件,与低功耗肖特基型TTL(LSTTL)器件的引脚兼容。74HC164是8位边沿触发式移位寄存器,串行输入数据,然后并行输出。数据通过两个数据输入端(DSA或DSB)之一串行输入;任一输入端可以用作高电平使能端,控制另一输入端的数据输入。两个输入端或者连接在一起,或者把不用的输入端接高电平,一定不要悬空。

时钟(Clock Pulse,CP)每次由低变高时,数据右移一位,输入到Q0,Q0是两个数据输入端(DSA和DSB)的逻辑与,它将时钟上升沿之前保持一个建立时间的长度。主复位(MR)输入端上的一个低电平将使其他所有输入端都无效,同时非同步地清除寄存器,强制所有的输出为低电平。

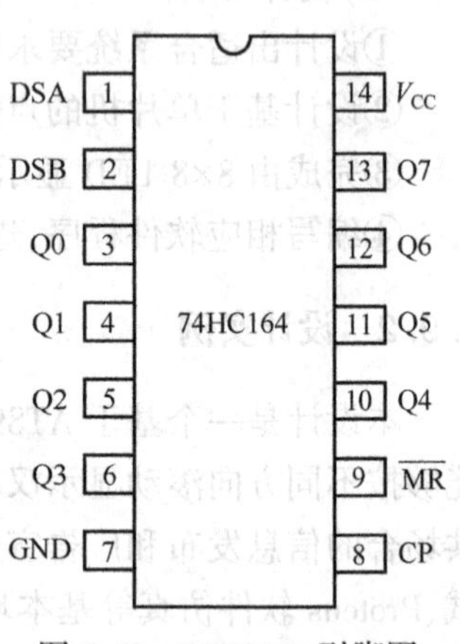

图6-53 74HC164引脚图

74HC164的主要优点是具有数据存储寄存器,在移位的过程中,输出端的数据可以保持不变。这在串行速度慢的场合很有用处,数码管显示不会产生闪烁感。

行驱动电路如图6-54所示,由两个74HC164串联在一起组成,单片机发出的串口信号从上边的一个74HC164的A、B端输入,经过74HC164转换成并口信号从QA~QH输出,经过三极管放大后接到点阵的行控制端。

②列驱动电路设计。列驱动电路选择串口输入,I/O口资源使用较少。本设计采用两片74HC595完成列扫描。74HC595引脚图如图6-55所示。

74HC595是硅结构的CMOS器件,兼容低电压TTL电路,遵守JEDEC标准。74HC595具有8位移位寄存器和一个存储器,三态输出功能。移位寄存器和存储器是分别的时钟。数据在SH_CP的上升沿输入到移位寄存器中,在SH_CP的上升沿输入到存储寄存器中。如果两个时钟连在一起,则移位寄存器总是比存储寄存器早一个脉冲。移位寄存器有一个串行移位输入(DS),一个串行输出(Q7),一个异步的低电平复位,存储寄存器有一个并行8位的,具备三态的总线输出,当使能OE为低电平时,存储寄存器的数据输出到总线。

列驱动电路如图6-56所示,由两个74HC595串联组成。串口信号由左边芯片的DS端输入,经74HC595转换成并口信号从QA~QH输出,再通过限流电阻器接到点阵的列控制端。

(3)点阵式LED汉字显示屏设计。详述如下:

①点阵式LED显示屏设计。显示部分是本设计最核心的部分,本设计的16×16 LED显示屏通过四个8×8 LED点阵显示屏扩展而成,如图6-57所示。

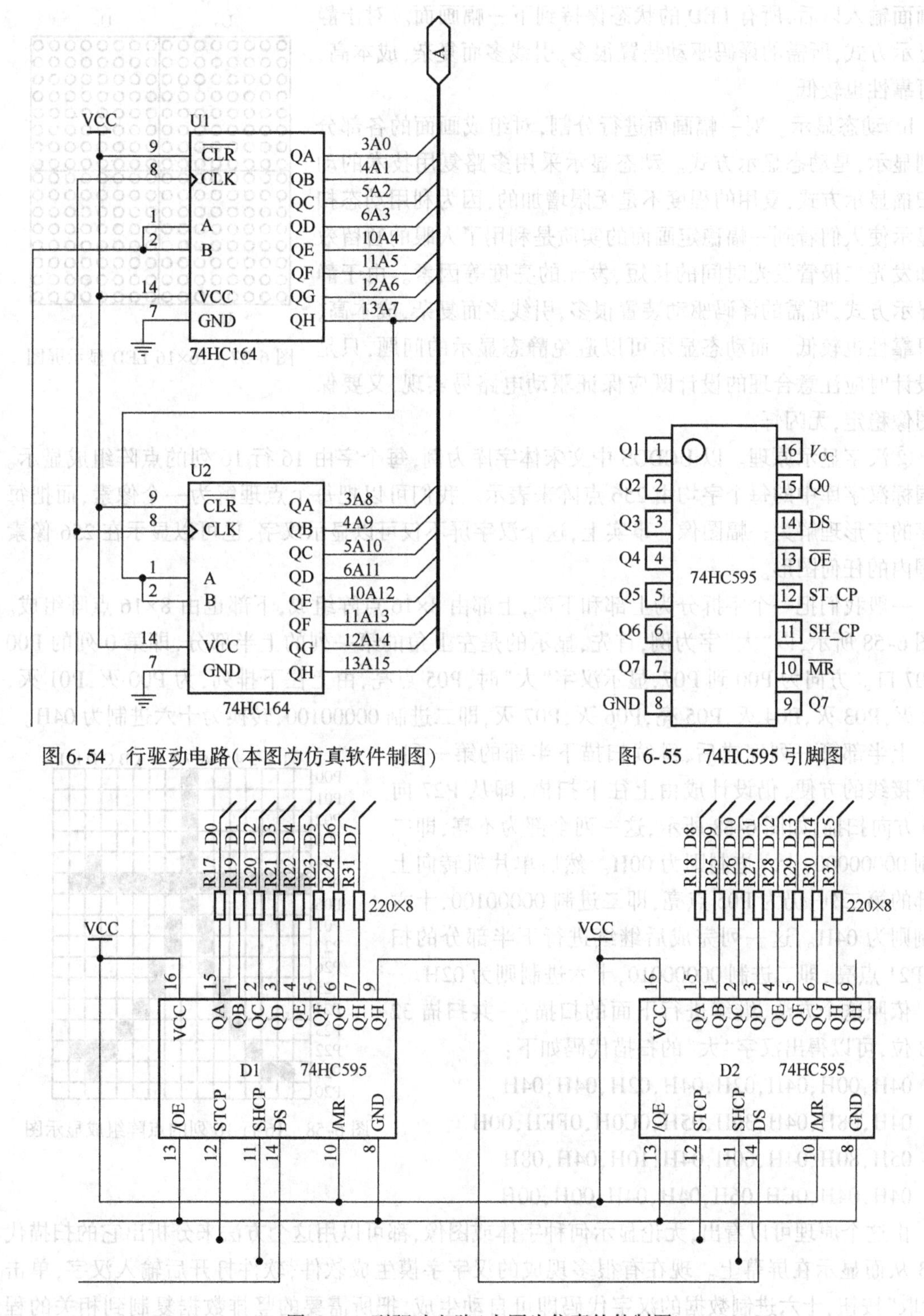

图 6-54 行驱动电路(本图为仿真软件制图)

图 6-55 74HC595引脚图

图 6-56 列驱动电路(本图为仿真软件制图)

对于8×8 LED点阵显示有以下两种方案:

a. 静态显示。将一帧图像中的每个发光二极管的状态分别用0和1表示,若为0,则表示LED无电流,即暗状态;若为1,则表示LED被点亮。若给每个发光二极管一个驱动电路,一幅画面输入以后，所有 LED 的状态保持到下一幅画面。对于静态显示方式，所需的译码驱动装置很多，引线多而复杂，成本高，且可靠性也较低。

b. 动态显示。对一幅画面进行分割，对组成画面的各部分分别显示，是动态显示方式。动态显示采用多路复用技术的动态扫描显示方式，复用的程度不是无限增加的，因为利用动态扫描显示使人们看到一幅稳定画面的实质是利用了人眼的暂留效应和发光二极管发光时间的长短、发光的亮度等因素。由于静态显示方式，所需的译码驱动装置很多，引线多而复杂，成本高，且可靠性也较低。而动态显示可以避免静态显示的问题，只是在设计时应注意合理的设计既应保证驱动电路易实现，又要保证图像稳定，无闪烁。

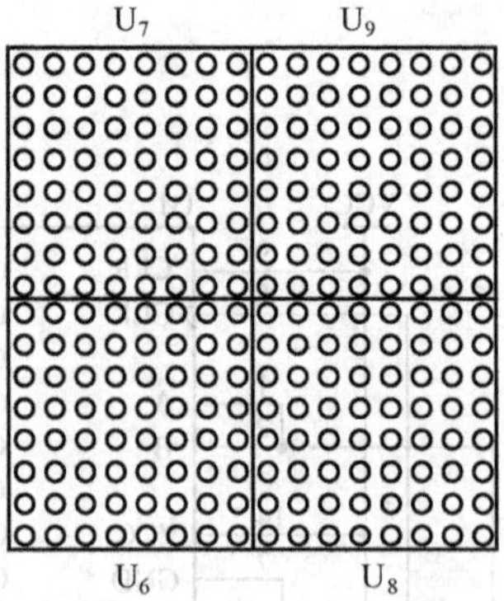

图 6-57　16×16 LED 显示屏图

②汉字显示原理。以 UCDOS 中文宋体字库为例，每个字由 16 行 16 列的点阵组成显示。即国标汉字库中的每个字均由 256 点阵来表示。我们可以把每个点理解为一个像素，而把每个字的字形理解为一幅图像。事实上，这个汉字屏不仅可以显示汉字，也可以显示在 256 像素范围内的任何图形。

一般我们把一个字拆分为上部和下部，上部由 8×16 点阵组成，下部也由 8×16 点阵组成。如图 6-58 所示，以“大”字为例，首先，显示的是左上角的第一列的上半部分，即第 0 列的 P00 ~P07 口。方向为 P00 到 P07，显示汉字“大”时，P05 点亮，由上往下排列，为 P00 灭，P01 灭，P02 灭，P03 灭，P04 灭，P05 亮，P06 灭，P07 灭，即二进制 00000100，转换为十六进制为 04H。

上半部第一列完成后，继续扫描下半部的第一列，为了接线的方便，仍设计成由上往下扫描，即从 P27 向 P20 方向扫描，如图 6-58 所示，这一列全部为不亮，即二进制 00000000，十六进制则为 00H。然后单片机转向上半部的第二列，仍为 P05 点亮，即二进制 00000100，十六进制则为 04H。这一列完成后继续进行下半部分的扫描，P21 点亮，即二进制 00000010，十六进制则为 02H。

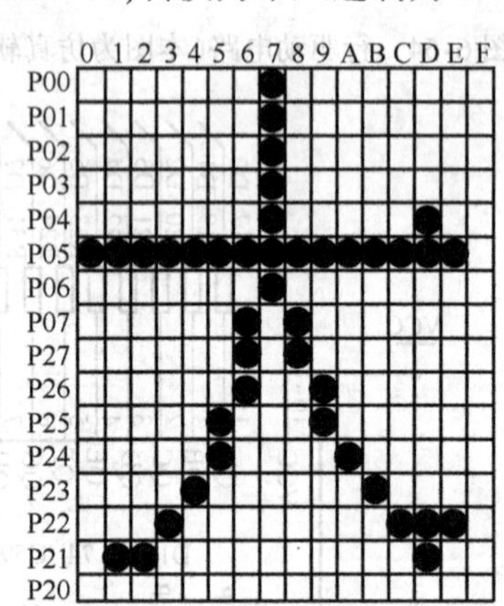

图 6-58　16 行 16 列的点阵组成显示图

依照这个方法，继续进行下面的扫描，一共扫描 32 个 8 位，可以得出汉字“大”的扫描代码如下：

04H，00H，04H，02H，04H，02H，04H，04H
04H，08H，04H，30H，05H，0C0H，0FEH，00H
05H，80H，04H，60H，04H，10H，04H，08H
04H，04H，0CH，06H，04H，04H，00H，00H

由这个原理可以看出，无论显示何种字体或图像，都可以用这个方法来分析出它的扫描代码 3 从而显示在屏幕上。现在有很多现成的汉字字模生成软件，软件打开后输入汉字，单击“检取”按钮，十六进制数据的汉字代码即可自动生成，把所需要的竖排数据复制到相关的程序中即可。

③LED 电子显示屏显示字符原理。在结构上，单基色 8×8 的 LED 显示屏每一列共用一根列线，每一行共用一根行线。当相应的行接高电平，列接低电平时，对应的发光二极管被点亮。通常情况下，一块 8×8 像素的 LED 显示屏是不能用来显示一个汉字的，因此，按照其原理结构

扩展为 16×16，就足以显示一个完整的汉字。在显示过程中，多采用动态扫描方式，根据人眼的视觉暂留效应，只要刷新速率不小于 25 帧/秒，就不会有闪烁的感觉。

LED 点阵显示屏采用 16×16 共 256 个像素的点阵，通过万用表检测发光二极管的方法测试判断出该点阵的引脚分布。把行列总线接在单片机的 I/O 口，然后把扫描代码送入总线，就可以得到显示的汉字了。

3. 系统软件设计

软件程序设计主要由开始、初始化、主程序、字库组成。

(1)主程序设计。主程序中首先是头文件设置；然后，对硬件电路中用到的单片机端口进行初始化定义，确定缓存字节量大小及字符个数，每个字符 32 字节；然后，调用显示程序，把要显示的内容显示在点阵显示屏上；再调用数据指针，依次显示各个字符；最后，检查是否显示完，若显示完就重新初始化，重复以上操作。

(2)子程序设计。显示子程序首先要设定一帧的显示时间，不应太短，也不应太长；然后，设定片选及数据指针，分别检查汉字上部和下部数据并显示。稍作停顿就关闭显示，把指针调整到下一处，检查这个汉字是否全部显示，若全部显示再检查一帧时间是否到了，没到就重新设定片选和数据指针；若一帧时间到了，则子程序结束。子程序流程图如图 6-59 所示。

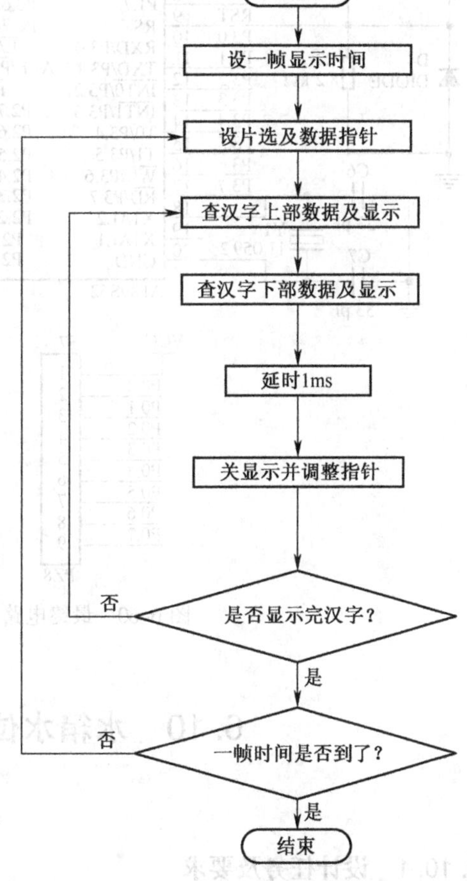

图 6-59　主程序和子程序流程图

4. 结论

(1)在整个电路中所选用的元器件价格低廉、成本较低、有利于推广，并且电路中部分元器件可自行更换，从而能适用于更多的领域。

(2)系统采用较为成熟的 51 系列单片机，实现 16×16 的 LED 显示屏电路的设计，给出了具体行列驱动电路设计，其设计方案可以由实际显示需求进行拓展，设计中只有滚动显示功能，其他花样显示功能有待进一步考虑。

(3)考虑到点阵系统耗电量较大，不适合采用干电池作为 LED 点阵系统的电源，给出基于 LM7805 的稳压电源电路设计，其主芯片使用 LM7805(见图 6-60)，耗电电流为 100 mA 左右，功率上可以满足系统需要，不需要更换电源，并且比较轻便，使用更加安全可靠。

(4)详细分析了汉字显示原理，以 UCDOS 中文宋体字库为例，每个字由 16 行 16 列的点阵组成显示，即国标汉字库中的每个字均由 256 点阵来表示。我们可以把每个点理解为一个像素，而把每个字的字形理解为一幅图像。事实上，这个汉字屏不仅可以显示汉字，而且可以显示在 256 像素范围内的任何图形。

(5)以上的分析和设计过程仅供参考，具体电路安装时要精心调试。

本设计最终电路原理图如图 6-60 所示。

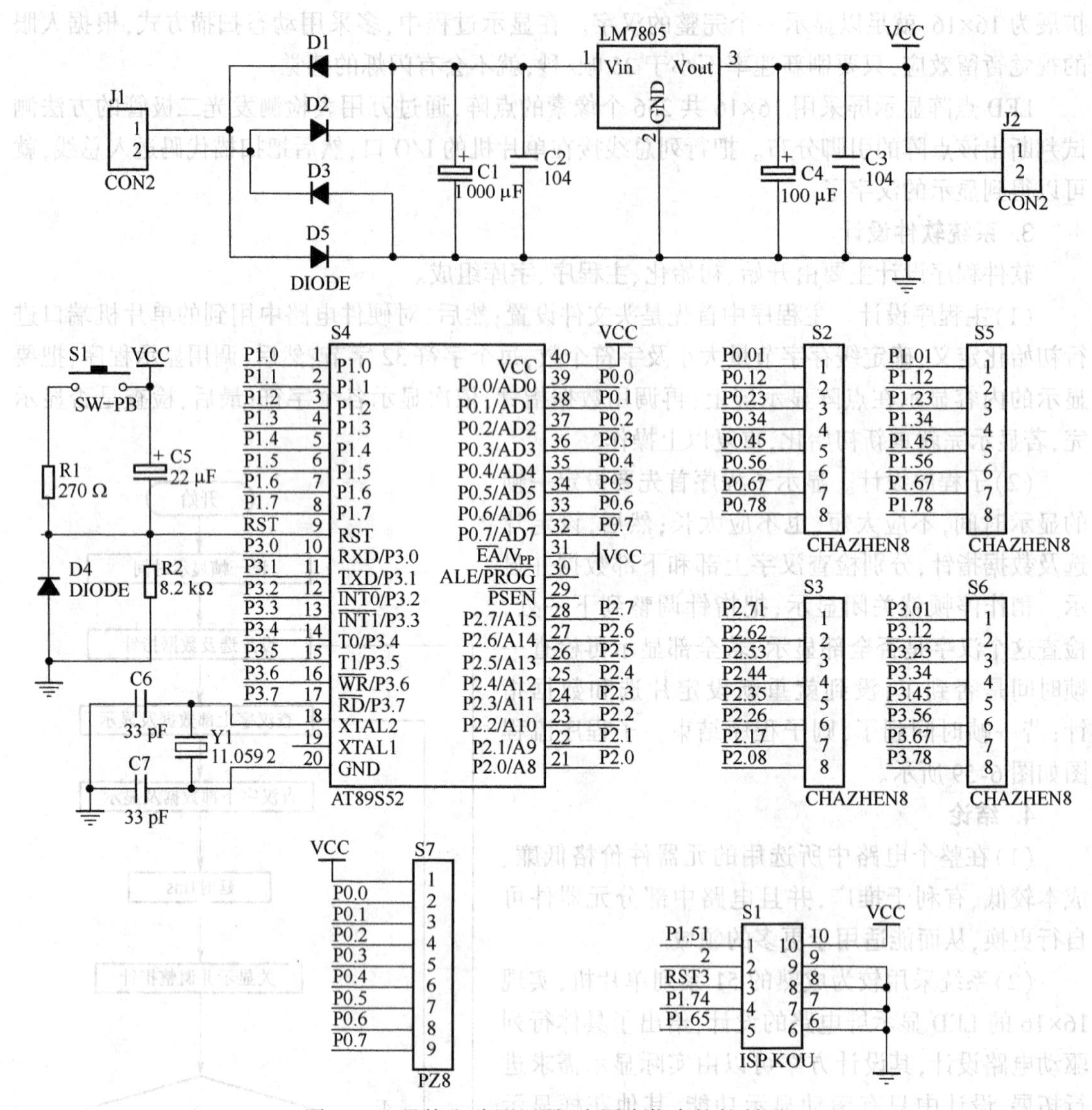

图 6-60 最终电路原理图(本图为仿真软件制图)

6.10 水箱水位发射、接收电路的设计

6.10.1 设计任务及要求

(1)设计任务。要求设计一个能进行液位检测的电路系统。它能进行水箱水位检测,并在液面高度超过规定高度时进行报警。

(2)设计要求:

①设计适合系统要求的稳压电源。

②设计超声波发射和接收电路。

③设计合适的温度采集电路。

④设计合适的显示电路,进行液位的显示。

⑤设计合适的报警电路,进行超限报警。

6.10.2　设计实例

本节主要针对超声波液位测量系统进行了相应的设计,利用无损测量技术,使用超声波进行液位测量。本设计采用低功耗单片机作为主控芯片,利用超声波换能器产生的 40 kHz 超声波作为测量信号,由超声波发射传感器发出超声波脉冲,传播到液面经反射后返回接收传感器,计算出超声波从发射到接收到所需的时间,根据传播介质中的声速,就能计算出从传感器到液面之间的距离,从而确定被测物的距离。考虑到温度对超声波传播速度的影响比较大,通过温度补偿的方法可实现对超声波传播速度校正,可提高测量精度。

1. 系统总体设计

(1)设计背景及目的。液位测量在生活、生产中有着很大的作用。从测量范围来说,小的只有几十厘米,大的可达几米;从精度要求来说,有的只允许 1mm 以内的误差,有的允许有几厘米的误差。现代高科技发展了很多种液位测量技术,超声波测距就是其中一种非常有成效的液位测量的方法。利用超声波测量液位有很多优点:不仅能够实现定点、连续测量液位和非接触测量,而且能够方便地提供遥测或遥控所需的信号。由于不需要有运动的部件,在安装和维护上有很大的优越性,而且结构、方法都非常简单,其价格也非常低廉。另外,其他常用的测量方法在很多地方使用都受到很大的限制,设计的结构比较复杂,受外界条件影响较大。

(2)系统主要结构。本设计主要是采用 8051 单片机为控制核心,包括电源电路模块、超声波发射电路模块、超声波接收电路模块、LED 显示电路模块、报警电路模块和测温电路。单片机通过引脚经振荡器来控制超声波的发送,然后再不停地检测 INT0 引脚,当引脚的电平由高电平变成低电平时就认为超声波经过液面反射后折回。再进行温度检测,进行超声波速度的修正,计数器所计的时间就是超声波从开始发射到返回接收到的时间,然后,通过计算得出液面到超声波探头的距离,亦可知道此时液面的高度;最后,再通过数码管 LED 显示出来。硬件设计框图如图 6-61 所示。

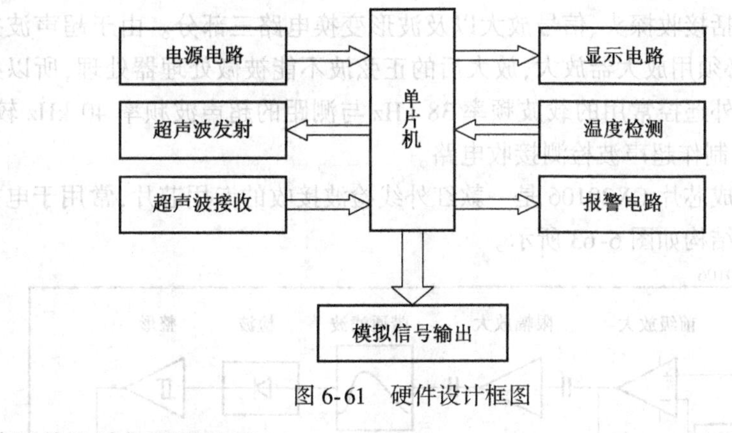

图 6-61　硬件设计框图

2. 系统硬件设计与原理分析

(1)超声波发射和接收电路设计。压电式超声波换能器是利用压电晶体的谐振来工作的。超声波换能器内部有两个压电晶片和一个换能板。当它的两极外加脉冲信号,其频率等于压电晶片的固有振荡频率时,压电晶片会发生共振,并带动共振板振动产生超声波,这时它就是一个超声波发生器;反之,如果两电极间未外加电压,当共振板接收到超声波时,将压迫压电晶片振动,将机械能转换为电信号,这时它就成为超声波接收换能器。

①超声波发射电路设计。超声波发射电路的电路图如图 6-62 所示,由单片机的 P3.2 端口发出 40 kHz 的方波信号,然后发出的信号分成两路送出,其中的一路经反相器 74LS4069 后送到超声波发射探头 T 的一个电极,另外一路信号经过两次反向后送到超声波发射探头 T 的另外一个电极,这样做可以增强超声波发射强度和提高电路的驱动能力。电阻器 R_{20} 和 R_{21} 作为上拉电阻器,它的作用有两个:一是用以提高反向器输出高电平的驱动能力;二是用来增加超声波发射探头的阻尼系数,这样可以缩短自由振荡的时间。

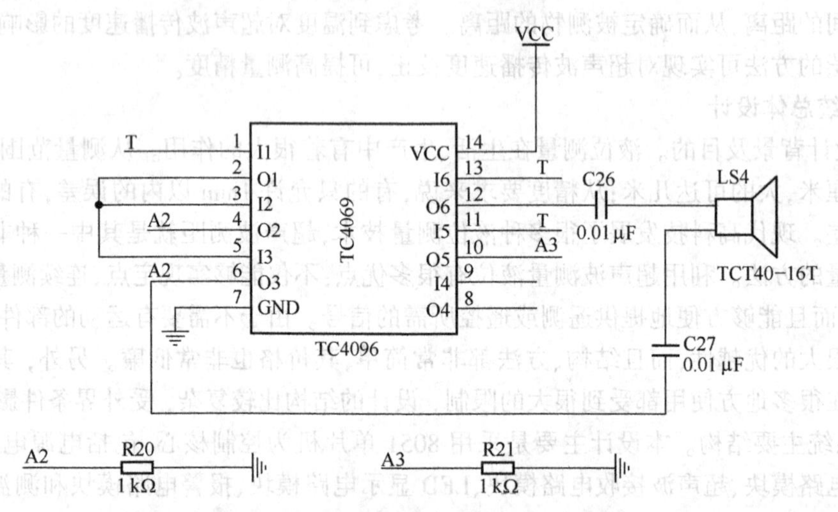

图 6-62 超声波发射电路的电路图(本图为仿真软件制图)

②超声波接收电路设计。超声波接收电路如图 6-63 所示,由超声波发射探头发射出去的超声波信号遇到被测物时就会被反射回来,反射回来的超声波信号被超声波接收探头 R 所接收,接收到的信号会经过信号处理电路的处理后送入到单片机的端口,单片机根据超声波发送与接收的时间差计算出液面的距离。

超声波接收包括接收探头、信号放大以及波形变换电路三部分。由于超声波接收探头的信号非常弱,因此必须用放大器放大,放大后的正弦波不能被微处理器处理,所以必须经过波形变换。考虑到红外遥控常用的载波频率 38 kHz 与测距的超声波频率 40 kHz 较为接近,故可以利用 CX20106 制作超声波检测接收电路。

超声波接收集成芯片 CX20106 是一款红外线检波接收的专用芯片,常用于电视机红外遥控接收器。其内部结构如图 6-63 所示。

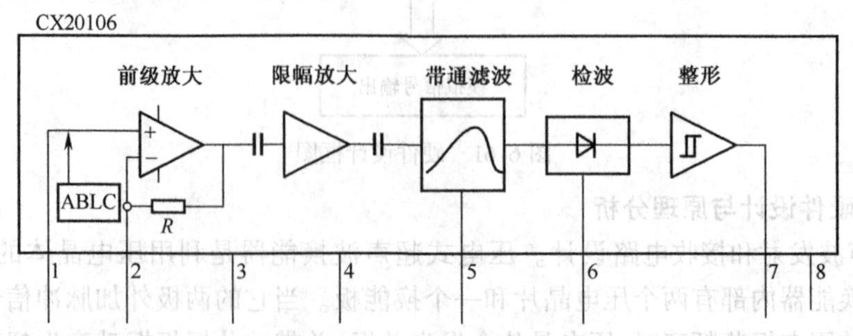

图 6-63 CX20106 内部结构

内部电路由带通滤波器、前级放大器、自动偏置电平控制电路（Automatic Brightness Limiter Circuit，ABLC）、波形整形电路、峰值检波器和限幅放大器等组成。在查阅相关资料后，发现使用 CX20106 接收超声波（当无信号时输出高电平），具有较高的灵敏度和较强的抗干扰能力。若要调节接收电路的灵敏度和抗干扰能力，可以适当地更改电容 C_2 的大小。超声波接收电路图如图 6-64 所示。

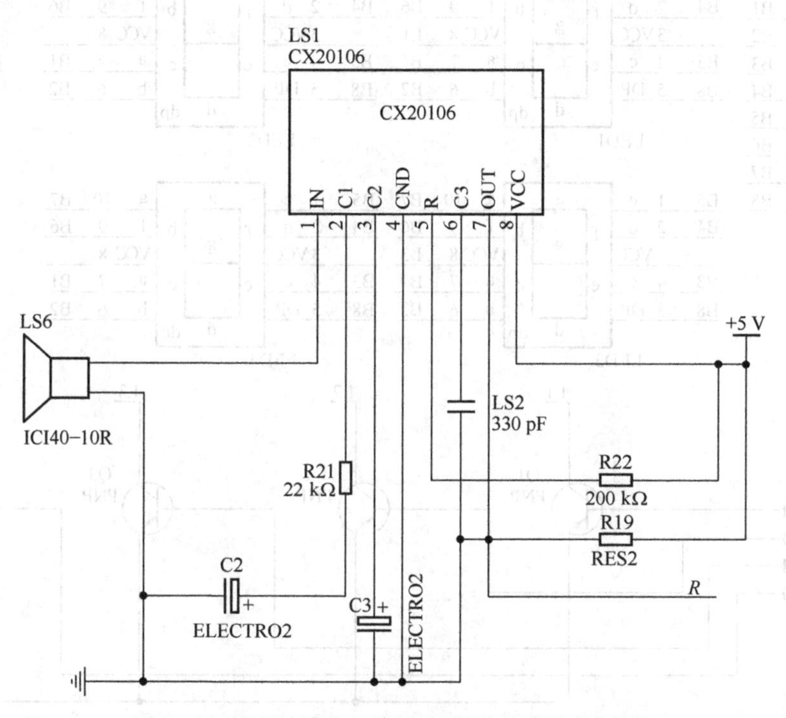

图 6-64　超声波接收电路图（本图为仿真软件制图）

（2）显示电路设计。显示电路采用 LED 数码管显示，数码管具有低能耗、低电压、对外界环境要求低、易维护等优点，虽只能显示非常有限的符号和数码字，但可完全满足本设计要求。显示部分采用 LED 动态显示技术，用来进行液位数据的显示。

动态数码管显示是单片机中应用非常广泛的显示方式之一，动态驱动就是将所有的数码管的 8 位显示“a，b，c，d，e，f，g，dp”的同名端全部连接在一起；其次，再将每个数码管的公共极 COM 连接选通控制电路，由各自独立的 I/O 线控制，当单片机下达指令输出字形码时，所有的数码管都会接收到由单片机输出的相同字形码；然后，由单片机的端口控制片选，选通是哪一个数码管点亮，所以，当我们将需要点亮的数码管的选通控制端打开时，该数码管就会显示出字形，片选没有选通的数码管当然就不会点亮。

本电路中 LED 的段码通过单片机 8051 的 P0.0~P0.7 口来控制，位选通通过P1.0~P1.3 来控制，当需要某一位亮时，该位送位码驱动它点亮。显示电路图如图 6-65 所示。

（3）温度检测电路设计。考虑到超声波的传播速度与温度有一定的关系，故采用温度补偿，以使设计更加精确。温度的采集使用 DS18B20，电路非常简洁。具体电路图如图 6-66 所示。DS18B20 是美国 DALLS 公司推出的单线式数字温度传感器产品，具有 9 位、10 位、11 位、12 位的转换精度。未编程时，默认的转换精度是 12 位，测量精度一般为 0.5 ℃，软件处理后可以达到 0.1 ℃，温度输出以 16 位符号扩展的二进制数形式提供，低位在先，以 0.062 5 ℃/LSB 形式表达。其中，高 5 位为扩展符号位。转换周期与转换精度有关，9 位转换精度时，最大转换时间为 93.7 ms；12 位转换精度时，最大转换时间为 750 ms。DS18B20 引脚判断方法：字面朝人，从左到右依次是 1（GND）、2（输入/输出）、3（VDD）。图 6-66 中的 R_1 为上拉电阻器，阻值选 4.7 kΩ 左右。

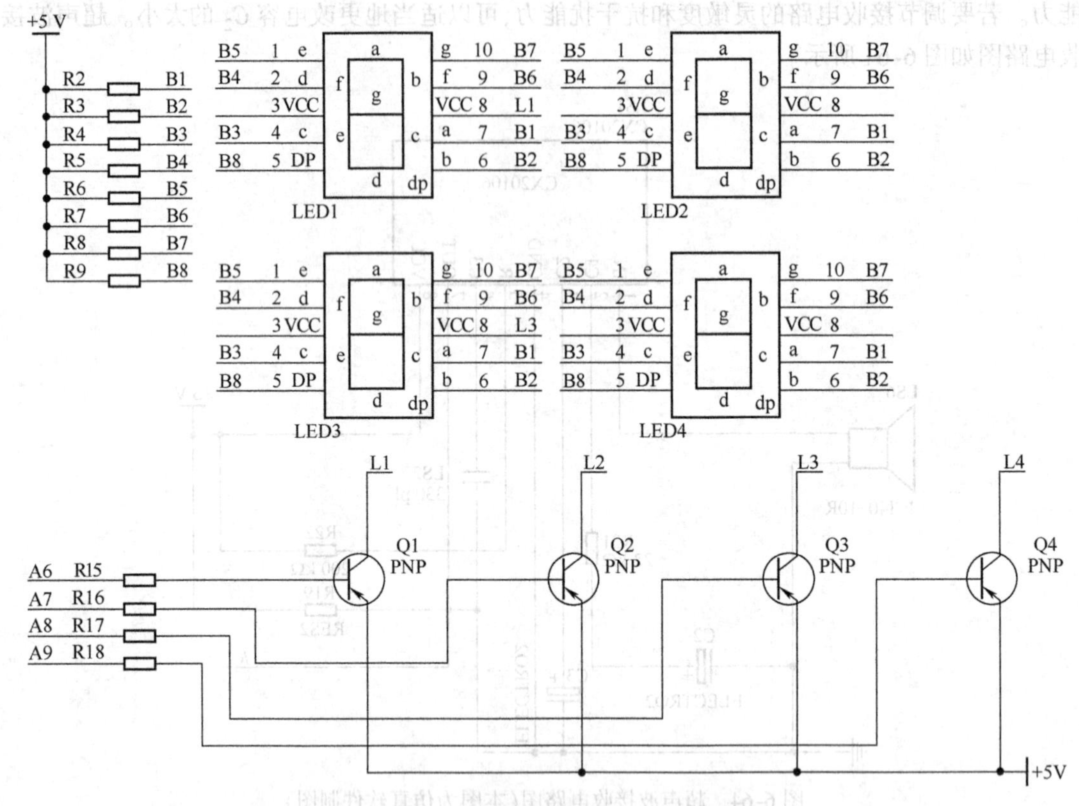

图 6-65　显示电路图（本图为仿真软件制图）

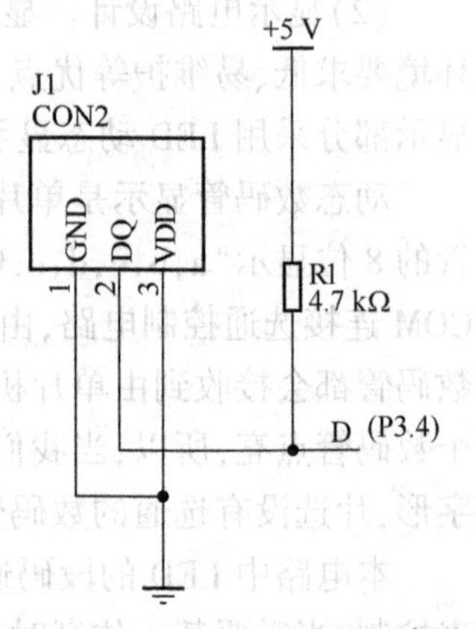

图 6-66　DS18B20 测温电路图（本图为仿真软件制图）

温度传感器的 DQ 引脚与单片机 8051 的引脚 P3.4 相连，用于测试当时的环境温度，并且会把在外界检测到的温度值传送给单片机，然后通过写在程序中的温度与速度的对应关系，计算出速度值，代入距离计算公式，从而计算出比较精确的距离，以此来提高超声波液位测距的精度。

3. 系统软件设计

超声波水箱水位测量系统的软件设计，主要是对单片机进行软件编程，以实现单片机对整个系统的控制，达到本设计任务的要求。软件设计主要是实现以下几个功能：

（1）发射超声波。由单片机的 P3.2 口发射出宽度为 40 μs 的脉冲信号，通过 74LS4069 进行信号放大，再通过驱动超声波探头发射出超声波，以实现超声波的发射功能。

（2）接收超声波。超声波经过液面发射被超声波探头接收后传送给单片机 P3.3 口，引发单片机的 INT1 引脚产生一个下降沿，使程序产生中断。

（3）信号处理。由单片机内部定时器在超声波开始发射时开始计时，在接收到回波时终止计时，由程序计算出时间差，再根据声速和温度修正算出测量距离。

(4)连接温度传感器。单片机的 P3.4 引脚与温度传感器相互连接,通过程序对温度传感器进行初始化,再接收温度传感器的信号,计算出温度值来校正声速,使得测量值更精确。

(5)连接蜂鸣器。蜂鸣器与单片机的 P3.5 连接,当测量液面值超出预设的范围时,由单片机发出信号,驱动蜂鸣器工作,实现报警功能。

根据上述分析,本设计软件部分的主程序流程图如图 6-67 所示。

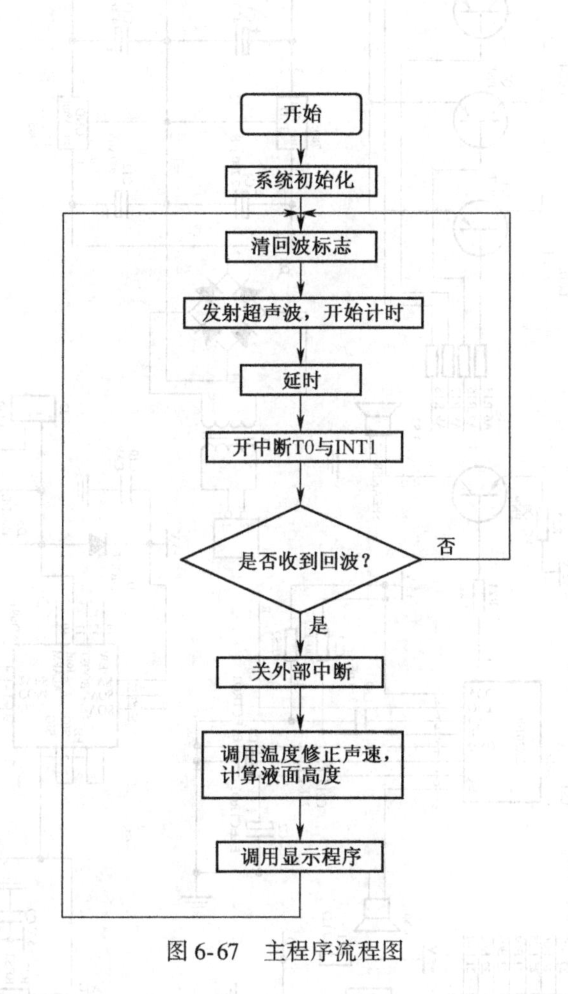

图 6-67　主程序流程图

系统子程序部分包括温度子程序、显示子程序、报警子程序和数据处理子程序以及外部中断 INT1 的中断服务子程序。

数据处理子程序主要是用超声波发射到接收之间的时差与速度做运算,计算得出液面的高度。

本设计总体电路图如图 6-68 所示。

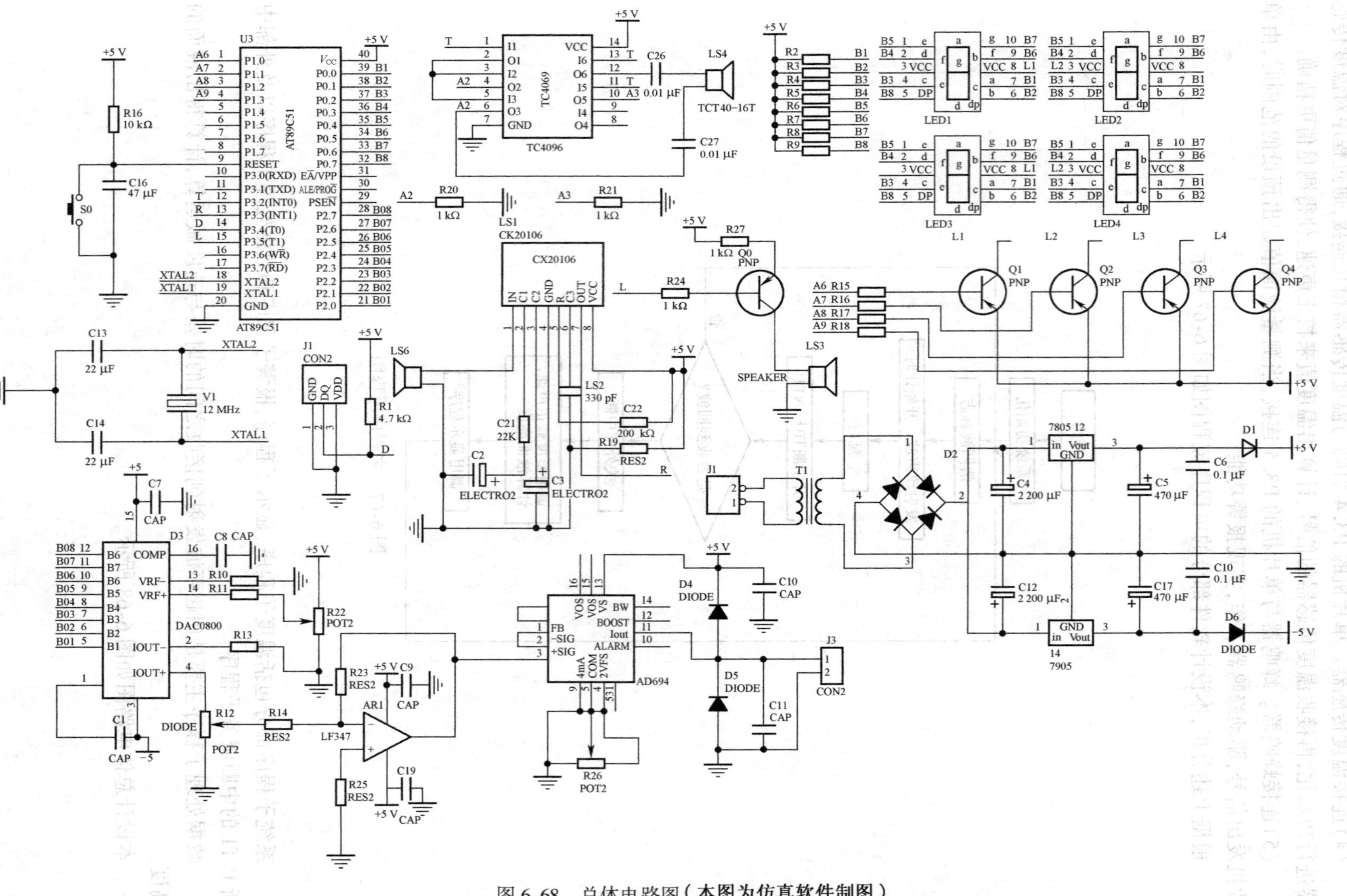

图 6-68 总体电路图（本图为仿真软件制图）

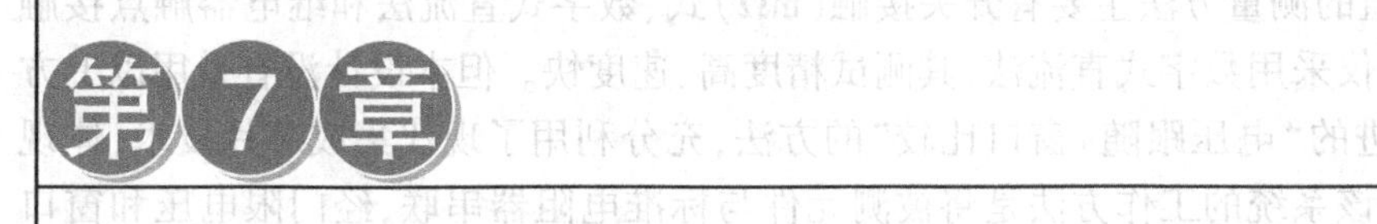

本章主要给出了一些电子电路设计的范文,目的是给读者提供参考,使其掌握电子电路设计与制作的思路、方法和技巧,减少设计的困难。

7.1 电阻分检仪电路设计

本文应用桥式整流桥、三态稳压器和异或门、发光二极管、LM324等器件制成了适应电阻器阻值分选控制的电路。本装置的设计构思巧妙,其结构简单,控制可靠,引脚数量少,使用方便,具有很高的控制灵敏度,又不易产生误动作。在做一般控制时,不需另加控制电源,与外围设备配合使用时,具有良好的隔离性,因而它具有很高的使用价值。

首先,本文将概述电阻分检仪的基本原理和特点,并且简述国内外的研究状况。

其次,本文将详细阐述本系统中集成元器件的工作原理及应用举例,设计框图和图表说明。

最后,本文将介绍元件的选用和系统调试工作,讲述系统电路部分所用的电子元件的基本工作原理,并对实验的结果进行详细说明。

7.1.1 引言

1. 课题背景及目的

随着大规模集成电路、计算机技术的迅速发展,以及人工智能在测试技术方面的广泛应用,传统的电子测量仪器在原理、功能、精度及自动化水平等方面都发生了巨大的变化,逐步形成了一种完全突破传统概念的新一代测试仪器——智能型仪器。目前,有很多的传统电子仪器已有相应的替代产品,而且还出现不少全新的仪器类型和测试系统体系。

在科学技术快速发展的今天,如何用价格便宜、性能良好的元器件制造出对人类生活和生产更好且有效的产品,已经成为人们研究的主要趋势。

2. 国内外研究状况

随着微电子技术、计算机技术、软件技术的高度发展及其在电子测量技术与仪器上的应用新的测试理论、测试方法、测试领域以及仪器结构不断出现,在许多方面已经冲破了传统仪器的概念,电子测量仪器的功能和作用发生了质的变化。纵览目前国内外的电阻分检仪,硬件电路往往比较复杂,体积比较庞大,不便携带,而且价格比较昂贵。本设计为了研究体积小巧、功能强大、便于携带的电阻分检仪,充分利用了现代集成电路技术,研究了基于LM324的简便电阻分检仪,其人机操作友好,准确方便,具有十分重要的意义。

3. 课题研究方法

目前,电阻器阻值的测量方法主要有开关接触(mΩ)式、数字式直流法和继电器触点接触式。大多数电阻分检仪采用数字式直流法,其测试精度高、速度快。但本设计没有采用以上方法,而是采用了更先进的“电压跟随+窗口比较”的方法,充分利用了现代集成芯片技术,体现了方便快捷的优势。该系统的工作方法是将被测元件与标准电阻器串联,经门限电压和窗口比较器的共同作用输出高低电平两种电信号,经 LED 的状态显示,可以快速挑选出一级电阻。在串联分压电路中,设串联电路中被测元件的阻值为 R_x,标准电阻为 R_n,电压降为 U_x,则电路测量情况如下:

(1)如果 $R_x>(1+0.05)R_n$时,则 A_2输出高电平,LED1 红灯发光。此时,A_3输出低电平,LED3 黄灯不发光。

(2)如果 $R_x<(1-0.05)R_n$时,则 A_2输出低电平,LED1 红灯不发光。此时,A_3输出高电平,LED3 黄灯发光。

(3)如果 $0.95R_n\leqslant R_x\leqslant(1+0.05)R_n$时,则 LED1 和 LED3 均不发光,LED2 绿灯发光,表示 R_x为一级电阻。

采用该方案,根据门限电压与阻值的关系,求出门限电压并与标准电阻相比较。经窗口比较器输出两个不同的电信号,即高电平和低电平。两个不同电平经窗口比较器输出电信号导通相应发光二极管发光,即可分选出一级电阻。该方案思路清晰,硬件电路简洁,可以充分发挥现代集成电路的信号处理功能。

本设计的主要内容包括电源电路和检测电路的组成及其工作原理,元器件的选用及系统功能的实现。要求熟悉模拟电路和数字电路的主要工作原理,电路主要包括电源电路模块的设计与检测电路模块的设计,电源部分是由变压器、整流桥、三态稳压管和电容的整流滤波得到±5V 的标准直流电源供 LM324 工作;检测部分包括集成四运放 LM324 组成的跟随器和双门限窗口比较器,最终经过调试实现该系统的工作性能。此外,集成电路正获得日益广泛的普及,确切了解它的工作原理已成为必然,所以本文对这两大问题进行拓展分析和相关讨论说明,以便使集成运放理论在实际工程应用中得到更正确的运用,并充分正确地挖掘其潜在性能。

7.1.2 系统电路原理图及主要元件分析

在这里,将依据前几部分内容首先得到实现产品功能的系统电路原理图;然后,对系统电路原理图中各主要元件进行详细描述,在对各部分功能电路清晰认识之后,我们再从总体上对系统详细工作过程进行全面的分析和概括;最后,也是比较重要的一部分,将对系统功能的调试及实现加以介绍。

1. 系统电路原理图

电阻分检仪的系统电路原理图如图 7-1 所示。

2. 主要元件分析

该电路主要采用 LM324、W7805、W7905、整流桥、阻抗变换等集成电路,设计直流稳压电源双电压±5 V 输出、阻抗变换电路、窗口比较电路。整体设计遵循硬件工程的方法,经过需求分析、总体设计、安装调试、模块测试和系统实现几个阶段。下面对这几个阶段进行描述。

(1)整流滤波电路。稳压电源一般由变压器、整流器和稳压器三大部分组成。变压器把市电交流电压变为所需要的低压交流电压,整流器把交流电变为直流电。经滤波后,稳压器再

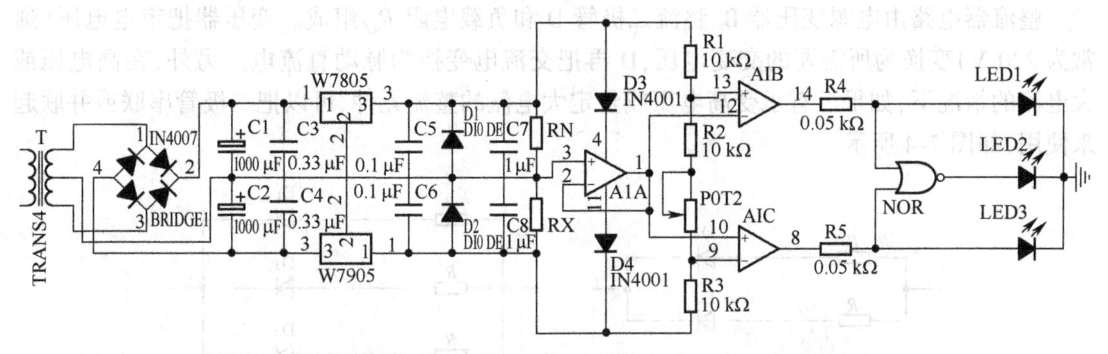

图 7-1 电阻分检仪的系统电路原理图(本图为仿真软件制图)

把不稳定的直流电压变为稳定的直流电压输出。本设计中采用的整流电路是由电源变压器、四只整流二极管 $D_1 \sim D_4$ 和负载电阻 R_L 组成的,四只整流二极管接成电桥形式,故称桥式整流,电路如图 7-2 所示。

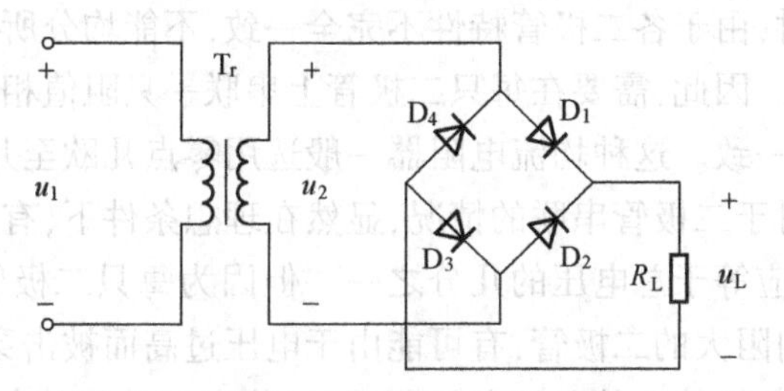

图 7-2 整流桥工作电路

在 u_2 的正半周,D_1、D_3 导通,D_2、D_4 截止,电流由 T_r 二次侧上端经 $D_1 \to R_L \to D_3$ 回到 T_r 二次侧下端,在负载 R_L 上得到一个半波整流电压。同理,在 u_2 的负半周,D_1、D_3 截止,D_2、D_4 导通,电流由 T_r 二次侧下端经 $D_2 \to R_L \to D_4$ 回到 T_r 二次侧上端,在负载 R_L 上得到另一半波整流电压,这样就在负载 R_L 上得到一个与全波整流相同的电压波形,其电流的计算与全波整流相同,即

$$u_L = 0.9u_2$$

流过负载 R_L 的电流为

$$i_L = 0.9\frac{u_2}{R_L}$$

流过每个二极管的平均电流为

$$i_D = \frac{i_L}{2} = \frac{0.45u_2}{R_L}$$

每个二极管所承受的最高反向电压为 $U_{RM} = \sqrt{2}u_2$(为全波整流的一半),目前,小功率桥式整流电路的四只整流二极管,被桥接成桥路后封装成一个整流器件,称“硅桥”或“桥堆”。桥式整流电路克服了全波整流电路要求变压器二次侧有中心抽头和二极管承受反压大的缺点,但多用了两只二极管。在半导体器件发展快、成本较低的今天,此缺点并不突出,因而桥式整流电路在实际中应用较为广泛。

①整流元件的选择和运用。需要特别指出的是,二极管作为整流元件,要根据不同的整流方式和负载大小加以选择。如选择不当,将不能安全工作,甚至烧毁二极管;或者大材小用,造成浪费。整流器电路图如图 7-3 所示。

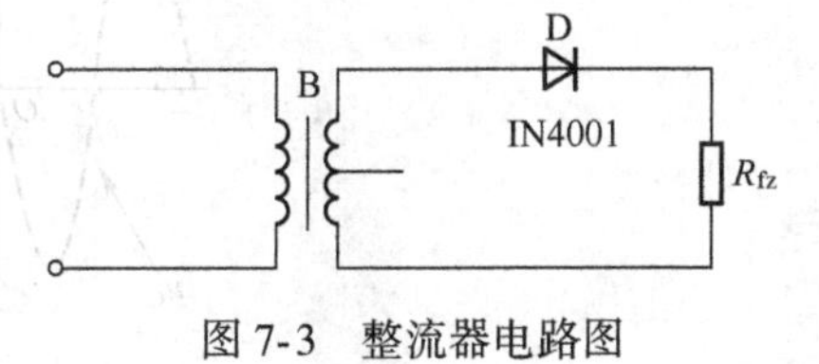

图 7-3 整流器电路图

整流器电路由电源变压器 B、整流二极管 D 和负载电阻 R_{fZ} 组成。变压器把市电电压(通常为 220 V)变换为所需要的交变电压,D 再把交流电变换为脉动直流电。另外,在高电压或大电流的情况下,如果没有承受高电压或整定大电流的整流元件,可以把二极管串联或并联起来使用,如图 7-4 所示。

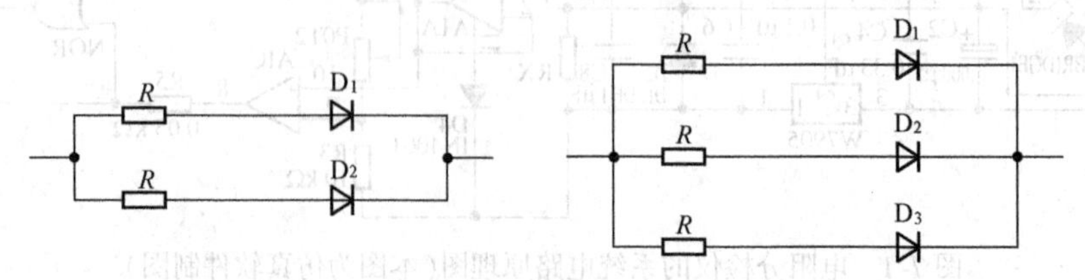

图 7-4 二极管的并联电路

当两只二极管并联时,每只分担电路总电流的一半;当三只二极管并联时,每只分担电路总电流的 1/3。总之,有几只二极管并联,流经每只二极管的电流就等于总电流的几分之一。但是,在实际并联运用时,由于各二极管特性不完全一致,不能均分所通过的电流,会使有的二极管因负担过重而烧毁。因此,需要在每只二极管上串联一只阻值相同的小电阻器,使各并联二极管流过的电流接近一致。这种均流电阻器一般选用零点几欧至几十欧的电阻器。电流越大,阻值应选得越小。对于二极管串联的情况,显然在理想条件下,有几只二极管串联,每只二极管承受的反向电压就应等于总电压的几分之一。但因为每只二极管的反向电阻不尽相同,会造成电压分配不均,内阻大的二极管,有可能由于电压过高而被击穿,并由此引起连锁反应,把二极管逐个击穿。在二极管上并联的电阻器,可以使电压分配均匀。均压电阻器要取阻值比二极管反向阻值小的电阻器,各个电阻器的阻值要相等。

②滤波电路。从上面的分析可以看出,整流电路输出波形中含有较多的纹波成分,与所要求的波形相去甚远,所以通常在整流电路后接滤波电路以滤去整流输出电压的纹波。常见的滤波电路有电容滤波、电感滤波和 RC 滤波等。如图 7-5(a)和图 7-5(b)所示分别是桥式整流电容滤波电路和它的部分波形。这里假设 $t<0$ 时,电容器 C 已经充电到交流电压 u_2 的最大值。

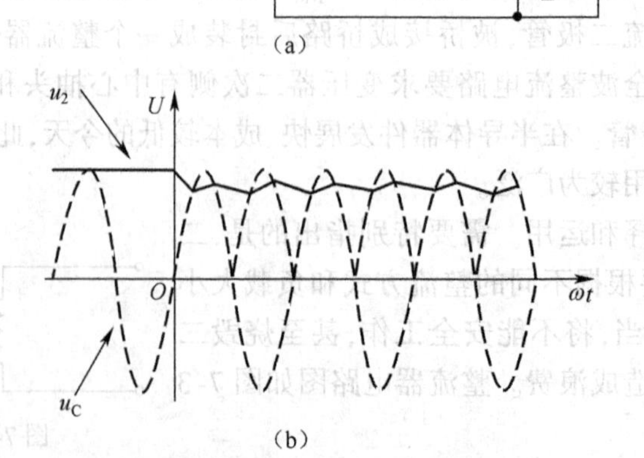

图 7-5 桥式整流电容滤波电路及其部分波形

(2)三端稳压器。三端稳压器是集成型稳压电路,它有三个引脚,分别为输入端、输出端和公共端,因而称为三端稳压器。三端集成稳压器 W7805 系列内部结构框图如图 7-6 所示。

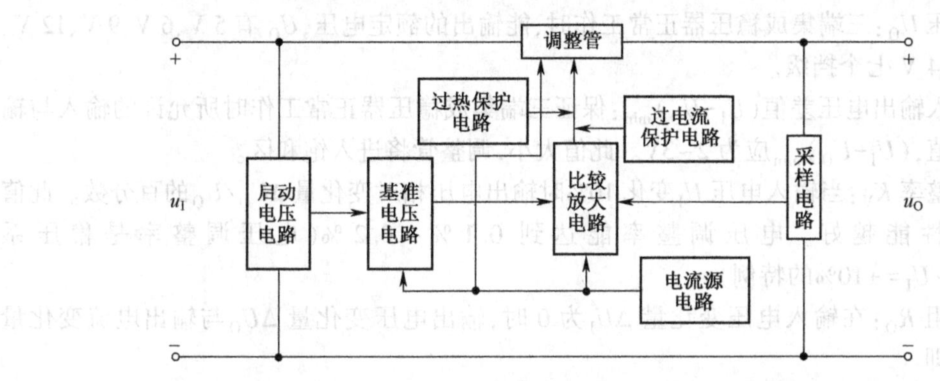

图 7-6 三端集成稳压器 W7805 系列内部结构框图

由图 7-6 可知,它属于串联稳压电路,其工作原理与分立元件的串联稳压电源相同。它由启动电压电路、采样电路、比较放大电路、基准电压电路、调整管和过电流保护电路等组成。此外,它还有过热和过电压保护电路。因此,其稳压性能要优于分立元件的串联型稳压电路。例如,串联稳压的启动电压电路是比较放大管的负载电阻,此电阻在电源工作过程中始终接于电路中,当输入电压变化(电网波动),通过负载电阻影响输出电压也跟着变化。而三端集成稳压器设置的启动电路,在稳压电源启动后处于正常状态下,启动电路与稳压电源内部其他电路脱离联系,这样输入电压变化不直接影响基准电压电路和电流源电路,保持输出电压的稳定。

三端集成稳压器 W7800 和 W78M00 系列规定正输出三端集成稳压器的外形有两种:一种是金属菱形式,另一种是塑料直插式,分别如图 7-7(a)和图 7-7(b)所示。而三端集成稳压器 W7900 和 W79M00 系列规定负输出三端集成稳压器的外形与前者相同,但是引脚有所不同。输出电流较小的 W78L00 和 W79L00 系列三端集成稳压器的外形也有两种,一种为塑料截圆式,另一种为金属圆壳式,分别如图 7-7(c)和图 7-7(d)所示。

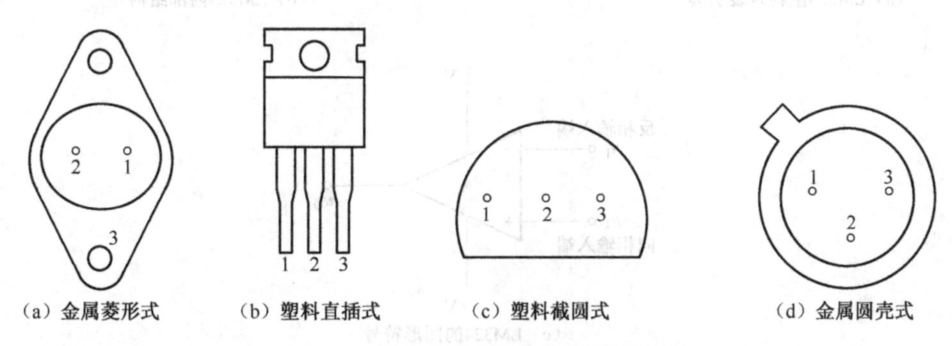

图 7-7 不同系列三端集成稳压器外形

①三端集成稳压器的分类。详述如下:

固定式三端集成稳压器:输出电压不能进行调节,为固定值。可调式三端集成稳压器:通过外接元件使输出电压得到很宽的调节范围。W7805 为固定式三端集成稳压器,其输出电压有 5 V,最后两位数表示输出电压值。W7805 表示输出电压为+5 V,最大输出电流为 1.5 A;W7905 表示输出电压为−5 V,最大输出电流为 1.5 A。

②三端集成稳压器的主要参数。详述如下:

最大输入电压 U_{Imax}：保证三端集成稳压器安全工作时所允许的最大输入电压，U_{Imax} 为 35 V。

输出电压 U_O：三端集成稳压器正常工作时，能输出的额定电压，U_O 有 5 V、6 V、9 V、12 V、15 V、18 V、24 V 七个挡级。

最小输入输出电压差值$(U_I-U_O)_{min}$：保证三端集成稳压器正常工作时所允许的输入与输出电压的差值，$(U_I-U_O)_{min}$应为 2~3V。此值太小，调整管将进入饱和区。

电压调整率 K_V：当输入电压 U_I变化 10%时输出电压相对变化量 $\Delta U_O/U_O$的百分数。此值越小，稳压性能越好。电压调整率能达到 0.1 %~0.2 %(电压调整率是稳压系数S_r，当 $\Delta U_I/U_I=\pm10\%$的特例)。

输出电阻 R_O：在输入电压变化量 ΔU_I 为 0 时，输出电压变化量 ΔU_O 与输出电流变化量 ΔI_O的比值，即

$$R_O=\frac{\Delta U_O}{\Delta I_O}\bigg|_{\Delta U_I=0}$$

它反映负载变化时的稳压性能，即稳压器带负载能力。R_O越小，即 ΔU_O越小，稳压性能越好，带负载能力越强。

(3) LM324 集成运放。LM324 是四运放集成电路，采用 14 引脚双列直插塑料封装，外形和内部结构分别如图 7-8(a)和图 7-8(b)所示。

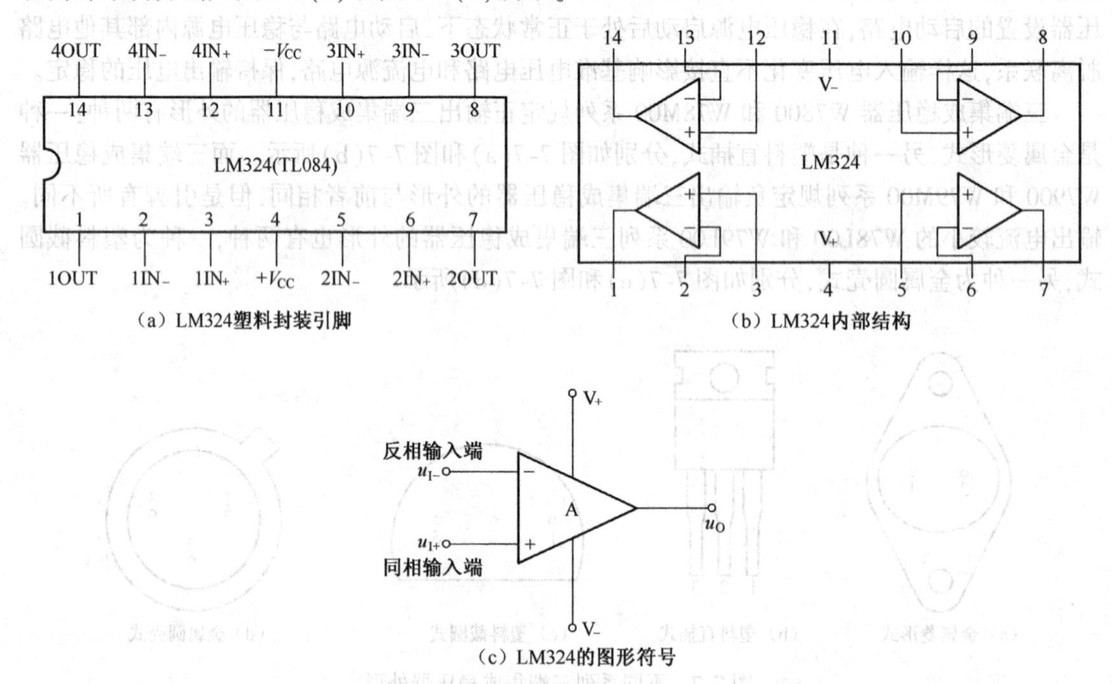

(a) LM324塑料封装引脚　(b) LM324内部结构

(c) LM324的图形符号

图 7-8 LM324 集成运放

它的内部包含四组形式完全相同的运算放大器，除电源共用外，四组运算放大器相互独立。每一组运算放大器可用图 7-8(c)所示的符号来表示，它有五个引出脚。其中“+”“−”为两个信号输入端，其中“V_+”“V_-”分别为正、负电源端，u_O为输出端。在这两个信号输入端中 u_{I-}(−)为反相输入端，表示集成运放输出端 u_O的信号与该输入端的相位相反；u_{I+}(+)为同相输入端，表示集成运放输出端 u_O的信号与该输入端的相位相同。LM324 的主要参数见表 7-1。

表 7-1　LM324 的主要参数

电压增益	100 dB
单位增益带宽	1 MHz
单电源工作范围	DC 3~30 V
每个集成运放功耗(V_+=5 V 时)	1 mW/op. Amp
输入失调电压	2 mV(最大值 7mV)
输入偏置电流	50~150 nA
输入失调电流	5~50 nA
输入共模电压范围	DC 0~±1.5 V(单电源时) DC 0~±1.5 V (双电源时)
输出电压幅度	DC 0~±1.5 V (单电源时)
输出电流	40 mA
放大器间隔离度	-120 dB(f_0为 1~20 kHz)

LM324 四运放在工作电路中可以用+5 V 电源工作,此时能与 TTL 逻辑电路兼容,即单电源工作;可以用+15 V 电源工作,此时能与任何集成运放兼容;也可以作中等电流驱动器,输出电流 40 mA,吸入电流 5 mA;输入阻抗高、频带宽。由于 LM324 四运放电路具有电源电压范围宽、静态功耗小。可单电源使用、价格低廉等优点,因此被广泛应用在各种电路中。

运算放大器的类型:按一个器件上所含有电压比较器的个数,可分为单、双和四电压比较器;按功能,可分为通用型、高速型、低功耗型、低电压型和高精度型电压比较器;按输出方式,可分为普通、集电极(或漏极)开路输出或互补输出电压比较器。集电极(或漏极)开路输出电路必须在输出端接一个电阻器至电源。互补输出电路有两个输出端,若一个为高电平,则另一个必为低电平。电压比较器的输入信号是连续变化的模拟量,输出信号只有高电平或低电平两种状态,因此可以认为是模拟电路和数字电路的"接口"。电压比较器中的集成运放常常工作在非线性区,集成运放一般处于开环关态,有时还引入一个正反馈。LM324 集成运放开环放大倍数为 100 dB,即 10 万倍。此时集成运放便形成了一个电压比较器,其输出如不是高电平(V_+),就是低电平(V_-或接地)。当正输入端电压高于负输入端电压时,集成运放输出低电平。

电压比较器中,一般用电压传输特性来描述输出电压与输入电压的函数关系。电压传输特性的三个要素是输出电压的高、低电平,阈值电压和输出电压的跃变方向。输出电压的高、低电平决定于限幅电路;令 $u_N=u_P$,所求的 u_I 就是阈值电压;u_I 等于阈值电压时,输出电压的跃变方向决定于输入电压作用于同相输入端还是反相输入端。由此可知,此电路主要用来判断输入信号电位之间的相对大小,它至少有两个输入端和一个输出端,通常用一个输入端接被比较信号 u_I,另一个则接基准电压 u_{Rf} 决定门限电压(又称阈值)的 U_T。输出通常仅有两种可能,即高、低电平的矩形波,应用于模-数转换、波形产生及变换,以及越限报警等。

(4)异或门。异或门可由非门、与门和或门组合而成,具有"异或"逻辑关系的电路均称为"异或门"电路。2 输入四异或门 74LS86 芯片引脚图如图 7-9 所示。

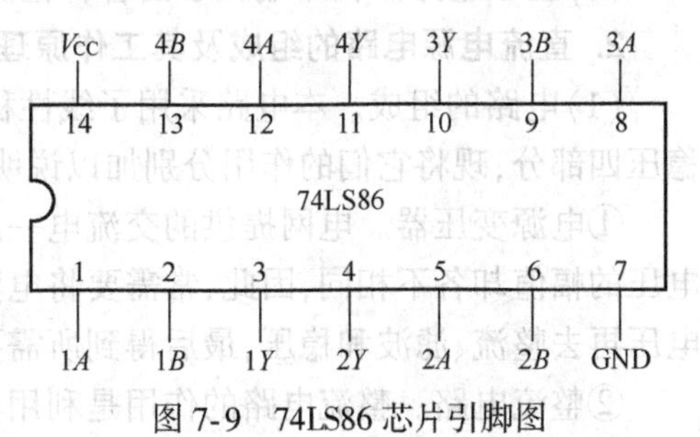

图 7-9　74LS86 芯片引脚图

异或门是一种逻辑运算的门电路，这里，利用它来对窗口比较器的输出进行比较。在异或这种逻辑关系中，当 A、B 不同时，输出 Y 为 1；而当 A、B 相同时，输出 Y 为 0。其真值表见表 7-2，逻辑关系式为 $\overline{Y}=\overline{A}B+A\overline{B}=A\oplus B$。

表 7-2 真 值 表

A	B	Y
0	0	0
0	1	1
1	0	1
1	1	0

7.1.3 系统框图及工作原理

1. 系统框图

系统框图如图 7-10 所示。其中电源部分主要是利用整流桥和三态稳压管输出±5 V 直流电压，供检测电路模块工作电源。检测部分是利用 LM324 四运放作为电压跟随器、窗口比较器。

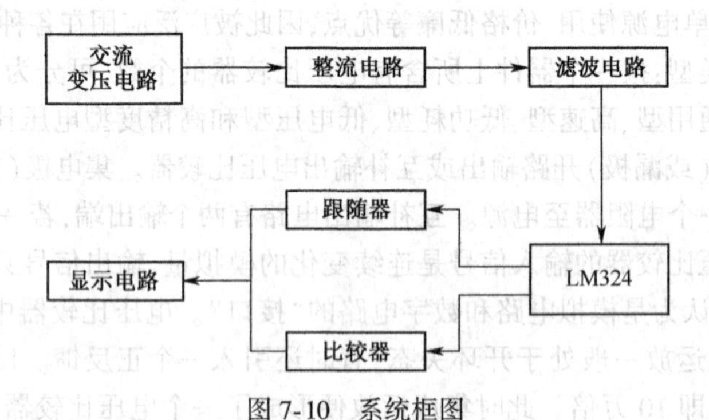

图 7-10 系统框图

系统框图各部分功能简介如下：

(1) 交流变压电路。对电网交流 220 V 电压经变压器转换为双 9 V 交流电压的电路。

(2) 整流电路。将正负交替的正弦交流电压整流成单方向的脉动电压。

(3) 滤波电路。在整流电路后接滤波电路以滤去整流输出电压的纹波。

(4) LM324。四运放集成芯片，用于组成运算电路。

(5) 跟随器、比较器。对于检测的信号进行分析比较。

(6) 显示电路。在终端显示出各种检测信号状态。

2. 直流电源电路的组成及其工作原理

(1) 电路的组成。本电路采用了线性稳压电路，如图 7-11 所示，它包括变压、整流、滤波与稳压四部分，现将它们的作用分别加以说明。

①电源变压器。电网提供的交流电一般为 220 V(或 380 V)，而各种电子设备所需要直流电压的幅值却各不相同，因此，常需要将电网电压先经过电源变压器，然后，将变换以后的二次电压再去整流、滤波和稳压，最后得到所需要的直流电压幅值。

②整流电路。整流电路的作用是利用具有单方向导电性能的整流元件将正负交替的正弦交流电压整流成为单方向的脉动电压，但是这种单向脉动电压往往包含着很大的脉动成分，距

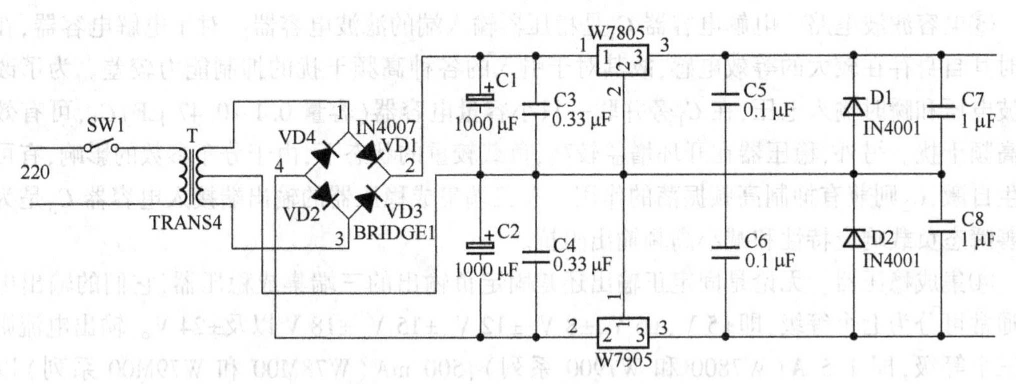

图 7-11 电源电路原理图(本图为仿真软件制图)

离理想的直流电压差得很远。

③滤波器。滤波器由电容器、电感器等储能元件组成,它的作用是尽可能地将单向脉动电压中的脉动成分滤掉,使输出电压成为比较平滑的直流电压,但当电网电压或负载电流发生变化时,滤波器输出直流电压的幅值也将随之变化,在要求较高的电子设备中,这种情况不能满足实际要求。

④稳压电路。稳压电路的作用是采取某些措施,使输出的直流电压在电网电压或负载电流发生变化时保持稳定。

(2)电路的工作原理。220 V 交流电压由变压器变压,经全波整流器整流后,再由大容量电解电容器 C_1滤波,然后将不稳定的直流电压 U_1加在 W7805 的输入端 1 和公共端 3。从 W7805 的输出端 2 和公共端 3 得到稳定的输出电压 U。本电路安装好后,几乎不用任何调整即可正常工作。在实际应用中,可根据需要选择集成稳压器的输出电压。

①变压器。选择电源变压器时要注意两点:功率和二次侧的交流电压 u_2,其中二次电压 u_2要依据稳压电路的输出电压 U_O,变压器功率要依据最大输出电流 I_O来确定。当电压差太小时,会使稳压器的性能变差而不起稳压作用,同时又会增大稳压器本身的功率消耗,使最大输出电流有所降低。一般的估算方法是,$U_O \leq 12$ V 时,$U_2 = U_O$;当 $U_O > 12$ V 时,$U_2 = U_O + 2$,在具体应用时,还需要根据所用电源变压器的实际情况进行调整。

②单相桥式整流电路。本电路应用一组二次绕组的变压器,达到全波整流的目的。电路中采用了四只二极管,接成电桥形式,故称为桥式整流电路。在 u_2的正半周,二极管 VD_1、VD_2导通,VD_3、VD_4截止;在 u_2负半周,VD_3、VD_4导通,VD_1、VD_2截止。正、负半周均有电流流过负载电阻 R_L,而且无论在正半周还是负半周,流过 R_L 的电流方向是一致的,因而使输出电压的直流成分得到提高,脉动成分被降低。单相整流电路的主要参数见表 7-3。

表 7-3 单相整流电路的主要参数

项 目	$U_{O(aV)}/U_2$	S	$I_{d(aV)}/I_{O(aV)}$	U_{RM}/U_2
半波整流	0.45	157%	100%	1.41
全波整流	0.90	67%	50%	2.83
桥式整流	0.90	67%	50%	1.41

由表 7-3 可知,在同样的 U_2之下,半波整流电路的输出直流电压最低,而脉动系数最高。桥式整流电路和全波整流电路中,当 U_2相同时,输出直流电压相等,脉动系数也相同,但桥式整流电路中,每个整流管所承受的反相峰值电压比全波整流电路低,因此它的应用比较广泛。

③电容滤波电路。电解电容器 C_1 是稳压器输入端的滤波电容器。对于电解电容器,在高频时其自身存在较大的等效电感,故其对于引入的各种高频干扰的抑制能力较差。为了改善微波电压和瞬时输入电压,在 C_1 旁并联一只小容量电容器(容量 0.1~0.47 μF)C_2,可有效抑制高频干扰。另外,稳压器在开环增益较高,负载较重的状态下,由于分布参数的影响,有可能产生自激,C_2 则兼有抑制高频振荡的作用。在三端集成稳压器的输出端接入电容器 C_3 是为了改善瞬态负载响应特性和减小高频输出阻抗。

④集成稳压器。无论是固定正输出还是固定负输出的三端集成稳压器,它们的输出电压值通常可分为七个等级,即±5 V、±6 V、±8 V、±12 V、±15 V、±18 V 以及±24 V。输出电流则共有三个等级,即 1.5 A(W7800 和 W7900 系列)、500 mA(W78M00 和 W79M00 系列)以及 100 mA(W78L00 和 W79L00 系列)。现将 W7800 系列三端集成稳压器的主要参数列于表 7-4 中,以供参考。

表 7-4 W7800 系列三端集成稳压器的主要参数

参数名称 \ 参数值 型号	符号	单位	7805	7806	7808	7812	7815	7818	7814
输入电压	U_I	V	10	11	14	19	23	27	33
输出电压	U_O	V	5	6	8	12	15	18	24
电压调整率	S_U	%/V	0.007 6	0.008 6	0.01	0.008	0.006 6	0.01	0.011
电流调整率 (5mA≤I_O≤1.5 A)	S_I	mV	40	43	45	52	52	55	60
最小压差	U_I-U_O	V	2	2	2	2	2	2	2
输出噪声	U_N	μV	10	10	10	10	10	10	10
输出电阻	R_O	mΩ	17	17	18	18	19	19	20
峰值电流	I_{OM}	A	2.2	2.2	2.2	2.2	2.2	2.2	2.2
输出温漂	S_T	mV/℃	1.0	1.0	1.2	1.2	1.5	1.8	2.4

(3)实际使用 W7805 的注意事项。详述如下:

①集成稳压器应安装在面积足够大的散热片上使用,一般可用普通大功率晶体管的散热器代替。用 F-2 型标准封装的稳压器,因其金属外壳就是电路的接地端,故不必将散热器与外壳绝缘。这样大大改善了稳压器的散热性能,同时也为改装分立元件式的稳压电源带来了方便。若稳压器在工作中散热不良,稳压器过热保护电路就会自动限制输出电流。

②稳压器的输入端与输出端不可接反,否则会烧坏稳压器。公共端的接线必须确实接触良好。一旦接地脚与地断开,输出端电压 U_O 会升高到与输入电压相同,可能造成稳压器所接负载元器件损坏。如发现接地脚断开,不可带电连接接地脚,应先断开电源再连接;否则容易损坏稳压器。

3. 控制电路原理

电阻分检仪电路原理图如图 7-12 所示。

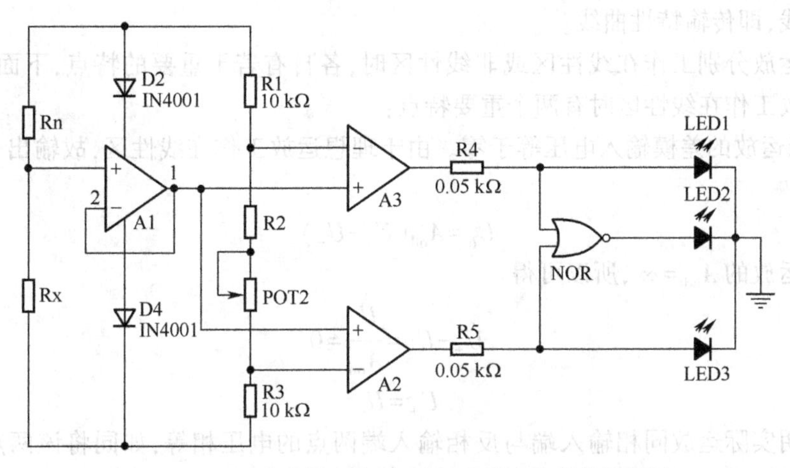

图 7-12　电阻分检仪电路原理图(本图为仿真软件制图)

(1)总体设计思路。详述如下:

①电源给出±5 V 直流电压送到而检测电路,为了防止四运放 LM324 电源接反时两电源相互串通或被所接信号过高而损坏,特加了 D_1、D_2两个二极管给予保护。

②选择器部分,应用四运放 LM324 作为跟随器和窗口比较器。A_1电压跟随器实现阻抗变换,A_2、A_3组成窗口比较器。

③检测原理:由门限电压与阻值的关系,求出上下门限电压。经电压比较器输出两个不同电平,即高电平和低电平。比较器的输出电压从一个电平跳到另一个电平时对应的输入电压值称为阈值电压或门限电压。当待测电阻与标准电阻相串联后的分压送入跟随器,两个不同电平经窗口比较器送出电信号导通相应发光二极管发光。

④当标准电阻改变时,不影响电阻选择的精度;当电源电压改变时,也不影响电阻选择的精度。

(2)工作过程。当待测电阻 R_x放入检测点时,在 LM324 理想运放的作用下,1、2 点电压相同,等效为理想电压源。窗口比较器是由两个简单电压比较器组成的,电压比较器的功能是比较两个电压的大小,通常是将一个信号电压 U_i和另一个参考电压 U_R进行比较,在 $U_i>U_R$和 $U_i<U_R$两种不同情况下,电压比较器输出两个不同的电平,即在信号电压和参考电压的幅值相等处,输出电压将产生跃变。图 7-13 所示为最简单的电压比较器,其中 U_R为参考电压,加在集成运放的同相输入端,输入电压 U_i加在集成运放的反相输入端。

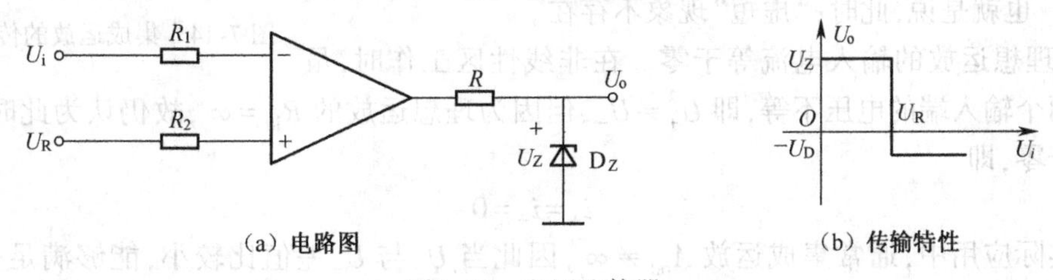

图 7-13　电压比较器

当 $U_i<U_R$时,集成运放输出高电平,稳压管 D_Z反向稳压工作,输出端电位嵌位在稳压管的稳定电压 U_Z,即 $U_o=U_Z$;当 $U_i>U_R$时,集成运放输出低电平,稳压管 D_Z正向导通,输出电压取决于稳压管的正向导通电压 U_D,即 $U_o=-U_D$。因此,以 U_R为界,当输入电压 U_i变化时,输出端反映出两种状态:高电位和低电位。图 7-13(b)所示为图 7-13(a)电路输出电压与输入电压之间的特性曲线，即传输特性曲线。

当集成运放分别工作在线性区或非线性区时，各自有若干重要的特点，下面分别进行讨论。理想运放工作在线性区时有两个重要特点：

(1)理想运放的差模输入电压等于零。由于理想运放工作在线性区，故输出、输入之间满足关系式

$$U_o = A_{od}(U_+ - U_-)$$

因理想运放的 $A_{od}=\infty$，所以可得

$$U_+ - U_- = \frac{U_o}{A_{od}} = 0$$

即

$$U_+ = U_-$$

上式表明实际运放同相输入端与反相输入端两点的电压相等，如同将该两点短路一样。但是该两点并未真正被短路，只是表面上似乎短路，因而是虚假的短路，将这种现象称为“虚短”。实际运放的 $A_{od}\neq\infty$，因此 U_+ 与 U_- 不可能完全相等。但是当 A_{od} 足够大时，集成运放的差模输入电压 (U_+-U_-) 的值很小，与电路其他电压相比，可以忽略不计。若在一定的 U_o 值之下，集成运放的 A_{od} 越大，则 U_+ 与 U_- 差值越小，将两点视为“虚短”，所带来的误差也越小。

(2)理想运放的输入电流等于零。由于理想运放的差模输入电阻 $R_{id}=\infty$，因此在其两个输入端均没有电流，即

$$i_+ = i_- = 0$$

此时，集成运放的同相输入端和反相输入端的电流都等于零，如同该两点被断开一样，这种现象称为“虚断”。

理想运放工作在非线性区时的特点：如果集成运放的工作信号超出了线性放大的范围，则输出电压不再随输入电压线性增长而将达到饱和，集成运放的传输特性如图 7-14 所示。

理想运放工作在非线性区时，也有两个重要的特点：

(1)理想运放输出电压 U_o 的值只有两种可能：一种等于运放的正向最大输出电压 $+U_{opp}$；另一种等于其负向最大输出电压 $-U_{opp}$，如图 7-14 中的实线所示。

当 $U_+>U_-$ 时，$U_o=+U_{opp}$；

当 $U_+<U_-$ 时，$U_o=-U_{opp}$。

在非线性区内，运放的差模输入电压 (U_+-U_-) 可能很大，即 $U_+\neq U_-$。也就是说，此时，“虚短”现象不存在。

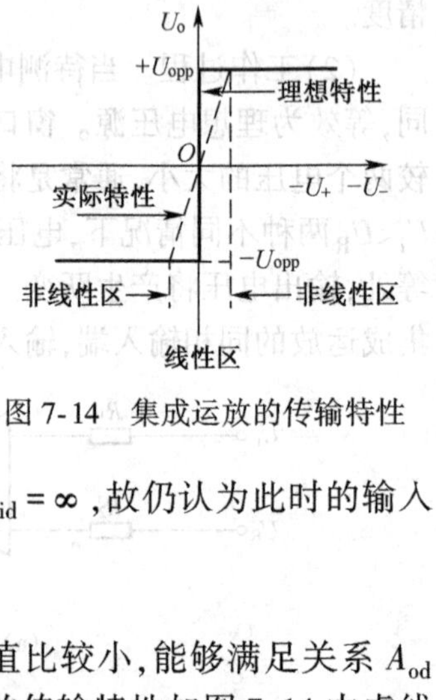

图 7-14 集成运放的传输特性

(2)理想运放的输入电流等于零。在非线性区工作时，虽然运放两个输入端的电压不等，即 $U_+\neq U_-$，但因为理想运放的 $R_{id}=\infty$，故仍认为此时的输入电流等于零，即

$$i_+ = i_- = 0$$

在实际应用中，通常集成运放 $A_{od}\neq\infty$，因此当 U_+ 与 U_- 差值比较小，能够满足关系 $A_{od}(U_+-U_-)<U_{opp}$ 时，运放应该仍然工作在线性范围内。实际运放的传输特性如图 7-14 中虚线所示。但因集成运放的 A_{od} 值通常很高，所以线性放大的范围很小。例如，集成运放 F005 的 $U_{opp}=\pm14$ V，$A_{od}\approx2\times10^5$，则在线性区内，差模输入电压的范围只有：

$$U_+ - U_- = \frac{U_{opp}}{A_{od}} = \frac{\pm14}{2\times10^5}\ \text{V} = \pm70\ \mu\text{V}$$

综上所述，理想运放工作在线性区或非线性区时，各有不同的特点。因此，在分析各种应用电路的工作原理时，首先必须判断其中的集成运放究竟工作在哪个区域。在本设计中，A_1主要工作在线性区，A_2、A_3主要工作在非线性区。为了使运放正常工作，需要给它加一个保护电路，如图7-12所示中的D_2、D_4，其主要作用是为了防止电源极性接反。由图7-12可知，若电源极性接反，则二极管D_2、D_4不能导通，使电源断开，从而保护了芯片不被烧坏。

窗口比较器电路如图7-15所示。

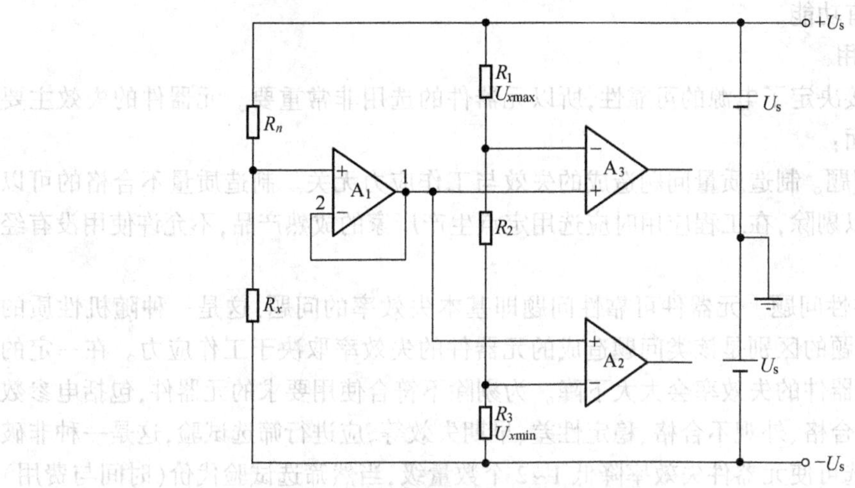

图7-15 窗口比较器电路

由图7-15可求得门限电压和阻值：

$$R_{x\max}=1.05R_n,U_x=U_{x\max}$$

$$R_{x\min}=0.95R_n,U_x=U_{x\min}$$

$$U_{x\max}=\frac{R_{x\max}}{R_{x\max}+R_n}\cdot[U_s-(-U_s)]=\frac{R_2+R_3}{R_1+R_2+R_3}\cdot 2U_s$$

$$\frac{1.05}{2.05}=\frac{R_2+R_3}{R_1+R_2+R_3}$$

$$U_{x\min}=\frac{R_{x\min}}{R_{x\min}+R_n}\cdot[U_s-(-U_s)]=\frac{R_3}{R_1+R_2+R_3}\cdot 2U_s$$

$$\frac{0.95}{1.95}=\frac{R_3}{R_1+R_2+R_3}$$

取$R_1=10\ \text{k}\Omega$，可得

$$R_2=10\ \text{k}\Omega$$

$$R_3=20\ \text{k}\Omega$$

通过上面的计算可以得出运放电路中的R_1、R_2、R_3各自的阻值。根据门限电压的上下限关系可得：

①如果$R_x>(1+0.05)R_n$时，则A_2输出高电平，LED1红灯发光。A_3输出高电平，LED3黄灯不发光。

②如果$R_x<(1-0.05)R_n$时，则A_2输出低电平，LED1红灯不发光。A_3输出低电平，LED3黄灯发光。

③如果$0.95R_n\leqslant R_x\leqslant(1+0.05)R_n$时，则LED1和LED3均不发光，LED2绿灯发光，表示

R_x为一级电阻。

由上面三个关系式得出：只要选定门限电压、测试的标准电阻，由窗口比较器对电信号进行比较，就可以准确、快速地检测出一级电阻。

7.1.4 电路设计

在整体设计后，就要开始进行焊接和调试工作，也就是结合设计原理图把它们有机地组织在一起实现系统所有功能。

1. 元器件的选用

因为元器件直接决定了电源的可靠性，所以元器件的选用非常重要。元器件的失效主要集中在以下三个方面：

(1)制造质量问题。制造质量问题造成的失效与工作应力无关。制造质量不合格的可以通过严格的检验加以剔除，在工程应用时应选用定点生产厂家的成熟产品，不允许使用没有经过认证的产品。

(2)元器件可靠性问题。元器件可靠性问题即基本失效率的问题，这是一种随机性质的失效，与制造质量问题的区别是该类问题造成的元器件的失效率取决于工作应力。在一定的工作应力水平下，元器件的失效率会大大下降。为剔除不符合使用要求的元器件，包括电参数不合格、密封性能不合格、外观不合格、稳定性差、早期失效等，应进行筛选试验，这是一种非破坏性试验。通过筛选可使元器件失效率降低1~2个数量级，当然筛选试验代价(时间与费用)很大，而综合维修、后勤保障、整架联试等还是合算的，研制周期也不会延长。

(3)设计问题。首先是恰当地选用合适的元器件。

①尽量选用硅半导体器件，少用或不用锗半导体器件。

②多采用集成电路，减少分立器件的数目。

③开关管选用MOSFET能简化驱动电路，减少损耗。

④输出整流管尽量采用具有软恢复特性的二极管。

⑤应选择金属封装、陶瓷封装、玻璃封装的器件，禁止选用塑料封装的器件。

⑥集成电路必须是一类品或者是符合MIL-M-38510、MIL-S-19500标准B-1以上质量等级的军品。

⑦设计时尽量少用继电器，确实有必要时应选用接触良好的密封继电器。

⑧原则上不选用电位器，必须保留的应进行固封处理。

2. 电路装配设计

根据系统总体设计，首先，系统要将220 V/50 Hz交流电接到自耦变压器的输入端，自耦变压器的输出端接电源变压器原端，即220 V的一端。将整流变压器的次端，即低压侧接向四个二极管组成电阻负载单相桥式整流电路。

要特别注意：本部分为交流强电，千万不能用手触摸裸露的导体，以防触电。另外，电路工作一段时间后，负载电阻会很热，请不要用手触摸，以免烫伤。交流变压器的电路如图7-16所示。

用示波器观察桥式整流电路的输出电压波形，注意应使用示波器的直流(DC)耦合方式，记录波形，包括形状、最低点和最高点的电压值、周期或频率。(以下记录波形的要求相同)。把调试好的电源接到检测电路部分，由门限电压和阻值的关系式以及阻抗与门限电压的范围：①$R_x>(1+0.05)R_n$；②$R_x<(1-0.05)R_n$；③$0.95R_n \leqslant R_x \leqslant (1+0.05)R_n$，即可调试好检测电路。

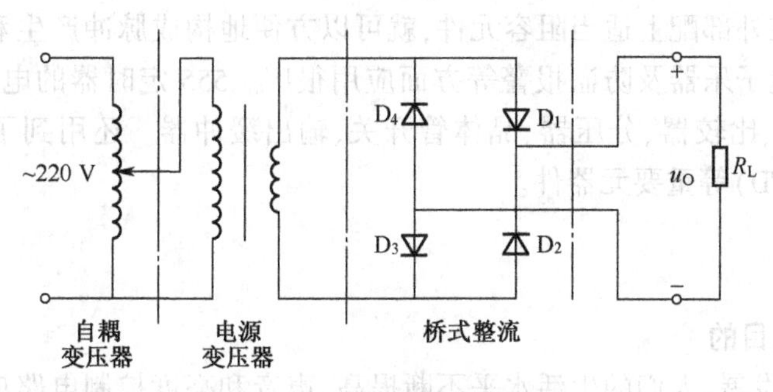

图7-16 交流变压器的电路

3. 调试过程中遇到的主要问题和解决办法

在系统调试的过程中主要遇到一些比较零散的问题做以下总结：

(1)切忌集成运放的正、负电源极性接反和输出端短路,否则将会损坏集成块。几个仪器共同使用时,必需遵守“共地”连接的原则。

(2)严禁信号发生器、稳压电源的输出端短路,以防损坏仪器。

(3)在元器件的购买和挑选时,一定要注意集成器件的性能参数,在本电路中发现LM324的共模电压只在-0.3~30 V,因为电路的精度要求较高,如果电路出现短路会立刻击穿集成芯片。

4. 系统测试及实现后基本性能

最后对本系统进行各模块测试,经过修改和调整通过以后,进行总体测试。电源电路、检测电路正常,测试结果各项功能均已经或基本达到设计要求即可。

5. 结论

综上所述,设计电子电路是学好电子信息工程这门专业的基本能力,设计要以学习理论、接受理论和认知理论为指导;根据实际的操作,遵循电路设计基本原则和要求;选择适用的集成电路,合理地选择、呈现或建构学科知识点与实际电路,在整个设计过程中贯彻以认真为本,并耐心向老师请教,勤于动脑、动手。

此电阻分选仪电路的特点如下：

(1)准确性高,不受外界干扰、快捷地检测出一级电阻。

(2)易于操作性的同时,设计变得简单而且节约了设计成本,性价比高。

(3)可用于测量任何阻值的一级电阻。

(4)电源电压波动对测量精度影响很小。

随着电子技术的飞速发展,各类分立电子元器件以及其所构成的相关功能单元已逐渐被功能更强大、性能更稳定、使用更方便的集成电路所取代。

7.2 声音和亮度综合控制电路的设计

本文对声音和亮度综合控制进行了系统描述,它是双输入、单输出的控制电路,它是由声音向电信号转换和光向电信号转换的综合控制电路,经过信号放大电路、定时触发电路、电子开关和受控负载等一系列电路,再经过信号提取电路、比较器和信号处理后送入声光报警器,最终实现声音和亮度的综合控制。

本文用到了一个非常重要的集成芯片LM555,组成单稳态电路。555定时器是一种中规模集成电路,只要在外部配上适当阻容元件,就可以方便地构成脉冲产生和整形电路,在工业控制、定时、仿声、电子乐器及防盗报警等方面应用很广。555 定时器的电路结构由五部分组成:基本 RS 触发器、比较器、分压器、晶体管开关、输出缓冲器。还用到了晶闸管、红外传感器、压电陶瓷片(HTD)等重要元器件。

7.2.1 引言

1. 课题背景及目的

随着社会不断发展,人们的生活水平不断提高,声音和亮度控制电路应用越来越广泛,它不但只用于我们生活中楼梯间的声音和亮度控制,而且在其他方面也应用很多,例如,用于早晨起床,通过声控自动拉窗帘;还有医院的定时让病人吃药;定时向水池中注水;汽车的防盗报警器等,都可用这类电路来实现,大体来说可用于压力、水位、流量等众多领域,为人们的生活提供了很多的便利。声音和亮度综合控制电路是一个双输入、单输出的电路,主要是研究利用少量辅助电路与集成芯片相结合,由声音向电信号转换和光向电信号转换的综合控制电路,经过一系列电路的处理后,最终实现声音和亮度的综合控制。

2. 国内外研究情况

在声光控制的产品方面,西方发达国家的产品比国内的品种多,其性能也较国内良好。所谓每样东西都有其发展的原因,声光控制产品的出现也有其出现的原因。首先,西方资本主义国家的经济基础好,起步早,发展就比较快,人们的私有财产更加丰富;其次,西方的资本主义制度金钱观始终统治了人们的思想,人们更加注重对自己私有财产的保护,人们有了购买需求,自然会推动相关产品的涌现;再次,在资金和技术上,我们国家也与西方国家有一点差别,因此,国内的相关产品品种没有国外丰富。不过这几年国内对外开放,迅猛发展,相关产品也有了很大的改进,其功能也非常先进,品种也越来越多,已经接近发达国家的水平。

3. 论文构成及研究内容

本文将通过查阅相关资料,详细地介绍声光控制电路的原理特性及优缺点,经过反复比较其优越性以及经过当前的市场形势和前景,合理选择系统的各个部件,并对工作原理和工作条件所起的作用进行详细描述;此外,本文在论述本系统工作机理的基础上,详细地阐述其拓展功能的原理及现实意义,既突出它在应用方面的稳定可靠,又注重结合当前社会发展需求。最后,本文还将列举同类相关产品的工作原理以及对当前产品市场进行分析,提出推广和建议。

7.2.2 系统原理

1. 系统原理框图

系统原理框图如图 7-17 所示。

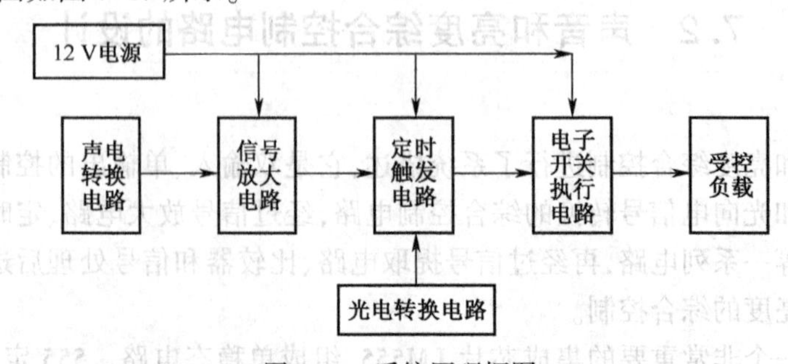

图 7-17 系统原理框图

2. 声光综合控制原理图

声光综合控制原理图和受控电路图分别如图 7-18 和图 7-19 所示。

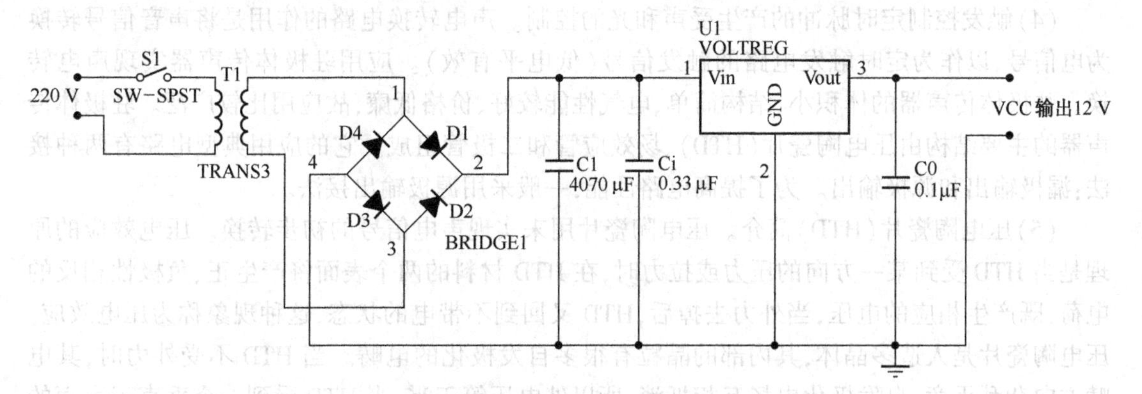

图 7-18 声光综合控制原理图(本图为仿真软件制图)

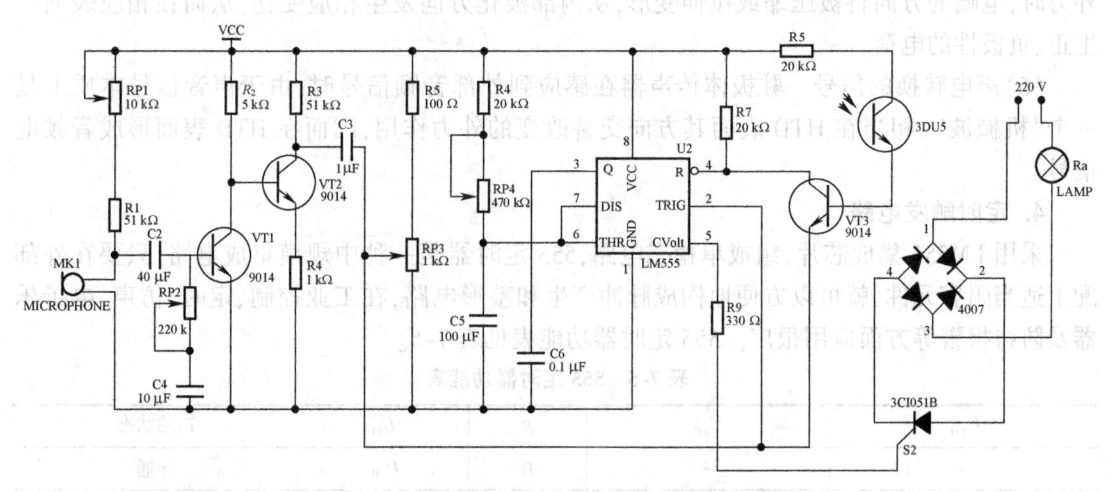

图 7-19 受控电路图(本图为仿真软件制图)

3. 原理说明

(1)电源输出原理。电源电压输出原理框图如图 7-20 所示。

由 $U=1.2U_1$,$U_1=15$ V,可得 $U=18$ V。

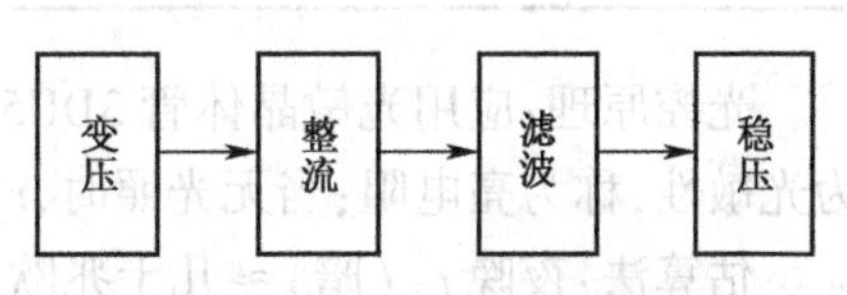

图 7-20 电源电压输出原理框图

(2)电子开关。详述如下:

受控负载:选 100W、200V 的白炽灯,记为 R_a。

桥式整流:D_1、D_2、D_3、D_4。(可选为整流桥)。

受控开关 S_1:用晶闸管 3CT0518 可实现。

(3)原理概述。当 S_1 闭合时(即晶闸管导通时,$U\leqslant 1$ V)灯 R_a 发光。原因是交流 220 V 电网电压正半周时,D_2、D_4 截止,D_1、D_3 导通;负半周时,D_1、D_3 截止,D_2、D_4 导通。于是在 220 V 电压的正半周,灯 R_a 的电路均闭合,所以 R_a 发光。当 S_2 断开时,交流 220 V 电网电压的正、负半周时,R_a 均无导电通路,所以不发光。

S_2 的自动实现采用单向晶闸管 3CT051B。关于晶闸管的原理是由定时闭合接通给出一个定时信号,但脉冲正极性时实现 S_2 定时闭合接通,从而控制 R_a 发光的时间长短。国内的产品对晶闸管的命名:3 表示元件有三个极,C 表示为 N 型硅材料,T 表示可控整流元件,数字表示正向通态。电阻器 R(330 Ω)为限流电阻器,防止因电流过大而烧坏晶闸管。当触发脉冲消失后，晶闸管将被自动关断，使 R_a 不发光。晶闸管导通后自动关断的条件：维持电流 I_h 小于几十毫安。

(4)触发控制定时脉冲的产生受声和光的控制。声电转换电路的作用是将声音信号转换为电信号，以作为定时触发电路的触发信号(低电平有效)。应用驻极体传声器实现声电转换。驻极体传声器的体积小、结构简单、电气性能较好、价格低廉，故应用比较广泛。驻极体传声器的主要结构由压电陶瓷片(HTD)、场效应管和二极管组成。它的应用典型电路有两种接法：漏极输出和源极输出。为了提高电路性能，一般采用源极输出接法。

(5)压电陶瓷片(HTD)简介。压电陶瓷片用来实现声电信号的初步转换。压电效应的原理是当 HTD 受到某一方向的压力或拉力时，在 HTD 材料的两个表面将产生正、负极性相反的电荷，既产生相应的电压，当外力去掉后，HTD 又回到不带电的状态，这种现象称为压电效应。压电陶瓷片是人造多晶体，其内部的晶粒有很多自发极化的电畴。当 HTD 不受外力时，其电畴方向杂乱无章，自发极化电场互相抵消，所以外电压等于零；当 HTD 受到一个垂直于表面的外力时，电畴的方向将被压缩或拉伸变形，从内部极化方向发生相应变化，从而在相应表面产生正、负极性的电荷。

(6)声电转换的信号。驻极体传声器在感应到外部音频信号时，由于声音信号本质上是一个"机械波"，相当在 HTD 表面其方向交替改变的外力作用，因而在 HTD 表面形成音频电信号。

4. 定时触发电路

采用 LM555 集成芯片，组成单稳态电路，555 定时器是一种中规模集成电路，只要在外部配上适当阻容元件，就可以方便地构成脉冲产生和整形电路，在工业控制、定时、仿声、电子乐器及防盗报警等方面应用很广。555 定时器功能表见表 7-5。

表 7-5　555 定时器功能表

U_{TH}	U_{TR}	R	U_O	T_d的状态
—	—	0	U_{OL}	导通
$>2/3V_{cc}$	$>1/3V_{cc}$	1	U_{OL}	导通
$<2/3V_{cc}$	$>1/3V_{cc}$	1	不变	不变
—	$<1/3V_{cc}$	1	U_{OL}	截止

光控原理：应用光敏晶体管 3DU5 来实现，当有光照时，3DU5 的等效电阻 r_{ce} 很小，半导体为光敏性，称为亮电阻；当无光照时，r_{ce} 很大，称为暗电阻。

估算法：夜晚 r_{ce}(暗) ≈ 几十兆欧 ≈ ∞；

白天 r_{ce}(亮) ≈ 几百欧 ≈ 0。

5. 声光综合控制原理

触发定时电路如图 7-21 所示。

当光照很强时，因光敏晶体管的亮电阻 $r_{ce} \approx 0$，得到 VT_3 饱和导通，推导出第 4 引脚低电平。由 555 定时器功能表可知：当 4 引脚低电平时，LM555 的 3 引脚也是低电平，此时不论是否有声音控制信号，均使 $U_3 = U_{输出} = 0$，即电子开关中的晶闸管 VT 无正向触发电压，所以电子开关 S_1 处于断开状态。当光照很弱时，因光敏晶体管的暗电阻 $r_{ce} \approx \infty$，相当于晶体管 VT_3 断开，处于截止状态，即 LM555 的使能端 $U_4 = 1$，为高电平，而此时 555 定时器的逻辑关系见表 7-6。

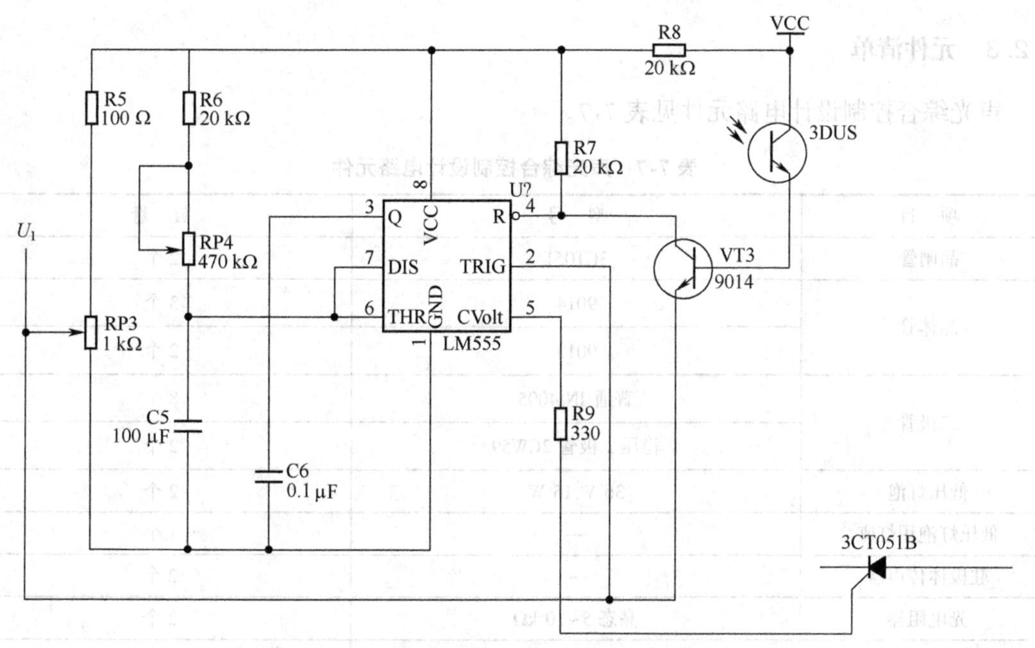

图 7-21 触发定时电路(本图为仿真软件制图)

表 7-6 555 定时器的逻辑关系

情况	U_6	U_2	TD	U_3
1	$>2/3V_{CC}$	$>1/3V_{CC}$	导通	$U_{OL}=0$
2	$<2/3V_{CC}$	$>1/3V_{CC}$	保持	保持
3	$<2/3V_{CC}$	$<1/3V_{CC}$	截止	$U_{OH}=1$

以下对于有无音频信号的判断,可分为两种情况:

(1)无音频信号时,接通电源 V_{CC},显然 C_5没有来得及充电,所以 $U_6=0$。又因为分布电容的存在,所以 $U_3=0$,又有电阻 R_5、R_{P3}的分压作用,使 U_2的静态值=4.5 V>1/3V_{CC}=4 V,其情况对应表 7-6 的第 2 行,所以 $U_3=U_{OUT}=0$(保持不变),此时没有正脉冲输出,既晶闸管 VT 没有正向触发脉冲,可以推出开关 S_1断开。(U_2静态值需要调整到大于 1/3V_{CC}=4 V,这里取 4.5 V,通过调 R_{P3}来实现)

(2)有音频信号时,由以上分析可知 555 定时器的第 2 引脚输出的音频信号 U_I有正负半周,当 U_I>0 时(正半周),对应有 U_6<2/3V_{CC}、U_2>1/3V_{CC},仍然对应表 7-6 第 2 行的情况,所以 U_3保持不变,电子开关相当于断开;当 U_I<0 时(负半周),由于 U_I是经过两级放大,其输出幅度较大,所以,555 的第 2 引脚的电压 U_2<1/3V_{CC}=0,而此时 $U_6=0$,对应表 7-6 第 3 行的情况,故此时 $U_3=1$($V_{CC}\approx$12 V),即此时触发定时器输出由低电平跃变为高电平,输出正脉冲,所以,晶闸管获得正触发脉冲而导通,推出电子开关 S_1闭合,但此正脉冲 U_3不能长期保持,其原因是此时 555 内部放电管 TD 处于截止状态,C_5将经过 R_5充电,使 U_6上升。当 U_6上升到大于 2/3V_{CC}时,LM555 的 U_3将由高电平返回为低电平,其逻辑关系对应表 7-6 中第 1 行,原因是 U_6为 C_5充电,其充电速度慢;当 $U_6\geqslant$2/3V_{CC}时,外部声音早已消失,即 U_2>1/3V_{CC}。定时时间(灯亮时间)的确定,可由计算公式

$$T_d=T_W=(R_{P4}+R_6)C_5\ln3\approx1.1(R_{P4}+R_6)C_5$$

来计算。

7.2.3 元件清单

声光综合控制设计电路元件见表 7-7。

表 7-7 声光综合控制设计电路元件

项目	型号	数量
晶闸管	3CT051	2 个
晶体管	9014	3 个
	9015	2 个
二极管	普通 IN 4005	8 个
	稳压二极管 2CW59	2 个
低压灯泡	36 V,15 W	2 个
低压灯泡用灯座	—	1 个
驻极体传声器	—	2 个
光电阻器	亮态 5~10 kΩ	2 个
电阻器(金属膜)	R_1(5.1 kΩ,1/4 W)	1 个
	R_2(6.8 kΩ,1/4 W)	1 个
	R_3(5.1 kΩ,1/4 W)	1 个
	R_4(1 kΩ,1/4 W)	1 个
	R_5(100 Ω,1/4 W)	1 个
集成芯片	LM555	1 个
万用实验板	150×100 mm^2	1 块
连接导线	0.7~1 mm^2	若干
电烙铁	20~25 W	1 个

7.2.4 相关产品介绍及未来发展方向

(1)超声波防盗报警器。该报警器包括超声波发射器和超声波接收、解码器。它通过波形信号发生器发出 40 kHz 的超声波脉冲波。当发出的超声波遇到移动目标时,会产生多普勒频移,与发射传感器配套的接收传感器收到多普勒频移的超声脉冲信号后,将超声波转换成电信号,经放大,触发相关电路。本电路能较好地克服生活环境中的超声干扰源,对移动目标能发出准确的警报。

(2)红外线防盗报警器。该报警器包括红外脉冲发射器和红外接收、解码器及报警音响电路。将发射头和接收头装配在一个金属基座上。发射器经晶体管 BT 驱动,发出红外光脉冲信号,经红外接收器接收后,送入解码器进行解码,解码器包括红外光电转换头、放大器、译码等,信号最终送到功率开关控制的音响报警电路等。红外接收器应与发射器配对,当接触到因人体阻挡而反射的红外光脉冲信号后,进行光电转换,经放大后驱动报警音响电路。

(3)红外线声光报警器。该报警器用于进入警戒区报警。报警器由四路红外发、收电路,触发和 X 色发光电路,与门电路,单稳态延时电路及音响报警电路组成。红外发光二极管和红外接收配对管组成四对发、收警戒线。当有人穿越警戒线时,红外光束被切断,相应与非门的输入由于红外接收器的截止呈高电平,响起警车报警声。

随着家用安防电子产业的兴起与发展,各类防盗产品层出不穷,但整体要求是不断提高的,人们不仅对报警器材的性能和价格有着不同的要求,而且还对产品的功能和外形有了新的希望,希望其真正实现智能化和现代化,安装起来既隐蔽又不影响现代高级住房的美观。

7.2.5 产品推广意义及方法

在声光控制方面,人们的知识运用和认识能力都有了很大的提高。对一些产品的功能和技术含量都提出了较高的要求。这就要求我们在产品的设计和生产过程中严格把关,对质量精益求精。但由于本产品在技术结构上不是很复杂,不需要现代化的大型流水生产线,可利用农村大量剩余劳动力,再经过短期培训,一把电烙铁和少量简单工具就可以完成本产品的装配工作。微处理器的烧写及焊接 PCB 制作以及外壳的制作可以依托于有能力的厂商。所以本产品对生产条件的要求不是很高。

可以通过以下两条途径来推广本产品:

(1)寻找代理商,在某一地域或全国范围内建立营销网络。要寻找经济实力强和营销经验丰富的代理商,让他们把你的产品迅速推向市场。让广大消费者对你的产品做出评估,因为,在最初设计时就考虑到产品的性价比,市场上已有同类产品的价格及功能。我们用比别人低的成本设计出了比别人功能强大、质量可靠、信誉度高的产品,我们设计产品的宗旨是市场上没有的产品我们去设计、去生产;市场上已经有的产品我们要比他的功能更强大、质量更可靠、价格更便宜。所以我们的产品性价比较高,一旦投放市场,一定会受到广大消费者的欢迎。

(2)做广告,在互联网上发布产品信息,要在广告信息中体现与现有产品的不同之处,体现我们的产品的设计风格。要让消费者从广告信息中对我们的产品有比较全面的了解。

结论:随着电子产品的不断发展,未来在很多领域都会用到此类产品,商家也看到电子产品在未来市场上的前景,不断地研制出新的产品,品种已经相当丰富,各具特点,未来的电子产品的发展将主要集中在省时、省力,功能扩展,智能信息,美观完善等方向。并呈现多功能、多样化、技术一体化、系统集成化和通信网络化的特点。本文讲述了声光控制理论在未来多领域所能涉及的基本功能,又易于实现功能扩展,声光控制理论将在很多领域都能用到。本文在论述本系统工作机理的基础上,尽可能地拓展其功能,详细地阐述拓展功能的原理及现实意义。既突出研究它在应用方面的稳定可靠,又注重当前社会发展的需要。同时研究出更多的智能化新功能,使之既易于操作,又安全可靠。

7.3 电子密码锁电路设计

本文的电子密码锁利用数字逻辑电路,实现对门的电子控制,并且有各种附加电路保证电路能够安全工作,有极高的安全系数。

7.3.1 引言

1. 课题背景及目的

随着人们生活水平的提高,如何实现家庭防盗这一问题也变得尤其突出。传统的机械锁由于其构造的简单,被撬的事件屡见不鲜;电子锁由于其保密性高,使用灵活性好,安全系数高,故受到了广大用户的青睐。

2. 国内外研究情况

关于电子密码锁的设计,国内外有很多种实现方案,可在相关资料上查阅,在此不再赘述。设计本课题时构思了两种方案:一种是以 AT89C2051 为核心的单片机控制方案;另一种是以 74LS112 双 JK 触发器构成的数字逻辑电路控制方案。考虑到单片机方案原理复杂,而且调试较为烦琐,所以采用后一种方案。

7.3.2 总体方案设计

1. 设计思路

共设了九个用户输入键,其中只有四个是有效的密码按键,其他的都是干扰按键,若按下干扰按键,键盘输入电路自动清零,原先输入的密码无效,需要重新输入;如果用户输入密码的时间超过 40 s(一般情况下,用户输入密码的时间不会超过 40 s,若用户觉得不便,还可以修改)电路将报警 80 s,若电路连续报警三次,电路将锁定键盘 5 min,防止他人的非法操作。

2. 总体框图

总体框图如图 7-22 所示。

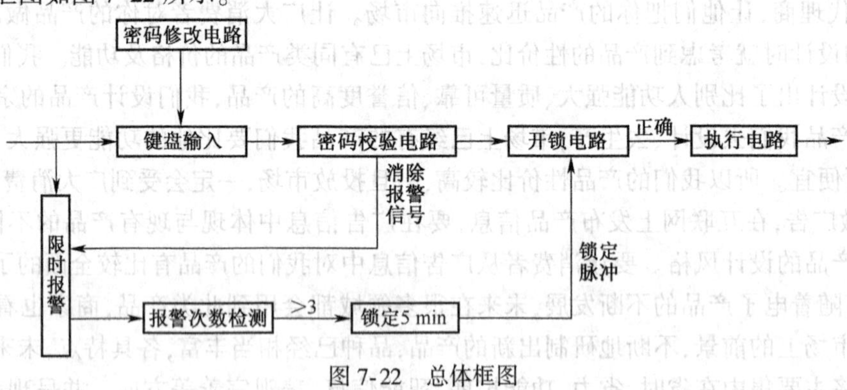

图 7-22 总体框图

7.3.3 设计原理分析

电路由两大部分组成:密码锁电路和备用电源(Uninterruptible Power Supply, UPS),其中设置 UPS 电源是为了防止因为停电造成的密码锁电路失效,可使用户免遭麻烦。

密码锁电路包含键盘输入、密码修改、密码检测、开锁电路、执行电路、报警电路、键盘输入次数锁定电路。

1. 键盘输入、密码修改、密码检测、开锁电路和执行电路

键盘输入、密码修改、密码检测、开锁电路和执行电路如图 7-23 所示。

开关 $K_1 \sim K_9$是用户输入密码的键盘,用户可以通过开关输入密码,开关两端的电容器是为了提高开关速度而设计的。电路先自动将 $IC_1 \sim IC_4$清零,由报警电路送来的清零信号经 C_{25} 送到 T_{11}基极,使 T_{11}导通,其集电极输出低电平,送往 $IC_1 \sim IC_4$,实现清零。

密码修改电路由双刀双掷开关 $S_1 \sim S_4$组成(见图 7-23),它是利用开关切换的原理实现密码修改的。例如,要设定密码为 1458,可以拨动开关 S_1向左,S_2向右,S_3向左,S_4向右,即可实现密码的修改,由于输入的密码要经过 $S_1 \sim S_4$的选择,也就实现了密码的校验。本电路有 16 组的密码可供修改。

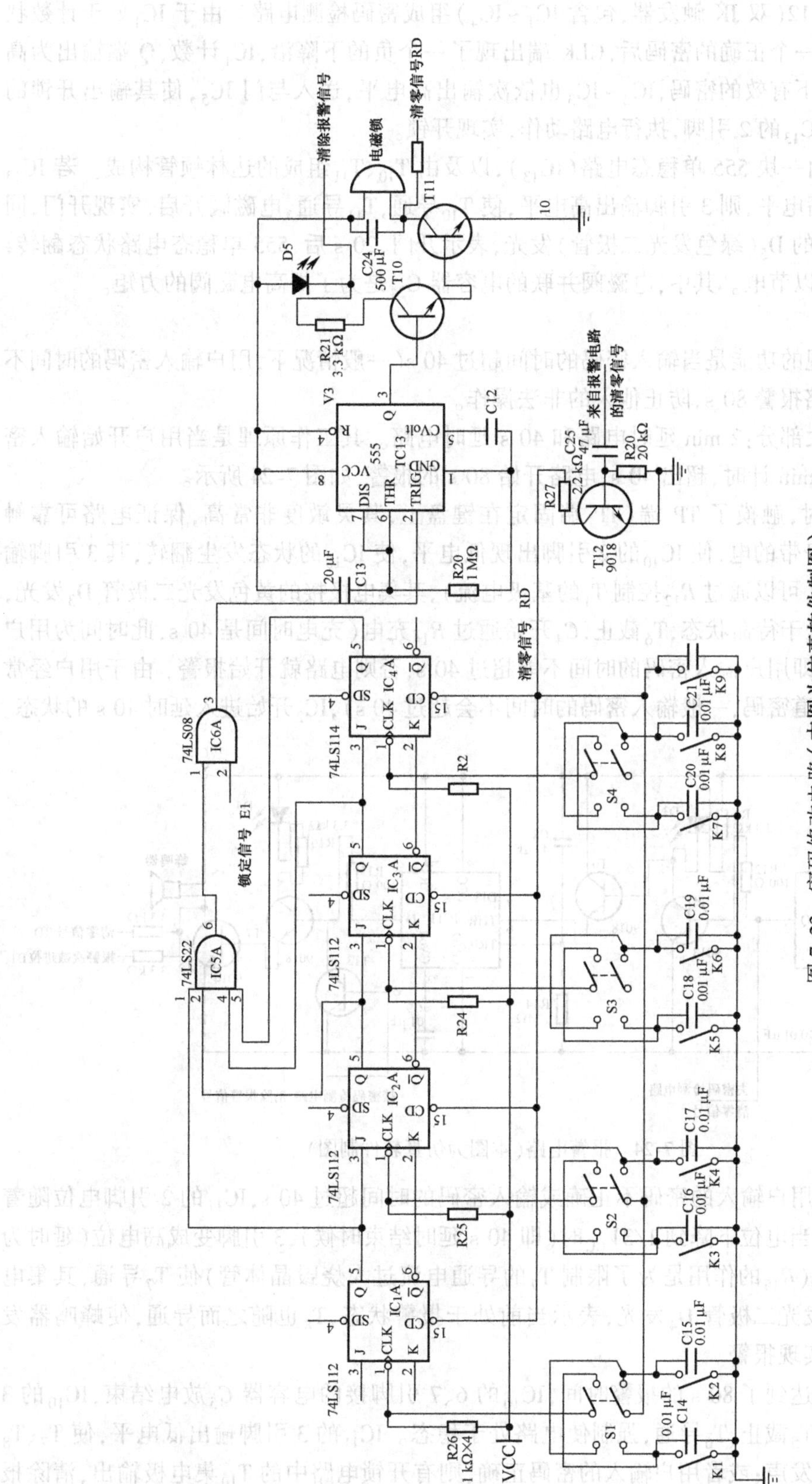

图7-23　密码修改电路（本图为仿真软件制图）

由两块74LS112(双JK触发器,包含$IC_1\sim IC_4$)组成密码检测电路。由于IC_1处于计数状态,当用户按下第一个正确的密码后,CLK端出现了一个负的下降沿,IC_1计数,Q端输出为高电平,用户依次按下有效的密码,$IC_2\sim IC_3$也依次输出高电平,送入与门IC_5,使其输出开锁的高电平信号送往IC_{13}的2引脚,执行电路动作,实现开锁。

执行电路是由一块555单稳态电路(IC_{13}),以及由T_{10}、T_{11}组成的达林顿管构成。若IC_{13}的2引脚输入一高电平,则3引脚输出高电平,使T_{10}导通,T_{11}导通,电磁阀开启,实现开门,同时T_{10}集电极上接的D_5(绿色发光二极管)发光,表示开门,20 s后,555单稳态电路状态翻转,电磁阀停止工作,以节电。其中,电磁阀并联的电容器C_{24}是为了提高电磁阀的力矩。

2. 报警电路

报警电路实现的功能是当输入密码的时间超过40 s(一般情况下,用户输入密码的时间不会超过40 s),电路报警80 s,防止他人的非法操作。

电路包含两大部分:2 min延时电路和40 s延时电路。其工作原理是当用户开始输入密码时,电路开始2 min计时,超出40 s,电路开始80 s的报警,如图7-24所示。

有人走近门时,触摸了TP端(TP端固定在键盘上,其灵敏度非常高,保证电路可靠触发),由于人体自身带的电,使IC_{10}的2引脚出现低电平,使IC_{10}的状态发生翻转,其3引脚输出高电平,T_5导通(可以通过R_{12}控制T_1的基极电流),其集电极接的黄色发光二极管D_3发光,表示现在电子锁处于待命状态,T_6截止,C_4开始通过R_{14}充电(充电时间是40 s,此时间为用户输入密码的时间,即用户输入密码的时间不能超过40 s,否则电路就开始报警,由于用户经常输入密码,而且知道密码,一般输入密码的时间不会超过40 s),IC_2开始进入延时40 s的状态。

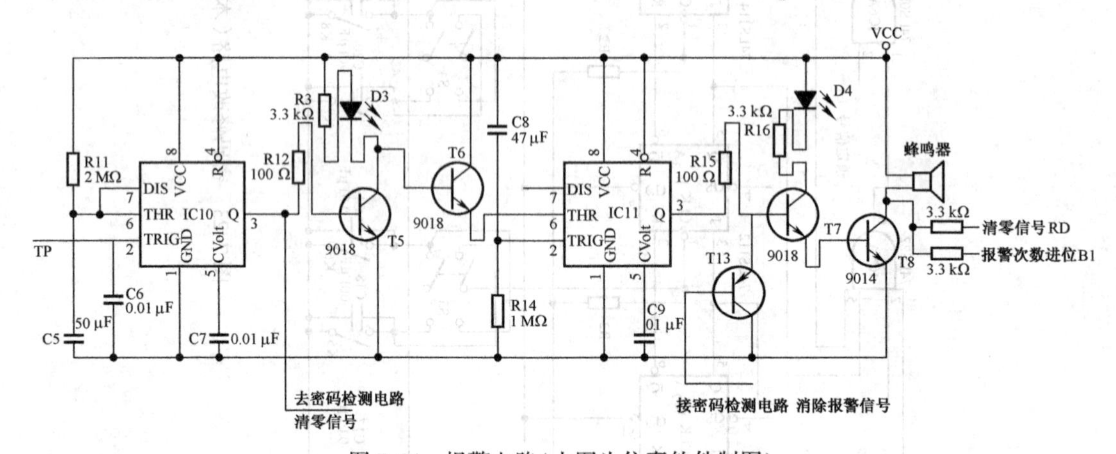

图7-24 报警电路(本图为仿真软件制图)

开始报警:当用户输入的密码不正确或输入密码的时间超过40 s,IC_{11}的2引脚电位随着C_4的充电而下降,当电位下降到$1/3V_{CC}$时(即40 s延时结束时候),3引脚变成高电位(延时为低电平),通过R_{15}(R_{15}的作用是为了限制T_7的导通电流过大烧毁晶体管)使T_7导通,其集电极上面接的红色发光二极管D_4发光,表示当前处于报警状态,T_8也随之而导通,使蜂鸣器发声,令贼人生怯,实现报警。

停止报警:当达到了80 s的报警时间,IC_{10}的6、7引脚接的电容器C_5放电结束,IC_{10}的3引脚变成低电平,T_5截止,T_6导通,强制使电路处于稳态。IC_{11}的3引脚输出低电平,使T_7、T_8截止,蜂鸣器停止发声;或者用户输入的密码正确,则有开锁电路中的T_{10}集电极输出,清除报警信号,送至T_{12}(PNP型),T_{12}导通,强制使T_7基极至低电位,解除报警信号。

3. 报警次数检测及锁定电路

该设计还可以有附加功能，比如可以附加上报警次数检测及锁定电路。若用户操作连续失误超过三次，电路将锁定 5 min。其工作原理如下：当电路报警的次数超过三次，由 IC_9(54161)构成的三位计数器将产生进位，通过 IC_7，输出清零信号送往 74LS161 的清零端，以实现重新计数。经过 IC_8(与门)，送到 IC_{12}(555)的 2 引脚，使 3 引脚产生 5 min 的高电平锁定脉冲(其脉冲可由公式 $T=1.1RC$ 计算得出)，经 T_9 倒相，送 IC_6 输入端，使 IC_6 输出低电平，使 IC_{13} 不能开锁，达到锁定的目的，电路图如图 7-25 所示。

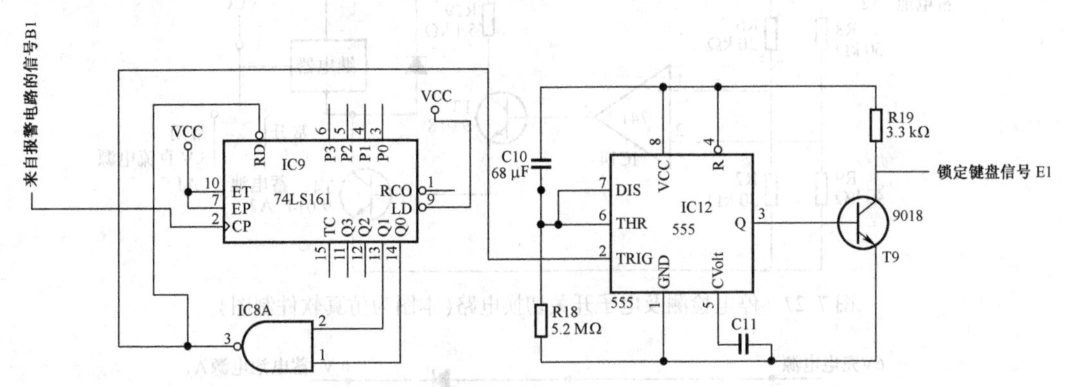

图 7-25 报警次数检测及锁定电路(本图为仿真软件制图)

4. 备用电源电路

为了防止停电情况的发生，本电路后备了 UPS 电源，它包括市电供电电路，停电检测电路，电子开关切换电路，蓄电池充电电路和蓄电池。其电路图如图 7-26 所示。

220 V 市电通过变压器降压成 12 V 的交流电，再经过整流桥整流，W7805 稳压到 5 V 送往电子切换电路，由于本电路功耗较少，因此选用 10 W 的小型变压器。

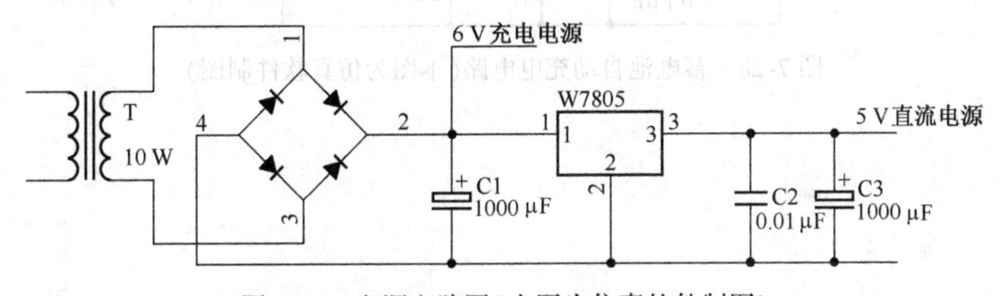

图 7-26 电源电路图(本图为仿真软件制图)

由 R_8、R_9、R_6、R_7 及 IC_{14} 构成电压比较器，正常情况下 $U_+<U_-$，IC_{14} 输出高电平，继电器的常闭触点和市电相连；当市电断开，$U_+>U_-$，IC_{14} 输出高电平，由 T_3、T_4 构成的达林顿管使继电器 J 开启，将其常开触点将蓄电池和电路相连，实现市电和蓄电池供电的切换，保证电子密码锁的正常工作(视电池容量而定持续时间)。其电路图如图 7-27 所示。

T_1、T_2 构成的蓄电池自动充电电路，它在蓄电池充满电后自动停止充电，其中 D_1 亮为正在充电，D_2 为工作指示。由 R_4、R_5、T_1 构成电压检测电路，蓄电池电压低，则 T_1、T_2 导通，实现对其充电；充满电后，T_1、T_2 截止，停止充电，同时 D_1 熄灭，电路中 C_4 的作用是滤除干扰信号。其电路图如图 7-28 所示。

结论：以上所设计的电子密码锁电路，经过了多次修改和整理，已是一个比较不错的设计，可以满足人们的基本要求，但此电路也存在一定的问题，譬如说电路的密码不能遗忘，一旦遗忘,就很难打开,这可以通过增加电路解决,但过于复杂,本次设计未涉及;用开关作 74LS112 的 CLK 脉冲,不是很稳定,可以调换其他高速开关或计数脉冲;电路密码只有 16 种可供修改,但由于他人不知道密码的位数,而且还要求在规定的时间内按一定的顺序开锁,所以他人开锁的几率很小;电路中未加显示电路,但可通过其他数字模块实现这一功能,这需要一段时间的进一步改进。

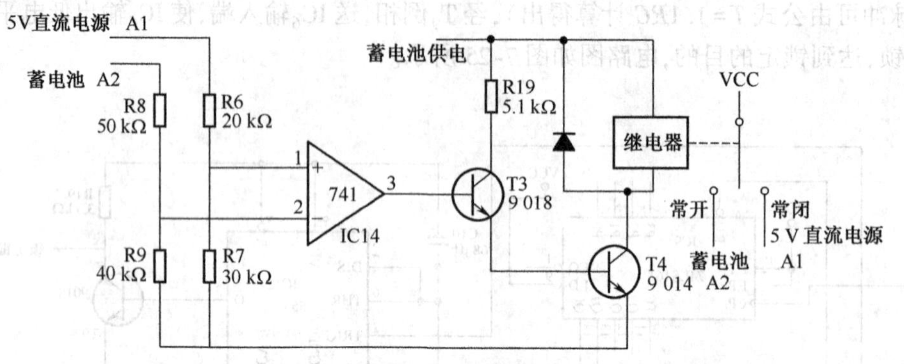

图 7-27 停电检测及电子开关切换电路(本图为仿真软件制图)

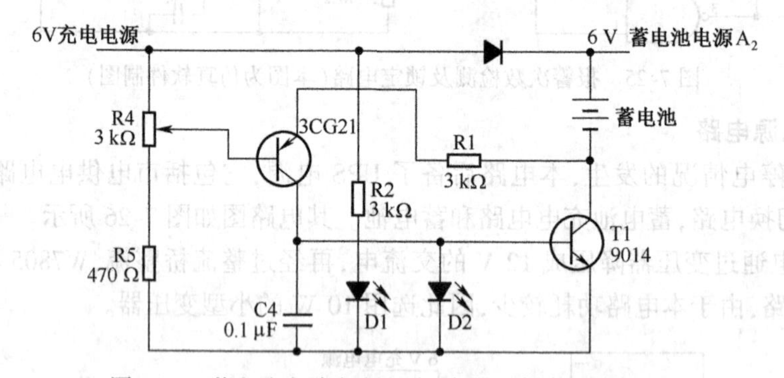

图 7-28 蓄电池自动充电电路(本图为仿真软件制图)

附录A 图形符号对照表

图形符号对照表见表 A-1。

表 A-1　图形符号对照表

序号	名称	国家标准的画法	软件中的画法
1	按钮开关		
2	电解电容器		
3	晶体管		
4	接地		
5	二极管		
6	发光二极管		
7	双向稳压管		
8	单向稳压管		
9	变压器		
10	蓄电池		
11	场效应晶体管		
12	或非门	≥1	
13	与门	&	
14	与非门	&	

参 考 文 献

[1]王国明．常用电子元器件检测与应用[M]．北京:机械工业出版社,2011.

[2]赵广林．常用电子元器件识别/检测/选用一读通[M].2版．北京:电子工业出版社,2011.

[3]杨治杰．电子元器件选用与检测一本通[M]．北京:化学工业出版社,2010.

[4]谢文和．传感器及其应用[M]．北京:高等教育出版社,2003.

[5]王元庆．新型传感器原理及应用[M]．北京:机械工业出版社,2002.

[6]王昊,李昕,郑凤翼．通用电子元器件的选用与检测[M]．北京:电子工业出版社,2006.

[7]清源科技．Protel 99SE原理图与PCB及仿真[M]．北京:机械工业出版社, 2011.

[8]中国IT培训工程委员会．Protel 99电路设计培训班[M]．珠海:珠海出版社, 2002.

[9]田良．综合电子设计与实践[M]．南京:东南大学出版社,2010.

[10]邱关源．电路[M].5版．北京:高等教育出版社,2006.

[11]刘南平．现代电子设计与制作技术[M]．北京:电子工业出版社,2003.

[12]何立民．单片机应用技术选编[M]．北京:航空航天大学出版社,1996.

[13]宋家友,乐丽琴．数字电子技术[M]．哈尔滨:哈尔滨工程大学出版社,2011.

[14]全国大学生电子设计竞赛组委会编．全国大学生电子设计竞赛获奖作品精选:2001[M]．北京:北京理工大学出版社,2003.

[15]高吉祥．电子技术基础实验与课程设计[M].2版．北京:电子工业出版社,2005.

[16]吴显鼎．模拟电子技术基础[M]．天津: 南开大学出版社,2010.

[17]段九州．电源电路实用设计手册[M]．辽宁:辽宁科学技术出版社,2002.

[18]盛振华．电磁场微波技术与天线[M]．西安:西安电子科技大学出版社,1995.

[19]王俊峰,孟令启．现代传感器应用技术[M]．北京:机械工业出版社,2006.

[20]孙江宏,李良玉．Protel 99电路设计与应用[M]．北京:机械工业出版社,2001.

[21]梁宗善．新型集成块应用[M]．武汉:华中理工大学出版社,2004.

[22]陈尔绍．实用节能电路制作200例[M]．北京:人民邮电出版社,1996.